"十四五"时期水利类专业重点建设教材

水力学

主　编　邱秀云
副主编　李　琳　牧振伟

中国水利水电出版社
www.waterpub.com.cn

·北京·

内 容 提 要

  本书是为高等学校水利类和土木类专业本科编写的教材。根据这两个专业的大纲要求，本书主要包括 14 章内容：绪论、水静力学、液体一元恒定总流的基本原理、量纲分析与相似原理、液流形态与水头损失、有压管道恒定流、明渠恒定流、堰流及闸孔出流、泄水建筑物下游水流消能与衔接、流场理论基础、渗流、河流动力学基础、有压管道非恒定流、水力学常用计算软件。各章还编有例题、思考题、习题和常用图表。为便于教学，书后还给出了部分习题的参考答案。

  本书在编写过程中，力求贯穿"由浅入深，由简单到复杂，加强基础，理论联系实际"的思想，并将数学中的迭代法引入到繁杂的水力计算中。

  本书可供高等职业学校和成人教育学院水利类、土木类专业师生及有关工程技术人员参考。

图书在版编目（CIP）数据

水力学 / 邱秀云主编. -- 北京 ：中国水利水电出版社，2024. 11. -- （"十四五"时期水利类专业重点建设教材）. -- ISBN 978-7-5226-2882-0

Ⅰ. TV13

中国国家版本馆CIP数据核字第2024NW0465号

		"十四五"时期水利类专业重点建设教材
书 名		**水力学** SHUILIXUE
作 者		主 编 邱秀云 副主编 李 琳 牧振伟
出版发行		中国水利水电出版社 （北京市海淀区玉渊潭南路 1 号 D 座　100038） 网址：www.waterpub.com.cn E-mail：sales@mwr.gov.cn 电话：（010）68545888（营销中心）
经 售		北京科水图书销售有限公司 电话：（010）68545874、63202643 全国各地新华书店和相关出版物销售网点
排 版		中国水利水电出版社微机排版中心
印 刷		天津嘉恒印务有限公司
规 格		184mm×260mm　16 开本　26.75 印张　651 千字
版 次		2024 年 11 月第 1 版　2024 年 11 月第 1 次印刷
印 数		0001—2000 册
定 价		**76.00 元**

前　言

　　"水力学"是水利工程本科专业重要的专业基础课，在我国进入新发展阶段、践行新发展理念时期，急需编写适应新时代新要求的高水平原创水力学教材，通俗易懂地讲好水力学基础知识，体现"节水优先、空间均衡、系统治理、两手发力"治水思路，认识水发展水安全，准确把握治水科学规律，以重大水利工程为案例，为解决复杂工程问题打造坚实的力学基础，培养学生严谨科学的工匠精神，奉献"一带一路"家国情怀，满足学生成为新时代高水平卓越人才的需要。

　　本教材是由新疆农业大学水利与土木工程学院水力学教研室全体教师讨论并确定编写大纲的本科生水力学教材。主要适用于水利类专业，也可作为高等职业大学和成人教育学院师生的参考教材。

　　本教材包括水利类专业本科生所必需的水力学基础知识、基本理论和方法及专业水力学知识。为便于教学，作者在编写过程中根据多年的教学经验，力求在内容的编排及叙述上做到"内容精练、概念明确、思路清晰、由浅入深、理论联系实际"。各章中根据讲授内容的需要，选编了一定数量的例题、思考题和习题，书后还附有部分习题的参考答案。在习题的选编上，力求做到与讲授内容的先后次序相一致，其深度上做到由浅入深。作者还把多年教学中总结出来的复杂水力计算的迭代公式编入本教材，以帮助学生解决繁杂的水力计算问题，巩固所学知识，提高分析和解决问题的能力。

　　全书共分14章，其中绪论、水静力学、液体一元恒定总流的基本原理、量纲分析与相似原理、液流形态与水头损失、有压管道恒定流、明渠恒定流、堰流及闸孔出流、泄水建筑物下游水流消能与衔接、流场理论基础，是水利类各专业的共同必修部分；有压管道非恒定流、渗流为不同专业的学生选学内容；水力学常用数值模拟软件、河流动力学基础可为各类专业学生自学和选学内容。本书由邱秀云任主编；李琳、牧振伟任副主编；参编人员有谭义海、张小莹、张红红、赵涛。另外，本书的所有插图都是由新疆农业大学"水力学及河流动力学"方向的李文文、闫洁、吉红香、程艳、程昊天等同学绘制的，王元、张静凯、张琦萱等同学承担了部分插图的校对工作；史修府、刘淇、边少康等同学承担了部分数字资源的制作工作，他们为本书的出版付出了辛勤的劳动，在此一并致以最衷心的感谢。本书在编写过程中参考了吴持恭先生主编的《水力学》，清华大学水力学教研组余常昭主编的《水力学》，李炜、徐孝平主编的《水力学》等多位知名水力学教师主编的《水力学》教材，在此向各位同仁深表感谢！同时，本书的出版得到了新疆维吾尔自治区水利工程重点学科和新疆水利工程安全与水灾害防治自治区重点实验室的支持，一并表示深切感谢！

由于编者水平所限，书中难免存在错误和不妥之处，恳请读者批评指正。

编　者

2024 年 8 月

目　录

第一章　绪　　论

基本要求：（1）了解液体的基本特征，理解理想液体和连续介质假设的概念。

（2）掌握液体的主要物理性质和牛顿内摩擦定律及其应用。

（3）了解作用在液体上的力的两种形式：质量力与表面力。

本章重点：（1）连续介质假设和理想液体的概念。

（2）液体的基本特征和主要物理性质，特别是液体黏滞性和牛顿内摩擦定律及其应用条件。

（3）作用于液体上的两种力。

第一节　水力学的研究对象和任务

水力学是力学的一个分支，它是介于基础科学和工程技术之间的一门技术科学。它的主要任务是研究液体（主要是水）的平衡和机械运动的规律及其实际应用。即既根据基础科学中的普遍规律结合水流特点，建立理论基础，同时又紧密联系工程实践，发展学科内容。

水力学在水利建设中有着广泛的应用。例如，为了满足防洪、供水、发电的要求，通常需要在河道上筑坝形成水库；在设计坝体断面和校核坝的稳定性时，必须计算坝体上下游水体对坝体的作用力、渗流对坝体的作用力，同时还应考虑渗流可能对坝基或坝身的破坏作用；从水库向下游宣泄洪水、供水和引水发电，需要修建溢洪道、泄洪洞及引水洞等泄水建筑物。泄水建筑物断面尺寸的确定必须满足过水能力的要求；对于从泄水建筑物下泄的高速水流，采用怎样的措施才能消除多余的动能，避免对泄水建筑物及河道的冲刷，这是水力学中的消能问题；当河道筑坝之后，抬高了上游河道中的水位，可能淹没河道两岸的部分农田、乡村和城镇，并使两岸地下水位相应升高。为了正确估计筑坝后水库的淹没范围，必须计算坝上游河道水位的沿程变化，即水面线的计算。即使修建一条渠道，在设计渠道的断面尺寸、纵坡时，也需要水力学知识。断面过大，工程造价高；断面过小，造成渠中水流漫溢。对于纵坡，如果太缓，过不了设计流量，同时会使泥沙淤积；如果太陡，将对渠道产生冲刷，破坏渠道。因此，水力学是水利类和土木类专业的一门重要的专业基础课。

水力学不仅在水利工程中有着广泛的应用，在其他许多行业中，如城市建设、环境保护、机械制造、石油开采、金属冶炼和化学工业、航空工程等，也都需要应用水力学知识。

第二节　水力学的研究方法

由于水力学是根据物理学、理论力学中的某些基本原理结合实际的水流运动而建立起来的学科体系，具有一定的独立性，因此，水力学和其他学科一样，根据所研究内容的不同、问题的复杂性不同，需要采用的研究方法也不同，概括起来有以下几种。

一、理论分析方法

资源 1-1
原型观测

采用这种方法研究液体的平衡与运动规律时，首先要作一些假定，即根据水流的具体情况及其边界条件，抓住现象的本质，略去次要因素，建立力学模型；其次是借助力学中的牛顿定律、动能定理、动量定理等，利用数学工具，找出能够表征水流现象本质的物理量之间的关系，即建立方程；最后是求解方程。

应当指出，对于应用理论分析方法建立的实际水流的数学模型，求解时经常会遇到许多数学上的困难，实际上只是在少数边界条件较为简单的流动情况下，才能求出精确解。即使求出精确解，也必须与实验结果比较，验证其正确性。因此，在研究水力学问题时，科学实验是必不可少的方法。

二、科学实验方法

资源 1-2
系统分析

科学实验方法借助于科学实验，对实际液体进行原型或模型试验，并将测得的一系列实验数据和观测到的一些现象加以分析和处理，探明本质，找出规律，从而得到某些水力学公式和方程。水力学实验方法主要有以下 3 种：

（1）原型观测：对已建成的工程和天然水流直接进行野外测量和观测，分析影响水流运动的因素和水流现象。

（2）系统分析：为了研究专门的水力学问题，在实验室中按要求造成特定的人工水流现象，进行系统的观测试验。

资源 1-3
模型试验

（3）模型试验：在实验室内，以相似理论为指导，把实际工程缩小成模型，在模型上预演相应的水流运动，量测液体的运动要素，得出模型水流的规律性，然后再把模型试验成果按相似理论换算到原型。这种研究方法应用很广，重要的水利工程都要采用这种方法。

三、数值计算方法

资源 1-4
数值模拟
计算

随着现代科学技术的迅速发展，特别是电子计算机技术的飞速发展，数值计算方法现在已成为一种研究水力学问题的重要方法。所谓数值计算方法就是对水力学中完整的数学问题，通过特定的计算方法（如有限差分法、有限单元法、有限体积等）和计算技巧来求数学方程的近似解。在水力学问题中，如果水流运动的基本方程和边界条件都较为复杂，一般不易求得解析解，而数值计算方法却能较满意地把这类问题的解答用数值的形式表示出来，从而达到求解的目的。

以上 3 种方法各有利弊，相互促进。科学实验方法可以用来检验理论分析方法和数值计算方法的正确性与可靠性，并提供建立运动规律及理论模型的依据；而理论分析方法则能指导实验和计算，并且可以把部分实验结果推广到一些没有做实验的现象中去；计算方法可以弥补理论方法和实验方法的不足，对一系列复杂流动进行既快又省的研究工作。因此，理论分析、科学实验、数值计算 3 种方法相互结合是水力学方法的威力所在，也是水力学学科得到发展的重要原因之一。

第三节　液体的基本特征和连续介质假设

一、液体的基本特征

自然界中的物质一般有 3 种形态，即固体、液体和气体。为了从力学角度分析液体的基本特征，可以将液体与固体、气体进行比较，分析三者的共性和特性。

液体与固体的主要区别在于液体具有流动性，不能保持固定的形状。用力学观点解释，即液体在静止状态下不能承受拉力，在微小的拉力或切力作用下会发生变形。它们的共性是不易压缩，或者说都能承受压力。

液体与气体的主要区别在于气体没有固定的体积，很容易被压缩，即不能够承受压力。二者之间的相同之处是都具有流动性，没有固定的形状。因此，将液体和气体合称为流体。

液体、固体和气体三者之间之所以存在不同之处，主要是因为它们的分子结构不同。由于固体分子间的距离很小，内聚力很大，所以能承受一定的拉力、压力和剪切力，保持固定的形状和体积。与固体相比，液体分子间的距离较大，内聚力较小，在很小的拉力或剪切力作用下，即发生变形和流动，所以液体不能保持固定的形状。但液体和固体一样都能承受压力，能够保持固定的体积。气体分子之间的距离很大，几乎不存在内聚力，分子可以自由运动。因此，气体不仅没有固定的形状，也没有固定的体积，它可以任意扩散充满其所占据的有限空间，所以气体极易膨胀和压缩。

二、连续介质假设

如前所述，液体和固体与气体一样都是由分子组成，分子之间是有空隙的，不是连续体，而且间隙又非常微小，在常温下，$1cm^3$ 的水体中约含有 3×10^{22} 个水分子，相邻分子间距离约为 $3 \times 10^{-8} cm$。可见，水分子间的距离相对于宏观水体来说是微不足道的。

基于上述原因，连续介质假设认为：真实液体可近似地看作是由"液体质点"组成的毫无空隙的充满其所占空间的连续体。所谓液体质点是指微观上充分大，宏观上充分小的分子团。即一方面认为，分子团的尺度与分子运动尺度相比足够大，使得其中包含大量分子，即使有少数分子出入分子团也不影响其性质；另一方面又认为，分子团的尺度与所研究对象的尺度相比又充分小，使得分子团内平均物理量可以看成是均匀不变的，因而可以把它近似地看成是几何上没有维度的一个点。

连续介质假设使水力学的研究摆脱了复杂的分子运动，并可将运动液体质点的一切物理量视为时间和坐标的连续函数。充分利用连续函数这一有效的数学工具，大大方便了水力学的研究，并且又有足够的精确性。

综上所述，水力学所讨论的液体，被假设为一种易流动的、不易压缩的连续体。利用这一假设建立起来的水力学公式，既适用于以水为代表的一般液体，也适用于可忽略压缩性的气体。

第四节　液体的主要物理力学性质

物体受外力作用做机械运动与自身的物理性质有关。液体的物理性质是多方面的，下面着重讨论与液体运动有关的主要物理力学性质。

一、惯性、质量与密度

物体所具有的反抗改变原有运动状态的物理性质称为惯性。质量是指物体所含物质的多少。液体与自然界其他物质一样，也具有惯性和质量，而且质量越大，惯性也越大。当物体受其他物体的作用而改变运动状态时，物体反抗改变原有运动状态而作用于其他物体上的反作用力称为惯性力。设物体的质量为 M，加速度为 a，则惯性力 F 为

$$F = -Ma \tag{1-1}$$

式中："$-$"表示惯性力的方向与物体的加速度方向相反。

按照国际单位制的规定，质量的单位为千克（kg）；长度的单位为米（m）；时间的单位为秒（s）；力的单位为牛（N）或千牛（kN）。

密度是指单位体积的液体所具有的质量，以符号 ρ 表示。若体积用 V 表示，对均质液体，其密度为

$$\rho = \frac{M}{V} \tag{1-2}$$

在国际单位制中，密度的单位是千克/米³（kg/m³）。同一种液体的密度随压强和温度而变化，但变化甚微。为方便起见，一般情况下视液体的密度为常数。在水力学中，通常把 1 个标准大气压下，温度为 4℃时蒸馏水的密度（$\rho = 1000\text{kg/m}^3$）作为水的密度的计算值。表 1-1 给出了 1 个标准大气压下常见液体的密度值。

表 1-1　　　　　　　　几种常见液体的密度 ρ 值（标准大气压）

液体名称	汽油	纯酒精	蒸馏水	海水	水银
温度/℃	15	15	4	15	0
密度/(kg/m³)	680~750	793.7	1000	1020~1029	13600

二、万有引力与重力

物体之间相互具有吸引力的性质，称为万有引力特性。地球与物体之间的引力称为重力，也称为重量，用 G 表示。若重力加速度用 g 表示，则有

$$G = Mg \tag{1-3}$$

重力 G 的单位为牛（N）或千牛（kN）。

三、黏滞性

液体在静止状态下不能够承受剪切力或拉力，但是当液体处于运动状态时，如果

质点之间存在相对运动，液体内部就会产生摩擦力来抵抗相对运动，把液体的这种性质（即液体质点间发生相对运动时产生摩擦力的性质）称为黏滞性。由于这个摩擦力产生在液体的内部，故称之为内摩擦力，又称黏滞力。

黏滞力的大小与液体的性质和剪切变形速度有关，其关系可用下面的牛顿平板实验来说明。

如图 1-1 所示，水平放置相距为 h 的两块足够大的平板，其间充满了静止的液体，平板面积为 A，平板的法线方向为 y。设下板固定不动，上板在力 F 作用下以匀速度 U 向右运动。经过一段时间之后，平板间的液体也处于流动状态。由于液体质点黏附于固体壁面上，故下板表面液体质点的速度为 0，而上板表面液体质点的速度为 U。当 h 或 U

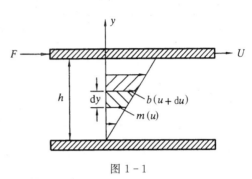

图 1-1

不是太大时，板间 y 方向的流速为直线分布。假定将两平板间的液体看成是由许多很薄的液层组成，现取两相邻液层 m 和 b，其间距为 dy，如以 u 表示 m 液层的速度，速度变化为 du，则 b 液层的速度为 $u+du$。由于两液层的速度不同，说明液体质点之间存在相对运动，所以在两液层之间会产生一对大小相等、方向相反的切向作用力，这就是内摩擦力或黏滞力。b 液层对 m 液层的作用力方向与流动方向相同，带动了 m 液层并使之加速运动，m 液层对 b 液层的作用力方向与流动方向相反，滞缓了 b 液层的流动。

实验表明，内摩擦力 F' 与平板面积 A、液层的速度差 du 成正比，与两液层的间距 dy 成反比，即

$$F' \propto A \frac{\mathrm{d}u}{\mathrm{d}y} \tag{1-4}$$

引入比例系数 μ，并用切应力 τ 表示，上式为

$$\tau = \frac{F'}{A} = \mu \frac{\mathrm{d}u}{\mathrm{d}y} \tag{1-5}$$

式中：μ 称为液体的动力黏滞系数；$\dfrac{\mathrm{d}u}{\mathrm{d}y}$ 称为流速梯度。

式（1-5）即为牛顿在 1686 年根据实验提出的液体内摩擦定律，也称为牛顿内摩擦定律。可表述为：作层流（见第五章）运动的流体，作用在流层上的切应力与流速梯度成正比，同时与流体的性质有关。

可以证明，流速梯度 $\dfrac{\mathrm{d}u}{\mathrm{d}y}$ 实际上是液体质点间剪切变形速度。证明如下：

如图 1-2 所示，在运动流体层中取一矩形微分体 $ABCD$，设下层面 AB 的流速为 u，上层面 CD 的流速为 $u+du$。经 dt 时间后，矩形 $ABCD$ 移至 $A'B'C'D'$ 的位置。由于流层上下面速度不等，微分体 $ABCD$ 的形状由原来的矩形变成平行四边形 $A'B'C'D'$，即产生了剪切变形（或角变形）。如果 AD 和 CB 边的转角为 $d\theta$，则剪切

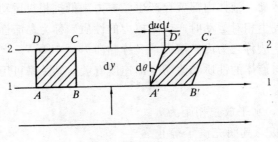

图 1-2

变形速度为 $\dfrac{\mathrm{d}\theta}{\mathrm{d}t}$。在 $\mathrm{d}t$ 时段内，C 点比 B 点、D 点比 A 点多移动的距离均为 $\mathrm{d}u \cdot \mathrm{d}t$，又 $\mathrm{d}t$ 为微分量，则 $\mathrm{d}\theta$ 亦为微分量，因此可认为

$$\mathrm{d}\theta \approx \tan（\mathrm{d}\theta）=\frac{\mathrm{d}u\,\mathrm{d}t}{\mathrm{d}y}$$

即

$$\frac{\mathrm{d}u}{\mathrm{d}y}=\frac{\mathrm{d}\theta}{\mathrm{d}t} \tag{1-6}$$

式（1-6）表明，流速梯度即为剪切变形速度，将式（1-6）代入式（1-5），得

$$\tau=\mu\frac{\mathrm{d}\theta}{\mathrm{d}t} \tag{1-7}$$

因此，牛顿内摩擦定律也可表述为：液体作层流运动时，相邻液层之间所产生的切应力与剪切变形速度成正比。故液体的黏性也可视为液体抵抗剪切变形的特性。

液体的性质对黏滞力的影响通过动力黏滞系数 μ 反映，即 μ 值越大，液体的黏性也越大，反之亦然。不同液体的 μ 值是不同的。同一种液体的 μ 值随温度和压力而变化。由分子运动理论可知，液体黏性的大小主要决定于分子间内聚力的大小，当温度升高时，分子间的距离加大，内聚力减小。因此，液体的黏性随温度的升高而减小，但气体的黏性随温度的升高而增加。压力对液体的 μ 值影响很小，可以忽略。

在国际单位制中，μ 的单位为牛·秒/米^2（N·s/m^2）或帕·秒（Pa·s）。实际当中，液体的黏滞性还常用 μ 与密度 ρ 的比值表示，即

$$\nu=\frac{\mu}{\rho} \tag{1-8}$$

式中：ν 为运动黏滞系数，m^2/s。

不同温度下水的运动黏滞系数 ν 值见表 1-2，或用下列经验公式计算：

$$\nu=\frac{0.01775}{1+0.0337t+0.000221t^2} \tag{1-9}$$

式中：t 为水温，℃；ν 为运动黏滞系数，cm^2/s。

应当指出，牛顿内摩擦定律只适用于一般流体，这类流体在温度不变的条件下，黏滞系数 μ 值不变，切应力 τ 与剪切变形速度 $\dfrac{\mathrm{d}\theta}{\mathrm{d}t}$ 呈线性关系，见式（1-7），如图 1-3 中 A 线所示，这类流体也称为牛顿流体。凡是不满足牛顿流体的切应力与剪切变形

表 1-2　　　　　　　　　　　不同温度下水的物理性质数值表

温度 T /℃	密度 ρ /(kg/m³)	动力黏滞系数 μ /(10^{-3}Pa·s)	运动黏滞系数 ν /(10^{-6}m²/s)	体积弹性系数 K /(10^9Pa)	表面张力系数 σ /(N/m)
0	999.9	1.781	1.785	2.02	0.0756
5	1000.0	1.518	1.519	2.06	0.0749
10	999.7	1.307	1.306	2.10	0.0742
15	999.1	1.139	1.139	2.15	0.0735
20	998.2	1.002	1.003	2.18	0.0728
25	997.0	0.890	0.893	2.22	0.0720
30	995.7	0.798	0.800	2.25	0.0712
40	992.2	0.653	0.658	2.28	0.0696
50	988.0	0.547	0.553	2.29	0.0679
60	983.2	0.466	0.474	2.28	0.0662
70	977.8	0.404	0.413	2.25	0.0644
80	971.8	0.354	0.364	2.20	0.0626
90	965.3	0.315	0.326	2.14	0.0608
100	958.4	0.282	0.294	2.07	0.0589

率关系式（1-7）的流体称为非牛顿流体，如图 1-3 中的 B、C、D 线所示。其中 B 类流体称为理想宾汉（E. C. Bingham）流体，当流体中的切应力达到某屈服应力（τ_0）时才开始发生流动，但变形率与切应力亦为线性关系，如泥浆、血浆、牙膏等流体。C 类流体称为伪塑性流体，黏滞系数随剪切变形速率的增加而减小，例如尼龙、橡胶、纸浆、水泥浆、油漆等流体。还有一类流体称为膨胀性流体，其黏滞系数随剪切变形速度的增加而增加，如图中 D 线所示，如生面团、浓淀粉糊等。非牛顿流体的黏滞力 τ 与剪切变形速率 $\dfrac{\mathrm{d}u}{\mathrm{d}y}$ 之间的关系可用下式表示：

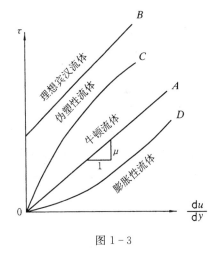

图 1-3

$$\tau = k\left(\frac{\mathrm{d}u}{\mathrm{d}y}\right)^n + b \tag{1-10}$$

式中：k、b、n 为常数，其余符号含义同式（1-5）。

当 $n=1$，$b=0$ 时，为牛顿流体；否则为非牛顿流体。水力学中只讨论牛顿流体。

应当指出，黏滞性是实际液体的固有特性。黏滞性的存在给水流运动的研究增加了很多困难。为使所讨论的问题得以简化，便于理论分析，在水力学中通常先假设液体没有黏性，即 $\mu=0$。这种没有黏性的液体称为理想液体，而具有黏滞性的液体称为实际液体。

四、压缩性

液体在压力作用下能改变自身体积的性质，称为液体的压缩性。撤除压力之后能恢复原状的性质称为弹性。

资源 1-5
液体的
压缩性

液体压缩性的大小，一般用体积压缩系数 β 表示。β 为液体体积的相对缩小值与液体压强的增值之比，即

$$\beta=-\frac{\mathrm{d}V/V}{\mathrm{d}p} \tag{1-11}$$

由于体积随压强的增大而减小，所以 $\mathrm{d}V/V$ 与 $\mathrm{d}p$ 的符号总是相反。为使 β 值为正值，故在等号右边冠"－"号。

不难看出，β 值越大，液体越易压缩。由于液体被压缩时，其质量不会改变，由此可得

$$\frac{\mathrm{d}V}{V}=-\frac{\mathrm{d}\rho}{\rho}$$

因而 β 也可表示为

$$\beta=\frac{1}{\rho}\frac{\mathrm{d}\rho}{\mathrm{d}p} \tag{1-12}$$

液体的压缩性还可以用弹性系数 K 表示，K 定义为体积压缩系数 β 的倒数，即

$$K=\frac{1}{\beta}=-\frac{\mathrm{d}p}{\mathrm{d}V/V}=\frac{\mathrm{d}p}{\mathrm{d}\rho/\rho} \tag{1-13}$$

由式（1-13）可见，K 值越大，液体越不易压缩，$K\to\infty$ 表示绝对不可压缩。在国际单位制中，β 的单位是 $\mathrm{m^2/N}$，K 的单位是 $\mathrm{N/m^2}$。

不同种类液体的 β 值和 K 值不等，同一种类液体的 β 值和 K 值随温度和压强的变化而变化，但变化甚微，一般可视为常数。水的压缩性很小，温度为 10℃ 时，$K=2.10\times10^6\mathrm{kN/m^2}$。因此，可认为水是不可压缩的，这对于一般水利工程来说是足够精确的。只有在个别情况下，才需要考虑液体的压缩性。例如，当输水管道中压强变化很大又非常迅速时，就会发生水击现象，此时就必须考虑水的压缩性，否则将导致错误的结果。

五、表面张力

在液体和气体的分界面（称自由表面）上，由于两侧分子引力不平衡，自由表面上的液体分子受微小的拉力，称之为液体的表面张力。表面张力使液体有尽量缩小其表面的趋势。

资源 1-6
表面张力
特性

表面张力的大小可用表面张力系数 σ 度量。σ 表示液体单位长度表面上所受的拉力，单位是 $\mathrm{N/m}$。σ 值随液体的种类和温度而变化，20℃ 的水和水银的 σ 值分别为 $0.0728\mathrm{N/m}$ 和 $0.514\mathrm{N/m}$。

在水利工程中，表面张力的大小一般可忽略不计。但是，当液面的曲率很大时，表面张力的影响必须考虑。例如，在水力学实验中，经常用盛有水或水银的细玻璃管量测压强。由于表面张力的作用，管中的液面呈凹形或凸形，并且与容器中的液面不

在同一水平面上，如图 1-4 所示，这就是物理学中所说的毛细管现象。其原因是玻璃与水分子之间的附着力大于水分子之间的吸引力，引起玻璃管润湿，使管中液面上升，呈凹形弯曲面。相反，玻璃与水银分子之间的附着力小于水银分子之间的吸引力，使玻璃管内液面出现收缩倾向而下降，呈凸形弯曲面。管子与容器中的液面高差 Δh，除了与液体的性质有关外，还与管径有关。管内径越小，差值就越大。为了减少测量误差，测压管的内径不宜太小，一般应大于 10mm。

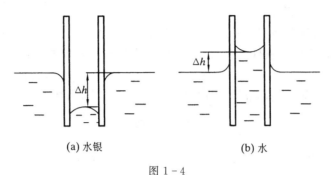

(a) 水银　　　　　　(b) 水

图 1-4

在水力学中，上述液体的 5 种物理力学性质中，惯性、万有引力特性和黏滞性较为重要，它们对水流运动的影响较大。压缩性只在某些情况下才予以考虑，而表面张力一般可以忽略不计。

第五节　作用于液体上的力

作用于液体上的力按其物理性质不同，可分为重力、惯性力、黏滞力、弹性力、表面张力和摩擦力等。在水力学中，为便于分析液体的平衡和机械运动的规律，将作用力按其作用方式进行分类，可分为表面力和质量力两种。

一、表面力

表面力是指作用于液体表面上的力，其大小与受力表面的面积成正比。如固体边界对液体的摩擦力，液体对边界的水压力，液体内部的黏滞力等，都属于表面力。

二、质量力

质量力是指作用于每个液体质点上的力，其大小与液体的质量成正比。重力、惯性力等都属于质量力。对于均质液体，质量和体积成正比，故质量力又称为体积力。作用于单位质量液体上的质量力，称为单位质量力，其单位为 m/s^2，与加速度的单位相同。设液体的质量为 M，所受的质量力为 $\boldsymbol{F}$，则单位质量力为 $\boldsymbol{f}=\boldsymbol{F}/M$；设质量力 $\boldsymbol{F}$ 在各个坐标轴上的分力为 F_x、F_y、F_z，单位质量力 $\boldsymbol{f}$（矢量）在各个坐标轴上的分力分别为 f_x、f_y、f_z，则

$$\begin{cases} f_x = F_x/M \\ f_y = F_y/M \\ f_z = F_z/M \end{cases} \qquad (1-14)$$

思 考 题

1-1 液体的基本特征是什么？它与固体、气体有哪些主要区别？

1-2 什么是连续介质假设？为什么要引入连续介质假设？

1-3 影响液体密度变化的因素有哪些？在什么情况下密度可视为常数？

1-4 牛顿内摩擦定律的内容和应用条件是什么？液体的运动黏滞系数 ν 和动力黏滞系数 μ 有什么区别？

1-5 静止液体是否存在黏滞性？为什么？

1-6 根据无滑移条件，液体与固体边界之间没有相对运动，但是否存在摩擦力？

1-7 理想液体与实际液体有什么区别？为什么要引入理想液体的概念？

习 题

1-1 （1）体积为 $1m^3$ 的水，水温为 10℃，压强增加 10 个大气压时，水的体积减小 0.503L，试求水的体积压缩系数和体积弹性系数；（2）若使水的体积相对压缩 $\frac{1}{1000}$，需要增大压强 Δp 为多少？

1-2 水在 20℃时动力黏滞系数 $\mu=1.002\times10^{-3}N\cdot s/m^2$。试求水的运动黏滞系数 ν。

1-3 有一面积为 $1.6m^2$ 的薄板在水面上以 $u=1.5m/s$ 运动，下板固定不动。已知水层厚 $\delta=5cm$，水温为 10℃，水流流速沿液层按线性分布，如图所示。（1）试求薄板的拖曳力 T；（2）绘制切应力 τ 沿液层的分布图。

1-4 有一矩形宽渠道，其流速分布为 $u=0.002\dfrac{\rho g}{\mu}\left(hy-\dfrac{y^2}{2}\right)$，式中 ρ 为水的密度，g 为重力加速度，μ 为水的动力黏滞系数，水深 $h=0.5m$。试求（1）切应力 τ 的表达式；（2）水面（$y=0.5m$）及渠底（$y=0m$）处的切应力 τ，并绘制沿垂线的切应力分布图。

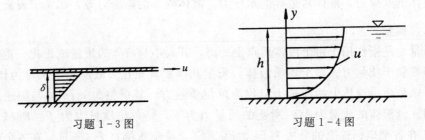

习题 1-3 图　　　　　　　　　习题 1-4 图

1-5 在倾角 $\theta=30°$ 的斜面上有一厚度 $\delta=0.5mm$ 的油层。一底面积 $A=0.15m^2$，重力 $G=25N$ 的物体沿油面向下作等速滑动，如图所示。试求物体的滑动速度 u（设油层的流速按线性分布，油的动力黏滞系数 $\mu=0.011N\cdot s/m^2$）。

1-6 由内外两个圆筒组成的量测液体黏度的仪器如图所示。两筒的间距 δ 甚小，其间充以被量测的液体。当外筒以角速度 ω 旋转时，内筒受切力扭转一角度后达到平衡。设内筒半径 $r=20\text{cm}$，高度 $h=40\text{cm}$，$\delta=0.3\text{cm}$。当外筒以角速度 $\omega=10\text{rad/s}$ 旋转时，对内筒中心轴产生的力矩 $M=5\text{N}\cdot\text{m}$。试求该液体的动力滞系数 μ。设两筒缝隙中流速呈线性分布，并忽略内筒底部所受的摩擦力。

1-7　水箱中盛有静止液体，试问此时液体所受的单位质量力为多少?

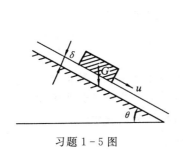

习题 1-5 图

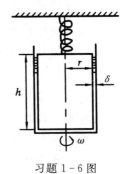

习题 1-6 图

第二章 水 静 力 学

基本要求：（1）正确理解静水压强的特性及等压面的概念。

（2）掌握液体平衡微分方程、水静力学的基本方程及其物理意义和几何意义。

（3）掌握压强的表示方法、静水压强的计算和量测方法。

（4）掌握并能熟练计算作用在平面、曲面上的静水总压力。

本章重点：（1）静水压强的两个特性，等压面的概念及性质。

（2）水静力学的基本方程及其物理意义和几何意义。

（3）静水压强的计算和量测。

（4）平面和曲面上的静水总压力。

（5）静水压强分布图和压力体的绘制。

水力学研究的液体基本规律由两部分组成：①水静力学；②水动力学。本章主要讨论水静力学部分。水静力学主要研究液体处于静止状态时的力学规律及其在生产实践中的应用。

所谓静止是一个相对的概念，它包含两个含义：①指液体相对地球而言没有运动，即绝对静止，例如湖泊和蓄水池中静止不动的水，此时由于液体质点的速度为0，因此不存在内摩擦力；②液体相对地球来说有相对运动，但液体质点之间、液体与容器之间没有相对运动，称为相对静止。如做等速或等加速直线运动的油罐车中的石油、等角速度旋转容器中的液体都属于相对静止状态，此时由于液体质点之间、液体与容器之间没有相对运动，速度梯度为0，液体的内摩擦力也等于0。因此，在研究水静力学时没有理想液体和实际液体之分。

第一节 静水压强及其特性

一、静水压强定义

资源 2-1
静水压力

图 2-1 所示为水库泄洪洞前设置的平板闸门 $CDEF$，当上游有水时开启闸门比无水时开启闸门需要更大的拉力 T，其原因是水闸上游的水对闸门有了很大的压力，从而使闸门紧贴闸门槽产生了较大的摩擦力。将静止液体作用于与之接触的表面上的水压力称为静水压力，常以字母 P 表示。

现在该闸门上取一微小面积 ΔA，若作用在 ΔA 上的静水压力为 ΔP，则可得 ΔA 面积上的平均静水压力为

$$\bar{p} = \frac{\Delta P}{\Delta A} \qquad (2-1)$$

当 $\Delta A \to 0$，即 ΔA 缩至 K 点时，将比值 $\Delta P / \Delta A$ 的极限值定义为 K 点的静水压强，用 p 表示，即

$$p = \lim_{\Delta A \to 0} \frac{\Delta P}{\Delta A} \qquad (2-2)$$

在国际单位制中，静水压力 P 的单位为 N 或 kN，静水压强 p 的单位为 N/m^2 或 kN/m^2，分别又称帕（Pa）或千帕（kPa）。

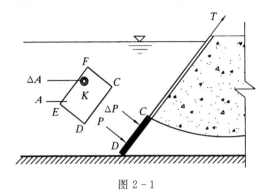

图 2-1

二、静水压强的特性

静水压强有如下两个特性：

特性 1：静水压强的方向垂直并指向受压面。

特性 2：任一点静水压强的大小和受压面的方向无关，即作用于同一点上各个方向的静水压强的大小相等。

特性 1 证明：在静水中取出一块水体，用任一平面 $N-N$ 将水体分割成上下两部分，如图 2-2 所示。现拿去上半部分，并用 P 代表上半部分对下半部分的作用力。设 n 为平面 $N-N$ 的法线方向，如果 P 不平行于 n，则 P 可分解成切向分量 P_τ 和垂向分量 P_n。在绪论中已经指出，静止液体不能够承受剪切力或拉力，显然切向分量的存在与静止液体矛盾，因此 P 只能平行于 n，即 P 垂直于平面 $N-N$。又因为静止液体不能承受拉力，所以 P 只能指向作用面 $N-N$。

特性 2 证明：如图 2-3 所示，在静水中取微分四面体 $O'ABC$。为便于分析，让四面体的 3 条棱边 dx、dy、dz 分别与坐标轴 x、y、z 平行，倾斜平面 ABC 的面积为 dA_n。

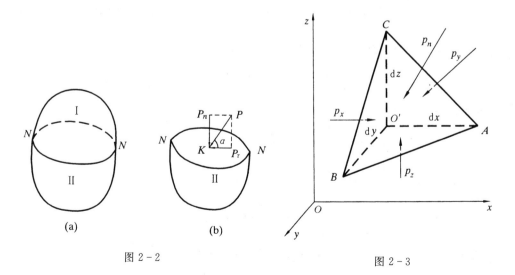

图 2-2

图 2-3

13

下面对微分四面体 $O'ABC$ 进行受力分析。

首先分析表面力：四面体 $O'ABC$ 所受的表面力只有静水压力。设 4 个表面上的平均压强分别为 p_x、p_y、p_z、p_n，则各表面上的静水压力为

$$dP_x = \frac{1}{2} p_x dy dz$$

$$dP_y = \frac{1}{2} p_y dx dz$$

$$dP_z = \frac{1}{2} p_z dx dy$$

$$dP_n = p_n dA_n$$

再分析质量力：设单位质量力的 3 个分量分别为 f_x、f_y、f_z。由几何学可知，四面体 $O'ABC$ 的体积为 $\frac{1}{6} dx dy dz$，则质量为 $\frac{1}{6} \rho dx dy dz$。所以作用于四面体上质量力的 3 个分量分别为

$$dF_x = \frac{1}{6} \rho dx dy dz f_x$$

$$dF_y = \frac{1}{6} \rho dx dy dz f_y$$

$$dF_z = \frac{1}{6} \rho dx dy dz f_z$$

由平衡条件可知，在静止状态下，四面体各个方向的作用力之和应分别等于 0。以 x 方向为例，四面体在 x 方向上的平衡方程为

$$\frac{1}{2} p_x dy dz - p_n dA_n \cos(n, x) + \frac{1}{6} \rho dx dy dz f_x = 0 \qquad (2-3)$$

式中 $\cos(n, x)$ 为斜面的法线方向 n 与 x 轴夹角的余弦，并有

$$dA_n \cos(n, x) = \frac{1}{2} dy dz$$

将上式代入式（2-3），得

$$\frac{1}{2} p_x dy dz - p_n \times \frac{1}{2} dy dz + \frac{1}{6} \rho dx dy dz f_x = 0 \qquad (2-4)$$

等式两边同除以 $\frac{1}{2} dy dz$，得

$$p_x - p_n + \frac{1}{3} \rho dx f_x = 0$$

同理
$$p_y - p_n + \frac{1}{3} \rho dy f_y = 0$$

$$p_z - p_n + \frac{1}{3}\rho dz f_z = 0$$

当 dx、dy、dz 分别趋近于 0，即四面体缩至一点时，得

$$p_x = p_y = p_z = p_n \tag{2-5}$$

由于微分四面体斜面的方向是任意取的，故式（2-5）表明，静止液体中同一点的各方向的静水压强相等，所以各个方向的压强均可写成 p。

由静水压强的特性 2 表明，在作为连续介质的静止液体内，任一点的静水压强仅是空间坐标位置的函数，而与受压面方位无关，即

$$p = p(x, y, z) \tag{2-6}$$

三、绝对压强与相对压强

计算压强的大小时，常常根据起算基准的不同，将压强分为绝对压强和相对压强。绝对压强的起算基准为完全真空，相对压强的起算基准为当地大气压。

（1）当地大气压。即地球表面大气所产生的压强，一般用 p_a 表示。由于地球表面的海拔高度不同，因此当地大气压的大小也有所差异。国际单位制中把纬度 $45°$ 海平面上温度为 $0℃$ 时的大气压强作为 1 个标准大气压，此时的大气压强 $p_a = 101325 N/m^2$。为方便起见，工程上习惯用工程大气压来衡量压强，1 个工程大气压等于 $98 kN/m^2$。

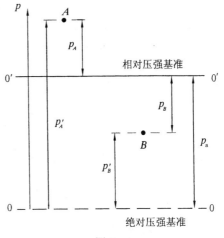

（2）绝对压强。以设想没有大气存在的完全真空作为起算基准（如图 2-4 中 0—0 面）所得的压强称为绝对压强，用符号 p' 表示，如图 2-4 所示，A、B 点的绝对压强分别为 p'_A、p'_B。

（3）相对压强。以当地大气压作为基准（如图 2-4 中 $0'$—$0'$ 面）起算所得的压强称为相对压强，用符号 p 表示，如图 2-4 所示，A 点的相对压强为 p_A。由此知，绝对压强和相对压强只是计算基准不同而已，二者在数值上相差 1 个当地大气压 p_a，如图 2-4 所示，即

图 2-4

$$p = p' - p_a \quad 或 \quad p' = p + p_a \tag{2-7}$$

（4）真空及真空度。由上述定义可知，绝对压强总是正值，而相对压强可能是正值，也可能是负值，这要视绝对压强是大于或小于当地大气压而决定。当液体中某点的绝对压强小于当地大气压 p_a 时，则该点的相对压强为负值，称为负压，也称为真空，如图 2-4 中 B 点发生了真空。真空的大小常用真空度 p_v 表示。真空度是指该点的绝对压强小于当地大气压强的数值或该点相对压强的绝对值，即

$$p_v = p_a - p' = |p| \tag{2-8}$$

15

第二节 液体的平衡微分方程及其积分

一、液体的平衡微分方程

前面已经提到，作用于液体上的力有表面力和质量力两种，本节将讨论在平衡状态下作用于液体上的表面力和质量力之间的关系，即平衡液体的微分方程。

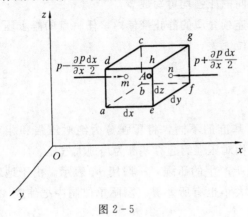

图 2 - 5

现在平衡液体中任取一边长为 dx、dy、dz 的微小六面体作为隔离体。为分析方便，让各边分别与坐标轴平行，如图 2 - 5 所示。该微小六面体在所有的表面力和质量力的作用下仍然处于平衡状态。下面根据力的平衡条件分析微小六面体上表面力和质量力之间的关系。

1. 表面力

作用于微小六面体上的表面力为周围液体对它的压力。设微小六面体形心点 A（x、y、z）的静水压强为 p。由于 p 是空间坐标位置的函数，即 $p = p$（x，y，z），因此当坐标位置发生变化时，p 也变化。应用泰勒级数及其展开，并略去二阶以上的高阶无穷小量，可得 $abcd$ 面形心点 $m\left(x - \dfrac{dx}{2}, \ y, \ z\right)$ 处的压强为

$$p_m\left(x - \frac{dx}{2}, \ y, \ z\right) = p - \frac{\partial p}{\partial x}\frac{dx}{2}$$

同理可得 $efgh$ 面形心点 $n\left(x + \dfrac{dx}{2}, \ y, \ z\right)$ 处的压强为

$$p_n\left(x + \frac{dx}{2}, \ y, \ z\right) = p + \frac{\partial p}{\partial x}\frac{dx}{2}$$

因此，x 方向的表面力为

$$P_x = \left(p - \frac{\partial p}{\partial x}\frac{dx}{2}\right)dydz - \left(p + \frac{\partial p}{\partial x}\frac{dx}{2}\right)dydz = -\frac{\partial p}{\partial x}dxdydz$$

同理可得 y 方向和 z 方向的表面力为

$$P_y = -\frac{\partial p}{\partial y}dxdydz, \qquad P_z = -\frac{\partial p}{\partial z}dxdydz$$

2. 质量力

设 f_x、f_y、f_z 分别为作用于微分六面体的单位质量力的 3 个分量，则总质量力的 3 个分量分别为

$$F_x = \rho dxdydzf_x, \qquad F_y = \rho dxdydzf_y, \qquad F_z = \rho dxdydzf_z$$

由平衡条件知，作用在微分六面体上各个方向所有的力之和应等于 0。以 x 方向为例，则有

$$-\frac{\partial p}{\partial x}\mathrm{d}x\,\mathrm{d}y\,\mathrm{d}z+\rho\mathrm{d}x\,\mathrm{d}y\,\mathrm{d}z f_x=0$$

将上式除以 $\mathrm{d}x\,\mathrm{d}y\,\mathrm{d}z$，经整理得

$$\frac{\partial p}{\partial x}=\rho f_x$$

同理，对于 y、z 方向可推出类似的结果，从而可得平衡液体的微分方程为

$$\begin{cases}\dfrac{\partial p}{\partial x}=\rho f_x\\[2mm]\dfrac{\partial p}{\partial y}=\rho f_y\\[2mm]\dfrac{\partial p}{\partial z}=\rho f_z\end{cases}\qquad(2-9)$$

式中：左端表示压强沿某一方向的变化率，右端分别为 x、y、z 方向单位体积上的质量力。

式（2-9）是 1775 年瑞士学者欧拉（Euler）首先推导出来的，故又称为欧拉平衡微分方程。该式表明，在平衡液体中，静水压强沿某一方向的变化率与该方向单位体积上的质量力相等。

二、液体的平衡微分方程的积分式

将式（2-9）中各式依次乘以 $\mathrm{d}x$、$\mathrm{d}y$、$\mathrm{d}z$，相加后得

$$\frac{\partial p}{\partial x}\mathrm{d}x+\frac{\partial p}{\partial y}\mathrm{d}y+\frac{\partial p}{\partial z}\mathrm{d}z=\rho(f_x\mathrm{d}x+f_y\mathrm{d}y+f_z\mathrm{d}z)$$

由于 $p=p(x,y,z)$，故上式左端为 p 的全微分 $\mathrm{d}p$，于是上式可写为

$$\mathrm{d}p=\rho(f_x\mathrm{d}x+f_y\mathrm{d}y+f_z\mathrm{d}z)\qquad(2-10)$$

上式即为欧拉平衡微分方程的另一种形式，与式（2-9）在本质上完全相同，仅仅是形式上不同而已。式（2-10）是分析平衡液体规律的基本方程。

下面进一步讨论满足平衡微分方程的质量力所必须具备的性质。

对于不可压缩液体，$\rho=$ 常数，将式（2-10）写为

$$\mathrm{d}\left(\frac{p}{\rho}\right)=f_x\mathrm{d}x+f_y\mathrm{d}y+f_z\mathrm{d}z\qquad(2-11)$$

上式左端是某一函数的全微分，则右端也应是某一函数的全微分，可写为

$$\mathrm{d}U=f_x\mathrm{d}x+f_y\mathrm{d}y+f_z\mathrm{d}z\qquad(2-12)$$

而

$$\mathrm{d}U=\frac{\partial U}{\partial x}\mathrm{d}x+\frac{\partial U}{\partial y}\mathrm{d}y+\frac{\partial U}{\partial z}\mathrm{d}z$$

由此得

$$\begin{cases} f_x = \dfrac{\partial U}{\partial x} \\[2mm] f_y = \dfrac{\partial U}{\partial y} \\[2mm] f_z = \dfrac{\partial U}{\partial z} \end{cases} \tag{2-13}$$

满足上式的函数 U 称为力势函数，而满足上述关系的力称为有势力。如重力、惯性力都是有势力。可见，液体只有在有势的质量力作用下才能平衡。

比较式（2-11）和式（2-12），得

$$d\left(\frac{p}{\rho}\right) = dU \qquad 或 \qquad dp = \rho dU \tag{2-14}$$

对式（2-14）进行积分，得

$$p = \rho U + c \tag{2-15}$$

式中：c 为积分常数，由边界条件确定。

当液体某一点的力势函数 U_0、压强 p_0 已知时，代入式（2-15）得：$c = p_0 - \rho U_0$，于是式（2-15）变化为

$$p = p_0 + \rho (U - U_0) \tag{2-16}$$

上式即为不可压缩液体平衡微分方程积分后的关系式。它表明静止液体在某种质量力作用下的压强分布规律。

三、等压面

资源 2-2
等压面

在连续液体中，由压强相等的各点所组成的面叫等压面。例如液体的自由表面、处于平衡状态下的两种液体的交界面都是等压面。在等压面上，$p = $ 常数，即 $dp = 0$，则由式（2-10）可得等压面方程为

$$f_x dx + f_y dy + f_z dz = 0 \tag{2-17}$$

上式表明，等压面的形状由质量力决定。

等压面有以下两个重要特性：

（1）等压面就是等势面。证明如下：

在等压面上，因为 $p = c$，所以 $dp = 0$。

由于 $\rho = $ 常数，因此由式（2-14）得 $dU = 0$，故 $U = c$，即等压面也是等势面。

（2）等压面与质量力正交。证明如下：

设作用于等压面上的单位质量力为 $\boldsymbol{f} = f_x \boldsymbol{i} + f_y \boldsymbol{j} + f_z \boldsymbol{k}$，位于等压面上的质点在质量力作用下的位移为 $d\boldsymbol{s} = dx \boldsymbol{i} + dy \boldsymbol{j} + dz \boldsymbol{k}$，则 $\boldsymbol{f}$ 所作的功为

$$\boldsymbol{f} \cdot d\boldsymbol{s} = f_x dx + f_y dy + f_z dz$$

由等压面方程知

$$f_x dx + f_y dy + f_z dz = 0$$

则

$$\boldsymbol{f} \cdot d\boldsymbol{s} = 0$$

由于
$$f \neq 0, \quad \mathrm{d}s \neq 0$$

则必然是
$$f \perp \mathrm{d}s$$

由于 $\mathrm{d}s$ 是等压面上任意点的位移，由此可得，平衡液体中的等压面与质量力垂直。由该性质可以推论，当质量力为重力时，等压面必定是水平面。

第三节　重力作用下的液体平衡

以上推导的欧拉平衡微分方程是一种普遍规律，它在任何有势的质量力作用下都是适用的。在工程上常见的情况是质量力只有重力，即绝对静止状态。下面就这种情况进行分析。

一、静水压强基本方程

图 2-6 所示为质量力只有重力的静止液体。现将坐标系置于其中，并将原点选在容器底部，z 轴铅垂向上。设液面上的压强为 p_0，其位置为 z_0。因为作用在液体上的质量力只有重力，即 $F_x = 0$，$F_y = 0$，$F_z = -Mg$，所以单位质量力的 3 个分量为
$$f_x = 0, \; f_y = 0, \; f_z = -g$$

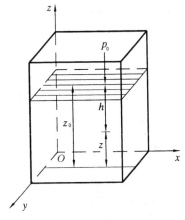

图 2-6

将上式代入式（2-10），得
$$\mathrm{d}p = \rho \, (f_x \mathrm{d}x + f_y \mathrm{d}y + f_z \mathrm{d}z) = -\rho g \mathrm{d}z$$

积分上式可得
$$p = -\rho g z + c \quad \text{或} \quad z + \frac{p}{\rho g} = c \qquad (2-18)$$

在液面上，$z = z_0$，$p = p_0$，则积分常数 $c = p_0 + \rho g z_0$。代入式（2-18）可得
$$p = p_0 + \rho g \, (z_0 - z)$$

如图 2-6 所示，$z_0 - z = h$，于是上式可写为
$$p = p_0 + \rho g h \qquad (2-19)$$

式中：h 为静止液体内任意一点在液面下的淹没深度。

式（2-18）和式（2-19）即为重力作用下的液体平衡微分方程，也称静水压强基本公式。该方程表明，在静止液体中任一点的静水压强由两部分组成：①液面压强 p_0；②$\rho g h$，即从该点到液面之间单位面积上的液柱重量。

若液面上的压强为当地大气压，即 $p_0 = p_a$，用相对压强表示式（2-19）为
$$p = \rho g h \qquad (2-20)$$

上述方程表明，在同一种液体中，淹没深度相等的各点的静水压强相等，故水平面即为等压面。如图 2-7（a）所示，连通容器中过 1、2、3、4 各点的水平面即为等

压面。但必须注意，这一结论仅适用于质量力只有重力的同一种连续液体。对于不连续的液体［如5、6两点被阀门隔开，如图2-7（b）所示］，或者一个水平面穿过两种及以上不同液体［如图2-7（c）所示的 a、b 两点］，即使是位于同一水平面上的各点，其压强也不一定相等，即水平面不一定是等压面。

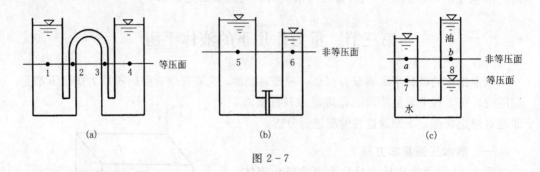

图 2-7

二、静水压强基本方程的意义

1. 几何意义

方程 $z+\dfrac{p}{\rho g}=c$ 表明，只有重力作用时，静止液体中任一点的 $z+\dfrac{p}{\rho g}$ 是常数。如图2-8所示，在盛有液体的容器侧壁上位于 z_1 和 z_2 处开1、2两小孔，接上与大气相通的开口玻璃管，称为测压管。在液体压强作用下，测压管中液面分别上升了 h_1 和 h_2。由基本方程知，1、2两点的相对压强分别为 $p_1=\rho g h_1$，$p_2=\rho g h_2$，即 $h_1=\dfrac{p_1}{\rho g}$，$h_2=\dfrac{p_2}{\rho g}$。水力学中称位置高度 z 和压强高度 $\dfrac{p}{\rho g}$ 分别为位置水头和压强水头。选基准面0-0，两测压管液面到基准面的高度分别为 $z_1+\dfrac{p_1}{\rho g}=c_1$ 和 $z_2+\dfrac{p_2}{\rho g}=c_2$。由基本方程 $z+\dfrac{p}{\rho g}=c$ 可知，如果容器内的液体为绝对静止状态，液面上为大气压强，则无论在容器何处设置测压管，其中的液面都与容器内液面齐平，即 $z_1+\dfrac{p_1}{\rho g}=z_2+\dfrac{p_2}{\rho g}$。

$z+\dfrac{p}{\rho g}$ 称为测压管水头。故式（2-18）表明，重力作用下的静止液体内，各点的测压管水头相等。

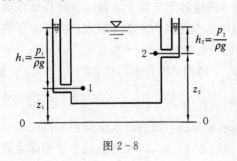

图 2-8

2. 物理意义

设想在图2-8所示的容器中，围绕点1取质量为 $\mathrm{d}m$ 的液体，则该质点具有的位置势能为 $\mathrm{d}mgz$，故 $\dfrac{\mathrm{d}mgz}{\mathrm{d}mg}=\dfrac{\mathrm{d}mgz}{\mathrm{d}G}=z$ 代表了单位重量液体所具有的位能。设点1处的压强为 p，在点1安置测压管后，在压强 p 作

用下使质量为 $\mathrm{d}m$ 的液体上升 $\dfrac{p}{\rho g}$ 高度，这说明点 1 处的压强具有潜在的做功能力，称

$\mathrm{d}mg\,\dfrac{p}{\rho g}$ 为该点的压强势能，所以 $\dfrac{\mathrm{d}mg\,\dfrac{p}{\rho g}}{\mathrm{d}mg}=\dfrac{\mathrm{d}mg\,\dfrac{p}{\rho g}}{\mathrm{d}G}=\dfrac{p}{\rho g}$ 代表了单位重量液体所具有

的压能。称 $z+\dfrac{p}{\rho g}$ 为单位重量液体所具有的

势能。故 $z+\dfrac{p}{\rho g}=c$ 表明，仅在重力作用下

的静止液体内，其中各点的单位重量液体所

具有的势能相等。

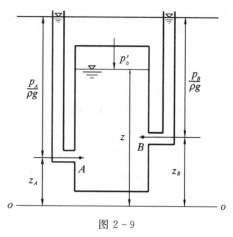

图 2-9

例 2-1 有一封闭水箱，箱内的水面
至基准面高度 $z=2\mathrm{m}$，水面以下 A、B 两
点的位置高度分别为 $z_A=1.0\mathrm{m}$，$z_B=$
$1.2\mathrm{m}$，液面压强 $p_0'=105\mathrm{kPa}$，如图 2-9
所示。试求（1）A、B 两点的绝对压强及
相对压强；（2）A、B 两点的测压管水头。

解：

（1）求 A、B 两点的绝对压强和相对压强。由式（2-19）得 A 点绝对压强为

$$p_A'=p_0'+\rho gh=p_0'+\rho g\ (z-z_A)$$
$$=105+9.8\ (2-1)\ =114.8\ (\mathrm{kPa})$$

B 点绝对压强为

$$p_B'=p_0'+\rho gh=p_0'+\rho g\ (z-z_B)$$
$$=105+9.8\times\ (2-1.2)$$
$$=112.84\ (\mathrm{kPa})$$

A 点相对压强为

$$p_A=p_A'-p_a=114.8-98=16.8\ (\mathrm{kPa})$$

B 点相对压强为

$$p_B=p_B'-p_a=112.84-98=14.84\ (\mathrm{kPa})$$

（2）求 A、B 两点的测压管水头。

$$z_A+\frac{p_A}{\rho g}=1.0+\frac{16.8}{9.8}=2.714\ （\mathrm{m}）$$

$$z_B+\frac{p_B}{\rho g}=1.2+\frac{14.84}{9.8}=2.714\ （\mathrm{m}）$$

由此可见，尽管 A、B 两点的位置高度不同，压强也不相同，但两点的测压管水头是相等的。

第四节　静水压强的量测

一、压强的计量单位

在实际工作中，常常根据不同的场合和不同的习惯采取不同的压强单位，主要有以下几种。

1. 应力单位

应力即单位面积上所受的力，如 N/m^2（Pa）、kN/m^2（kPa）。

2. 工程大气压

即以大气压强作为衡量压强大小的尺度。工程上为了方便计算，常用大气压来衡量压强的大小。并规定：1 个工程大气压 $1p_{at}=98kPa$。

3. 液柱高度

由式（2-20）可得

$$h=\frac{p}{\rho g}$$

上式说明：任一点的静水压强 p 可化为任何一种密度为 ρ 的液体柱高度 h，因此也可以用液柱高度作为压强的单位。例如 1 个工程大气压，若用水柱高表示，则为

$$h=\frac{p_{at}}{\rho g}=\frac{98000}{9800}=10 \text{（m 水柱）}$$

如用水银柱表示，则因水银的密度为 $\rho_m=13600kg/m^3$，故有

$$h=\frac{p_{at}}{\rho_m g}=\frac{98000}{133280}=0.7353 \text{（m 水银柱）}=735.3mm \text{ 水银柱}$$

二、测压管

最简单的测压管如图 2-10 所示，一根开口玻璃管直接连接到需测量压力的设备上，测压管的上端与大气相通，在压力作用下，液体沿测压管上升某一高度 h，该测点 A 的相对压强值为

$$p_A=\rho gh$$

如果被测点的压强较小，为了提高测量精度，可将测压管倾斜放置，如图 2-11 所示。A 点的相对压强应为

$$p_A=\rho gh=\rho gl\sin\alpha$$

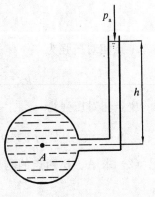

图 2-10

对于较大的压强值，如用上述方法量测，会因测压管高度过高而使量测不便。此时可采用较重的液体做成如图 2-12 所示的 U 形管。

在图 2-12 中，由于水银面 1—1 为等压面，则得

$$p_A + \rho g a = \rho_m g h$$

整理得

$$p_A = \rho_m g h - \rho g a$$

式中：ρ、ρ_m 分别为水和水银的密度。

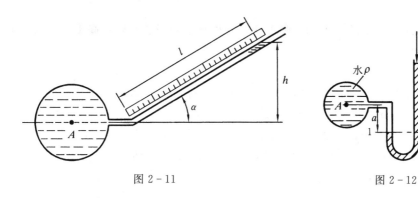

图 2-11　　　　　　　　　　　　　图 2-12

三、比压计（差压计）

比压计是直接测量两点压强差的装置。如图 2-13 所示，为测出 A、B 两点的压强差，用 U 形水银比压计连接 A、B 两点。设左、右两容器内各盛密度分别为 ρ_A、ρ_B 的两种液体，比压计水银面高差为 Δh，其他尺寸如图所示。

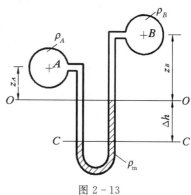

由于 $C-C$ 为等压面，则

$$p_A + \rho_A g \ (z_A + \Delta h) = p_B + \rho_B g z_B + \rho_m g \Delta h$$

整理上式得

$$p_A - p_B = \rho_B g z_B + \rho_m g \Delta h - \rho_A g \ (z_A + \Delta h)$$

若两容器中液体相同，即 $\rho_A = \rho_B = \rho$，则上式为

$$p_A - p_B = \ (\rho_m - \rho) \ g \Delta h + \rho g \ (z_B - z_A)$$

图 2-13

如果 A、B 两点压差较小，可将 U 形管倒置，如图 2-14 所示。但 U 形管中注入的液体应比容器中的液体要轻。

如图选 $C-C$ 为等压面，由式（2-19）得

$$p_A = p_c + \rho_n g h + \rho_A g h_A, \qquad p_B = p_c + \rho_B g h_B$$

则 A、B 两点的压差为

$$p_B - p_A = \rho_B g h_B - \rho_n g h - \rho_A g h_A$$

若两容器中液体相同，即 $\rho_A = \rho_B = \rho$，则上式为

$$p_B - p_A = \rho g \ (h_B - h_A) \ - \rho_n g h$$

由图 2-14 可见，$h_B + s = h_A + h$，即 $h_B - h_A = h - s$，所以

$$p_B - p_A = \ (\rho - \rho_n) \ g h - \rho g s$$

当 $s = 0$ 时
$$p_B - p_A = \ (\rho - \rho_n) \ g h$$

例 2 - 2 两盛水压力容器 A、B 间连接一水银比压计，如图 2 - 15 所示。已知：$\Delta z = \Delta h = h = 0.3$。

(1) 试求 A、B 两点的压差；

(2) 若容器 A、B 变为同一高程（$\Delta z = 0$），且 Δh 不变，试求 A、B 两点的压强差；

(3) 若容器 A、B 的高程和压强不变，变化水银测压计的安装高度 h，试问是否会影响 Δh 的大小？

解：

(1) 由于图 2 - 15 中 1—1 和 2—2 水平面均为等压面，据此可列出下式：

$$p_A - \rho g h = p_2 + \rho_m g \Delta h$$

$$p_B - \rho g \left(\Delta z + h + \Delta h \right) = p_1 - \rho_m g \Delta h$$

所以　　　　$p_A - p_B = p_2 - p_1 + 2\rho_m g \Delta h - \rho g \left(\Delta z + \Delta h \right)$

由于　　　　$p_1 = p_2 + \rho_m g \Delta h$

代入上式得

$$p_A - p_B = \rho_m g \Delta h - \rho g \left(\Delta z + \Delta h \right)$$
$$= 133.28 \times 0.3 - 9.8 \left(0.3 + 0.3 \right) = 34.10 \ (\text{kPa})$$

(2) 若容器 A、B 两点同高，即 $\Delta z = 0$，则由上式得

$$p_A - p_B = \left(\rho_m - \rho \right) g \Delta h = \left(13.6 - 1 \right) \times 9.8 \times 0.3 = 37.04 \ (\text{kPa})$$

(3) 从以上计算过程可以看出，水银测压计读数 Δh 仅与容器中 A、B 两点的压强差和位置高度 Δz 有关，与测压计安装高度 h 无关。所以，变化水银测压计的安装高度，不会影响 Δh 的大小。

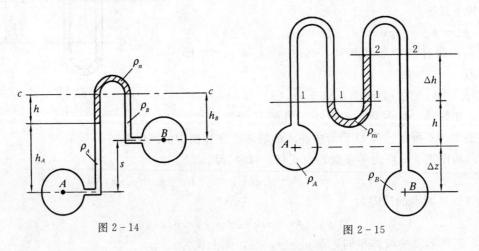

图 2 - 14　　　　　　　　　　　　图 2 - 15

第五节　几种质量力同时作用下的液体平衡

以上讨论了重力作用下的液体平衡问题。本节讨论几种质量力同时作用下的液体平衡问题。例如，装有液体的容器作等角速度旋转运动或作等加速运动，此时液体除

受重力作用外，还受惯性力作用。这种运动相对于地球来说是运动的，但各液体质点之间及液体与器皿之间无相对运动，即为相对静止或相对平衡。由于质点之间不存在相对运动，所以液体中不显示黏滞力。根据达朗贝尔原理，在相对平衡的液体质点上虚加相应的惯性力，就可按静力学的方法来研究相对平衡液体，此时在应用欧拉平衡微分方程式（2-10）时，质量力中除重力之外还应包括惯性力。下面讨论液体相对平衡的两种典型情况。

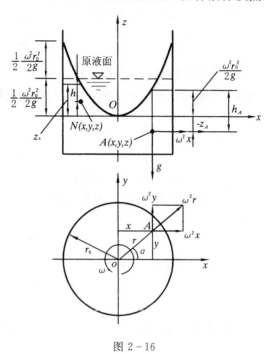

图 2-16

一、液体随容器绕铅直轴作等角速度旋转运动的情况

图 2-16 所示为盛有液体的开口圆筒。当圆筒以等角速度 ω 绕其中心轴 z 旋转时，由于液体的黏滞性作用，与容器壁接触的液体层首先被带动而旋转，并逐渐向中心发展，使所有的液体质点都绕该轴旋转。待运动稳定后，液体与容器将如同刚体般一起绕旋转轴旋转，各质点都具有相同的角速度，液面形成一个漏斗形的旋转面。将坐标系取在运动着的容器上，原点取在旋转轴与自由表面的交点上，z 轴铅直向上。在这种情况下，作用在平衡液体质点 A 上的质量力有铅直向下的重力 $G=-mg$ 和沿半径方向的离心惯性力 $F=\dfrac{mv^2}{r}=m\omega^2 r$。则单位质量力（重力与惯性力之和）在 3 个坐标轴上的分量为

$$\begin{cases} f_x = \omega^2 r\cos\alpha = \omega^2 x \\ f_y = \omega^2 r\sin\alpha = \omega^2 y \\ f_z = -g \end{cases} \qquad (2-21)$$

式中：$r=\sqrt{x^2+y^2}$，为质点 A 至中心轴的径向距离；ω 为旋转角速度。

将式（2-21）代入欧拉平衡微分方程式（2-10），得

$$\mathrm{d}p = \rho\,(\omega^2 x\,\mathrm{d}x + \omega^2 y\,\mathrm{d}y - g\,\mathrm{d}z)$$

积分后，得

$$p = \rho\left(\frac{1}{2}\omega^2 x^2 + \frac{1}{2}\omega^2 y^2 - gz\right) + c = \rho\left(\frac{1}{2}\omega^2 r^2 - gz\right) + c \qquad (2-22)$$

由边界条件知：$x=y=z=0$ 时，压强为大气压，即相对压强 $p=0$，所以积分常数 $c=0$。于是得

$$p = \rho\left(\frac{1}{2}\omega^2 r^2 - gz\right) = \rho g\left(\frac{\omega^2 r^2}{2g} - z\right) \qquad (2-23)$$

上式就是容器绕铅直轴做等角速度旋转运动时液体中的压强分布公式。

由 p 为常数可得等压面方程为

$$\frac{\omega^2 r^2}{2g} - z = c \qquad (2-24)$$

上式为旋转抛物面方程。该式说明等压面为一簇旋转抛物面。c 为积分常数，由边界条件确定，不同的 c 值代表不同的旋转抛物面。在自由表面上，$p=0$，故自由表面方程为

$$\frac{\omega^2 r^2}{2g} = z_s \qquad (2-25)$$

式中：z_s 为自由表面上任意点的垂直坐标。

对于位于液面以下的铅直深度为 h （图 2-16）的液体内部任一点 N（x，y，z），则因

$$z = z_s - h$$

将上式代入式（2-23），得

$$p = \rho g \left[\frac{\omega^2 r^2}{2g} - (z_s - h) \right] \qquad (2-26)$$

由自由表面方程知 $\dfrac{\omega^2 r^2}{2g} = z_s$，于是可得

$$p = \rho g h$$

可见，绕铅直轴作等角速度旋转运动的容器中，液体的静水压强公式与静止液体中静水压强公式完全相同。

还可证明，相对原液面来说，液体沿容器壁升高和中心降低的值是相等的，即如果容器的半径为 r_0，则升高和降低值均为 $\dfrac{1}{2}\dfrac{\omega^2 r_0^2}{2g}$，证明见例 2-3。

最后应当指出，在只有重力作用下的静止液体中，存在关系 $z + \dfrac{p}{\rho g} = c$，但在几种质量力同时作用的相对平衡液体中，这一关系一般情况下不存在。将式（2-22）整理可得：$z + \dfrac{p}{\rho g} - \dfrac{\omega^2 r^2}{2g} = c$，可见，只有 r 值相同的那些点，即位于同心圆柱面上的各点，其 $z + \dfrac{p}{\rho g}$ 才保持不变。

例 2-3 一圆柱形容器如图 2-17 所示。半径为 R，原盛水深度为 H，将容器以等角速度 ω 绕中心轴 Oz 旋转，试求运动稳定后容器中心及边壁处的水深。

解：

在容器边壁处 $r = R$，$z_s = z_w$，由式（2-25）可求出容器边壁与中心处水深的差值为

$$z_w - z_0 = \frac{\omega^2 R^2}{2g} \qquad (2-27)$$

由几何学可知，旋转抛物体的体积为同底、等高的圆柱体积的一半；同时，容器

旋转后的水体体积应与静止时的水体体积相等，故

$$\pi R^2 z_w - \frac{1}{2}\pi R^2\ (z_w - z_0)\ = \pi R^2 H$$

即

$$z_w = H + \frac{1}{2}\ (z_w - z_0)\ = H + \frac{1}{2}\frac{\omega^2 R^2}{2g}$$

$$(2-28)$$

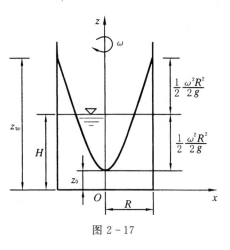

图 2-17

上式表明，边壁处的水面比静止时水面高出 $\frac{1}{2}\frac{\omega^2 R^2}{2g}$。

将式（2-28）代入式（2-27）可求得容器中心处的水深为

$$z_0 = H - \frac{1}{2}\frac{\omega^2 R^2}{2g}$$

$$(2-29)$$

故中心点水面比静水面低了 $\frac{1}{2}\frac{\omega^2 R^2}{2g}$。

二、液体随容器作等加速水平直线运动的情况

图 2-18 所示为一装有液体的敞开容器，以等加速度 a 沿 x 轴作直线运动，液体的自由面由原来静止时的水平面变成倾斜面。现讨论容器内液体的压强分布及等压面形状。将直角坐标的 z 轴取在容器的对称轴上，原点取在自由面与对称轴的交点上，如图 2-18 所示。容器内任一点处的液体所受的质量力有重力 $\boldsymbol{G} = -m\boldsymbol{g}$ 和惯性力 $\boldsymbol{F} = -m\boldsymbol{a}$，则单位质量力为

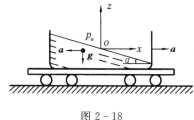

图 2-18

$$f_x = -\boldsymbol{a}, \quad f_y = 0, \quad f_z = -\boldsymbol{g}$$

$$(2-30)$$

将式（2-30）代入欧拉平衡微分方程式（2-10），得

$$\mathrm{d}p = \rho\ (-\boldsymbol{a}\mathrm{d}x - \boldsymbol{g}\mathrm{d}z)$$

积分上式，可得压强分布

$$p = -\rho\ (\boldsymbol{a}x + \boldsymbol{g}z)\ + c$$

$$(2-31)$$

式中：c 为积分常数，可由边界条件确定。

由图 2-18 可见，当 $x=0$，$z=0$ 时，$p=0$，代入上式得 $c=0$，所以

$$p = -\rho\ (\boldsymbol{a}x + \boldsymbol{g}z)$$

$$(2-32)$$

上式即为作等加速直线运动的容器中液体的压强分布公式。

由 p 为常数可得等压面方程为

$$\boldsymbol{a}x + \boldsymbol{g}z = c$$

$$(2-33)$$

可见此时的等压面不再是水平面，而是一簇倾斜平面。

在自由面上，当 $x=0$ 时，$z=0$，则 $c=0$。所以，自由面方程为

$$\boldsymbol{a}x+\boldsymbol{g}z_s=0 \quad 或 \quad z_s=-\frac{a}{g}x \tag{2-34}$$

式中：z_s 为自由面上的任意点。

等压面与水平面的夹角为

$$\alpha=\arctan\left(-\frac{z}{x}\right)=\arctan\frac{a}{g} \tag{2-35}$$

将式（2-34）代入式（2-32）得

$$p=\rho\boldsymbol{g}\ (z_s-z)\ =\rho gh$$

可见，在作等加速直线运动的容器中，液体的静水压强公式与静止液体中的静水压强公式完全相同。

第六节 作用在平面上的静水总压力

前面已经讨论了静水压强的计算，但在工程中仅仅会求某点的静水压强还是不够的，工程中常常需要知道作用在整个表面上的液体压力，如为了校核土坝的稳定性，需要知道作用在土坝迎水面上的水压力的大小。下面就作用在平面上的静水总压力的大小、方向和作用点进行讨论。讨论时本着从简到繁，从特殊到一般的原则，先讨论平面上的静水总压力计算，再讨论曲面上静水总压力的计算；对于平面，先讨论矩形平面上静水总压力的计算，再讨论任意形状平面上静水总压力的计算。

一、作用于矩形平面上的静水总压力

矩形平面的受压面在水利工程中最为常见，例如矩形平板闸门、单位宽度挡水坝坝面等。计算矩形平面上所受的静水总压力，比较简便的方法是利用静水压强分布图求解，此法称为图解法，也称压力图法。下面首先介绍静水压强分布图的概念及其绘制。

1. 静水压强分布图

由静水压强基本公式 $p=\rho gh$ 可知，压强 p 的大小与水深 h 成线性函数关系。将 p 与 h 之间的关系绘制成几何图形，该图形则称为静水压强分布图。静水压强分布图的绘制方法如下：

（1）由公式 $p=\rho gh$ 计算出液体中某点静水压强值，用一定长度的线段表示该点压强大小。

（2）用箭头表示静水压强的方向（垂直并指向受压面）。

（3）以直线连接箭头线的尾部，就构成了受压面上的静水压强分布图。

对于平面壁，压强 p 沿水深 h 方向呈直线分布，因此只要确定两个点的压强值，就可以确定该直线。

图 2-19 所示为一矩形平板闸门 AB，一侧挡水，水深为 h，水面为大气压强 p_a，闸门顶、底两点的相对压强值分别为 $p_A=0$，$p_B=\rho gh$。由 B 点作垂直于 AB 的箭头线，以线段 $B'B$ 表示 p_B 的大小，连线 AB' 构成直角三角形 ABB'，即为 AB 面上的

静水压强分布图。

图 2-20 绘出了几种有代表性的受压面的相对压强分布图。

静水压强分布图可以叠加，对于建筑物上下游都受水压力作用的情况，如图 2-20（b）所示，叠加之后静水压强分布图为矩形，这样可以简化静水总压力的计算。

2．静水总压力的计算

静水总压力的计算包括确定静水总压力的大小、方向和作用点。由于平面上各点静水压强均垂直指向受压

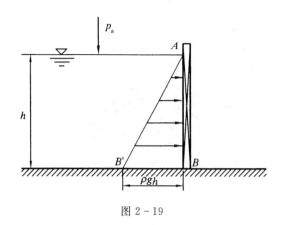

图 2-19

面，即各点的水压力是平行力系，因此求矩形平面上的静水总压力实际上是平行力系求合力的问题，故静水总压力的方向必定垂直指向受压面。下面分别讨论静水总压力的大小和作用点。

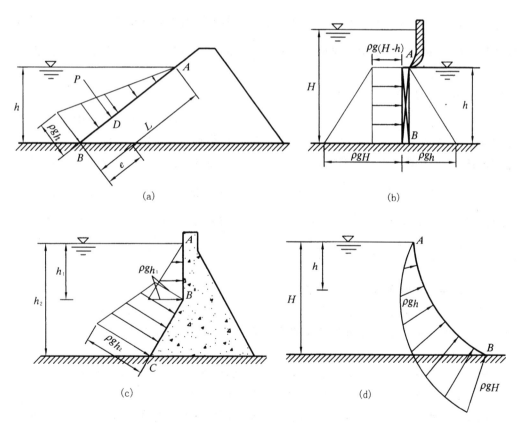

图 2-20

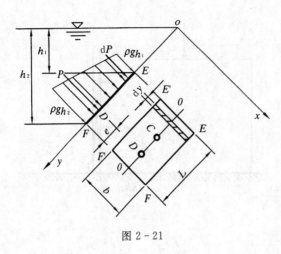

图 2-21

（1）静水总压力的大小。如图 2-21 所示，倾斜平板 $EFF'E'$ 的长度为 L、宽度为 b，EE' 平行于水面，E 点的水深为 h_1，F 点的水深为 h_2。在平板上取微小面积 dA，则 $dA = bdy$。由于 dA 为微小平面，所以可认为 dA 上各点的压强均为 p，则作用于微小面积 dA 上的静水压力为

$$dP = pdA = pbdy$$

作用于整个受压面上的静水总压力为

$$P = \int_A dP = b \int_{y_E}^{y_F} pdy$$

式中：$\int_{y_E}^{y_F} pdy$ 就是静水压强分布图的面积，用符号 Ω 表示。

则 $$P = \Omega b \qquad (2-36)$$

上式表明，作用于矩形平面上的静水总压力等于静水压强分布图的面积与受压面宽度的乘积。该压强分布图为梯形，故 $\Omega = \frac{1}{2}(\rho gh_1 + \rho gh_2)L$；若压强分布图为三角形，如图 2-20（a）所示，则 $\Omega = \frac{1}{2}\rho ghL$。

（2）静水总压力的作用点。由图 2-21 可见，矩形平面存在纵向对称轴 0—0，压强相对于 0—0 轴分布，P 的作用点 D 必定位于对称轴 0—0 上，P 的作用线还应通过对称轴 0—0 上静水压强分布图的形心点，与受压面相交于 D 点，D 点称为压力中心。当压强分布图为三角形时，压力中心 D 至平板底部距离 $e = \frac{L}{3}$，如图 2-20（a）所示；当压强分布图为梯形时，根据合力矩定理可求得压力中心 D 至平板底部的距离 $e = \frac{L(2h_1 + h_2)}{3(h_1 + h_2)}$，如图 2-21 所示。

二、作用于任意平面上的静水总压力

以上讨论的图解法，只能用于受压面为矩形平面的静水总压力计算。当受压面为任意形状的平面时，需要用分析法来确定静水总压力的大小和作用点。

1. 静水总压力的大小

如图 2-22 所示，任意形状的平面 EF，倾斜放置于水中，与水平面的夹角为 α，面积为 A，C 为形心。为便于分析，建立直角坐标系 xOy。

现在 EF 平面内任取一点 M，其水下的淹没深度为 h，则该点的压强为 $p = \rho gh$。现在 M 点周围取一微分面积 dA，dA 面积上各点的压强可视为与 M 点相同，因此 dA 面上作用的静水总压力 $dP = pdA = \rho ghdA$，故整个 EF 平面上的静水总压力为

$$P = \int_A \mathrm{d}P = \int_A \rho g h \,\mathrm{d}A = \rho g \int_A y \sin\alpha \,\mathrm{d}A = \rho g \sin\alpha \int_A y \,\mathrm{d}A \qquad (2-37)$$

上式中 $\int_A y \,\mathrm{d}A$ 表示 EF 平面对 Ox

轴的面积矩，其值为 $\int_A y \,\mathrm{d}A = y_C A$，式

中 y_C 为 EF 平面形心点的坐标。于是

$$P = \rho g y_C \sin\alpha A = \rho g h_C A = p_C A$$

$$(2-38)$$

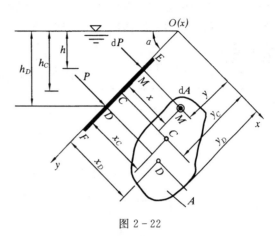

图 2 - 22

式中：h_C、p_C 分别为受压面形心点在
水下的淹没深度和受压面形心点的压
强；A 为受压面的面积。

上式表明，作用于任意平面上的静
水总压力，等于该平面形心点的静水压
强与受压面面积的乘积。

2. 静水总压力的作用点

设压力中心 D 在坐标系中的坐标为 (x_D, y_D)。因此，确定 D 点的位置，就是
确定坐标值 (x_D, y_D)。由理论力学合力矩定理知，合力对任一轴的力矩等于各分力
对该轴力矩的代数和。即

$$P y_D = \int \mathrm{d}P y \qquad (2-39)$$

由于

$$\mathrm{d}P = p \,\mathrm{d}A = \rho g h \,\mathrm{d}A = \rho g y \sin\alpha \,\mathrm{d}A$$

则

$$P y_D = \rho g \sin\alpha \int_A y^2 \,\mathrm{d}A$$

令 $I_{Ox} = \int_A y^2 \,\mathrm{d}A$，$I_{Ox}$ 表示平面 EF 对 Ox 轴的惯性矩，根据惯性矩的平行移轴

定理，得

$$I_{Ox} = I_{Cx} + y_C^2 A \qquad (2-40)$$

式中：I_{Cx} 表示 EF 平面对通过形心 C 点并与 Ox 轴平行的轴线的惯性矩。

于是

$$P y_D = \rho g \sin\alpha \ (I_{Cx} + y_C^2 A)$$

由此得

$$y_D = \frac{\rho g \sin\alpha \ (I_{Cx} + y_C^2 A)}{P} = \frac{\rho g \sin\alpha \ (I_{Cx} + y_C^2 A)}{\rho g y_C \sin\alpha A} = y_C + \frac{I_{Cx}}{y_C A} \qquad (2-41)$$

由于 $\dfrac{I_{Cx}}{y_C A} > 0$，则由上式可见，$y_D > y_C$，即静水总压力的作用点 D 位于受压面形
心点 C 之下。常见平面图形的 A、y_C 及 I_{Cx} 的计算公式见表 2 - 1。

同理，运用合力矩定理对 Oy 求力矩，可以求出压力中心 D 点的另一个坐标 x_D。

$$x_D = x_C + \frac{I_{Cxy}}{y_C A} \qquad (2-42)$$

式中：I_{Cxy} 为面积 A 对通过形心 C 点并与 Ox、Oy 轴平行的轴的惯性积。

惯性积 I_{Cxy} 不同于惯性矩，可以是正值，也可以是负值，所以对于任意形状的平面而言，压力中心 D 可能在形心 C 的左侧或右侧。但在工程实际中，受压平面大多数具有对称轴，对称轴两侧压力对称，所以压力中心必定落在纵向对称轴上，因而无需计算 x_D。

表 2-1 　　　　　　　　　常见平面图形的 A、y_C 及 I_{Cx}

	几 何 图 形	面积 A	形心坐标 y_C	对通过形心点 Cx 轴的惯性矩 I_{Cx}
矩形		bh	$\dfrac{h}{2}$	$\dfrac{bh^3}{12}$
三角形		$\dfrac{bh}{2}$	$\dfrac{2h}{3}$	$\dfrac{bh^3}{36}$
梯形		$\dfrac{h(a+b)}{2}$	$\dfrac{h}{3}\left(\dfrac{a+2b}{a+b}\right)$	$\dfrac{h^3}{36}\left(\dfrac{a^2+4ab+b^2}{a+b}\right)$
圆		πr^2	r	$\dfrac{1}{4}\pi r^4$
半圆		$\dfrac{1}{2}\pi r^2$	$\dfrac{4r}{3\pi}=0.4244r$	$\dfrac{9\pi^2-64}{72\pi}r^4=0.1098r^4$

应当指出，以上分析都是在液面压强为当地大气压情况下讨论的，若液面压强不是当地大气压，则不能照搬以上结果，读者可自行分析。

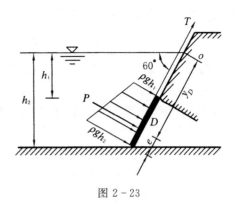

图 2 - 23

例 2 - 4　某水工隧洞进口，倾斜设置一矩形平板闸门（图 2 - 23），倾角 $\alpha = 60°$，门宽 $b = 4m$，门高 $L = 6m$，门顶在水面以下的淹没深度 $h_1 = 10m$，若不计闸门自重，试求沿斜面拖动闸门所需的拉力 T（已知闸门与门槽之间的摩擦系数 f 为 0.25），并确定闸门上静水总压力的大小和压力中心的位置。

解：

当不计闸门自重时，拖动闸门的拉力就是克服闸门与门槽的摩擦力：

$$T = Pf$$

（1）利用图解法求静水总压力 P。先绘制闸门上静水压强分布图，如图 2 - 23 所示，则

$$P = \Omega b = \frac{1}{2}(\rho g h_1 + \rho g h_2)Lb$$

其中

$$h_2 = h_1 + L\sin 60° = 10 + 6\sin 60° = 15.20 \text{ (m)}$$

所以

$$P = \Omega b = \frac{1}{2} \times 9.8 \times (10 + 15.20) \times 6 \times 4 = 2963.5 \text{ (kN)}$$

压力中心距闸门底部的距离为

$$e = \frac{L(2h_1 + h_2)}{3(h_1 + h_2)} = \frac{6 \times (2 \times 10 + 15.20)}{3 \times (10 + 15.20)} = 2.79 \text{ (m)}$$

则

$$y_D = \left(L + \frac{h_1}{\sin \alpha}\right) - e = \left(6 + \frac{10}{\sin 60°}\right) - 2.79 = 14.76 \text{ (m)}$$

（2）利用解析法求静水总压力 P。由式（2 - 38）可求得静水总压力的大小为

$$P = \rho g h_c A = \rho g \left(h_1 + \frac{L}{2}\sin \alpha\right) bL$$

$$= 9.8 \times \left(10 + \frac{6}{2}\sin 60°\right) \times 4 \times 6 = 2963.1 \text{ (kN)}$$

由式（2 - 41）可求得静水总压力的压力中心位置为

$$y_D = y_c + \frac{I_{Cx}}{y_c A}$$

其中

$$y_c = \frac{L}{2} + \frac{h_1}{\sin \alpha} = \frac{6}{2} + \frac{10}{\sin 60°} = 14.55 \text{ (m)}$$

$$I_{Cx} = \frac{1}{12}bL^3 = \frac{1}{12} \times 4 \times 6^3 = 72 \text{ (m}^4)$$

故

$$y_D = y_c + \frac{I_{Cx}}{y_c A} = 14.55 + \frac{72}{14.55 \times 4 \times 6} = 14.76 \text{ (m)}$$

可见采用两种方法计算的结果完全相同。

$$T = Pf = 2963.5 \times 0.25 = 740.88 \ (\text{kN})$$

例 2-5 如图 2-24 所示，一铅垂放置的圆形平板闸门，已知闸门半径 R 为 1m，形心在水下的淹没深度 h_C 为 10m。试求作用于闸门上的静水总压力的大小及作用点的位置。

解：

由式（2-38）可求得静水总压力的大小为

$$P = \rho g h_C A = 9.8 \times 10 \times 3.14 \times 1^2 = 307.7 \ (\text{kN})$$

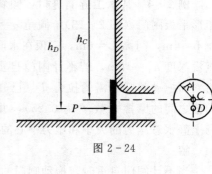

图 2-24

作用点 D 应位于纵向对称轴上，故仅需求出 D 点在纵向对称轴上的位置。由于闸门铅垂放置，因此本题中 $y_C = h_C$，$y_D = h_D$，于是

$$h_D = h_C + \frac{I_{Cx}}{h_C A}$$

圆形平面绕圆心轴线的惯性矩：

$$I_{Cx} = \frac{\pi R^4}{4} = \frac{3.14 \times 1^4}{4} = 0.785 \ (\text{m})$$

则

$$h_D = h_C + \frac{I_{Cx}}{h_C A} = 10 + \frac{0.785}{10 \times 3.14 \times 1^2} = 10.03 \ (\text{m})$$

第七节　作用在曲面上的静水总压力

在实际工程中常常会遇到受压面是曲面的情况，例如拱坝坝面、弧形闸门、U形渡槽、隧洞进水口等。这就要求确定作用于曲面上的静水总压力。作用于曲面上任一点处的静水压强也是垂直指向作用面，并且其大小与该点在水面以下的深度成正比。

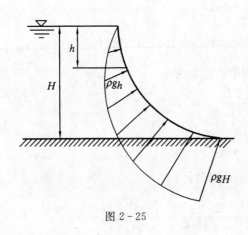

图 2-25

因而与平面情况相类似，也可以由此绘出曲面上的压强分布图，如图 2-25 所示。但由于曲面上各点压强方向不相同，彼此不平行，也不一定交于一点，因此求曲面上的静水总压力，就不能像平面那样直接积分求其合力。

曲面上的静水总压力的计算，是空间力系求合力的问题，通常采用"先分解，后合成"的方法。即将曲面上的静水总压力 P 分解成水平分力 P_x 和垂直分力 P_z，然后再合成 P。在工程上，有时不需要求合力，只需求出水平分力 P_x 和铅直分力 P_z 即可。因为工程上多数曲面为二维曲面，即具有平行母线的柱面，在此先着重讨论这种情况，然后再将结论推广到一般曲面。

如图 2-26 所示，在二向曲面 EF 上取一面积为 dA 的微分柱面 MN，形心在水下淹没深度为 h。由于 MN 为微分柱面，可视为倾斜平面，与铅垂平面的夹角为 α。作用面 MN 上的静水压力为 dP，将其分解为水平分力 dP_x 和垂直分力 dP_z，则有

$$\mathrm{d}P_x = \mathrm{d}P\cos\alpha = \rho g h\,\mathrm{d}A\cos\alpha$$

$$\mathrm{d}P_z = \mathrm{d}P\sin\alpha = \rho g h\,\mathrm{d}A\sin\alpha$$

又 d$A\cos\alpha=$dA_x，d$A\sin\alpha=$dA_z，则

$$\mathrm{d}P_x = \rho g h\,\mathrm{d}A_x$$

$$\mathrm{d}P_z = \rho g h\,\mathrm{d}A_z$$

下面推导水平分力 dP_x 和垂直分力 dP_z 的计算公式。

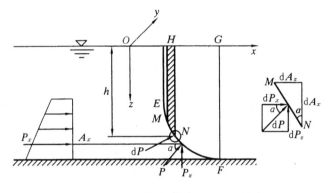

图 2-26

一、静水总压力的水平分力

作用在曲面 EF 上的静水总压力的水平分力为

$$P_x = \int_A \mathrm{d}P_x = \int_{A_x} \rho g h\,\mathrm{d}A_x = \rho g\int_{A_x} h\,\mathrm{d}A_x \qquad (2-43)$$

由理论力学可知

$$\int_{A_x} h\,\mathrm{d}A_x = h_C A_x \qquad (2-44)$$

式中：A_x 为曲面 EF 在铅垂面 yOz 上的投影面积；h_C 为平面 A_x 的形心 C 的淹没深度。

则
$$P_x = \rho g h_C A_x = p_C A_x \qquad (2-45)$$

式中：p_C 为 A_x 形心点 C 的压强。

因此，式（2-45）表明作用于曲面上的静水总压力的水平分力等于该曲面在铅直平面上的投影面的静水总压力。这样，就把求解曲面上静水总压力的水平分力问题转化为平面的静水总压力问题。

二、静水总压力的垂直分力

静水总压力的垂直分力为

$$P_z = \int_A \mathrm{d}P_z = \int_{A_z} \rho g h \, \mathrm{d}A_z = \rho g \int_{A_z} h \, \mathrm{d}A_z \qquad (2-46)$$

由图 2-26 不难看出，$h \, \mathrm{d}A_z$ 为 MN 面所托的水体体积，而 $\int_{A_z} h \, \mathrm{d}A_z$ 则为曲面 EF 所托的水体体积。令 $V = \int_{A_z} h \, \mathrm{d}A_z$，则

$$P_z = \rho g V \qquad (2-47)$$

由图可见，V 是以 EF 曲面为底，长为 b 的柱体体积，称 V 为压力体。而 $\rho g V$ 为液体的重量 G，则式（2-47）表明，作用于曲面上静水总压力的垂直分力等于压力体内液体重量。

由式（2-47）知，要计算垂直分力 P_z，必须首先确定压力体 V。压力体 V 由下列界面围成：

（1）受压面本身。

（2）受压面在自由液面（或自由液面的延长面）上的投影面，如图 2-27 所示的 MN。

（3）从受压面的边界向自由液面（或自由液面的延长面）所作的铅垂面，如图 2-27 所示的 EN 和 FM。

铅垂分力 P_z 的方向，应根据曲面与压力体的关系而定：当压力体和液体位于受压面同侧时（称实压力体），P_z 向下；当压力体和液体位于受压面两侧时（称虚压力体），P_z 向上。对于简单柱面，P_z 的方向也可由静水总压力的方向、指向的性质确定。

对于复杂曲面，可以运用分段叠加的方法绘制压力体，图 2-28 所示为一凹凸相间的复杂柱面 $ABCD$，可由液体相对曲面上、下的位置将曲面分段。ABC 段液体位于曲面之下，P_z 向上；CD 段液体位于曲面之上，P_z 向下。按照前面介绍的方法分别绘出 ABC、CD 的压力体 $ABCC'$ 和 $B'DCC'$，显然 $B'BCC'$ 是二者的公共部分，但方向不同，可以相互抵消，未抵消的部分便是该曲面 $ABCD$ 上的压力体。

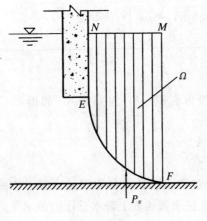

图 2-27

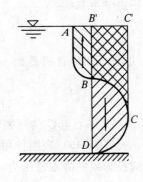

图 2-28

P_z 的作用线通过压力体的形心。

三、静水总压力

求出水平分力 P_x 和垂直分力 P_z 后，由力的合成定理得曲面所受静水总压力 P 为

$$P=\sqrt{P_x^2+P_z^2} \tag{2-48}$$

P 的方向可用 P 与水平面的夹角 θ 表示，如图 2-26 所示：

$$\tan\theta=\frac{P_z}{P_x} \quad 或 \quad \theta=\arctan\frac{P_z}{P_x} \tag{2-49}$$

对于 P 的作用点，可先找出 P_x 和 P_z 的交点 K，但 K 点不一定在曲面上，如图 2-29 所示。然后过 K 点沿 θ 方向作延长线，延长线交受压面于 D 点，D 点即为静水总压力 P 的作用点。

以上讨论的虽然是简单的二维曲面上的静水总压力，但所得出的结论也可以应用于任意三维曲面。所不同的是，对于三维曲面，水平分力除了在 yOz 平面上有投影外，在 xOz 平面上也有投影。因此，水平分力除了有 Ox 轴方向的 P_x 外，还有 Oy 轴方向的 P_y。与确定 P_x 的方法相类似，P_y 等于曲面 xOz 平面的投影面上的总压力。作用于三维曲面的垂直分力 P_z 也等于压力体内液体重量。三维曲面上的总压力 P 由 P_x、P_y、P_z 合成，即

$$P=\sqrt{P_x^2+P_y^2+P_z^2} \tag{2-50}$$

可以证明，若受压面是圆柱面、球面或其中的一部分，则 P 的作用线必定通过受压面的圆心。

例 2-6　图 2-30 所示为一弧形闸门，半径 $R=10\text{m}$，中心角 $\theta=30°$，门宽 $b=8\text{m}$，门前水深 $h_1=4\text{m}$。试求（1）作用在闸门上的静水总压力 P；（2）压力作用点的位置。

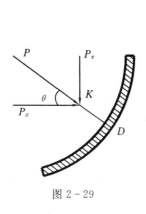

图 2-29

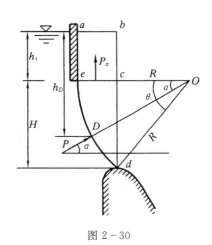

图 2-30

解：

（1）计算静水总压力 P。

水平分力　　　　　　　　　　$P_x=\rho g h_C A_x$

其中
$$h_C = h_1 + \frac{H}{2} = h_1 + \frac{1}{2}R\sin\theta$$

$$= 4 + \frac{1}{2} \times 10\sin30° = 6.5 \text{ (m)}$$

$$A_x = bH = 8 \times 10\sin30° = 40 \text{ (m}^2\text{)}$$

$$P_x = \rho g h_C A_x = 9.8 \times 6.5 \times 40 = 2548 \text{ (kN)}$$

垂直分力
$$P_z = \rho g V = \rho g b \Omega$$

由图可见
$$\Omega = \Omega_{abce} + (\Omega_{ode} - \Omega_{ocd})$$

其中
$$\Omega_{abce} = h_1 (R - R\cos\theta) = 4 \times (10 - 10\cos30°) = 5.36 \text{ (m}^2\text{)}$$

$$\Omega_{ode} = \pi R^2 \times \frac{\theta}{360°} = 3.14 \times 10^2 \times \frac{30°}{360°} = 26.17 \text{ (m}^2\text{)}$$

$$\Omega_{ocd} = \frac{1}{2}\overline{oc}H = \frac{1}{2}R\cos\theta R\sin\theta$$

$$= \frac{1}{2} \times 10\cos30° \times 10\sin30° = 21.65 \text{ (m}^2\text{)}$$

则
$$\Omega = 5.36 + (26.17 - 21.65) = 9.88 \text{ (m}^2\text{)}$$

所以
$$P_z = \rho g V = \rho g b \Omega = 9.8 \times 8 \times 9.88 = 774.6 \text{ (kN)}$$

总压力
$$P = \sqrt{P_x^2 + P_z^2} = 2663 \text{ (kN)}$$

(2) 总压力作用点的位置。P 的作用线与水平方向的夹角为

$$\alpha = \arctan\frac{P_z}{P_x} = \arctan\frac{774.6}{2548} = 16.91°$$

由图可见，作用点 D 到水面的距离为

$$h_D = h_1 + R\sin\alpha = 4 + 10\sin16.91° = 6.91 \text{ (m)}$$

第八节　作用在物体上的静水总压力

一、阿基米德原理

漂浮在水面或沉没于水下的物体也受静水总压力的作用，这个作用力就是物体表面上各点静水压强的总和。

图 2-31 所示为一浸没于静止液体中的任意形状物体，它受到的静水总压力 P 可以分解为水平分力 P_x、P_y 和铅垂分力 P_z。

首先分析水平分力 P_x、P_y。现以垂直于 Ox 轴的直线与物体表面相切，其切点构成一根封闭曲线 $BCFD$，该曲线将物体表面分成左右两部分，作用于物体上沿 Ox

方向的水平分力就是这两部分外表面上
的水平分力 P_{x1} 与 P_{x2} 之和。显然这两
部分在铅垂面上的投影面积 A_x 相同，所
以 P_{x1} 与 P_{x2} 大小相等，方向相反。因
此，$P_x=0$。同理可得作用于物体上沿着
Oy 方向的水平分力 $P_y=0$。即浸没于液
体中的物体在各水平方向的总压力为0。

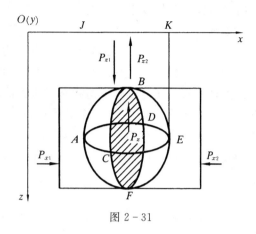

图 2-31

对于铅垂分力，可作垂直于 Oz 轴的
直线与物体表面相切，其切点构成一根
封闭曲线 $ACED$，该曲线将物体表面分
成上下两部分，则液体作用于物体的铅
垂分力 P_z 是上下两部分外表面上的铅垂
分力之和。分别作上下两部分曲面的压力体，可见上半部曲面 ABE 上的铅垂分力
P_{z1} 方向向下，下半部曲面 AFE 上的铅垂分力 P_{z2} 方向向上，叠加后压力体的形状
就是物体的形状，其体积为 V，亦即物体所排开的液体体积。于是作用于物体上的铅
垂分力为

$$P_z=\rho g V \tag{2-51}$$

方向铅直向上。

由以上分析得出结论，作用于淹没物体上的静水总压力只有一个铅垂向上的力，
其大小等于物体所排开的同体积的水重。这一原理就是希腊科学家阿基米德（Archi-
medes）于公元前 250 年得出的重要结论，称为阿基米德原理。

阿基米德原理也同样适用于漂浮在液面上的物体。此时压力体的形状应为物体在
自由液面以下部分的形状，体积仍然为物体所排开的液体体积。

由于液体作用于物体上的铅垂分力方向向上，所以也称浮力。浮力的作用点称为
浮心，浮心在物体被淹没部分体积的形心处。

由以上分析可知，一切浸没于静止液体或漂浮于静止液面上的物体都受到两个力
的作用：①铅垂向上的浮力，其作用线通过浮心；②铅垂向下的重力 G，作用线通过
物体的重心。对浸没于液体中的均质物体，浮心与重心重合，但对于浸没于液体中的
非均质物体或漂浮于液面上的物体，重心与浮心是不重合的。

根据重力 G 与浮力 P 的大小，物体在液体中将有 3 种不同的存在方式：

（1）$G>P$ 时，物体将下沉到底，称为沉体。

（2）$G=P$ 时，物体可以潜没于液体中的任何位置而保持平衡，称为潜体。

（3）$G<P$ 时，物体将会上浮，直到部分物体露出水面，使淹没在液面以下部分
物体所排开的液体重量恰好等于物体的重力为止，称为浮体。

二、潜体的平衡及其稳定性

潜体的平衡是指潜体既不上浮或下沉，也不发生转动，即作用于潜体上的浮力和
重力相等，同时重力和浮力对任意点的力矩代数和为0。

潜体的稳定性是指已经处于平衡状态的潜体，因为某种外来干扰使之脱离平衡位

置时，潜体自身恢复平衡的能力。

如图 2-32（a）所示，重心 C 位于浮心 D 之下。若由于某种原因，潜体发生倾斜，使 D、C 不在同一条铅垂线上，则重力 G 与浮力 P 将形成一个使潜体恢复到原来平衡状态的恢复力偶（或叫扶正力偶），以反抗其继续倾倒的趋势。一旦去掉外界干扰潜体将自动恢复原有平衡状态。这种情况下的潜体平衡称为稳定平衡。反之，如图 2-32（b）所示，重心 C 位于浮心 D 之上。潜体如有倾斜，使 D、C 不在同一条铅垂线上，则重力 G 与浮力 P 形成的力偶是一种倾覆力偶，将促使潜体继续翻转直到倒转一个方位，达到上述 C 点位于 D 点之下的稳定平衡状态为止。这种重心 C 位于浮心 D 之上、易于失稳的潜体平衡称为不稳定平衡。

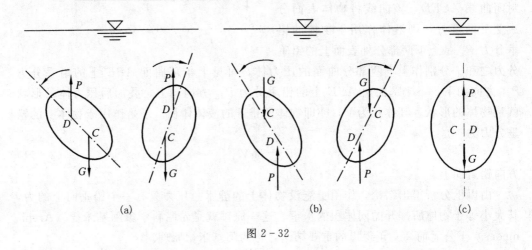

(a)　　　　　　　　(b)　　　　　　　　(c)

图 2-32

还有一种情况就是重心 C 与浮心 D 重合，如图 2-32（c）所示。此时，无论潜体取何种方位都处于平衡状态。这种情况下的平衡状态称为随遇平衡（中性平衡）。

三、浮体的平衡及其稳定性

浮体平衡的条件与潜体相同，即作用于浮体的浮力和重力相等，重心 C 和浮心 D 在同一条铅垂线上。但是，平衡稳定性的要求是不同的。对于浮体来说，如果重心 C 高于浮心 D，其平衡仍有可能是稳定的。图 2-33 所示为一横向对称的浮体，重心 C 位于浮心 D 之上。通过浮心 D 和重心 C 的直线称为浮轴，在平衡状态下，浮轴为一条铅直线。当浮体受到外来干扰发生倾斜时，浮体被淹没部分的几何形状改变，从而使浮心 D 移至新的位置 D'，此时浮力 P_z 与浮轴有一交点 M，M 称为定倾重心，MD 的距离称为定倾半径，以 l 表示。在倾角 α 不大的情况下，实用上可近似认为 M 点位置不变。

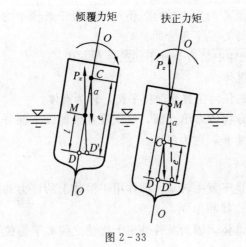

倾覆力矩　　　扶正力矩

图 2-33

假定浮体的重心 C 点也不变，令 C、D 之间的距离为 e，称 e 为重心与浮心的偏心距。由图 2-33 可见，当 $l>e$（即定倾中心高于重心）时，浮体平衡是稳定的，此时浮力与重力所产生的力偶可以使浮体平衡恢复，故此力偶称为扶正力偶。若当 $l<e$（即定倾中心低于重心）时，浮力与重力构成了倾覆力偶，使浮体有继续倾倒的趋势。

综上所述，浮体平衡的稳定条件为定倾中心要高于重心，或者说，定倾半径大于偏心距。

思 考 题

2-1 如图所示两种液体盛在一个容器中，其中 $\rho_1<\rho_2$，下面两个水静力学方程式：

(1) $z_1+\dfrac{p_1}{\rho_1 g}=z_2+\dfrac{p_2}{\rho_2 g}$；(2) $z_2+\dfrac{p_2}{\rho_2 g}=z_3+\dfrac{p_3}{\rho_2 g}$。

试分析哪个对，哪个错，说出对错的原因。

2-2 如图所示的管路，在 A、B、C 三点装上测压管。试问（1）各测压管中的水面高度如何？（2）标出各点的位置水头、压强水头和测压管水头。

2-3 如图所示为一单宽矩形闸门，只在上游受静水压力作用，如果该闸门绕中心轴旋转一角度 α，试问（1）闸门上任一点的压强有无变化？为什么？（2）闸门上的静水总压力有无变化？为什么？

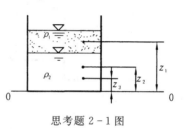

思考题 2-1 图

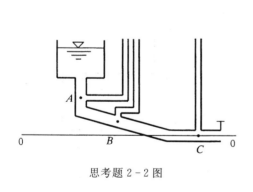

思考题 2-2 图

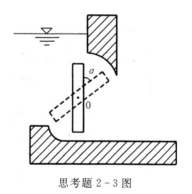

思考题 2-3 图

2-4 如图所示，5 个容器的底面积均为 A，水深均为 H，放在桌面 $M-M$ 上。试问（1）各容器底面上所受的静水总压力为多大？是否相同？（2）各桌面上承受的力多大？（3）为什么容器底面上的静水总压力与桌面上受的力是不相等的？

2-5 如图所示，两种液体盛在同一容器中，且 $\rho_1<\rho_2$，在容器侧壁装了两根测压管。试问图中所标明的测压管中的水位是否正确？为什么？

2-6 如图所示的密闭水箱，用橡皮管从 C 点连通容器并在 AB 两点各接一测压管。试问（1）A、B 两测压管中水位是否相平，如果相平，A、B 两点的压强是否

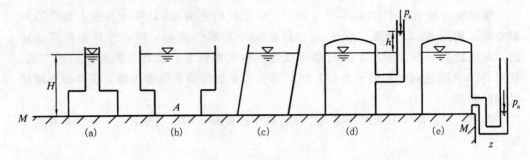

思考题 2-4 图

相等？（2）把容器Ⅱ提高一些以后，p_0 比原来增大还是减小？两个测压管中的水位变化如何？

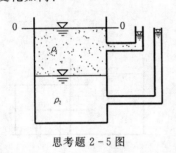

思考题 2-5 图

如果堵住 A、B 处的测压管后，将容器Ⅱ逐渐下降，直至容器Ⅱ中的水面正好与 C 点在同一水平面上，试问（3）此时 C 点压强为多大？这时若拆去连接的橡皮管，水箱内的水是否会从 C 处流出来？（4）这时容器Ⅰ的底面 DE 上所受的静水总压力为多大？桌面 $M-M$ 是否还承受水的重量？

2-7　如图所示的旋转容器，旋转的角速度为 ω，容器半径为 r_0。试问（1）当容器旋转时，容器底面上的总压力与不旋转时是否相同？（2）侧壁上的点压强与不旋转时有多大变化？

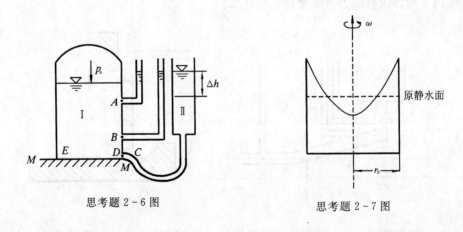

思考题 2-6 图　　　　　　　　　思考题 2-7 图

习　题

2-1　有一水银测压计与盛水的封闭容器连通，如图所示。已知 $H=3.5\text{m}$，$h_1=0.6\text{m}$，$h_2=0.4\text{m}$。试求分别用绝对压强、相对压强及真空压强表示封闭容器内的表面压强 p_0 的值。

2-2　图示为一盛水容器。为了测出容器内 A 点的压强，在该处装一复式水银测压计，已知测压计中各液面和 A 点的标尺读数分别为 $\nabla_1=1.0\text{m}$，$\nabla_2=0.2\text{m}$，

$\bigtriangledown_3=1.3\mathrm{m}$，$\bigtriangledown_4=0.4\mathrm{m}$，$\bigtriangledown_5=1.1\mathrm{m}$。试求 A 点的绝对压强和相对压强。

2-3　有一盛水的封闭容器，其两侧各接一根玻璃管，如图所示，一管顶端封闭，其水面压强 $p_0'=88.3\mathrm{kN/m^2}$，另一管顶端敞开，水面与大气接触，已知 $h_0=2\mathrm{m}$。试求（1）容器内的水面压强 p_c；（2）敞口管与容器内的水面高差 x；（3）以真空压强 p_v 表示 p_0 的大小。

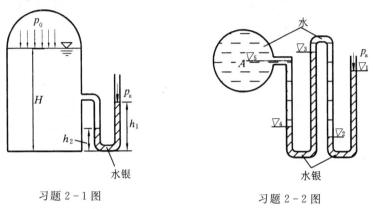

习题 2-1 图　　　　　　　　　　　习题 2-2 图

2-4　有一倾斜压力计如图所示。左边大容器的截面面积为 A。右边与其相通的倾斜细管的截面面积为 A_1，而 $A_1/A=1/100$。当大容器内液面的压力增大时，测得细管中的液面变化距离为 l，设液体的密度为 $790\mathrm{kg/m^3}$，细管的倾斜角为 α。试求压强 p_0 的表达式。

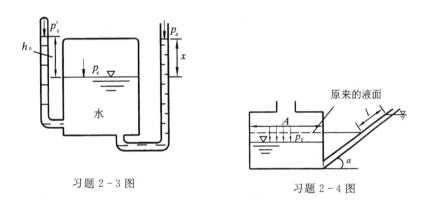

习题 2-3 图　　　　　　　　　　　习题 2-4 图

2-5　如图所示，储水箱上压力表读数为 0.5 工程大气压（相对压强），压力表距箱底高度 $z=1.5\mathrm{m}$。试求水面距测压管口的高度 h 及压力表处测压管水头（以箱底为基准面）。

2-6　如图所示，封闭水箱内插入一两端开口的玻璃管，当箱内液面绝对压强为 $90\mathrm{kPa}$ 时，试问玻璃管插入液面下的最大深度 h 为多少时管内开始有水进入。

2-7　已知一盛水容器中 M 点的相对压强为 0.8 个工程大气压。如在该点左侧器壁上安装测压管，试问至少需要多长的玻璃管？如在该点右侧器壁上安装水银测压计，已知水银密度 $\rho_m=13600\mathrm{kg/m^3}$，$h'=0.3\mathrm{m}$，试问水银柱高度差 h_p 是多少？

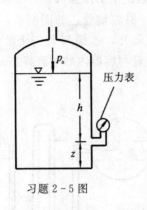

习题 2-5 图

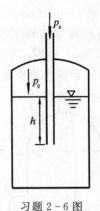

习题 2-6 图

2-8 容器内液面压强 $p_0 = 147\text{kPa}$，如图所示各点高程情况下，试求 1、2 点的相对压强、绝对压强，以及该两点的测压管水头。

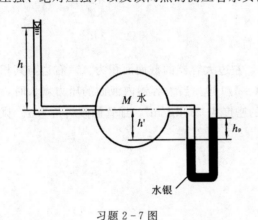

习题 2-7 图

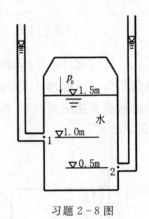

习题 2-8 图

2-9 如图 2-9 所示测压装置。已知水柱高度 $z = 1.0\text{m}$，$h_v = 2.0\text{m}$。若不计倒 U 形管内空气重量，试求 A 点的绝对压强、相对压强及真空压强。

2-10 有一装水的车，以 $3.6 \times 10^4\text{m/h}$ 的速度沿半径为 200m 的公路行驶。试求车中水面和水平面的倾斜角 α。

2-11 有一直径 $D = 0.3\text{m}$，高 $H = 0.5\text{m}$ 的圆筒，如图所示。筒内盛水的深度 $h = 0.3\text{m}$，圆筒绕其中心轴作等角速度 ω 转动。试求（1）水面升至圆筒上缘时的转数 n_1；（2）水面的抛物面顶点降至筒底时的转数 n_2 及此时泼出水的体积 V。

2-12 一车厢为矩形，其长度 $l = 2.0\text{m}$，车厢内静水面比箱顶低 $\Delta h = 0.4\text{m}$。试问水车运动的直线加速度 a 为多少时，水将溢出车厢。

2-13 有一盛水容器的直径为 d，容器内盛水高度为 h，如图所示。试确定以加速度 a 自井中提起容器时，容器底的压力。

2-14 绘出图中注有字母的各挡水面上的静水压强分布图。

2-15 有一铅垂放置一侧有水的矩形平面 $ABCD$，如图所示，从平面上 C 点作一斜直线将矩形平面分成一个梯形和一个三角形。欲使两个面积上的静水总压力相等。试问图中 x 值应为多少？

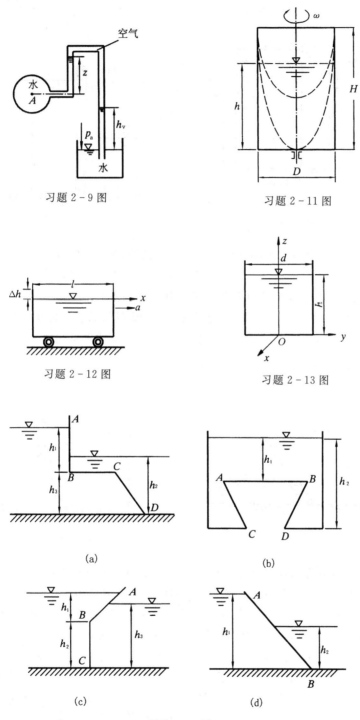

习题 2-9 图

习题 2-11 图

习题 2-12 图

习题 2-13 图

(a)

(b)

(c)

(d)

习题 2-14 图

2-16　有一矩形平面闸门，宽度 $b=2\text{m}$，两边承受水压力，如图所示。已知水深 $h_1=4\text{m}$，$h_2=8\text{m}$。试求闸门上的静水总压力 P 及其作用点 e 的位置。

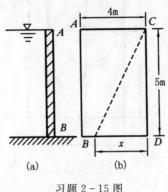

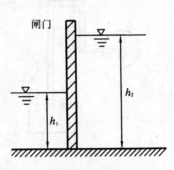

习题 2-15 图　　　　　　　　　习题 2-16 图

2-17　有一与水平面成倾斜角（$\alpha=60°$）的自动翻板闸门，宽度 $b=1.0\text{m}$，如图所示，当上游水深超过 $h_1=2.5\text{m}$，下游水深 $h_2=0.5\text{m}$ 时，闸门便自动开启。试求翻板闸门铰链的位置 l 的值（不计摩擦力和闸门自重）。

2-18　如图所示一铰结于 A 点的矩形平板闸门 AB，宽 $b=3\text{m}$，门重 $G=9.8\text{kN}$，$\alpha=60°$，$h_1=1\text{m}$，$h_2=2\text{m}$。试求（1）下游无水时的启闭力 $T=?$（2）下游水深 $h_3=\dfrac{h_2}{2}$ 时的启闭力 $T=?$

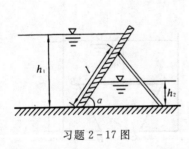

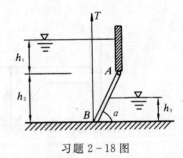

习题 2-17 图　　　　　　　　　习题 2-18 图

2-19　放水洞进口设置圆形平板闸门，直径 $D=1.2\text{m}$，闸门顶部至水面的深度 $h=10\text{m}$，$\alpha=45°$。试求作用于此圆形平板闸门上的压力及压力中心的位置。

2-20　图示为一混凝土重力坝，为了校核坝的稳定性，试分别计算当下游有水和下游无水两种情况下，作用于 1m 长坝体水平方向的水压力及垂直方向的水压力。

2-21　绘出图中二向曲面上的压力体图和水平方向的静水压强分布图。

2-22　有一弧形闸门，闸门宽度 $b=4\text{m}$，闸门前水深 $H=3\text{m}$，对应的圆心角 $\alpha=45°$，如图所示。试求弧形闸门上的静水总压力 P 的大小、方向及作用点。

2-23　一直径为 d 的球形容器内充满水，作用水头为 H，容器上、下两个半球在径向断面 AB 的周围用 n 个铆钉连接，如图所示。设该球形容器的上半球重量为 G，试求作用于每个铆钉上的拉力。

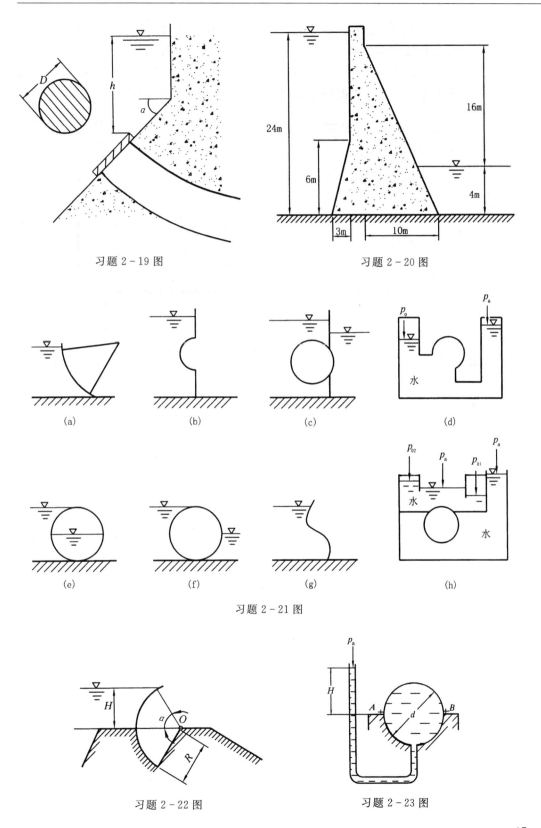

习题 2-19 图　　　　　　　　　　习题 2-20 图

(a)　　　　(b)　　　　(c)　　　　(d)

(e)　　　　(f)　　　　(g)　　　　(h)

习题 2-21 图

习题 2-22 图　　　　　　　　习题 2-23 图

47

2-24　一圆筒直径 $d=2$m，长度 $b=4$m，停放在与水平面成 $60°$角的斜坡上，如图所示。试求圆筒所受的静水总压力 P 的大小、方向及作用点。

2-25　一直径为 d_1 的圆球，放置在直径为 d_2 的圆孔上，如图所示。水的密度为 ρ，球的重量为 G。当液体把圆球刚顶起时，试求上、下两水面差 x。

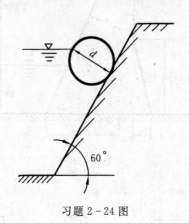

习题 2-24 图

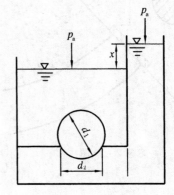

习题 2-25 图

第三章　液体一元恒定总流的基本原理

基本要求：（1）了解描述液体运动的两种方法的特点。

（2）掌握液体运动的基本概念、分类和特征。

（3）牢固掌握并灵活应用恒定总流连续性方程、实际液体总流的能量方程和恒定总流动量方程。

（4）理解总水头线、测压管水头线、水力坡度与水头损失的概念和关系。

本章重点：（1）液体运动的基本概念、分类和特征。

（2）恒定总流的连续性方程、能量方程和动量方程的物理意义、应用条件及运用三大方程求解实际问题。

（3）描述液体运动的两种方法，欧拉法中加速度的概念及计算。

　　上一章已经讨论了有关水静力学的基本理论及其应用，但是无论在自然界还是工程实际中，液体多处于运动状态。因此，研究液体的运动规律及其在实际工程中的应用，就有着更普遍和更重要的意义。

　　表征液体运动的主要物理量有速度、加速度、动水压强和液体的密度等，水力学中将这些物理量统称为液流的运动要素。水动力学的基本任务就是研究这些运动要素随时间和空间的变化规律，建立它们之间的关系式，并用这些关系式来解决工程上遇到的实际问题。

　　本章首先介绍描述液体运动的两种方法和液体运动的基本概念，再从运动学和动力学的普遍规律出发，建立水力学中的三大方程，即从质量守恒定律出发，建立液流的连续方程；从能量守恒定律出发，建立液流的能量方程；从动量守恒定律出发，建立液流的动量方程。这三大方程是各种恒定流动共同遵循的普遍方程，是分析水流运动的重要依据，因此也是本章的重点。

第一节　描述液体运动的两种方法

　　研究液体运动规律首先要有一个描述流动的科学方法。绪论中已经阐述，水力学中液体被认为是连续介质，而描述这类连续介质运动的方法有拉格朗日法和欧拉法。现分别介绍如下。

一、拉格朗日法

　　拉格朗日法将液体质点作为研究对象，跟踪每一个质点，观察和分析每一个质点的运动历程，然后把足够多质点的运动情况综合起来，就可以得到整个液体运动的情况。这种方法实际上就是一般力学中研究质点系运动的方法，所以也称质点系法。

资源 3-1
拉格朗日法

由于该方法是以液体质点为研究对象的，因此研究时首先需要区别不同的液体质点。因为在同一时刻，一个质点只能占据唯一的空间位置，因此区别不同的液体质点的方法是将不同质点在初始时刻所处的空间位置坐标作为该质点的标志。如图 3-1 所示，某一液体质点 M，在 $t=t_0$ 时位置坐标为 (a, b, c)，不同的质点有不同的 (a, b, c)。在任意时刻 t，该质点运动至 N 点，N 点的位置坐标为 (x, y, z)，则位置坐标 (x, y, z) 可表示为时间 t 的函数。又因为不同的质点有不同的初始位置坐标 (a, b, c)，故

$$\begin{cases} x=x(a,b,c,t) \\ y=y(a,b,c,t) \\ z=z(a,b,c,t) \end{cases} \tag{3-1}$$

式中：a、b、c、t 称为拉格朗日变数。

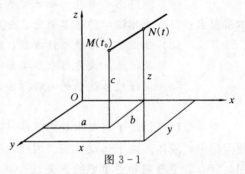

若方程中的 a、b、c 值给定，就可以得到某一指定质点在不同时刻所处的位置，即该质点的轨迹方程。如果时间 t 给定，a、b、c 为变数，则表示某一瞬时不同质点所在的空间位置。

图 3-1

将上式分别对时间 t 求偏导，就得到该质点在 x、y、z 三个方向的速度，即

$$\begin{cases} u_x=\dfrac{\partial x}{\partial t}=\dfrac{\partial x(a,b,c,t)}{\partial t} \\[2mm] u_y=\dfrac{\partial y}{\partial t}=\dfrac{\partial y(a,b,c,t)}{\partial t} \\[2mm] u_z=\dfrac{\partial z}{\partial t}=\dfrac{\partial z(a,b,c,t)}{\partial t} \end{cases} \tag{3-2}$$

将式 (3-2) 对时间 t 求偏导数，可得任一液体质点任意时刻在 x、y、z 三个方向的加速度，即

$$\begin{cases} a_x=\dfrac{\partial u_x}{\partial t}=\dfrac{\partial^2 x(a,b,c,t)}{\partial t^2} \\[2mm] a_y=\dfrac{\partial u_y}{\partial t}=\dfrac{\partial^2 y(a,b,c,t)}{\partial t^2} \\[2mm] a_z=\dfrac{\partial u_z}{\partial t}=\dfrac{\partial^2 z(a,b,c,t)}{\partial t^2} \end{cases} \tag{3-3}$$

用拉格朗日法研究液体运动时，液体质点的其他运动要素如密度 ρ、动水压强 p、温度 T 等也可写为

$$\begin{cases} \rho=\rho(a,b,c,t) \\ p=p(a,b,c,t) \\ T=T(a,b,c,t) \end{cases}$$

二、欧拉法

欧拉法与拉格朗日法不同，它不去研究每个质点的运动过程，而是着眼于液体质点所占据的空间，即对流场中每一个空间点上在不同时刻通过该空间点的液体质点运动进行研究，然后把流场中所有空间点上的液体质点运动情况综合起来，就得出整个液体运动的情况。所以欧拉法也称为空间点法或流场法。

资源 3-2
欧拉法

根据欧拉法的观点，流场中任意空间点 M 的位置坐标为 (x, y, z)，如图 3-2 所示。显然，液体质点的运动要素是随空间点的不同而不同的，同时也随着时间的变化而变化，即液体质点的运动要素是空间坐标位置的函数，同时又是时间 t 的函数。所以，t 时刻流经 M 空间点的液体质点的速度 u_x、u_y、u_z 为

$$\begin{cases} u_x = u_x(x,y,z,t) \\ u_y = u_y(x,y,z,t) \\ u_z = u_z(x,y,z,t) \end{cases} \tag{3-4}$$

对固定空间点，即式中 x、y、z 若为常数，t 为变数，则可得出不同时刻通过某一固定空间上的液体质点的流速及变化情况；若 t 为常数，x、y、z 为变数，则可得出同一时刻通过不同空间点的液体质点流速的分布情况，也就是该时刻的流速场。

对于流场中空间点的其他运动要素如密度 ρ、动水压强 p、温度 T 等也可写为

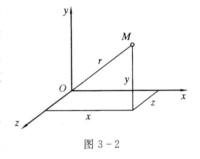

图 3-2

$$\begin{cases} \rho = \rho(x,y,z,t) \\ p = p(x,y,z,t) \\ T = T(x,y,z,t) \end{cases}$$

液体质点在不同时刻所占据的空间位置不同，而位置又是时间的函数，即

$$\begin{cases} x = x(t) \\ y = y(t) \\ z = z(t) \end{cases}$$

所以式（3-4）中的流速分量可以看成 t 的复合函数。以 u_x 为例，可写为

$$u_x = u_x[x(t), y(t), z(t), t]$$

根据复合函数求导法则，将式（3-4）对时间求导，可以得到液体质点通过流场中任意点的加速度在 x、y、z 方向的分量。以 a_x 为例，可写为

$$a_x = \frac{\mathrm{d}u_x}{\mathrm{d}t} = \frac{\partial u_x}{\partial t} + \frac{\partial u_x}{\partial x}\frac{\mathrm{d}x}{\mathrm{d}t} + \frac{\partial u_x}{\partial y}\frac{\mathrm{d}y}{\mathrm{d}t} + \frac{\partial u_x}{\partial z}\frac{\mathrm{d}z}{\mathrm{d}t}$$

因 $\dfrac{\mathrm{d}x}{\mathrm{d}t}=u_x$，$\dfrac{\mathrm{d}y}{\mathrm{d}t}=u_y$，$\dfrac{\mathrm{d}z}{\mathrm{d}t}=u_z$，则上式可写为

同理

$$\begin{cases} a_x=\dfrac{\mathrm{d}u_x}{\mathrm{d}t}=\dfrac{\partial u_x}{\partial t}+u_x\dfrac{\partial u_x}{\partial x}+u_y\dfrac{\partial u_x}{\partial y}+u_z\dfrac{\partial u_x}{\partial z} \\[2mm] a_y=\dfrac{\mathrm{d}u_y}{\mathrm{d}t}=\dfrac{\partial u_y}{\partial t}+u_x\dfrac{\partial u_y}{\partial x}+u_y\dfrac{\partial u_y}{\partial y}+u_z\dfrac{\partial u_y}{\partial z} \\[2mm] a_z=\dfrac{\mathrm{d}u_z}{\mathrm{d}t}=\dfrac{\partial u_z}{\partial t}+u_x\dfrac{\partial u_z}{\partial x}+u_y\dfrac{\partial u_z}{\partial y}+u_z\dfrac{\partial u_z}{\partial z} \end{cases} \tag{3-5a}$$

或

$$\boldsymbol{a}=\frac{\partial \boldsymbol{u}}{\partial t}+u_x\frac{\partial \boldsymbol{u}}{\partial x}+u_y\frac{\partial \boldsymbol{u}}{\partial y}+u_z\frac{\partial \boldsymbol{u}}{\partial z} \tag{3-5b}$$

上式等号右侧的第一项 $\dfrac{\partial \boldsymbol{u}}{\partial t}$ 表示在固定空间点上，由于时间变化液体质点分别在 x、y、z 方向的速度变化，称为当地加速度（也称时变加速度）；等号右端后 3 项之和 $\left(u_x\dfrac{\partial \boldsymbol{u}}{\partial x}+u_y\dfrac{\partial \boldsymbol{u}}{\partial y}+u_z\dfrac{\partial \boldsymbol{u}}{\partial z}\right)$ 表示由于液体质点的位置变化而引起的加速度，称为迁移加速度（也称位变加速度）。用欧拉法描述液体运动时，液体质点的加速度是当地加速度和迁移加速度之和，并称之为全加速度。下面举例说明用欧拉法描述液体运动时各加速度的意义。

如图 3-3 所示，一水箱接一不同直径的管道，A、B 为管轴线上任意两点。在泄水过程中，位于 A、B 点的液体质点运动至 A'、B'。如果水箱中的水位保持不变，管中各空间点的水流运动速度不随时间改变，则 A、B 两点的当地加速度等于 0；在管径不变的 A、A' 处，流速也相同，则迁移加速度等于 0，故 A 处的全加速度为 0；而在管径改变处，如从 B 点开始管径变小，B' 点处的流速大于 B 点处的流速，B 点处存在迁移加速度，所以 B 点处的全加速度不为 0。

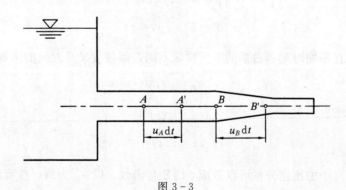

图 3-3

比较拉格朗日法和欧拉法可见，拉格朗日法在概念上简明易懂，易为初学者接受，但由于组成液体的质点非常之多，不可能逐个地跟踪研究，工程中也不需要知道每个质点的运动情况，所以，除少数情况之外，在水力学中一般不采用这种方法，而是采用欧拉法。

例 3-1　设用欧拉法表示的流速场为

$$\begin{cases} u_x = xy + 20t \\ u_y = x - \dfrac{1}{2}y^2 + t^2 \end{cases}$$

试求 $t=4$ 时点（2，1）处流体质点的当地加速度、迁移加速度及全加速度。

解：

$$a_x = \frac{\partial u_x}{\partial t} + u_x \frac{\partial u_x}{\partial x} + u_y \frac{\partial u_x}{\partial y}$$

$$= 20 + (xy + 20t)y + \left(x - \frac{1}{2}y^2 + t^2\right)x$$

$$a_y = \frac{\partial u_y}{\partial t} + u_x \frac{\partial u_y}{\partial x} + u_y \frac{\partial u_y}{\partial y}$$

$$= 2t + (xy + 20t) + \left(x - \frac{1}{2}y^2 + t^2\right)(-y)$$

由题意：$t=4$，$x=2$，$y=1$，代入上式，得

$$a_x = 20 + (2 \times 1 + 20 \times 4) \times 1 + \left(2 - \frac{1}{2} \times 1^2 + 4^2\right) \times 2$$

$$= 20 + 117 = 137$$

$$a_y = 2 \times 4 + (2 \times 1 + 20 \times 4) + \left(2 - \frac{1}{2} \times 1^2 + 4^2\right) \times (-1)$$

$$= 8 + 64.5 = 72.5$$

故当地加速度为（20，8），迁移加速度为（117，64.5），全加速度为

$$a = \sqrt{a_x^2 + a_y^2} = \sqrt{137^2 + 72.5^2} = 155$$

第二节　液体运动的基本概念

为了便于分析和研究问题，在讨论液体运动基本方程和基本规律之前，首先讨论有关液体运动的一些基本概念。

一、恒定流与非恒定流

在用欧拉法描述液体运动时，按照流场中任何空间点上的所有运动要素是否随时间变化，将流动分成恒定流与非恒定流。即流场中任何空间点上的所有运动要素都不随时间改变，这种流动称为恒定流；流场中任何空间点上的任何一个运动要素随时间改变，称为非恒定流。

以 B 表示任一运动要素（如表示 u，p，ρ 等），则恒定流的数学表达式为

$$\frac{\partial B}{\partial t} = 0$$

此种情况下，B 仅仅是空间位置坐标的函数，与时间 t 无关。对于液体质点的加速度，恒定流时当地加速度为 0，非恒定流的当地加速度不为 0。

二、迹线与流线

1. 迹线

迹线指流体质点在运动过程中，不同时刻流经的空间点的连线，也就是流体质点的运动轨迹线。这是由拉格朗日法引出的概念。

由定义知：$u_x = \dfrac{\mathrm{d}x}{\mathrm{d}t}$，$u_y = \dfrac{\mathrm{d}y}{\mathrm{d}t}$，$u_z = \dfrac{\mathrm{d}z}{\mathrm{d}t}$，所以迹线方程为

$$\frac{\mathrm{d}x}{u_x} = \frac{\mathrm{d}y}{u_y} = \frac{\mathrm{d}z}{u_z} = \mathrm{d}t \tag{3-6}$$

2. 流线

流线指某一瞬时速度场的一条流速矢量线，在该曲线上所有液体质点的流速方向都与曲线相切。流线的概念直接与欧拉法相联系。流线可用如下方法绘制：

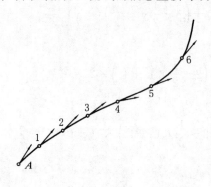

图 3-4

如图 3-4 所示，设想某一瞬时 t，从流动空间某一点 A 起，绘出 A 点的流速向量。在该向量上取与 A 相邻的点 1，再绘出点 1 在同一瞬时 t 的流速向量，又在这个流速向量上取另一邻点 2，从点 2 绘出同一瞬时 t 的流速向量，依次绘制下去，就可得到一条折线 A、1、2、3、4、…，如果 A、1、2、3、4、…之间的距离趋于 0，即可得到一条 t 时刻经过起点 A 的光滑曲线。过另外一个空间点 A_1 开始，又可绘出另外一条 t 时刻的流线。依次类推，便可在整个流场中绘出无数条流线，从而获得直观、清晰的流动图像。

3. 流线的基本特性

（1）在恒定流中，流线的位置和形状不随时间改变。这是因为在恒定流中，各空间点的流速的大小和方向均不随时间而改变，显然，其流线的位置和形状也不随时间改变。对于非恒定流，因各空间点的流速是随时间而变化的，所以流线的位置和形状也将随时间而变。

（2）恒定流中，液体质点的迹线和流线相重合。因为在恒定流情况下，流速不随时间变化，因此经过某给定点的流线也不随时间变化。故在该流线上的某质点，只能沿着流线运动。所以在恒定流情况下，流线与迹线二者重合。但应注意，一般情况下迹线与流线是不重合的。

（3）流线不能相交，也不能转折。因为如果流线相交或转折，那么同一时刻在相交点或转折点处，将有两个流速方向，这是与流线的定义相矛盾的。

4. 流线方程

在流场中某流线上的任意一点沿流速方向取一微分线段 $\mathrm{d}r$，该点的流速为 u。根据流线的定义，$\mathrm{d}r$ 与 u 的方向一致，即

$$\mathrm{d}r \times \boldsymbol{u} = 0$$

在直角坐标系中，$\mathrm{d}\boldsymbol{r}=\mathrm{d}x\boldsymbol{i}+\mathrm{d}y\boldsymbol{j}+\mathrm{d}z\boldsymbol{k}$，$\boldsymbol{u}=u_x\boldsymbol{i}+u_y\boldsymbol{j}+u_z\boldsymbol{k}$，代入上式可写为

$$\begin{vmatrix} \boldsymbol{i} & \boldsymbol{j} & \boldsymbol{k} \\ \mathrm{d}x & \mathrm{d}y & \mathrm{d}z \\ u_x & u_y & u_z \end{vmatrix}=0$$

式中：$\boldsymbol{i}$、$\boldsymbol{j}$、$\boldsymbol{k}$ 分别是 x、y、z 坐标轴的单位向量。

将上式展开，即可得流线的微分方程：

$$\frac{\mathrm{d}x}{u_x}=\frac{\mathrm{d}y}{u_y}=\frac{\mathrm{d}z}{u_z} \tag{3-7}$$

式中：u_x、u_y、u_z 是坐标（x，y，z）和时间 t 的函数。

由于流线是对同一时刻而言，因此在积分流线方程时，将 t 视为常数。在不同时刻可能有不同的流线。

最后需要强调，迹线与流线是两个完全不同的概念，迹线是指一个质点在不同时刻经过的点的连线；而流线是指同一时刻不同质点组成的流速矢量线。

例 3-2 已知不可压缩液体的流速分量为

$$\begin{cases} u_x=1-y \\ u_y=t \end{cases}$$

试求 $t=0$ 时过（0，0）点的流线方程。

解：

流线方程为 $\dfrac{\mathrm{d}x}{u_x}=\dfrac{\mathrm{d}y}{u_y}$，即

$$\frac{\mathrm{d}x}{1-y}=\frac{\mathrm{d}y}{t} \quad 或 \quad t\,\mathrm{d}x=(1-y)\,\mathrm{d}y$$

积分上式（t 作为参数），得

$$tx=y-\frac{y^2}{2}+c$$

由 $t=0$ 时，$x=y=0$，得 $c=0$，所以

$$tx=\left(y-\frac{y^2}{2}\right)$$

故

$$x=\frac{1}{t}\left(y-\frac{y^2}{2}\right)$$

由上式可见，流线的坐标与时间 t 有关，因此为非恒定流。

三、流管、微小流束与总流

（1）流管。设想在流场中取一条非流线的封闭曲线，在同一时间内通过该封闭曲线上各点的流线所构成的管状曲面，称为流管，如图 3-5 所示。

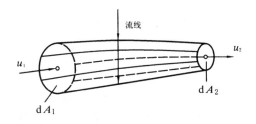

图 3-5

（2）微小流束。流管内部的流体称为微小流束或元流。由于微小流束的截面面积很小，所以在其断面上各点的压强和流速等运动要素可视为常数。

（3）总流。由无数微小流束组成的总和，称为总流。如自然界当中的明渠水流和管流等都是总流。

四、过水断面、流量与断面平均流速

（1）过水断面。与微小流束或总流的流线正交的横断面，称为过水断面。

若水流的流线相互平行，则过水断面为平面，否则就是曲面，如图 3-6 所示。

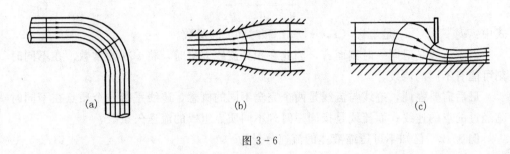

图 3-6

（2）流量。单位时间内通过某一过水断面的流体体积称为流量。一般用字母 Q 表示，单位为立方米每秒（m^3/s）或升每秒（L/s）。

设微小流束的过水断面面积为 dA，dA 上各点的流速为 u，则在 dt 时间内通过的液体体积为 $dV = u\,dt\,dA$，通过的流量为

$$dQ = \frac{dV}{dt} = u\,dA \tag{3-8}$$

对总流有

$$Q = \int_Q dQ = \int_A u\,dA \tag{3-9}$$

（3）断面平均流速。由于液体中存在黏性，使得过水断面上各点的流速不同。而由式（3-9）知，要计算流量 Q 必须知道过水断面上的流速 u 的分布规律。一般情况下，实际水流过水断面的流速分布规律是很难确定的，故用式（3-9）计算流量 Q 是很困难的。这里引入断面平均流速的概念，即设想总流过水断面上各点的流速相等，且等于 v，并有以下关系成立：

$$vA = \int_A u\,dA = Q \tag{3-10}$$

由上式得

$$v = \frac{\int_A u\,dA}{A} = \frac{Q}{A} \tag{3-11}$$

v 为断面平均流速。由此可见，通过总流过水断面的流量，等于断面平均流速与过水断面面积的乘积。

五、一元流、二元流、三元流

根据流动中液体的运动要素与空间位置 x、y、z 坐标的函数关系，将流动分为一元流、二元流、三元流。

如果液体的运动要素是空间坐标 x、y、z 的函数，这种流动称为三元流。严格地说，任何实际液体的运动都是三元流，即按三元流进行分析研究才是与实际情况相符的。

如果液体的运动要素是空间两个坐标（如 x、y）的函数，这种流动称为二元流。如在宽浅式顺直的矩形断面渠道中的水流，由于渠道两侧壁面的影响范围很小，在分析其影响范围之外的水流时，运动要素可视为仅仅是水深 h 和流程 s 的函数，而与沿渠道宽度方向的坐标无关，将其作为二维流动分析。

如果液体的运动要素只与空间一个坐标有关，这种流动称为一元流。如在分析管道中的水流运动时，如果只考虑流速沿流程的变化，而不考虑流速在断面上的变化时，流速仅是流程 s 的函数，即一元流。如前所述的微小流束、总流都是一元流的概念。

六、均匀流与非均匀流

在恒定流中，按照液体的流速和流速分布是否沿流程变化，将流动分为均匀流和非均匀流，如果流速和流速分布不随流程变化，称为均匀流，否则称为非均匀流。由此定义知，均匀流中由于液体质点速度的大小和方向均不随流程变化，所以流线是彼此平行的直线，或者说，均匀流中液体质点作匀速直线运动。

基于上述定义，均匀流具有以下性质：①均匀流的过水断面为平面，并且过水断面的形状和大小沿程不变；②均匀流中各过水断面上的流速分布相同，断面平均流速相等；③均匀流过水断面上的动水压强分布规律与静水压强分布规律相同，或者说同一过水断面上的各点的测压管水头为一常数，即 $z+\dfrac{p}{\rho g}=c$。

应当指出，上述性质（3）是对同一过水断面而言，对于不同断面，有不同的常数。如图 3-7 所示的均匀流，断面 1—1 上各点的测压管水头相等，即 $\left(z+\dfrac{p}{\rho g}\right)_1=C_1$；

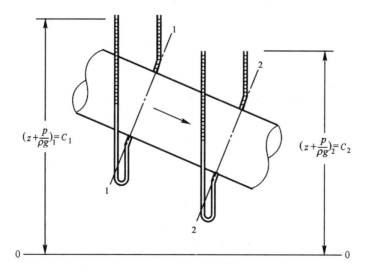

图 3-7

断面 2—2 上各测压管水头也相等，即 $\left(z+\dfrac{p}{\rho g}\right)_2=C_2$。但 $C_1\neq C_2$，即不同过水断面上的测压管水头不等。可证明如下：

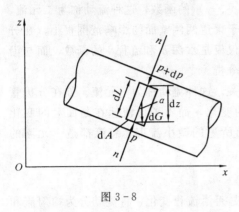

图 3—8

在如图 3—8 所示的均匀流的过水断面上取一长为 dL 的微分柱体，其轴线 $n-n$ 与流线正交，与铅垂线的夹角为 α。现分析该柱体上的作用力。

（1）表面力。在液柱顶面和底面上的水压力分别为 $(p+dp)\,dA$、$p\,dA$；摩擦力与 $n-n$ 方向垂直，在 $n-n$ 方向上没有分力；在液柱侧面上，水压力与 $n-n$ 方向垂直，在 $n-n$ 方向上也没有分力；侧面上无 $n-n$ 方向的摩擦力。

（2）质量力。微分液柱的自重 $dG=\rho g\,dA\,dL$。由于流动方向与 $n-n$ 方向正交，在 $n-n$ 方向上无加速度，即无惯性力。

由此列出 $n-n$ 方向的力的平衡方程为

$$p\,dA-(p+dp)\,dA-\rho g\,dA\,dL\cos\alpha=0$$

由几何关系知：$dL\cos\alpha=dz$，代入上式并整理，得

$$\rho g\,dz+dp=0$$

积分上式，得

$$z+\frac{p}{\rho g}=c$$

由此表明，均匀流过水断面上的动水压强与静水压强分布规律相同。因此，均匀流过水断面上任一点的动水压强或动水压力都可按静水压强和静水压力的公式计算。

七、渐变流与急变流

非均匀流的流线彼此是不平行的或非直线，流线上各质点的运动要素沿程是变化的。按照流线的弯曲程度或运动要素的变化快慢，将非均匀流分为渐变流和急变流，如图 3—9 所示。

（1）渐变流。如果流线之间的夹角很小或曲率半径很大，流线近似于平行直线，称为渐变流。在水力计算时，渐变流可近似按均匀流处理，即渐变流过水断面上的动水压强分布规律符合静水压强分布规律，可认为渐变流同一过水断面上的测压管水头 $z+\dfrac{p}{\rho g}=c$。

（2）急变流。当水流的流线之间夹角很大或流线的曲率半径很小时，称为急变流。从力学角度分析，因急变流的流线是弯曲的，所以作用在质点上的质量力除重力之外，还有离心力，其方向取决于边界条件。因此，急变流过水断面上的动水压强分布规律与静水压强分布规律不同，如图 3—10 所示。图中实线部分为动水压强分布情况，虚线部分为静水压强分布。

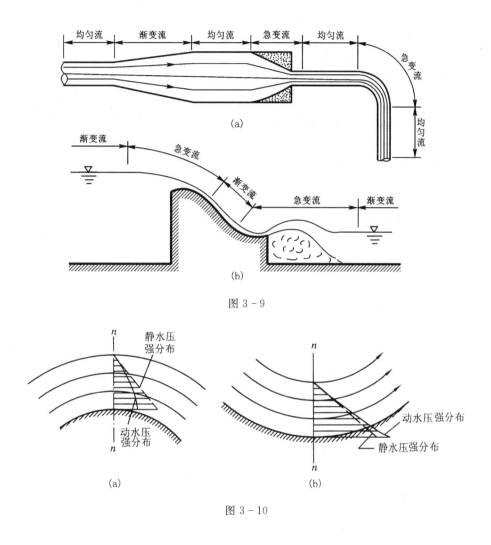

图 3-9

图 3-10

第三节　恒定总流的连续性方程

液体作为不可压缩的连续介质，与其他运动物体一样，也必须遵循质量守恒定律。液体中满足质量守恒定律的方程称为连续性方程。对于不同的液流运动情况，有不同形式的连续性方程，而不可压缩液体恒定总流的连续性方程是最为简单的。现推导如下。

一、微小流束的连续性方程

图 3-11 所示为一恒定流中取出的一段微小流束。令过水断面 1—1、断面 2—2 的面积分别为 dA_1、dA_2，断面形心点的流速为 u_1 和 u_2。由于为恒定流，流线形状不随时间改变，并且四周均为流线，所以在微小流束的侧面没有流体流入和流出。只有两端过水断面 1—1、断面 2—2 有水流流进和流出。设在 dt 时段内，从断面 1—1 流入的质量为 $M_1 = \rho_1 u_1 dA_1 dt$，从断面 2—2 流出的质量为 $M_2 = \rho_2 u_2 dA_2 dt$，则由质

量守恒定律得

$$M_1 = M_2$$

或　　$\rho_1 u_1 dA_1 dt = \rho_2 u_2 dA_2 dt$

对不可压缩液体，$\rho_1 = \rho_2$，则整理
上式得

$$u_1 dA_1 = u_2 dA_2 \quad 或 \quad dQ_1 = dQ_2$$

$$(3-12)$$

上式即为不可压缩液体恒定一元
流微小流束的连续性方程。

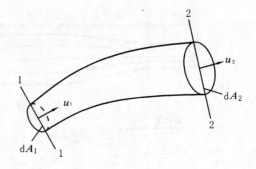

图 3-11

二、总流的连续性方程

总流的连续性方程可对式（3-12）
积分，即

$$\int_{A_1} u_1 dA_1 = \int_{A_2} u_2 dA_2 \tag{3-13}$$

若用断面平均流速 v 表示，有

$$\int_{A_1} u_1 dA_1 = v_1 A_1, \qquad \int_{A_2} u_2 dA_2 = v_2 A_2$$

将上式代入式（3-13）得

$$v_1 A_1 = v_2 A_2 = Q \tag{3-14a}$$

或　　

$$\frac{v_1}{v_2} = \frac{A_2}{A_1} \tag{3-14b}$$

式（3-14）就是不可压缩液体恒定总流的连续性方程。该式表明，在不可压缩
液体的总流中，任意两个过水断面通过的流量相等，或者说断面平均流速的大小与过
水断面面积成反比。

应当指出，式（3-14a）和式（3-14b）不是对任何流动都是适用的，它只适用
于作恒定流动的不可压缩液体，并且在两断面之间没有流量流出或流入。对于沿程有
流量改变的情况，方程的形式应作相应的改变，如图 3-12 所示的流动，方程应为

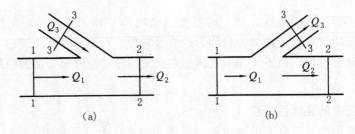

图 3-12

对图 3-12（a）　　　　　　　$Q_2 = Q_1 + Q_3$

对图 3-12（b）　　　　　　　$Q_1 - Q_3 = Q_2$

例 3-3　如图 3-13 所示的分叉管路，直径分别为 $d_1 = d_2 = 20\text{cm}$，$d_3 = 10\text{cm}$。当

$v_1=3\text{m/s}$，$v_2=2\text{m/s}$ 时，试求 v_3 为多少？

解：

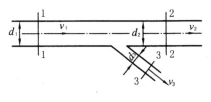

根据连续性原理，得 $Q_1=Q_2+Q_3$

其中
$$Q_1=v_1A_1=v_1\frac{\pi d_1^2}{4}$$
$$=3\times\frac{3.14\times0.2^2}{4}$$
$$=0.0942\ (\text{m}^3/\text{s})$$

图 3-13

$$Q_2=v_2A_2=v_2\frac{\pi d_2^2}{4}=2\times\frac{3.14\times0.2^2}{4}=0.0628\ (\text{m}^3/\text{s})$$

则
$$Q_3=Q_1-Q_2=0.0942-0.0628=0.0314\ (\text{m}^3/\text{s})$$

所以
$$v_3=\frac{Q_3}{A_3}=\frac{4Q_3}{\pi d_3^2}=\frac{4\times0.0314}{3.14\times0.1^2}=4\ (\text{m/s})$$

第四节　恒定总流的能量方程

连续性方程是液体运动的基本方程之一，但它只包含了速度 u 和断面面积 A 两个参变量，而要研究作用于液体上的力和能量问题时，连续性方程就无能为力了。本节将从动力学角度出发，讨论水流各运动要素之间的关系，即根据能量守恒定律，建立液体运动的能量方程。

本着从简单到复杂，从特殊到一般的规律，本节首先讨论恒定微小流束的能量方程，然后讨论恒定总流的能量方程；在讨论恒定微小流束的能量方程时，先讨论理想液体恒定微小流束的能量方程，再讨论实际液体恒定微小流束的能量方程。

一、理想液体恒定微小流束的能量方程

如图 3-14 所示，为一理想液体中微小流束的一微分流段。设其为恒定流，流段长为 $\text{d}s$，流段的截面面积为 $\text{d}A$，且只沿流段轴向 s 方向流动。

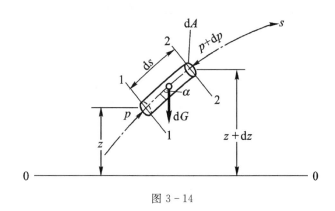

图 3-14

现在对该流段进行受力分析：

作用在流段两断面上的表面力分别为 $p\text{d}A$ 和 $(p+\text{d}p)\ \text{d}A$，质量力为 $\text{d}G=$

$\rho g \, dA \, ds$。现对微分流段列 s 方向的力的平衡方程。

根据牛顿第二定律 $\boldsymbol{F} = m\boldsymbol{a} = \rho dA \, ds \boldsymbol{a}$，将流段上的表面力和质量力代入式中，得

$$p \, dA - (p + dp) \, dA - \rho g \, dA \, ds \cos\alpha = \rho dA \, ds \boldsymbol{a} \tag{3-15}$$

式中：$\boldsymbol{a}$ 为加速度。

用欧拉法表示，加速度 $\boldsymbol{a}$ 为

$$\boldsymbol{a} = \frac{d\boldsymbol{u}}{dt} = \frac{\partial \boldsymbol{u}}{\partial t} + \boldsymbol{u} \frac{\partial \boldsymbol{u}}{\partial s}$$

对于恒定流，$\dfrac{\partial \boldsymbol{u}}{\partial t} = 0$；因此，$\boldsymbol{u} \dfrac{\partial \boldsymbol{u}}{\partial s} = \dfrac{d(u^2/2)}{ds}$，则上式为

$$\boldsymbol{a} = \frac{d(u^2/2)}{ds} \tag{3-16}$$

将式（3-16）代入式（3-15），得

$$p \, dA - (p + dp) \, dA - \rho g \, dA \, ds \cos\alpha = \rho dA \, ds \frac{d(u^2/2)}{ds} \tag{3-17}$$

由图可见，式中 $\cos\alpha = \dfrac{dz}{ds}$。将上式各项遍除 dA，并整理得

$$dp + \rho g \, dz + \rho d\left(\frac{u^2}{2}\right) = 0 \quad \text{或} \quad d\left(p + \rho g z + \rho \frac{u^2}{2}\right) = 0$$

积分上式，得

$$p + \rho g z + \rho \frac{u^2}{2} = c_1 \quad \text{或} \quad z + \frac{p}{\rho g} + \frac{u^2}{2g} = c \tag{3-18}$$

对微小流束任意两个过水断面有

$$z_1 + \frac{p_1}{\rho g} + \frac{u_1^2}{2g} = z_2 + \frac{p_2}{\rho g} + \frac{u_2^2}{2g} \tag{3-19}$$

上式称为理想液体恒定微小流束的能量方程。该式是瑞士科学家伯努利（Bernoulli）于 1938 年首先提出的，故又称为伯努利方程。

资源 3-4
伯努利方程

式（3-19）中，z 为单位重量液体具有的位能，也称位置水头；$\dfrac{p}{\rho g}$ 为单位重量液体具有的压能，也称压强水头；$z + \dfrac{p}{\rho g}$ 为单位重量液体具有的势能，也称测压管水头。以上均在水静力学第三节中已有论述。$\dfrac{u^2}{2g}$ 为单位重量液体具有的动能，又称流速水头，例如，质量为 m 的液体，速度为 u，它所具有的动能为 $\dfrac{1}{2}mu^2$，对于单位重量液体而言，则有 $\dfrac{\frac{1}{2}mu^2}{mg} = \dfrac{u^2}{2g}$。$z + \dfrac{p}{\rho g} + \dfrac{u^2}{2g}$ 为单位重量液体具有的总机械能，又称总水头。

式（3-19）表明，在理想液体恒定流中，微小流束的任意两个断面的总机械能（水头）相等。

二、实际液体恒定微小流束的能量方程

在理想液体中，由于黏滞应力 $\tau = 0$，不需要克服摩擦力做功而消耗能量，因此

任意两个过水断面的总机械能守恒，即满足式（3-19）。但对于实际液体，黏滞应力 $\tau \neq 0$，因此在流动过程中要消耗一部分能量用于克服摩擦力做功，机械能将沿程减少，即有以下关系：

$$z_1 + \frac{p_1}{\rho g} + \frac{u_1^2}{2g} > z_2 + \frac{p_2}{\rho g} + \frac{u_2^2}{2g}$$

若令单位重量液体从断面 1-1 流至断面 2-2 消耗的能量为 h'_w，则上述不等式可写为

$$z_1 + \frac{p_1}{\rho g} + \frac{u_1^2}{2g} = z_2 + \frac{p_2}{\rho g} + \frac{u_2^2}{2g} + h'_{w1-2} \tag{3-20}$$

式中：h'_{w1-2} 是单位重量液体从断面 1-1 流到断面 2-2，用于克服水流阻力做功而消耗的机械能，称水头损失或能量损失。

上式称为不可压缩实际液体恒定微小流束的能量方程。

三、实际液体恒定总流的能量方程

1. 恒定总流的能量方程推导

因为总流是无数微小流束的总和，因此在得到恒定微小流束的能量方程之后，只需对其积分，即可得到总流的能量方程。

设微小流束的流量为 dQ，单位时间内通过微小流束过水断面的液体重量为 $\rho g\, dQ$，将式（3-20）各项乘以 $\rho g\, dQ$，并积分得

$$\int_Q \left(z_1 + \frac{p_1}{\rho g}\right) \rho g\, dQ + \int_Q \frac{u_1^2}{2g} \rho g\, dQ = \int_Q \left(z_2 + \frac{p_2}{\rho g}\right) \rho g\, dQ + \int_Q \frac{u_2^2}{2g} \rho g\, dQ + \int_Q h'_{w1-2} \rho g\, dQ$$

$$\tag{3-21}$$

上式中含有三类积分，分别确定如下：

（1）第一类：$\int_Q \left(z + \dfrac{p}{\rho g}\right) \rho g\, dQ$。若过水断面符合渐变流条件，在同一过水断面上 $z + \dfrac{p}{\rho g} = c$，则

$$\int_Q \left(z + \frac{p}{\rho g}\right) \rho g\, dQ = \left(z + \frac{p}{\rho g}\right) \rho g \int_Q dQ = \left(z + \frac{p}{\rho g}\right) \rho g Q$$

（2）第二类：$\int_Q \dfrac{u^2}{2g} \rho g\, dQ$。由于 $dQ = u\, dA$，则

$$\int_Q \frac{u^2}{2g} \rho g\, dQ = \int_A \frac{u^2}{2g} \rho g u\, dA = \frac{\rho g}{2g} \int_A u^3\, dA$$

一般情况下，速度 u 的分布很难确定。若用断面平均流速 v 代替实际流速 u，由于 $u = v \pm \Delta u$，则 $u^3 = (v \pm \Delta u)^3$，可见 $u^3 \neq v^3$，并且 $u^3 > v^3$，故在上式中不能直接用断面平均流速 v 代替实际流速 u，需乘以一修正系数 α 使之相等。即

$$\frac{\rho g}{2g} \int_A u^3\, dA = \frac{\rho g}{2g} \alpha \int_A v^3\, dA = \frac{\rho g}{2g} \alpha v^3 A = \frac{\alpha v^2}{2g} \rho g Q$$

式中：α 称为动能修正系数，$\alpha = \dfrac{\displaystyle\int_A u^3\, dA}{v^3 A}$，其值取决于过水断面的流速分布，对于

渐变流，$\alpha = 1.05 \sim 1.10$，工程中常取 $\alpha = 1.0$ 计算。

（3）第三类：$\int_Q h'_{\text{w}1-2} \rho g \, \mathrm{d}Q$。由于断面 1—1 至断面 2—2 之间微小流束的 $h'_{\text{w}1-2}$ 未知，所以无法积分。用平均值 $h_{\text{w}1-2}$ 代替各微小流束的 $h'_{\text{w}1-2}$，则可得

$$\int_Q h'_{\text{w}1-2} \rho g \, \mathrm{d}Q = \rho g h_{\text{w}1-2} \int_Q \mathrm{d}Q = h_{\text{w}1-2} \rho g Q$$

将以上积分结果代入式（3-21），并且各项同除以 $\rho g Q$，得

$$z_1 + \frac{p_1}{\rho g} + \frac{\alpha_1 v_1^2}{2g} = z_2 + \frac{p_2}{\rho g} + \frac{\alpha_2 v_2^2}{2g} + h_{\text{w}1-2} \qquad (3-22)$$

上式即为不可压缩实际液体恒定总流的能量方程，它表达了总流单位能量转换和守恒的规律，是水力学中应用最广泛的基本方程之一。

2. 应用能量方程的条件及注意点

（1）应用条件。由能量方程的推导过程可见，应用能量方程时应符合以下条件：①水流必须是不可压缩的恒定流；②作用于液体上的质量力只有重力；③所取过水断面的液流应符合渐变流条件，但在两断面之间的水流可以不是渐变流。

（2）注意点。应用能量方程时应注意以下几点：①基准面可以任意选，但对于同一方程在计算两断面的位置水头时必须采用同一基准面；②方程中压强水头 $\frac{p}{\rho g}$ 可用相对压强，也可以用绝对压强，但对同一方程必须一致；③过水断面上的计算点可以任意选，但以计算方便为宜，如对于管道，一般可以选管轴中心点作为计算点，对于明渠，一般选自由表面上的点作为计算点；④不同过水断面的动能修正系数 α 一般是不相等的，且不等于 1.0，但对于渐变流，为方便起见，一般取 $\alpha_1 \approx \alpha_2 \approx 1.0$。

例 3-4　图 3-15 所示为一虹吸管从河道提取河水到下游渠道，已知管径 $d = 0.6\text{m}$，上游水面至管道顶部与管道出口中心距离分别为 $h_1 = 2\text{m}$，$h = 3.6\text{m}$。若不计水头损失，试求虹吸管的输水流量和管道顶部的压强。

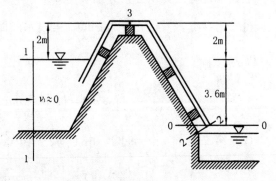

图 3-15

解：

（1）求管道通过的流量。以管道出口中心的水平面 0—0 为基准面，对上游过水断面 1—1 和管道出口断面 2—2 列能量方程：

$$z_1 + \frac{p_1}{\rho g} + \frac{\alpha_1 v_1^2}{2g} = z_2 + \frac{p_2}{\rho g} + \frac{\alpha_2 v_2^2}{2g}$$

由图可见，上式中 $z_1 = 3.6\text{m}$，$z_2 = 0$；若以相对压强计算，则 $p_1 = p_2 = 0$；因上游河道的断面面积远远大于管道断面面积，由连续方程知 v_1 远小于 v_2，故可认为 $v_1 \approx 0$；令 $\alpha_1 = \alpha_2 \approx 1.0$，代入上式得

$$3.6 + 0 + 0 = 0 + 0 + \frac{v_2^2}{2g}$$

$$v_2 = \sqrt{2g \times 3.6} = 8.4 \ (\text{m/s})$$

所以

$$Q = v_2 A = 8.4 \times \frac{3.14 \times 0.6^2}{4} = 2.375 \ (\text{m}^3/\text{s})$$

（2）求管道顶部的压强。仍以管道出口中心的水平面 $0-0$ 为基准面，对上游过水断面 $1-1$ 和管道顶部断面 $3-3$ 列能量方程：

$$z_1 + \frac{p_1}{\rho g} + \frac{\alpha_1 v_1^2}{2g} = z_3 + \frac{p_3}{\rho g} + \frac{\alpha_3 v_3^2}{2g}$$

式中 $z_3 = 3.6 + 2.0 = 5.6$ （m），$v_3 = v_2 = 8.4$ （m/s），取 $\alpha_3 \approx 1.0$，则

$$3.6 + 0 + 0 = 5.6 + \frac{p_3}{\rho g} + \frac{8.4^2}{2g}$$

所以 $\quad \dfrac{p_3}{\rho g} = 3.6 - 5.6 - \dfrac{8.4^2}{2g} = -5.6$ （m） 或 $\quad p_3 = -54.88$ （kN/m²）

3. 能量方程的图示法——总水头线和测压管水头线

由恒定总流能量方程可见，式中各项都是长度量纲。因此，可以用几何线段的长度来表示它们的大小，从而可以直观地了解水流能量沿程的相互转换。

如图 3-16 所示，一充满流动液体的管道，选取基准面 $0-0$ 后，即可将管道沿流程各过水断面的总水头 $H_i = z_i + \dfrac{p_i}{\rho g} + \dfrac{\alpha_i v_i^2}{2g}$ 用铅垂线段表示出来，再把沿液流各过水断面的总水头的顶端用曲线连接起来，该曲线就是总水头线。同理，若将管道沿流程各过水断面的测压管水头 $z_i + \dfrac{p_i}{\rho g}$ 用铅垂线段表示出来，并用曲线连接测压管水头的顶端即可得到测压管水头线，也可将总水头线下移 $\dfrac{\alpha_i v_i^2}{2g}$ 距离得到测压管水头线。

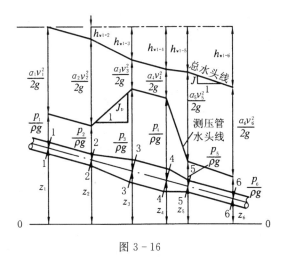

图 3-16

由能量方程的物理意义知，实际液体的机械能沿程一定是减小的，因此总水头线

是一条下降的曲线。把单位长度流程上总水头的减小值或单位长度流程上的水头损失称为水力坡度，用 J 表示。若总水头线是直线时，则有

$$J = \frac{H_1 - H_2}{L} = \frac{h_{w1-2}}{L} \qquad (3-23)$$

式中：L 为两过水断面之间的长度；h_{w1-2} 为相应于两过水断面之间的水头损失。

若总水头线为曲线，水力坡度沿程是变化的，则某一断面处的水力坡度为

$$J = -\frac{\mathrm{d}H}{\mathrm{d}L} = \frac{\mathrm{d}h_w}{\mathrm{d}L} \qquad (3-24)$$

由于总水头线总是沿程下降的，总水头增值 $\mathrm{d}H$ 总是负值，为使水力坡度 J 为正值，因此 $\dfrac{\mathrm{d}H}{\mathrm{d}L}$ 前冠 "$-$" 号。

由于势能和动能可以相互转化，所以测压管水头线可以沿程降低，也可以沿程升高。测压管水头线坡度用 J_p 表示，即

$$J_p = -\frac{\mathrm{d}\,(z + p/\rho g)}{\mathrm{d}L} \qquad (3-25)$$

式中：负号的意义同式（3-24）。

四、有能量输入或输出时的能量方程

在推导实际液体总流能量方程时，没有考虑有能量沿程的输入和输出，只对总流自身的能量沿程转换进行了讨论。因此，在总流的两个断面间有能量输入或输出时，就不能简单地应用式（3-21）对总流进行计算。根据能量守恒原理，并结合式（3-22）的应用条件，可得有能量输入或输出时的能量方程为

$$z_1 + \frac{p_1}{\rho g} + \frac{\alpha_1 v_1^2}{2g} \pm H_m = z_2 + \frac{p_2}{\rho g} + \frac{\alpha_2 v_2^2}{2g} + h_{w1-2} \qquad (3-26)$$

当两断面之间有能量输入时，上式中 H_m 项应取正值，如图 3-17 所示的水泵管路系统，此时 H_m 是单位重量的水通过水泵后由于动力机械对它做功而获得的能量，称为水泵的扬程。如果两断面之间有能量输出时，上式中 H_m 项应取负值，如图 3-18 所示的水轮机管路系统，此时 H_m 为单位重量的水输出给水轮机的能量，也称水轮

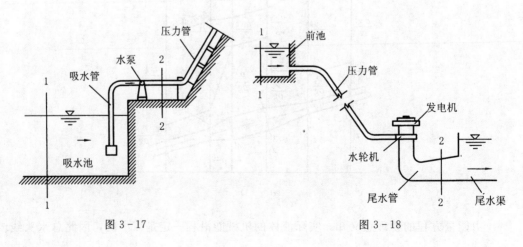

图 3-17   图 3-18

机的作用水头。

五、能量方程应用举例

在实际工程中，应用连续方程和能量方程已经解决了许多实际问题，下面分别举例说明。

1. 毕托（H. Pitot）管测流速

毕托管是利用液流运动的能量转换原理制作的测量流速的仪器。如图 3-19 所示，欲测明渠中某点 A 的流速时，可将毕托管管嘴正对 A 点的来流方向，此时水流通过毕托管的前端小孔 A 和侧面小孔 B 分别进入两个不同通道接入的两根测压管，测量时只需读出两根测压管的液面差 Δh，则可用下式：

$$u = \sqrt{2g\,\Delta h} \qquad\qquad (3-27)$$

计算出 A 点的流速。下面分析毕托管的工作原理。

为便于分析，将毕托管分成两根开孔位置不同的弯管。如图 3-20 所示，欲测 A 点流速时，先将侧面开孔的弯管正对水流方向，把侧面开孔位置置于欲测点 A，此时弯管中水面上升到某一高度 h_1，h_1 实际上代表了 A 点的动水压强，即 $h_1 = \dfrac{p_A}{\rho g}$。设 A 点水流速度为 u，以过 A 点的水平面为基准面，可得 A 点处水流质点的总能量 $H_1 = \dfrac{p_A}{\rho g} + \dfrac{u^2}{2g} = h_1 + \dfrac{u^2}{2g}$。再将另一根前面开孔的弯管前端置于 A 点并正对水流方向。由于 A 点水流受弯管的阻挡，流速变为 0，即动能全部转化为压能，使测压管中水面上升至高度 h_2，即 $h_2 = \dfrac{p_2}{\rho g}$。同样以过 A 点的水平面为基准面，可得 A 点处水流的总能量 $H_2 = \dfrac{p_2}{\rho g} = h_2$。由于两根测压管所测的是同一点 A，因此 $H_1 = H_2$，即 $h_1 + \dfrac{u^2}{2g} = h_2$。由此可求得 A 点的流速为

$$u = \sqrt{2g\,(h_2 - h_1)} = \sqrt{2g\,\Delta h}$$

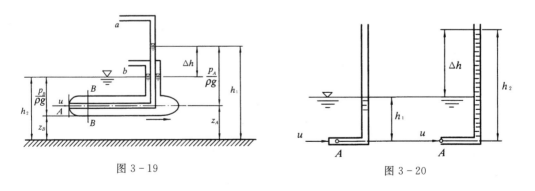

图 3-19   图 3-20

上式即为式（3-27）。不过，真实的毕托管是把两根管子放入一根弯管中，将前端的小孔和侧面的小孔由分别不同的通道接在两根测压管上，由于两个小孔的位置不

同，所测得的不是同一点的流速，加之考虑毕托管放入水中所产生的扰动影响，因此需对式（3-27）进行修正，一般乘以修正系数 μ，即

$$u = \mu\sqrt{2g\Delta h} \tag{3-28}$$

式中：μ 为毕托管的校正系数，一般取 $\mu = 0.98 \sim 1.0$。

2. 文丘里（R. Venturi）流量计测管道流量

文丘里流量计是用来量测管道流量的一种装置。如图 3-21（a）所示，它是由收缩管、喉管和扩散管 3 部分组成。使用时，将其安装在需测流量的管道上，并在收缩管进口前断面 1-1 和喉管断面 2-2 处安置两根测压管。若测得两根测压管中水面差 $h = h_1 - h_2$，则可用式（3-29）计算管道流量 Q：

$$Q = K\sqrt{h} \tag{3-29}$$

其中

$$K = \frac{\pi d_1^2}{4}\sqrt{\frac{2g}{(d_1/d_2)^4 - 1}}$$

下面推导式（3-29）。

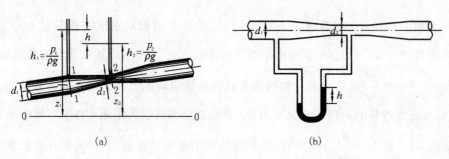

(a)　　　　　　　　　　　　(b)

图 3-21

如图 3-21（a）所示，选取基准面 0-0，对过水断面 1-1 和断面 2-2 列能量方程。令 $\alpha_1 = \alpha_2 = 1.0$，且不计水头损失 h_{w1-2}，则有

$$z_1 + \frac{p_1}{\rho g} + \frac{v_1^2}{2g} = z_2 + \frac{p_2}{\rho g} + \frac{v_2^2}{2g}$$

或

$$\left(z_1 + \frac{p_1}{\rho g}\right) - \left(z_2 + \frac{p_2}{\rho g}\right) = \frac{v_2^2}{2g} - \frac{v_1^2}{2g}$$

由图可见，$\left(z_1 + \frac{p_1}{\rho g}\right) - \left(z_2 + \frac{p_2}{\rho g}\right) = h$，代入上式得

$$\frac{v_2^2}{2g} - \frac{v_1^2}{2g} = h$$

将连续方程 $v_2 = v_1\frac{A_1}{A_2} = v_1\left(\frac{d_1}{d_2}\right)^2$ 代入上式并整理得

$$v_1 = \sqrt{\frac{2gh}{(d_1/d_2)^4 - 1}}$$

则文丘里流量计通过的流量为

$$Q = v_1 A_1 = \frac{\pi d_1^2}{4} \sqrt{\frac{2gh}{(d_1/d_2)^4 - 1}} \qquad (3-30)$$

令

$$K = \frac{\pi d_1^2}{4} \sqrt{\frac{2g}{(d_1/d_2)^4 - 1}}$$

于是得

$$Q = K\sqrt{h}$$

上式即为式（3-29）。当 d_1 和 d_2 已知时，K 为定值，称为流量计常数。考虑在推导过程中忽略了水头损失 h_{w1-2}，因此将上式再乘以一修正系数 μ。即

$$Q = \mu K\sqrt{h}$$

式中：μ 为文丘里流量计的流量系数，一般取 $\mu = 0.95 \sim 0.98$。

当管道流量较大时，可在文丘里流量计上安装水银比压计，如图3-21（b）所示的管路下部的 U 形比压计。此时管道流量可用下式计算：

$$Q = \mu K\sqrt{12.6h} \qquad (3-31)$$

上式读者可自行推导。式中 h 的大小与文丘里流量计的安装角度（管轴线与水平方向的夹角）无关。

3. 孔口恒定出流

在盛有液体的容器壁上开一小孔口，如孔口处容器内的液体压强大于容器外大气或液体压强，则液体从孔口流出，如果孔壁厚度对水流无影响，即孔壁与出流仅为一周线接触，则称这种流动现象为薄壁孔口出流，如图3-22所示。

实际工程中经常遇到孔口出流问题，如水利工程中的水库泄水底孔、闸孔出流及船闸的放水和充水等，都可以简化为孔口出流问题。

按照孔口的相对大小，可分为大孔口和小孔口两种。如图3-22所示，当孔口高 d 与孔口水头 H 的比值 $\frac{d}{H} < \frac{1}{10}$ 时，称为小孔口；当 $\frac{d}{H} \geqslant \frac{1}{10}$ 时，称为大孔口。对于小孔口出流，过水断面面积相对较小，可近似认为断面上的压强 p 和流速 u 的分布是均匀的，各点的水头可视为常数。但大孔口出流则不能这样近似。本章只讨论薄壁小孔口出流的水力计算，对于大孔口出流问题将在第八章中讨论。

孔口出流还可分为自由出流和淹没出流两类。如果孔口在大气中，称为自由出流（图3-22）；如果孔口在液体中，称为淹没出流（图3-23）。

在工程上，孔口出流的水力计算任务主要是确定孔口的过水能力，即过流量的大小。下面利用能量方程和连续方程来推导孔口出流公式。

为选取合适的渐变流过水断面，首先分析水箱内水流现象。当水流从孔口流出时，水箱内的流线图形大致如图3-22所示。在孔口附近，由于水流惯性作用，流线不能紧随孔口边界急剧改变方向，故水股在流出孔后将发生收缩现象。实验证明，约在距孔口为 $\frac{d}{2}$ 处断面收缩为最小，随后由于空气阻力的影响，流速变小，流股断面开始扩散，在最小断面 $c-c$ 处流线近似平行，可作为渐变流过水断面，并称此断面为收缩断面。在收缩断面处四周都是大气压，可以认为全断面上的压强均为大气压。另一断面可选孔口上游断面 1—1 处，并选过孔口中心水平面作为基准面，则可写出

能量方程如下：

$$z_1+\frac{p_1}{\rho g}+\frac{\alpha_0 v_0^2}{2g}=z_c+\frac{p_c}{\rho g}+\frac{\alpha_c v_c^2}{2g}+h_{\text{w1-}c}$$

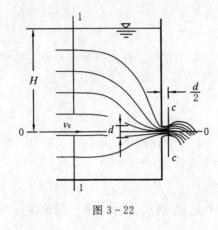

图 3-22

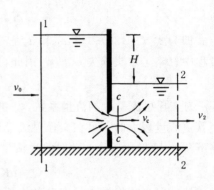

图 3-23

由图 3-22 可见，式中 $z_1=H$，$z_c=0$，$\frac{p_1}{\rho g}=0$，$\frac{p_c}{\rho g}=0$，取 $\alpha_0=1.0$，则上式可写为

$$H+\frac{v_0^2}{2g}=\frac{\alpha_c v_c^2}{2g}+h_{\text{w1-}c}$$

令

$$H+\frac{v_0^2}{2g}=H_0,\ h_{\text{w1-}c}=\zeta_0\frac{v_c^2}{2g}$$

则上式可写为

$$H_0=(\alpha_c+\zeta_0)\frac{v_c^2}{2g}$$

所以

$$v_c=\frac{1}{\sqrt{\alpha_c+\zeta_0}}\sqrt{2gH_0}=\varphi\sqrt{2gH_0} \tag{3-32}$$

式中：$\varphi=\dfrac{1}{\sqrt{\alpha_c+\zeta_0}}$，称为流速系数，一般 $\varphi=0.97\sim0.98$。

由连续方程可得

$$Q=v_cA_c=A_c\varphi\sqrt{2gH_0}$$

式中：A_c 为收缩断面面积。

设孔口面积为 A，令 $\dfrac{A_c}{A}=\varepsilon$，称 ε 为孔口的收缩系数，由实验确定，$\varepsilon\approx0.63\sim$
0.64，则上式可写为

$$Q=\varepsilon\varphi A\sqrt{2gH_0}\quad\text{或}\quad Q=\mu A\sqrt{2gH_0} \tag{3-33}$$

上式中 $\mu=\varepsilon\varphi$，称 μ 为孔口出流的流量系数，为 0.60~0.62。

若水箱很大，即 $A_1\gg A$，则 $v_0\ll v_c$，此时可近似认为 $v_0\approx0$，所以 $\dfrac{v_0^2}{2g}\approx0$，则
$H_0\approx H$。式（3-33）可写为

$$Q = \mu A \sqrt{2gH} \qquad (3-34)$$

水力学中称 $\dfrac{v_0^2}{2g}$ 为行近流速水头，H 为实际水头，H_0 为全水头。

4. 管嘴恒定出流

若在孔口上连接一段长为 $(3\sim4)d$ 的短管（d 为管径），液体经短管流出的现象称为管嘴出流。

如图 3-24 所示，管嘴有 5 种基本形式，即圆柱形外管嘴、圆柱形内管嘴、圆柱形收敛管嘴、圆锥形扩张管嘴及流线形管嘴。下面着重介绍圆柱形外管嘴的恒定出流。

如图 3-25 所示，水流流经管嘴后，流线弯曲形成收缩断面 $c-c$，然后又扩散至整个管嘴。由图示流线的形状，选过水断面 1—1 和断面 $c-c$。断面 1—1 上选自由表面为计算点，断面 $c-c$ 上选中心点为计算点，并选通过管轴线的水平面为基准面，列能量方程如下：

$$H + \frac{\alpha_0 v_0^2}{2g} = \frac{\alpha_c v_c^2}{2g} + \frac{p_c}{\rho g} + \zeta_2 \frac{v_c^2}{2g}$$

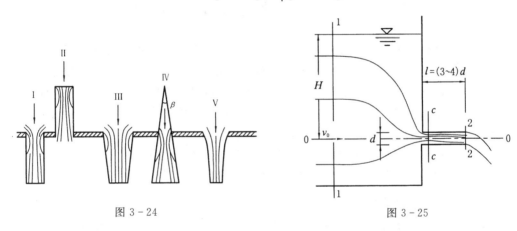

图 3-24　　　　　　　　　　　　　　　图 3-25

整理上式得

$$v_c = \varphi \sqrt{2g\left(H_0 - \frac{p_c}{\rho g}\right)}$$

由连续方程得

$$Q = v_c A_c = v_c \varepsilon A = \mu A \sqrt{2g\left(H_0 - \frac{p_c}{\rho g}\right)} \qquad (3-35)$$

比较式（3-34）和式（3-35），管嘴出流公式中多了一项 $\dfrac{p_c}{\rho g}$。如果列收缩断面 $c-c$ 和断面 2—2 的能量方程，由于断面 $c-c$ 处发生收缩，断面面积小于出口断面 2—2 的面积，则可得出 $\dfrac{p_c}{\rho g}$ 为负值，即该断面存在真空，其真空度为 $\left|\dfrac{p_c}{\rho g}\right|$。即管嘴出流的有效作用水头比孔口出流增加了 $\left|\dfrac{p_c}{\rho g}\right|$，因此在相同条件下，管嘴出流量大于孔

口的出流量。不难看出，这是由于在收缩断面前后，流股脱离管壁产生旋涡形成负压而出现真空所引起的。为使该真空区存在，必须使管嘴具有一定的长度。若管嘴长度过短，管嘴的真空区有受破坏的可能。但是管嘴长度过长，由于管段的阻力加大，出流量同样也会减小。由实验表明，管嘴长度 l 一般控制在（3～4）d。

将式（3-35）改写为

$$Q = \mu A \sqrt{2gH_0} \sqrt{1 - \frac{p_c}{\rho g H_0}}$$

令 $\mu' = \mu \sqrt{1 - \frac{p_c}{\rho g H_0}}$，并代入上式得

$$Q = \mu' A \sqrt{2gH_0} \tag{3-36}$$

式中：μ' 为管嘴出流的流量系数，其值与管嘴的类型有关。

在实际计算中，可参考有关水力计算手册。对于圆柱形管嘴，$\mu' \approx 0.82$。

第五节　实际液体恒定总流的动量方程

前面已经讨论了连续方程和能量方程，这两个方程对于分析水力学问题是极为有用的，联合应用这两个方程可分析解决许多生产实际问题。但对于某些复杂的水流运动的分析，特别是涉及到水流与边界上的作用力之间的关系时就无能为力了。同时能量方程中包括水头损失 h_w 项，对于有些流动的水头损失是很难确定的，而动量方程则可以弥补这些不足。也正因为如此，动量方程在水力学中得到了广泛的应用。

动量方程是根据物理学中的动量守恒定律推导出来的，它反映了水流动量变化与作用力之间的关系，与连续方程和能量方程一起称为水力学中的"三大方程"。

一、恒定总流动量方程的推导

由理论力学中质点系运动的动量定律知：质点系的动量增量等于作用于该质点系上所有外力的冲量之和，即 $\Delta \boldsymbol{K} = \sum \boldsymbol{F} dt$ 或 $\boldsymbol{K}_2 - \boldsymbol{K}_1 = \sum \boldsymbol{F} dt$。现依据该动量定律推导适合水流运动的动量方程。

如图 3-26 所示，在恒定总流中任取一流段 1-2 为研究对象，取过水断面 1-1 和断面 2-2 之间的液体为隔离体，经微分时段 dt 之后，流段 1-2 移至新的位置 $1'-2'$，并产生了动量变化。设动量变化为 ΔK，则有

$$\Delta \boldsymbol{K} = \boldsymbol{K}_{1'-2'} - \boldsymbol{K}_{1-2} \tag{3-37}$$

由图可见 $\qquad \boldsymbol{K}_{1'-2'} = \boldsymbol{K}_{1'-2} + \boldsymbol{K}_{2-2'}, \quad \boldsymbol{K}_{1-2} = \boldsymbol{K}_{1-1'} + \boldsymbol{K}_{1'-2} \tag{3-38}$

上式中，虽然 $\boldsymbol{K}_{1'-2}$ 分属于 dt 初始流段 1-2 和 dt 末流段 $1'-2'$ 两个流段内，但因为是恒定流，因此 $\boldsymbol{K}_{1'-2}$ 不随时间而改变，将式（3-38）代入式（3-37）可得

$$\Delta \boldsymbol{K} = \boldsymbol{K}_{2-2'} - \boldsymbol{K}_{1-1'} \tag{3-39}$$

为确定 $\boldsymbol{K}_{2-2'}$、$\boldsymbol{K}_{1-1'}$，现在该流段中取一微小流束 MN，设断面 1-1 和断面 2-

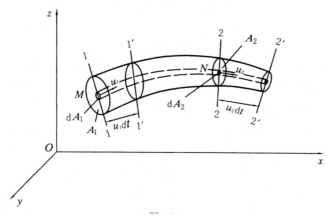

图 3-26

2 的面积及流速分别为 $\mathrm{d}A_1$、$\mathrm{d}A_2$、$\boldsymbol{u}_1$、$\boldsymbol{u}_2$，则对 $1-1'$ 和 $2-2'$ 两段微小流束分别有 $\mathrm{d}\boldsymbol{K}_{1-1'}=\mathrm{d}m_1\boldsymbol{u}_1=\rho u_1\mathrm{d}t\mathrm{d}A_1\boldsymbol{u}_1$，$\mathrm{d}\boldsymbol{K}_{2-2'}=\mathrm{d}m_2\boldsymbol{u}_2=\rho u_2\mathrm{d}t\mathrm{d}A_2\boldsymbol{u}_2$，由此得 $1-1'$ 和 $2-2'$ 两流段的动量为

$$\boldsymbol{K}_{1-1'}=\int\mathrm{d}\boldsymbol{K}_{1-1'}=\int_{A_1}\rho u_1\mathrm{d}t\mathrm{d}A_1\boldsymbol{u}_1=\rho\mathrm{d}t\int_{A_1}\boldsymbol{u}_1u_1\mathrm{d}A_1$$

$$\boldsymbol{K}_{2-2'}=\int\mathrm{d}\boldsymbol{K}_{2-2'}=\int_{A_2}\rho u_2\mathrm{d}t\mathrm{d}A_2\boldsymbol{u}_2=\rho\mathrm{d}t\int_{A_2}\boldsymbol{u}_2u_2\mathrm{d}A_2$$

设过水断面符合渐变流条件，并以断面平均流速 v 代替 u，其误差用动量修正系数 β 修正，则上式为

$$\boldsymbol{K}_{1-1'}=\rho\mathrm{d}t\int_{A_1}\boldsymbol{u}_1u_1\mathrm{d}A_1=\rho\mathrm{d}t\beta_1\boldsymbol{v}_1\int_{A_1}u_1\mathrm{d}A_1=\rho\mathrm{d}t\beta_1\boldsymbol{v}_1Q_1 \qquad (3-40)$$

$$\boldsymbol{K}_{2-2'}=\rho\mathrm{d}t\int_{A_2}\boldsymbol{u}_2u_2\mathrm{d}A_2=\rho\mathrm{d}t\beta_2\boldsymbol{v}_2\int_{A_2}u_2\mathrm{d}A_2=\rho\mathrm{d}t\beta_2\boldsymbol{v}_2Q_2 \qquad (3-41)$$

动量修正系数 β 的表达式为

$$\beta=\frac{\displaystyle\int_A u^2\mathrm{d}A}{v^2A}$$

可以证明 $\displaystyle\int_A u^2\mathrm{d}A>v^2A$，故 $\beta>1$，对于渐变流，$\beta=1.02\sim1.05$。为计算方便，常取 $\beta=1.0$。

由连续方程知，$Q_1=Q_2=Q$，将式（3-40）和式（3-41）代入式（3-39）得

$$\Delta\boldsymbol{K}=\boldsymbol{K}_{2-2'}-\boldsymbol{K}_{1-1'}=\rho Q\mathrm{d}t\ (\beta_2\boldsymbol{v}_2-\beta_1\boldsymbol{v}_1) \qquad (3-42)$$

代入动量定律 $\Delta\boldsymbol{K}=\sum\boldsymbol{F}\mathrm{d}t$ 中，得

$$\rho Q\ (\beta_2\boldsymbol{v}_2-\beta_1\boldsymbol{v}_1)\ =\sum\boldsymbol{F} \qquad (3-43)$$

式中：$\sum\boldsymbol{F}$ 为作用于流段上的所有外力。

式（3-43）即为不可压缩液体恒定总流的动量方程。它表明在单位时间内，恒定总流流段的动量变化等于作用于该流段上所有外力的合力。

式（3-43）为矢量式，写出其在 3 个坐标轴上的投影表达式：

$$\begin{cases} \rho Q \ (\beta_2 v_{2x} - \beta_1 v_{1x}) = \sum F_x \\ \rho Q \ (\beta_2 v_{2y} - \beta_1 v_{1y}) = \sum F_y \\ \rho Q \ (\beta_2 v_{2z} - \beta_1 v_{1z}) = \sum F_z \end{cases} \tag{3-44}$$

式中：v_x、v_y、v_z 为流速 v 分别在 3 个坐标轴上的投影；F_x、F_y、F_z 为作用力 F 分别在 3 个坐标轴上的投影。

从以上推导过程可以看出，动量方程的应用条件如下：

(1) 必须是不可压缩液体的恒定流。

(2) 两端的过水断面必须选在渐变流断面上，流段中间可以是急变流。

动量方程中包含 4 个变量 Q、v_2、v_1 和 F。求解时，只要给定其中的 3 个，就可以求出另外一个，而不必了解该流段内部的细节。因此，对于水力学中某些难于确定的水头损失问题，用动量方程分析更为方便。另外，由于动量方程不涉及到内部的作用力，因此方程对于理想液体和实际液体都适用。

二、运用动量方程时的注意点

由于动量方程是矢量方程，在应用中应注意以下几点：

(1) 由于方程中的力 F 和速度 v 是矢量，而在实际计算时，一般采用方程在坐标轴上的投影式。因此，在写动量方程时，必须先选定坐标系，然后将力 F 和速度 v 向坐标轴投影，与坐标轴方向一致的为正，反之为负。

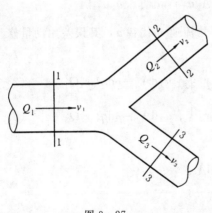

图 3-27

(2) 方程中的 v_2 为流出流段的平均流速，v_1 为流入流段的平均流速，其先后次序不能颠倒，即必须是流出的动量减去流入的动量。如图 3-27 所示的叉管，可列出动量方程为

$$(\rho Q_2 \beta_2 v_2 + \rho Q_3 \beta_3 v_3) - \rho Q_1 \beta_1 v_1 = \sum F$$

(3) 对于待求未知力，其方向不能事先确定时，可先假定一个方向，若计算结果为正，表明假定方向正确；计算结果为负，表明假定方向与实际方向相反。

(4) 方程只能求解一个未知数，若有两个或两个以上未知数时，可借助于其他方程，如连续方程和能量方程等。

三、动量方程应用举例

在实际工程中，应用动量方程可以解决许多实际问题，下面分别举例说明。

1. 确定水流对弯管的作用力

例 3-5 图 3-28 (a) 为一管轴线位于同一水平面内的有压渐缩弯管。已知断面 1—1 形心点的压强 $p_1 = 100 \text{kN/m}^2$，管径 $d_1 = 200 \text{mm}$，$d_2 = 150 \text{mm}$，转角 $\theta = 60°$，管中通过流量 $Q = 200 \text{L/s}$。若不计弯管的水头损失，试求水流对弯管的作用力。

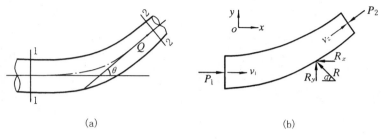

(a)　　　　　　　　　　　　　(b)

图 3-28

解：

首先利用连续方程和能量方程计算未知的流速和压强。

由连续方程 $v_1A_1=v_2A_2=Q$，得

$$v_1=\frac{Q}{A_1}=\frac{200\times10^{-3}\times4}{3.14\times0.2^2}=6.37 \text{（m/s）}$$

$$v_2=\frac{Q}{A_2}=\frac{200\times10^{-3}\times4}{3.14\times0.15^2}=11.32 \text{（m/s）}$$

取过水断面 1-1 和断面 2-2，并以通过管轴线的水平面为基准面，列能量方程为

$$\frac{p_1}{\rho g}+\frac{\alpha_1 v_1^2}{2g}=\frac{p_2}{\rho g}+\frac{\alpha_2 v_2^2}{2g}$$

取 $\alpha_1=\alpha_2=1.0$，得

$$\frac{p_2}{\rho g}=\frac{p_1}{\rho g}+\frac{1}{2g}\,(v_1^2-v_2^2)=\frac{100}{9.8}+\frac{1}{2\times9.8}\times(6.37^2-11.32^2)=5.74 \text{（m）}$$

故断面 2-2 形心点的压强为

$$p_2=5.74\times9.8=56.25 \text{（kN/m}^2\text{）}$$

再利用动量方程计算水流对弯管的作用力。

（1）取隔离体。取 1-1 与 2-2 之间的水体为隔离体，并选水平面为 xOy 坐标平面，如图 3-28（b）所示。

（2）对隔离体进行受力分析。

动水压力为

$$P_1=p_1A_1=100\times\frac{\pi}{4}\times0.2^2=3.14 \text{（kN）}$$

$$P_2=p_2A_2=56.25\times\frac{\pi}{4}\times0.15^2=0.99 \text{（kN）}$$

液体的重力：$G=\rho gV$，由于其方向沿铅垂方向，故在 xOy 平面上的投影为 0。

设管壁对隔离体的作用力为 R（也是水流对管壁的反作用力，其中包含了水流对管壁的动水压力和摩擦力），这是待求力的反作用力，该力在 xOy 平面上的分力为 R_x 和 R_y。

（3）将已知的各量代入动量方程，求解管壁对水流的作用力 R。

x 方向的动量方程为

$$\rho Q \ (\beta_2 v_2 \cos\theta - \beta_1 v_1) = P_1 - P_2 \cos\theta - R_x$$

取 $\beta_1 = \beta_2 = 1.0$，得

$$\begin{aligned} R_x &= P_1 - P_2 \cos\theta - \rho Q \ (\beta_2 v_2 \cos\theta - \beta_1 v_1) \\ &= 3.14 - 0.99 \times \cos 60° - 1.0 \times 0.2 \ (11.32 \times \cos 60° - 6.37) \\ &= 2.787 \ (\text{kN}) \end{aligned}$$

y 方向的动量方程为

$$\begin{aligned} R_y &= \rho Q v_2 \sin\theta + P_2 \sin\theta \\ &= 1.0 \times 0.2 \times 11.32 \times \sin 60° + 0.99 \times \sin 60° \\ &= 2.818 \ (\text{kN}) \end{aligned}$$

由于 R_x、R_y 的计算结果均为正值，说明管壁对水流作用力的实际方向与假定方向相同。

合力的大小为

$$R = \sqrt{R_x^2 + R_y^2} = \sqrt{2.787^2 + 2.818^2} = 3.963 \ (\text{kN})$$

合力与 x 轴的夹角为

$$\alpha = \arctan \frac{R_y}{R_x} = \arctan \frac{2.818}{2.787} = 45.31 \ (°)$$

水流对弯管的作用力与 R 大小相等，方向相反。

2. 确定水流对溢流坝面（或平板闸门）的水平总作用力

例 3-6　图 3-29（a）所示为某溢流坝，已知溢流坝上游水深 $h_1 = 3.0\text{m}$，下游水深 $h_2 = 0.8\text{m}$。若忽略水头损失，试求 1m 坝宽上的水流对坝面的水平推力。

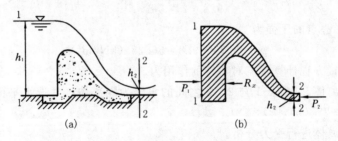

图 3-29

解：

首先利用连续方程和能量方程计算未知的流速。

对 1m 坝宽，由连续方程 $v_1 A_1 = v_2 A_2$，得：

$$v_2 = \frac{A_1}{A_2} v_1 = \frac{h_1}{h_2} v_1 = \frac{3.0}{0.8} v_1 = 3.75 v_1$$

以渠底为基准面，列断面 1-1 和断面 2-2 能量方程，因为不计水头损失，得

$$z_1 + \frac{p_1}{\rho g} + \frac{\alpha_1 v_1^2}{2g} = z_2 + \frac{p_2}{\rho g} + \frac{\alpha_2 v_2^2}{2g}$$

在自由水面上，相对压强 $p_1 = p_2 = 0$，且取 $\alpha_1 = \alpha_2 = 1.0$，则得

$$3+\frac{v_1^2}{2g}=0.8+\frac{(3.75v_1)^2}{2g}$$

解得　　　　　　　　$v_1=1.817$（m/s），　　　$v_2=6.814$（m/s）

所以，1m 坝段的流量为

$$Q=v_1A_1=1.817\times3.0\times1.0=5.451（\mathrm{m^3/s}）$$

再利用动量方程计算水流对坝面的水平推力。

（1）取隔离体。取断面 1—1 与断面 2—2 之间的水体为隔离体，如图 3-29（b）所示。

（2）对隔离体进行受力分析。

上游动水压力为

$$P_1=\rho g\,\frac{1}{2}h_1^2b=9.8\times\frac{1}{2}\times3^2\times1.0=44.1（\mathrm{kN}）$$

下游动水压力为

$$P_2=\rho g\,\frac{1}{2}h_2^2b=9.8\times\frac{1}{2}\times0.8^2\times1.0=3.136（\mathrm{kN}）$$

设水流对坝面的水平推力为 R_r。

（3）将已知的各量代入动量方程，求解坝面对水流的作用力 R_x。将以上已知各量代入动量方程，得

$$\rho Q\,(\beta_2v_2-\beta_1v_1)=P_1-P_2-R_x$$

取 $\beta_1=\beta_2=1.0$，得

$$\begin{aligned}R_x&=P_1-P_2-\rho Q\,(\beta_2v_2-\beta_1v_1)\\&=44.1-3.136-1.0\times5.451（6.813-1.817）\\&=13.73（\mathrm{kN}）\end{aligned}$$

由于计算的 R_x 为正值，说明坝面对水流作用力的实际方向与假定方向相同。

3. 确定射流对固定壁面的冲击力

例 3-7　一水管将水流射至一三角形楔体上，并于楔体顶点处分为两股，两股水流的方向分别与 x 轴成 30°，其平面图如图 3-30（a）所示。已知管道出口直径 $d=$ 8cm，总流量 $Q=0.05\mathrm{m^3/s}$，每股流量均为 $\dfrac{Q}{2}$。不计空气阻力及能量损失，试求水流对楔体的水平作用力。

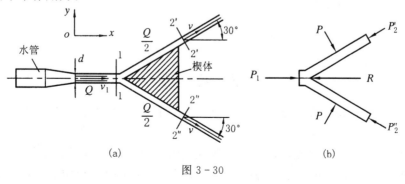

(a)　　　　　　　　　　　　　(b)

图 3-30

解:

首先利用连续方程和能量方程计算未知流速。

选取渐变流过水断面 $1-1$、断面 $2'-2'$ 和断面 $2''-2''$，则由能量方程可得 $v_1 = v_2' = v_2'' = v$。由连续方程可得 $v = \dfrac{Q}{A} = \dfrac{4 \times 0.05}{3.14 \times 0.08^2} = 9.952$（m/s）。所以 $v_1 = v_2' = v_2'' = 9.952$（m/s）。

再利用动量方程计算水流对楔体的水平作用力。

（1）取隔离体。取断面 $1-1$、断面 $2'-2'$ 和断面 $2''-2''$ 之间的水体为隔离体，沿水平方向取 x 轴，如图 3-30（b）所示。

（2）对隔离体进行受力分析。

动水压力：由于射流的周界及转向后的水流表面都处于大气中，可认为断面 $1-1$、断面 $2'-2'$ 和断面 $2''-2''$ 及楔体表面的动水压强等于大气压强，故 $p = p_1 = p_2' = p_2'' = 0$。

重力：重力 G 与计算的水平面垂直，故 $G_x = G_y = 0$。

设楔体对水流的反作用力为 R，这是待求的力。

（3）将已知的各量代入动量方程，求解水流对楔体的水平作用力 R。x 方向的动量方程为

$$\rho \frac{Q}{2}(\beta_2' v_2' \cos\theta + \beta_2'' v_2'' \cos\theta) - \beta_1 \rho Q v_1 = -R_x$$

取 $\beta_1 = \beta_2' = \beta_2'' = 1.0$，得

$$
\begin{aligned}
-R_x &= \rho Q\ (v_2' \cos\theta - v_1) \\
&= 1000 \times 0.05\ (9.952 \times \cos 30° - 9.952) \\
&= -66.67\ (\text{N})
\end{aligned}
$$

所以　　　　　　　　　　$R_x = 66.67\text{N}$

y 方向的动量方程为

$$\rho \frac{Q}{2}(\beta_2' v_2' \sin\theta - \beta_2'' v_2'' \sin\theta) - \beta_1 \rho Q v_1 \cos 90° = R_y$$

将已知量代入方程得

$$R_y = 0$$

故楔体受到水流的水平作用力的合力为

$$R = \sqrt{R_x^2 + R_y^2} = R_x = 66.63\ (\text{N})$$

方向与 x 轴方向相反，如图 3-30（b）所示。

思　考　题

3-1　流线的微分方程与迹线的微分方程式有何区别？在什么条件下流线与迹线重合？

3-2　如图所示，水流通过由两段等截面组成的管道，如果上游水位保持不变，试问（1）当阀门 T 开度一定，各段管中水流是恒定流还是非恒定流？各段管中水流

为均匀流还是非均匀流？（2）当阀门 T 逐渐关闭，这时管中水流为恒定流还是非恒定流？（3）在恒定流情况下，当判别第Ⅱ段管中水流是渐变流还是急变流时，与该段管长有无关系？

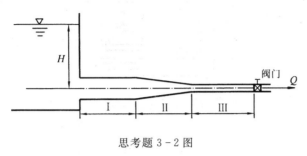

思考题 3-2 图

3-3 如图所示，水箱接一渐缩管，设水箱中水位不变。试问（1）阀门关闭时，a、b、c、d 4 点的压强是否相等？为什么？（2）阀门开启时，a 和 b、c 和 d 两点的动水压强是否相等？为什么？

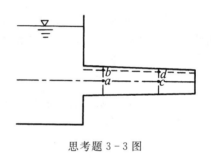

思考题 3-3 图

3-4 有人说"均匀流一定是恒定流，非均匀流一定是非恒定流"，这种说法是否正确？为什么？

3-5 对水流流向问题有如下一些说法："水一定是从高处向低处流""水一定是从压强大的地方向压强小的地方流""水一定是从流速大的地方向流速小的地方流"。这些说法是否正确？为什么？正确的说法应该怎样？

3-6 拿两张纸，平行提在手中，当用嘴顺纸间缝隙吹气时，问纸是不动、靠拢还是张开？为什么？

3-7 试写出下面 3 种流动断面 1—1、断面 2—2 间的能量方程。

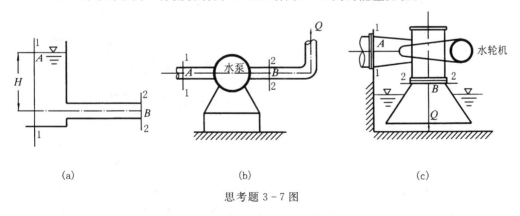

(a)　　　　　　　　　　(b)　　　　　　　　　　(c)

思考题 3-7 图

3-8 从水箱中分别引出 3 根直径相等的管子，其出口方向均向上，如图所示。当各管末端阀门单独开启，水流自各管出口向上射出时，试论证（1）各管出口流速是否相等；（2）各管出口射流到达的高度是否相等（不计水头损失）。

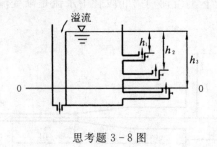

思考题 3-8 图

习 题

3-1 已知流速场 $u_x=6x$，$u_y=6y$，$u_z=-7t$。试写出速度矢量 u 的表达式，并求出当地加速度、迁移加速度和全加速度。

3-2 给出流速场 $u=(6+2xy+t^2)i-(xy^2+10t)j+25k$，求空间点（3，0，2）在 $t=1$ 的加速度。

3-3 已知用欧拉法表示的流速场为 $u_x=2x+t$，$u_y=-2y+t$，绘出 $t=0$ 时的流动图形。

3-4 求速度场为 $u_x=x+t$，$u_y=-y+t$，$u_z=0$ 的流线方程，绘出 $t=0$ 时通过 $x=-1$，$y=1$ 点的流线。

3-5 圆管中流速分布为 $u=u_m\left(1-\dfrac{r^2}{r_0^2}\right)$，$r_0$ 为管道半径，u_m 为管道中心流速，u 为半径等于 r 处的流速。若 $r_0=3cm$，$u_m=0.15m/s$，试求管中的流量 Q 和断面平均流速 v。

3-6 某河道在某处分为两支——外江及内江，外江设溢流坝一座，用以抬高上游河道水位，如图所示。已测得上游河道流量 $Q=1250m^3/s$，通过溢流坝的流量 Q_1 $=325m^3/s$，内江过水断面 A 的面积为 $375m^2$。试求内江流量及断面 A 的平均流速。

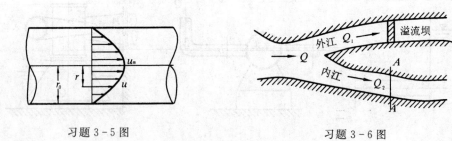

习题 3-5 图　　　　　　　　　习题 3-6 图

3-7 某水库的圆形断面泄洪隧洞，洞径 $d=5.7m$。因隧洞出口处用矩形平面闸门控制流量，故出口段由圆形断面渐变为边长 4.5m 的正方形断面。已知洞内平均流速 v_1 为 19.2m/s。试求出口断面平均流速 v_2。

3-8 一弯曲水管，A、B 两点高差 $\Delta z=5m$，A 点处管径 $d_A=25cm$，B 点处

管径 $d_B=50\text{cm}$，A 点压强 $p_A=80\text{kN/m}^2$，B 点压强 $p_B=50\text{kN/m}^2$，B 点断面平均流速 $v_B=1.2\text{m/s}$。试判断 A、B 两点间水流的流向，并求其间的水头损失 h_w。

3-9　一水管直径 $d=20\text{cm}$，测得水银压差计中的液面差 $\Delta h=15\text{cm}$，若断面平均流速 v 和轴线处流速 u_m 存在关系：$v=0.8u_\text{m}$，试求管中通过的流量。

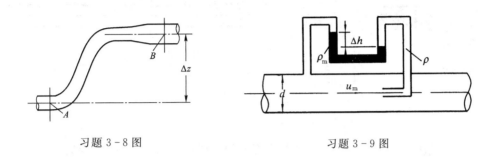

习题 3-8 图　　　　　　　　　习题 3-9 图

3-10　有一抽水系统，如图所示。已知管径 $d=15\text{cm}$。当抽水流量 $Q=0.030\text{m}^3/\text{s}$ 时，吸水管（包括进口）水头损失 $h_\text{w}=1.0\text{m}$。如限制吸水管末端断面 A 中心的真空值不超过 68.68kN/m^2，试求水泵的最大安装高度 h_max。

3-11　某渠道在引水途中要穿过一条铁路，于路基下修建圆形断面涵洞一座，如图所示。已知涵洞设计流量（即渠道流量）$Q=1.0\text{m}^3/\text{s}$，涵洞上下游允许水位差 $z=0.3\text{m}$，涵洞水头损失 $h_\text{w}=1.47\dfrac{v^2}{2g}$（$v$ 为洞内流速），涵洞上下游渠道流速近似相等。试求涵洞的直径 d。

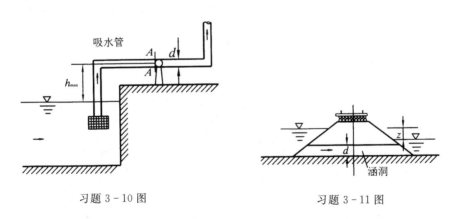

习题 3-10 图　　　　　　　　　习题 3-11 图

3-12　图示一从水库引水灌溉的虹吸管，管径 $d=10\text{cm}$，管中心线最高点 B 高出水库水面 2m。管段 AB（包括进口）的水头损失 $h_\text{wAB}=3.5\dfrac{v^2}{2g}$，管段 BC 的水头损失 $h_\text{wBC}=1.5\dfrac{v^2}{2g}$（$v$ 为管中流速）。若限制管道最大真空值不超过 6m 水柱，试问（1）虹吸管引水流量有无限制？如有，最大值为多少？（2）水库水面至虹吸管出口的高差 h 有无限制？如有，最大值为多少？

3-13　有一装设水银压差计的输送石油的水平管道，如图所示。已知管径 d_1 = 15cm，d_2 = 10cm，石油的密度 ρ_0 = 867kg/m³，压差计中水银面高差 Δh = 1.5cm。如不计管道收缩段的水头损失，试求管中通过的石油流量。

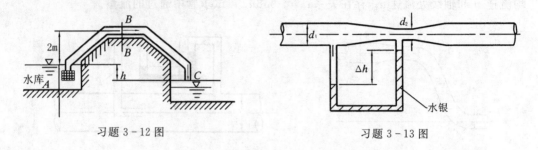

习题 3-12 图　　　　　　　　　　习题 3-13 图

3-14　有一大水箱，下接一水平管道，如图所示。已知大管和收缩段管径分别为 d_1 = 5cm 和 d_2 = 4cm，水箱水面与管道出口中心点的高差为 H = 1m，水箱面积很大。如不计水头损失，试问容器 A 中的水是否会沿管 B 上升？如上升，上升高度 h 为多少？

3-15　已知如图所示的管路中通过的流量 Q = 10L/s，d_1 = 5cm，p_1 = 78.4kN/m²。欲使断面 2—2 产生真空压强为 6.37kN/m²，试问 d_2 应为多少？（不计水头损失）

3-16　一具有恒定水深 h 的水箱，底部有一小孔，直径为 d_0。若不计水头损失，试求水流从小孔泄出后，水股直径与 x 的关系。

3-17　直径 D = 40cm 的管道一端接一喷嘴，其出口直径 d = 10cm，通过流量 Q = 200L/s，水流由喷嘴射入大气。若水流经喷嘴的水头损失忽略不计，试求作用在连接螺栓群上的水平总作用力。

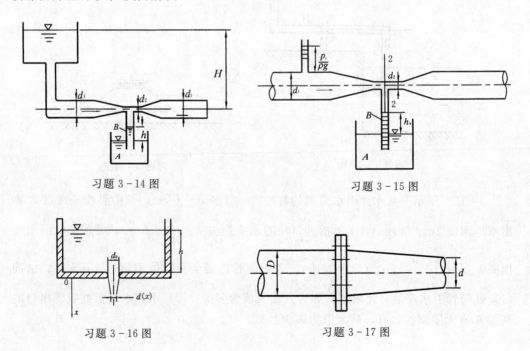

习题 3-14 图　　　　　　　　　　习题 3-15 图

习题 3-16 图　　　　　　　　　　习题 3-17 图

3-18　有一水平放置管道，其中有一直径由 $d_1 = 30\mathrm{cm}$ 渐变到 $d_2 = 20\mathrm{cm}$ 的弯段，弯角 $\theta = 60°$，其平面图如图所示。已知弯段首端断面 1 中心点动水压强 $p_1 = 35000\mathrm{N/m^2}$，当通过管道的流量 $Q = 0.15\mathrm{m^3/s}$ 时，忽略弯段的水头损失，试求水流对弯段管壁的作用力及其方向。

3-19　有一由平面闸门控制的泄水闸孔，如图所示，孔宽 $b = 3.0\mathrm{m}$，闸孔上游水深 $H = 3.5\mathrm{m}$，闸孔下游收缩断面水深 $h_c = 0.8\mathrm{m}$，通过闸孔的流量 $Q = 13.5\mathrm{m^3/s}$。试求水流对闸门的水平作用力（忽略渠底和渠壁摩擦力）。

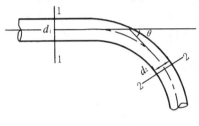

习题 3-18 图

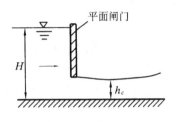

习题 3-19 图

3-20　在矩形断面渠道中有一宽顶堰，如图所示，堰高 $a = 1.0\mathrm{m}$，堰宽（即渠宽） $b = 2\mathrm{m}$，堰前水头 $H = 1.5\mathrm{m}$，堰顶水深 $h = 1.2\mathrm{m}$，过堰流量 $Q = 5.2\mathrm{m^3/s}$。试求水流作用于上游堰壁 AB 上的力（摩擦力不计）。

3-21　一水管将水流射至一曲面上，并沿曲面以与水平轴成 45° 角射出，其纵剖面图如图所示。已知水管末端直径 $d = 10\mathrm{cm}$，流量 $Q = 0.060\mathrm{m^3/s}$，水流在曲面内的平均长度 $l = 1.5\mathrm{m}$。设水流流入和流出曲面时的流速大小不变，试求水流作用于曲面上的力及其方向。

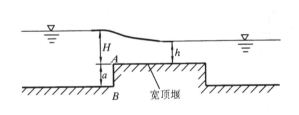

习题 3-20 图

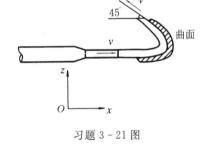

习题 3-21 图

3-22　一水管将水流射至一与水流相垂直的平面上，并分成两股沿平面射出，其平面图如图所示。已知管道出口直径 $d = 5\mathrm{cm}$，总流量 $Q = 0.02\mathrm{m^3/s}$，每股流量为 $\dfrac{Q}{2}$。设水流流入和流出平面的流速大小不变，试求水流作用于平面的水平作用力。

3-23　射流以相同的速度 v 和流量 Q 分别射在 3 块形状不同的挡水板上，然后分成两股沿板的两侧

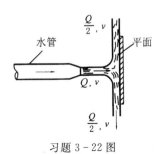

习题 3-22 图

射出，如图所示。如不计板面对射流的摩阻力，试比较 3 块板作用力的大小。如欲使板面的作用力达到最大，试问挡水板应具有何种形状？最大作用力为平面板上作用力的几倍？

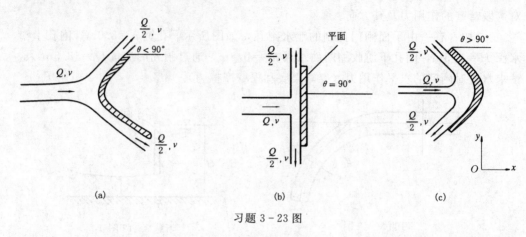

习题 3 - 23 图

3 - 24　射流以速度 v 射在一块以速度 u 运动的平板上。试问（1）欲使射流对平板的作用力为 0，平板的最小速度 u_{min} 应为多少？（2）欲使射流对移动平板的作用力为射流对固定平板的作用力的 2 倍，则平板的速度又为多少（不计摩阻力）？

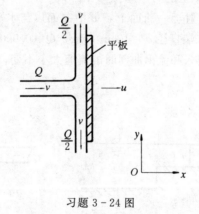

习题 3 - 24 图

第四章 量纲分析与相似原理

基本要求：（1）正确理解量纲与单位的区别，熟练地写出物理量的量纲。

（2）掌握量纲分析法及其应用。

（3）正确理解流动相似的概念、性质及其条件。

（4）掌握各种动力相似准则，特别是重力相似准则、黏滞力相似准则，能灵活应用模型律进行模型设计。

本章重点：（1）物理量的量纲，量纲分析法。

（2）重力相似准则、黏滞力相似准则及相应运动要素比尺的确定。

在水力学研究中，由于液流的复杂性，往往会碰到两个困难，一是对流动过程的全部现象不能完全了解，难以用微分方程去描述；二是描写流动过程的微分方程虽然可以写出，但由于方程的非线性，求解非常困难。因此，通过实验方法去寻找流动的规律是必不可少的途径。

实验方法中的一个重要内容是模型试验，可以说所有的大型水利工程都要经过模型试验，不仅水利工程如此，其他如造船、飞机制造等，也都需要进行模型试验。那么，怎样将原型缩小成模型？在试验中如何分析各物理量之间的关系？又如何把试验结果推广到原型当中去？本章介绍的量纲分析和相似原理这一工具将可以初步解决这些问题。

第一节 量 纲 分 析

一、量纲和单位

1. 量纲

通常所说的物理量的大小一般包含两个方面的意义，即数量和物理量类别。比如某人身高为 1.7m，体重 60kg，其中身高和体重是指物理量的类别，1.7m 和 60kg 是指数量的大小。力学中把物理量的类别称为量纲（或因次）。水力学中经常遇到的物理量有长度、时间、速度、质量、黏度、密度和力等，这些物理量具有不同的类别，即具有不同的量纲。

为便于表示，通常用 ［］表示量纲。如长度的量纲表示为 ［L］，时间的量纲表示为 ［T］，质量的量纲表示为 ［M］等。

2. 单位

如上所说的数量一般包括数值和单位两个部分，如 1.7m、60kg，1.7 和 60 为数值，m 和 kg 为单位。所谓单位就是度量物理量的标准。在表示物理量的大小时，量纲是唯一的，但单位是不唯一的。如前述的 1.7m，可以是 170cm，也可以是 1700mm，但都属于长度类量纲；同样，60kg 也可以表示为 60000g，0.06t，但都属于质量类量纲，而数值是随单位的不同而变化的。

二、基本量纲和诱导量纲

物理量的量纲可分为基本量纲和诱导量纲两大类。

1. 基本量纲

基本量纲是指相互独立的量纲，即其中的任意一个量纲都不能够从其他基本量纲推导出来。例如 $[L]$、$[T]$、$[M]$ 彼此是相互独立的，它们中的任何一个量纲都不能由其他两个组合而成，都是基本量纲。力学中基本量纲一般取 3 个（也可以多于或少于 3 个），与国际单位制（SI）相对应，常选择 $[长度] = [L]$、$[时间] = [T]$、$[质量] = [M]$ 为基本量纲。工程上常选择 $[长度] = [L]$、$[时间] = [T]$、$[力] = [F]$ 为基本量纲。前者称为理论量纲系统，后者称为实用量纲系统。

2. 诱导量纲

诱导量纲是指可以由基本量纲组合而成的量纲。例如速度的量纲可由长度的量纲和时间的量纲组合得到，即 $[v] = \left[\dfrac{L}{T}\right]$，还有，如面积 $[A] = [L^2]$，密度 $[\rho] = \left[\dfrac{M}{L^3}\right]$ 等等，都是诱导量纲。如上所述，若选择 $[L]$、$[T]$、$[M]$ 为基本量纲，则力 $[F]$ 为诱导量纲，即 $[F] = \dfrac{[M][L]}{[T^2]}$；同理，若选择 $[L]$、$[T]$、$[F]$ 为基本量纲，则质量 $[M]$ 为诱导量纲，即 $[M] = \dfrac{[F][T^2]}{[L]}$。

3. 量纲公式与无量纲量

在力学中，选定了基本量纲之后，任何一个物理量 B 都可以用 3 个基本量纲的指数乘积的形式表示，即

$$[B] = [L^a T^b M^c] \tag{4-1}$$

如 $[A] = [L^2 T^0 M^0]$，$[v] = [L^1 T^{-1} M^0]$，$[\mu] = [FT/L^3] = [MLT^{-2}T/L^2] = [L^{-1}T^{-1}M]$。式（4-1）称为量纲公式。

在量纲公式中，若 $a \neq 0$，$b = 0$，$c = 0$，则称 B 为几何学量，如面积 A、体积 V 等。

若 $a \neq 0$，$b \neq 0$，$c = 0$，称 B 为运动学量，如速度 v、加速度 a、流量 Q 等。

若 $c \neq 0$，称 B 为动力学量，如力 F、动力黏滞系数 μ 等。

若 $a = 0$，$b = 0$，$c = 0$，称 B 为无量纲量。由于 $a = 0$，$b = 0$，$c = 0$，则 $[B] = [L^0 T^0 M^0] = [1]$，所以无量纲量也称为量纲为 1 的物理量。如水力坡度 $[J] = \dfrac{[h_w]}{[l]} = [1]$，体积相对缩小值 $[dV/V] = [1]$ 等均为无量纲量。无量纲量的数值大小与单位选择无关，这是无量纲量的重要特点之一。

三、量纲和谐原理

任何一种物体的运动规律，都可以用一定的物理方程来描述。由无数事实证明，

凡是能正确、完整地反映客观规律的物理方程，其各项的量纲必须是一致的，这就是量纲和谐原理。

既然物理方程具有量纲和谐性，那么用其中某一项遍除该方程的各项，该方程就可写成无量纲方程，如能量方程 $z_1 + \dfrac{p_1}{\rho g} + \dfrac{v_1^2}{2g} = z_2 + \dfrac{p_2}{\rho g} + \dfrac{v_2^2}{2g} + h_\text{w}$，显然该方程中各项的量纲均为 $[L]$，量纲是和谐的。如果方程的各项遍除 z_1，则可得无量纲方程为

$$1 + \frac{p_1}{\rho g z_1} + \frac{v_1^2}{2g z_1} = \frac{z_2}{z_1} + \frac{p_2}{\rho g z_1} + \frac{v_2^2}{2g z_1} + \frac{h_\text{w}}{z_1}$$

上述方程每一项的量纲均为 1。由此可见，量纲和谐原理可以用来检验方程的正确性，如果一个方程在量纲上是不和谐的，则应重新检查该方程式的正确性。

将物体的运动规律用无量纲方程表示的好处是既可以避免因选用的单位不同而引起数值不同，又可使方程的参变量减少。因此，无量纲方程在力学中有着广泛的应用。

量纲和谐原理可以用来确定方程式中物理量的指数，建立物理量间的函数关系，下面介绍的量纲分析法就是根据量纲和谐原理发展起来的。

四、量纲分析法及其应用

量纲分析法有两种，即瑞利（Rayleigh）法和 π 定理。瑞利法适用于比较简单的问题，π 定理是一种具有普遍性的方法，下面分别介绍。

1. 瑞利（Rayleigh）法

瑞利法建立方程的主要步骤：首先列出可能影响流动的各种参数，并用它们写出假拟的指数方程；然后以各参数的量纲关系代替原式，并应用方程式等号两边的量纲和谐性求出式中各参数的指数，从而整理成流动方程。下面举例说明该方法的应用步骤。

例 4 - 1 自由落体运动方程 $s = \dfrac{1}{2} g t^2$ 已为人们所熟知，下面应用瑞利法来建立该关系式。

（1）分析影响运动的因素，写出各因素之间的指数关系。自由落体在时间 t 内经过的距离为 s，经实验认为与下列因素有关：落体质量 m、重力加速度 g 及时间 t，即 $s = f(m, g, t)$。将它们写成指数形式：

$$s = K m^a g^b t^c \tag{a}$$

式中：K 为无量纲常数。

（2）写出关系式的量纲公式。选用 $[L, T, M]$ 为基本量纲，则 $[s] = [L]$，$[m] = [M]$，$[g] = [LT^{-2}]$，$[t] = [T]$，由此写出上式的量纲公式为

$$[L] = [M]^a [LT^{-2}]^b [T]^c \tag{b}$$

（3）由量纲和谐原理确定指数。由量纲和谐原理知，上式两端量纲的指数应相等，即

$[M]$: $0 = a$

$[L]$: $1 = b$

[T]：
$$0 = -2b + c$$

联立求解以上 3 式，得
$$a = 0, \quad b = 1, \quad c = 2$$

（4）整理关系式。将以上求得的指数代入指数形式关系式（a）中，得
$$s = Kgt^2 \tag{c}$$

由上式注意到，落体的质量指数为 0，表明下落的距离与质量无关。式中的常数 K 由实验确定为 $\dfrac{1}{2}$。

由于在力学中基本量纲只有 3 个，当影响流动参数也是 3 个时，瑞利法可以建立方程。但是，当影响参数为 4 个或多于 4 个时，由于等式只有 3 个，此时求解起来就比较困难。因此，瑞利法的运用具有一定的局限性。而解决上述问题的更为普遍的方法是白金汉（Buckingham）π 定理。

2. π 定理

π 定理的内容可表达如下：

若某一物理过程包含 x_1，x_2，$\cdots$，x_n 等 n 个物理量，该物理过程一般可表示成如下函数关系，即
$$f(x_1, x_2, \cdots, x_n) = 0 \tag{4-2}$$
其中，可选 m 个物理量作为基本物理量，则该物理过程必然可化为 $(n-m)$ 个无量纲量组成的关系式：
$$F(\pi_1, \pi_2, \cdots, \pi_{n-m}) = 0 \tag{4-3}$$

由于式中无量纲量是用 π 表示的，故称此定理为 π 定理。下面举例说明用 π 定理建立方程的步骤。

例 4-2　实验表明，液流中的边壁切应力 τ_0 与断面平均流速 v、水力半径 R、壁面粗糙度 Δ、液体密度 ρ 和动力黏滞系数 μ 有关，试用 π 定理推导壁面切应力 τ_0 的一般表达式。

解：

（1）确定影响物理过程的各参数。根据题意，将各影响因素写成如下函数关系：
$$F(\tau_0, v, \mu, \rho, R, \Delta) = 0 \tag{a}$$

这是最关键、最重要的一步，它要求对所研究的水流现象有深刻和全面的理解，找出对所研究的物理现象起作用的所有影响因素。这些因素列举的是否全面和正确，将直接影响到分析的结果，如果漏掉某个因素，则得不到正确的方程；若多考虑了影响因素，则使分析麻烦，但一般不会产生错误的结果。

（2）确定基本物理量。基本物理量一般选择 3 个，即 $m=3$，其量纲必须是独立的。为保证其量纲的独立性，可分别选择几何学量、运动学量和动力学量 3 个物理量。本题选择 R，v，ρ 为基本物理量，由于本题中物理量的个数 $n=6$，则有 $n-m=6-3=3$ 个无量纲量组成的方程，即

$$F_1\ (\pi_1,\ \pi_2,\ \pi_3) = F_1\left(\frac{\tau_0}{\rho^{x_1} v^{y_1} R^{z_1}},\ \frac{\mu}{\rho^{x_2} v^{y_2} R^{z_2}},\ \frac{\Delta}{\rho^{x_3} v^{y_3} R^{z_3}}\right) = 0 \qquad (b)$$

（3）确定无量纲数 π 的指数 x_i，y_i，z_i。由于 π 为无量纲数，根据量纲和谐原理，式中每个因子的分子和分母的量纲应和谐。

对于 π_1，应有 $[\tau_0] = [\rho]^{x_1} [v]^{y_1} [R]^{z_1}$，若选用 $[L，T，M]$ 为基本量纲，则

$$[ML^{-1} T^{-2}] = [ML^{-3}]^{x_1} [LT^{-1}]^{y_1} [L]^{z_1}$$

上式两端量纲的指数应相等，即

$[M]$： $1 = x_1$

$[L]$： $-1 = -3x_1 + y_1 + z_1$

$[T]$： $-2 = -y_1$

联解得
$$\begin{cases} x_1 = 1 \\ y_1 = 2 \\ z_1 = 0 \end{cases}$$

求得 $$\pi_1 = \frac{\tau_0}{\rho v^2}$$

对于 π_2，应有 $[\mu] = [\rho]^{x_2} [v]^{y_2} [R]^{z_2}$

即 $$[ML^{-1} T^{-1}] = [ML^{-3}]^{x_2} [LT^{-1}]^{y_2} [L]^{z_2}$$

上式两端量纲的指数应相等，即

$[M]$： $1 = x_2$

$[L]$： $-1 = -3x_2 + y_2 + z_2$

$[T]$： $-1 = -y_2$

联解得
$$\begin{cases} x_2 = 1 \\ y_2 = 1 \\ z_2 = 1 \end{cases}$$

求得 $$\pi_2 = \frac{\mu}{\rho v R}$$

对于 π_3，应有 $[\Delta] = [\rho]^{x_3} [v]^{y_3} [R]^{z_3}$

即 $$[L] = [ML^{-3}]^{x_3} [LT^{-1}]^{y_3} [L]^{z_3}$$

上式两端量纲的指数应相等，即

$[M]$： $0 = x_3$

$[L]$： $1 = -3x_3 + y_3 + z_3$

$[T]$： $0 = -y_3$

联解得
$$\begin{cases} x_3 = 0 \\ y_3 = 0 \\ z_3 = 1 \end{cases}$$

求得
$$\pi_3 = \frac{\Delta}{R}$$

（4）写出无量纲方程。将求得的无量纲数 π_i 代入无量纲方程（b），得

$$F_1(\pi_1, \pi_2, \pi_3) = F_1\left(\frac{\tau_0}{\rho v^2}, \frac{\mu}{\rho v R}, \frac{\Delta}{R}\right) = 0$$

式中：$\frac{\mu}{\rho v R} = \frac{1}{Re}$，$Re$ 为雷诺数（见第五章）；$\frac{\Delta}{R}$ 为相对粗糙度。

上式也可写为

$$\frac{\tau_0}{\rho v^2} = f\left(Re, \frac{\Delta}{R}\right) \quad \text{或} \quad \tau_0 = f\left(Re, \frac{\Delta}{R}\right)\rho v^2 \tag{4-4}$$

例 4-3 由实验观测得知，矩形薄壁堰的流量 Q 与堰顶水头 H、堰口宽度 b、液体密度 ρ、重力加速度 g 及动力黏滞系数 μ 和表面张力系数 σ 等因素有关。试用 π 定理推求矩形薄壁堰的流量公式。

解：

（1）确定影响物理过程的各参数。根据题意，$F(H, g, \mu, \rho, Q, b, \sigma) = 0$ (a)

（2）确定基本物理量。选取 H、g、ρ 作为基本物理量，由于 $n=7$，则有 $n-m=7-3=4$ 个无量纲数 π 组成的方程，即

$$F_1(\pi_1, \pi_2, \pi_3, \pi_4) = F_1\left(\frac{Q}{H^{x_1} g^{y_1} \rho^{z_1}}, \frac{b}{H^{x_2} g^{y_2} \rho^{z_2}}, \frac{\mu}{H^{x_3} g^{y_3} \rho^{z_3}}, \frac{\sigma}{H^{x_4} g^{y_4} \rho^{z_4}}\right) = 0$$
(b)

（3）确定无量纲数 π 的指数 x_i，y_i，z_i。对于 π_1，应有 $[Q] = [H]^{x_1}[g]^{y_1}[\rho]^{z_1}$，若选用 $[L, T, M]$ 为基本量纲，则 $[L^3 T^{-1}] = [L]^{x_1}[LT^{-2}]^{y_1}[ML^{-3}]^{z_1}$。

$[M]$：
$$0 = z_1$$

$[L]$：
$$3 = x_1 + y_1 - 3z_1$$

$[T]$：
$$-1 = -2y_1$$

联解得
$$\begin{cases} x_1 = \dfrac{5}{2} \\ y_1 = \dfrac{1}{2} \\ z_1 = 0 \end{cases}$$

求得
$$\pi_1 = \frac{Q}{H^2 \sqrt{gH}}$$

对于 π_2，应有 $[b] = [H]^{x_2}[g]^{y_2}[\rho]^{z_2}$，则

$$[L] = [L]^{x_2}[LT^{-2}]^{y_2}[ML^{-3}]^{z_2}$$

$[M]$：
$$0 = z_2$$

$[L]$：
$$1 = x_2 + y_2 - 3z_2$$

[T]：
$$0 = -2y_2$$

联解得
$$\begin{cases} x_2 = 1 \\ y_2 = 0 \\ z_2 = 0 \end{cases}$$

求得
$$\pi_2 = \frac{b}{H}$$

仿此求得
$$\pi_3 = \frac{\mu}{\rho H \sqrt{gH}} = \frac{\nu}{H \sqrt{gH}}, \quad \pi_4 = \frac{\sigma}{\rho g H^2}$$

（4）写出无量纲方程。

将求得的无量纲量 π_i 代入无量纲方程（b），得

$$F\left(\frac{Q}{H^2 \sqrt{gH}}, \frac{b}{H}, \frac{\nu}{H \sqrt{gH}}, \frac{\sigma}{\rho g H^2} \right) = 0$$

或写为
$$\frac{Q}{H^2 \sqrt{gH}} = F_1\left(\frac{b}{H}, \frac{\nu}{H \sqrt{gH}}, \frac{\sigma}{\rho g H^2} \right)$$

将上式整理为

$$Q = \frac{H}{b\sqrt{2}} F_1\left(\frac{b}{H}, \frac{\nu}{H \sqrt{gH}}, \frac{\sigma}{\rho g H^2} \right) b \sqrt{2g} H^{3/2}$$

令
$$m_0 = \frac{H}{b\sqrt{2}} F_1\left(\frac{b}{H}, \frac{\nu}{H \sqrt{gH}}, \frac{\sigma}{\rho g H^2} \right) \tag{4-5}$$

于是
$$Q = m_0 b \sqrt{2g} H^{3/2}$$

式中：m_0 称堰流的流量系数，一般由实验确定。

第二节　流动相似原理

上一节讨论的量纲分析，是在实验基础上通过试验观测到一些流动的物理现象，然后根据量纲和谐原理导出与物理过程有关的物理量之间的关系式。这样已经解决了本章开头所提出的在试验中如何分析各物理量之间的关系的问题。那么，怎样将原型缩小成模型？又如何把试验结果推广到原型当中去？相似原理提供了解决这些问题的理论基础。

本节将从 3 个方面介绍相似原理，即相似的概念、相似的性质、相似的条件。

一、相似的概念

相似的概念首先出现在几何学中，如两个图形的相似。实际上，对于这样的图形相似，称之为几何相似。

那么，什么是流动相似呢？流动相似的涵义为：两个流动相应点上所有表征流动状况的相应物理量都保持各自的比例关系，则称这两个流动是相似的。而表征流动的物理量可以分为几何学量、运动学量和动力学量。因此，两个流动相似，即指两个流动的几何相似、运动相似、动力相似。由此可见，两个流动相似，除了要求静态的几

何相似外，还要求动态相似。

1. 几何相似

几何相似是指原型与模型的几何形状相同和边界条件相似。它要求原型与模型的边界形状相同，对应部位的长度比例相等。

设几何长度为 L，长度比例（也称长度比尺）为 λ_L，并以角标 p、m 表示原型和模型，则有

$$\lambda_L = \frac{L_p}{L_m} \qquad\qquad (4-6a)$$

由此可推得相应的面积 A 和体积 V 的比尺为

$$\lambda_A = \frac{A_p}{A_m} = \frac{L_p^2}{L_m^2} = \lambda_L^2 \qquad\qquad (4-6b)$$

$$\lambda_V = \frac{V_p}{V_m} = \frac{L_p^3}{L_m^3} = \lambda_L^3 \qquad\qquad (4-6c)$$

可以看出，几何相似是通过长度比尺 λ_L 表达的。即要保证两个流动的几何相似，只要保证任一对应长度比尺 λ_L 为一常数。

2. 运动相似

运动相似是指原型与模型的速度场相似。即指两个液流各对应点的速度 $\boldsymbol{u}$ 方向相同，其大小成一固定比例。

若用 λ_u 表示速度比尺，则有

$$\lambda_u = \frac{u_p}{u_m} \qquad\qquad (4-7a)$$

由于 $u = \dfrac{L}{t}$，则上式可写为

$$\lambda_u = \frac{L_p/t_p}{L_m/t_m} = \frac{L_p/L_m}{t_p/t_m} = \frac{\lambda_L}{\lambda_t} = \lambda_L \lambda_t^{-1} \qquad\qquad (4-7b)$$

式中：λ_t 为时间比尺。

由此可得加速度比尺为

$$\lambda_a = \frac{a_p}{a_m} = \frac{L_p/t_p^2}{L_m/t_m^2} = \frac{\lambda_L}{\lambda_t^2} = \lambda_L \lambda_t^{-2} \qquad\qquad (4-8)$$

因此运动相似也意味着加速度相似。

3. 动力相似

动力相似是指作用在两个液流相应点处的各同名力 $\boldsymbol{F}$ 的方向相同，并且其大小成固定比例，即

$$\lambda_F = \frac{F_p}{F_m} \qquad\qquad (4-9a)$$

同名力是指具有同一性质的力，如原型的重力 G_p 与模型的重力 G_m 即为一对同名力。还有黏滞力 $T_p \sim T_m$，表面张力 $S_p \sim S_m$，压力 $P_p \sim P_m$，弹性力 $E_p \sim E_m$，惯性力 $I_p \sim I_m$ 等等。这样式（4-9a）也可写为

$$\lambda_F = \frac{F_p}{F_m} = \frac{G_p}{G_m} = \frac{T_p}{T_m} = \frac{S_p}{S_m} = \frac{P_p}{P_m} = \frac{E_p}{E_m} = \frac{I_p}{I_m} \qquad (4-9\text{b})$$

或 $$\lambda_F = \lambda_G = \lambda_T = \lambda_S = \lambda_P = \lambda_E = \lambda_I \qquad (4-9\text{c})$$

几何相似、运动相似和动力相似是两个流动相似的重要特征，它们互相联系，互为条件。几何相似是运动相似和动力相似的前提，动力相似是决定两个流动相似的主导因素，运动相似是几何相似和动力相似的表现。总之，这 3 个相似是彼此密切相关的整体，缺一不可。

二、相似的性质

如果两个液流是相似的，那么这两个液流之间必定存在一定的关系和规律。物理学中学过，任何物体的运动变化，都是作用在该物体上的力与惯性力相互作用的结果。同样，液体流动的变化也是惯性力与其他各种力相互作用的结果，而力与惯性力之间的关系可用牛顿第二定律表示。因此，下面用牛顿第二定律来分析两个相似液流之间力与惯性力的关系。

牛顿第二定律可表示为

$$\boldsymbol{F} = m\boldsymbol{a} = m\frac{\mathrm{d}\boldsymbol{u}}{\mathrm{d}t} \qquad (4-10)$$

如果两个液流相似，则有

$$\lambda_F = \frac{F_p}{F_m} = \frac{m_p \mathrm{d}u_p/\mathrm{d}t_p}{m_m \mathrm{d}u_m/\mathrm{d}t_m} = \frac{\lambda_m \lambda_u}{\lambda_t}$$

或 $$\frac{\lambda_F \lambda_t}{\lambda_m \lambda_u} = 1 \qquad (4-11)$$

$\frac{\lambda_F \lambda_t}{\lambda_m \lambda_u}$ 称为相似判据。则上式表明，如果两个流动相似，则相似判据为 1。这是流动相似的一个重要性质，也称相似第一定理。

由于 $m = \rho V$，则 $\lambda_m = \lambda_\rho \lambda_L^3$；又由 $\lambda_u = \frac{\lambda_L}{\lambda_t}$，得 $\lambda_t = \frac{\lambda_L}{\lambda_u}$，代入式（4-11）得

$$\frac{\lambda_F \lambda_t}{\lambda_m \lambda_u} = \frac{\lambda_F}{\lambda_\rho \lambda_L^2 \lambda_u^2} = 1 \quad 或 \quad \frac{F_p}{\rho_p L_p^2 u_p^2} = \frac{F_m}{\rho_m L_m^2 u_m^2} \qquad (4-12)$$

称无量纲量 $\frac{F}{\rho L^2 u^2}$ 为牛顿数，用 Ne 表示，则上式又可写为

$$Ne_p = Ne_m \qquad (4-13)$$

因此，相似第一定理也可表述为：两个相似流动的牛顿数应相等，这也称为牛顿相似准则，也是流动相似的重要判据。

由以上过程可以看出，牛顿数表征了作用力 $\boldsymbol{F}$ 与惯性力 $m\frac{\mathrm{d}\boldsymbol{u}}{\mathrm{d}t}$ 的比值关系。

三、相似的条件

前面阐述了流动相似的概念和性质。但是，要实现一个现象相似于另一特定现象，还必须具备一些必要和充分的条件：

（1）两现象必须由同一物理方程所描述。这是两现象相似的首要条件。这一条件是不言而喻的，因为只有相同的微分方程所描述的流动才是同种类的流动，只有同种类的现象才存在彼此相似的关系。例如，同时满足牛顿内摩擦定律的牛顿流体才能够彼此相似，而牛顿流体与非牛顿流体是不可能相似的。

（2）微分方程的单值条件必须相似。这是因为微分方程组的解有一般解和特定解。所谓一般解是指服从同一方程的解有许多，这就意味着服从同一物理方程描述的现象有很多，例如，管流、明渠流、堰流等都满足能量方程，也满足牛顿第二定律。显然，它们不可能是互为相似的流动。即使都是明渠流，如均匀流、渐变流、急变流等，它们之间也不可能互为相似。而对于某一特定流动，方程只有一个特定解，也称为单值解。将形成单值解的条件称为单值条件。单值条件相似是两流动相似的第二个条件。对于不可压缩液体，运动的单值条件包括：①几何条件，即流场的几何形状及大小；②边界条件，流场进出口断面的流动情况及边界的性质，如固体边界及其粗糙程度和自由面的流动条件等；③初始条件，即流动开始时刻的流动情况；④物理性质条件。即流体的物理性质，如密度、黏滞性等。

（3）与单值条件中物理量有关的相似准数必须相等。由相似性质得知，两个相似流动的牛顿数应相等。这也是相似条件之一。

上述 3 个相似条件是实现两流动相似的必要和充分条件。只有同时满足这些条件，两流动才能够完全相似。

第三节　模型相似准则

由相似条件得知，要使两个流动相似，其相似准数必须相等。但是前述的牛顿数 Ne 中的 F 是指所有作用力的合力，这个合力是由哪些力组成？牛顿数中并未揭示。因此，牛顿数只具有一般意义。再者，由于各种力的性质不同，影响流动的物理因素也各不相同，在模型试验中要做到所有的力都相似是极为困难的，甚至是不可能的，这一点将在下面作进一步说明。因此，在进行模型试验时，一般是根据具体情况，抓主要矛盾，使主要的相似准数相等，兼顾或者忽略次要准数的相等。实践证明，这样做是能够满足实际问题所要求的精度的。下面推导各种单项力作用下的相似准则。

一、重力（弗劳德）相似准则

如果在所有作用力中，重力起主要的支配作用，其他力只起次要作用时，则可认为，牛顿数中的 $F=G=mg=\rho Vg$。对于两个重力相似的流动，将此式代入式（4-12）得

$$\frac{\rho_p L_p^3 g_p}{\rho_p L_p^2 u_p^2}=\frac{\rho_m L_m^3 g_m}{\rho_m L_m^2 u_m^2}$$

整理上式，得

$$\frac{L_p g_p}{u_p^2}=\frac{L_m g_m}{u_m^2} \quad 或 \quad \frac{u_p}{\sqrt{L_p g_p}}=\frac{u_m}{\sqrt{L_m g_m}} \tag{4-14}$$

称无量纲量 $\dfrac{u}{\sqrt{Lg}}$ 为弗劳德数，用 Fr 表示，则上式又可以写为

$$Fr_p = Fr_m \tag{4-15}$$

上式即为重力相似准则，也称弗劳德相似准则。由推导过程可以看出，弗劳德数 Fr 表示惯性力与重力之比。

将式（4-14）写成比尺关系可得

$$\frac{\lambda_u}{\sqrt{\lambda_L \lambda_g}} = 1 \tag{4-16}$$

由于在地球上各地的重力加速度 g 的变化很小，可认为 $g_p \approx g_m$，即 $\lambda_g = 1$，则上式可写为

$$\lambda_u = \lambda_L^{1/2} \tag{4-17a}$$

上式即为重力相似所要求的流速比尺。它表明，在保证重力相似的情况下，如果模型尺寸比原型缩小 λ_L 倍，则模型上的流速应比原型的流速缩小 $\lambda_L^{1/2}$ 倍。同理可得

流量比尺：
$$\lambda_Q = \lambda_u \lambda_L^2 = \lambda_L^{5/2} \tag{4-17b}$$

时间比尺：
$$\lambda_t = \frac{\lambda_L}{\lambda_u} = \frac{\lambda_L}{\lambda_L^{1/2}} = \lambda_L^{1/2} \tag{4-17c}$$

力比尺：
$$\lambda_F = \lambda_m \lambda_a = \lambda_\rho \lambda_L^3 \lambda_L \lambda_t^{-2} = \lambda_\rho \lambda_L^4 \lambda_t^{-2}$$

将式（4-17c）代入上式，得

$$\lambda_F = \lambda_\rho \lambda_L^3$$

当 $\lambda_\rho = 1$（原、模型中采用同一密度的液体）时，

$$\lambda_F = \lambda_L^3 \tag{4-17d}$$

因此，在模型中要做到重力相似，各个比尺之间必须遵循上述关系，即各种比尺之间不能任意选定。

二、黏滞力（雷诺）相似准则

对实际液流而言，黏滞力是作用力之一。在管道、隧洞等有压流中，重力不起作用，而黏滞力起主要作用。因此，对这类流动的相似就要求黏滞力作用相似，即牛顿数中 $F = T = \mu A \dfrac{\mathrm{d}u}{\mathrm{d}y} = \mu L^2 \dfrac{u}{L} = \mu L u$。将此式代入式（4-12）得

$$\frac{\mu_p L_p u_p}{\rho_p L_p^2 u_p^2} = \frac{\mu_m L_m u_m}{\rho_m L_m^2 u_m^2}$$

整理上式得

$$\frac{\nu_p}{L_p u_p} = \frac{\nu_m}{L_m u_m} \quad \text{或} \quad \frac{L_p u_p}{\nu_p} = \frac{L_m u_m}{\nu_m} \tag{4-18}$$

称无量纲数 $\dfrac{Lu}{\nu}$ 为雷诺数，用 Re 表示，则上式又可以写为

$$Re_p = Re_m \tag{4-19}$$

上式称为黏滞力相似准则，也称雷诺相似准则。由推导过程可以看出，雷诺数表示惯性力与黏滞力之比。

将式（4-18）写成比尺关系，则

$$\frac{\lambda_L \lambda_u}{\lambda_\nu} = 1 \qquad\qquad (4-20)$$

一般情况下，原型与模型中都是采用同一种液体（在水利工程中，一般都是采用水），在水温相同的情况下，$\nu_p = \nu_m$，因此有 $\lambda_\nu = 1$，则上式可写为

$$\lambda_L \lambda_u = 1 \quad 或 \quad \lambda_u = \lambda_L^{-1} \qquad\qquad (4-21a)$$

上式说明，为使黏滞力相似，要求流速比尺为长度比尺的倒数，比如，若选择长度比尺 $\lambda_L = 10$，则流速比尺 $\lambda_u = \dfrac{1}{10}$，即模型若为原型的 $\dfrac{1}{10}$，则模型流速应比原型放大 10 倍，这个要求一般是做不到的。

同理可求得

流量比尺： $\qquad\qquad \lambda_Q = \lambda_u \lambda_L^2 = \lambda_L^{-1} \lambda_L^2 = \lambda_L \qquad\qquad (4-21b)$

时间比尺： $\qquad\qquad \lambda_t = \dfrac{\lambda_L}{\lambda_u} = \dfrac{\lambda_L}{\lambda_L^{-1}} = \lambda_L^2 \qquad\qquad (4-21c)$

对于像河渠一类具有自由表面的流动，由于同时受重力和黏滞力的作用，从理论上讲要求同时满足弗劳德相似准则和雷诺相似准则，才能保证原型与模型的流动相似。但是由弗劳德相似准则要求 $\lambda_u = \lambda_L^{1/2}$，若原型与模型采用同一种液体，由雷诺相似准则要求 $\lambda_u = \lambda_L^{-1}$。显然，如果采用与原型中相同的液体做模型试验，是不可能同时满足弗劳德相似准则和雷诺相似准则的。除非选取 $\lambda_L = 1$，此时既能满足弗劳德相似准则，也能满足雷诺相似准则，但这样做失去了模型试验的意义；或者在模型中采用不同于原型的液体进行试验，这样从同时满足弗劳德相似准则和雷诺相似准则出发，可得

$$\frac{\lambda_L \lambda_u}{\lambda_\nu} = \frac{\lambda_u}{\lambda_L^{1/2} \lambda_g^{1/2}} \qquad\qquad (4-22)$$

由于 $\lambda_g = 1$，则

$$\lambda_\nu = \lambda_L^{3/2} \qquad\qquad (4-23)$$

这就要求在模型试验时必须找到一种 $\nu_m = \dfrac{\nu_p}{\lambda_L^{3/2}}$ 的流体，才能做到同时满足弗劳德相似准则和雷诺相似准则。这在实用上是很难做到的，一般情况下无法实现。

实际当中，解决这一矛盾的办法是对黏滞力的作用和影响作具体分析。在第五章将学到，Re 是判别流动形态的标准。Re 不同，流动形态不同。因此，黏滞力对流动的影响也不相同。当 Re 较小时，流态为层流，此时的黏滞力影响也较大，因此要求满足雷诺相似准则，而忽略其他作用力的影响；当 Re 较大时，流态为紊流，此时黏滞力对流动的影响可以忽略。因此，不要求满足雷诺相似准则，只要求满足弗劳德相似准则或其他相似准则即可。实践证明，这样处理能够满足工程实际需要。因此，合理地、灵活地应用相似原理，就要求对流动的特性和规律作深入的研究。

三、弹性力（柯西）相似准则

弹性力在不可压缩流体中不予考虑，故该准则只对像水击现象或空气流速接近音

速时的流动现象才应用。

令牛顿数中 $F = E = KA = KL^2$。将此式代入式（4-12）得

$$\frac{K_p L_p^2}{\rho_p L_p^2 u_p^2} = \frac{K_m L_m^2}{\rho_m L_m^2 u_m^2}$$

整理上式得

$$\frac{K_p}{\rho_p u_p^2} = \frac{K_m}{\rho_m u_m^2} \qquad (4-24)$$

称无量纲量 $\dfrac{\rho u^2}{K}$ 为柯西数，用 Ca 表示，则上式又可以写为

$$Ca_p = Ca_m \qquad (4-25)$$

上式称为弹性力相似准则，也称柯西相似准则。由推导过程可以看出，柯西数表示弹性力与惯性力之比。

将式（4-24）写成比尺关系，则

$$\frac{\lambda_\rho \lambda_u^2}{\lambda_K} = 1 \qquad (4-26)$$

四、表面张力（韦伯）相似准则

像毛细管中的水流运动，起主要作用的力为表面张力。表面张力的大小为 $S = \sigma l$，将 S 代入到牛顿数 Ne 的 F 项中去，可得

$$\frac{\sigma_p L_p}{\rho_p L_p^2 u_p^2} = \frac{\sigma_m L_m}{\rho_m L_m^2 u_m^2}$$

整理上式得

$$\frac{\sigma_p}{\rho_p L_p u_p^2} = \frac{\sigma_m}{\rho_m L_m u_m^2} \qquad (4-27)$$

称无量纲量 $\dfrac{\rho L u^2}{\sigma}$ 为韦伯数，用 We 表示，则上式又可以写为

$$We_p = We_m \qquad (4-28)$$

上式称为表面张力相似准则，也称韦伯相似准则。由推导过程可以看出，韦伯数表示表面张力与惯性力之比。

将式（4-27）写成比尺关系，则

$$\frac{\lambda_\rho \lambda_L \lambda_u^2}{\lambda_\sigma} = 1 \qquad (4-29)$$

在水工及水力学模型试验中，当水流的表面流速大于 0.23m/s，并且水深大于 1.5cm 时，表面张力的影响可忽略不计。

五、惯性力（斯特劳哈尔）相似准则

对于非恒定流，当地惯性力 $m\dfrac{\partial u}{\partial t}$ 往往起主要作用，此时可认为牛顿数中的 $F = m\dfrac{\partial u}{\partial t} = \rho V \dfrac{\partial u}{\partial t}$，代入牛顿相似准则中得

$$\frac{\rho_p L_p^3 u_p/t_p}{\rho_p L_p^2 u_p^2}=\frac{\rho_m L_m^3 u_m/t_m}{\rho_m L_m^2 u_m^2}$$

整理上式得

$$\frac{L_p}{u_p t_p}=\frac{L_m}{u_m t_m} \qquad (4-30)$$

称无量纲数$\dfrac{ut}{L}$为斯特劳哈尔数，用Sr表示，则上式又可以写为

$$Sr_p=Sr_m \qquad (4-31)$$

上式称为惯性力相似准则，也称斯特劳哈尔相似准则。由推导过程可以看出，斯特劳哈尔数表示当地惯性力与惯性力之比。

将式（4-30）写成比尺关系，则

$$\frac{\lambda_u \lambda_t}{\lambda_L}=1 \quad 或 \quad \lambda_t=\frac{\lambda_L}{\lambda_u} \qquad (4-32)$$

如果考虑重力起主要作用的非恒定流动，则还要求Fr相等，即要求

$$\lambda_u=\lambda_L^{1/2}$$

则

$$\lambda_t=\lambda_L^{1/2}$$

上式表明，原型流动中在时间t_p内发生的变化，模型中必须在$t_m=\dfrac{t_p}{\lambda_t}=\dfrac{t_p}{\lambda_L^{1/2}}$时间内完成。

六、压力（欧拉）相似准则

流动中水压力的大小为$P=pA=pL^2$，将P代入到牛顿数Ne的F项中去，可得

$$\frac{p_p L_p^2}{\rho_p L_p^2 u_p^2}=\frac{p_m L_m^2}{\rho_m L_m^2 u_m^2}$$

整理上式得

$$\frac{p_p}{\rho_p u_p^2}=\frac{p_m}{\rho_m u_m^2} \qquad (4-33)$$

称无量纲量$\dfrac{p}{\rho u^2}$为欧拉数，用Eu表示，则上式又可以写为

$$Eu_p=Eu_m \qquad (4-34)$$

上式称为压力相似准则，也称欧拉相似准则。由推导过程可以看出，欧拉数表示压力与惯性力之比。

在管流中，维持其流动的主要作用力是两端的压差Δp，而不是压强的绝对值。因此，式（4-33）中的压强p也可用压差Δp来代替，这样欧拉数也具有以下形式：

$$Eu=\frac{\Delta p}{\rho u^2} \qquad (4-35)$$

将式（4-33）写成比尺关系，则

$$\frac{\lambda_p}{\lambda_\rho \lambda_u^2}=1 \qquad (4-36)$$

一般情况下，水流的表面张力、弹性力可以忽略，恒定流时，当地惯性力为 0。所以，作用在液流上的主要作用力只有重力、黏滞力和动水压力。要使两个液流相似，则要同时满足弗劳德相似准则、雷诺相似准则和欧拉相似准则。然而 3 个准则中只要有两个得到满足，其余一个就会自动满足。这是因为作用在液流质点上的 3 个外力与其合力的平衡力（惯性力）构成一个封闭的多边形，只要对应点的各外力相似，则它们的合力就会自动相似；反之，若合力和其他任意两个同名力相似，则另一个同名力必定自动相似。通常动水压力是待求的量，只要对应点的 Fr 和 Re 相等，Eu 就会自动相等。因此，弗劳德相似准则、雷诺相似准则为独立准则，欧拉相似准则为诱导准则。

以上讨论的所有相似准则，是在原型与模型几何相似条件下得出的，这样的模型称为正态模型。但是有时在模型试验中，由于某种条件的限制使模型的水平方向和垂直方向不能选择相同的比尺，这样的模型称为变态模型。例如，在河流或港口的水工模型中，水平长度比尺较大，如果垂直方向也采用同样的长度比尺，则模型中的水深可能会很小，此时表面张力的影响显著，这样模型不能保持水流相似。因此在模型试验中，常采用垂直和水平方向不等的比尺。变态模型改变了水流的流速场，因此是一种近似模型。关于变态模型的比尺关系可参考有关的河工模型著作及水工模型著作。

第四节　水力模型设计方法简介

水利工程设计完成后，通常需要进行模型试验，尤其是大中型水利工程。而在进行模型试验之前，首先应进行模型设计。

根据模型试验的要求不同，有整体模型和断面模型、定床模型和动床模型、正态模型和变态模型。本节只介绍定床、正态模型的设计，其主要步骤如下：

（1）根据试验目的和要求，确定试验应进行的项目和要求试验的流段范围。

（2）根据原型水流的主要作用力（与试验要求也有一定的关系），确定模型的相似准则。

（3）根据实验室条件初选长度比尺。长度比尺的选定应考虑原型试验区段的大小（长度和宽度）、实验场地的大小等因素。

（4）根据模型的相似准则和初选的长度比尺，确定相应的流速比尺、流量比尺等。

（5）根据实验室的供水条件，调整模型的长度比尺，或增加供水能力。

（6）绘制模型施工图，制作模型。

例 4-4　有一溢流坝，已知通过最大流量 $Q = 1000 \text{m}^3/\text{s}$，现进行模型试验，初步选定长度比尺 $\lambda_L = 60$。试求（1）模型中最大放水流量 Q_m；（2）如已测得模型中的坝顶水头 $H_m = 8\text{cm}$，$v_m = 1\text{m/s}$，求原型中坝顶水头 H_p、流速 v_p；（3）如果实验室最大供水流量为 $0.025 \text{m}^3/\text{s}$，则该模型的长度比尺 λ_L 应采用多大？

解：

由于溢流现象中起主要作用的是重力，而其他力可以忽略，故要使原型与模型相似，必须满足重力相似准则。

（1）满足重力相似准则的流量比尺为

$$\lambda_Q = \lambda_L^{5/2} = 60^{5/2} = 27885$$

则模型中的流量为

$$Q_m = \frac{Q_p}{\lambda_Q} = \frac{1000}{27885} = 0.0359 \ (\text{m}^3/\text{s}) = 35.9 \text{L/s}$$

（2）由长度比尺可直接计算原型坝顶水头 H_p、流速 v_p，即

$$H_p = \lambda_L H_m = 60 \times 8 = 480 \ (\text{cm}) = 4.8 \text{m}$$

又

$$\lambda_v = \lambda_L^{1/2}$$

所以

$$v_p = \lambda_v v_m = \lambda_L^{1/2} v_m = 60^{1/2} \times 1 = 7.75 \ (\text{m/s})$$

（3）由于实验室最大供水流量为 $0.025 \text{m}^3/\text{s}$，将此作为控制条件，得

$$\lambda_Q = \frac{Q_p}{Q_m} = \frac{1000}{0.025} = 40000$$

所以

$$\lambda_L = \lambda_Q^{2/5} = 40000^{2/5} = 69.31$$

可选整数

$$\lambda_L = 70$$

例 4 - 5 一直径 $d = 50\text{cm}$ 的输油管道，管长 $L = 100\text{m}$，管中通过的重燃油流量 $Q = 0.10\text{m}^3/\text{s}$，重燃油的运动黏滞系数 $\nu_{oi} = 150 \times 10^{-6} \text{m}^2/\text{s}$（20℃时）。现拟用 20℃ 的水和管径 $d = 2.5\text{cm}$ 的管路做模型试验。试求（1）模型管长 L_m 和模型流量 Q_m；（2）若在模型上测得压差 $\left(\dfrac{\Delta p}{\rho g}\right)_m = 2.35\text{cm}$，求原型输油管的压差 $\left(\dfrac{\Delta p}{\rho g}\right)_p$。

解：

（1）由原型管径 $d_p = 50\text{cm}$ 和模型管径 $d_m = 2.5\text{cm}$，得

$$\lambda_L = \frac{d_p}{d_m} = \frac{50}{2.5} = 20$$

所以

$$L_m = \frac{L_p}{\lambda_L} = \frac{100}{20} = 5 \ (\text{m})$$

由于管中流动起主要作用的是黏滞力，所以应满足黏滞力相似准则（雷诺相似准则），即

$$\frac{\lambda_u \lambda_L}{\lambda_\nu} = 1 \quad \text{或} \quad \lambda_u = \frac{\lambda_\nu}{\lambda_L}$$

20℃时，水的运动黏滞系数 $\nu_m = 1.01 \times 10^{-6} \text{m}^2/\text{s}$，则

$$\lambda_\nu = \frac{\nu_{oi}}{\nu_m} = \frac{150}{1.01} \approx 150$$

所以

$$\lambda_u = \frac{\lambda_\nu}{\lambda_L} = \frac{150}{20} = 7.5$$

又

$$\lambda_Q = \lambda_u \lambda_L^2 = 7.5 \times 20^2 = 3000$$

所以

$$Q_m = \frac{Q_p}{\lambda_Q} = \frac{0.1}{3000} = 3.33 \times 10^{-5} \ (\text{m}^3/\text{s}) = 0.0333 \text{L/s}$$

（2）由式（4-36）可得

$$\lambda_{p/\rho g}=\lambda_u^2=7.5^2=56.25$$

所以　　　　$\left(\dfrac{\Delta p}{\rho g}\right)_p=\left(\dfrac{\Delta p}{\rho g}\right)_m \lambda_{p/\rho g}=2.35\times56.25=132\,(\text{cm})=1.32\text{m}$

思　考　题

4-1　(1) 有量纲数和无量纲数各有什么特点？(2) 角度和弧度是有量纲数还是无量纲数？

4-2　(1) 瑞利量纲分析方法是基于什么基础建立的？(2) 对于一般的经验公式能否用瑞利量纲分析方法得到？为什么？

4-3　"若两流动相似，则相似准则相等"与"若相似准则相等，则两流动必定相似"，哪句话是正确的？

习　　题

4-1　整理下列各组物理量成为无量纲数：

(1) τ，v，ρ；(2) Δp，v，ρ；(3) F，L，v，ρ；(4) σ，L，v，ρ；

4-2　作用于沿圆周运动物体上的力 F 与物体的质量 m、速度 v 和圆的半径 R 有关。试用瑞利法证明 F 与 mv^2/R 成正比。

4-3　试用 π 定理推导管中液流的切应力 τ 的表达式，设切应力 τ 是管径 d、相对粗糙度 $\dfrac{\Delta}{d}$、液体密度 ρ、动力黏滞系数 μ 和流速 v 的函数，Δ 为绝对粗糙度。

4-4　用 π 定理推导文丘里管流量公式。影响喉道处流速 v_2 的因素有文丘里管进口断面直径 d_1、喉道断面直径 d_2、水的密度 ρ、动力黏滞系数 μ 及两断面间压强差 Δp。（设该管水平放置）

4-5　运动黏滞系数 ν 为 $4.645\times10^{-5}\,\text{m}^2/\text{s}$ 的油，在黏滞力和重力均占优势的原型中流动，希望模型的长度比尺 $\lambda_L=5$，为同时满足重力和黏滞力相似条件，试问模型液体运动黏滞系数应为多少？

4-6　有一单孔 WES 剖面混凝土溢流坝，已知坝高 $P_p=10\text{m}$，坝上设计水头 $H_p=5\text{m}$，流量系数 $m=0.502$，溢流净孔宽 $b_p=8\text{m}$，在长度比尺 $\lambda_L=20$ 的模型上进行试验。要求 (1) 计算模型流量；(2) 如在模型坝趾测得收缩断面表面流速 $u_m=4.46\text{m/s}$，计算原型的相应流速 u_p（提示：$Q=mb\sqrt{2g}\,H^{3/2}$）。

4-7　某溢流坝按长度比尺 $\lambda_L=25$ 设计一断面模型。模型坝宽 $b_m=0.61\text{m}$，原型坝高 $P_p=11.4\text{m}$，原型最大水头 $H_p=1.52\text{m}$。试问 (1) 模型坝高和最大水头应为多少？(2) 如果模型通过流量为 $0.02\text{m}^3/\text{s}$，问原型中单宽流量 q_p 为多少？(3) 如果模型中出现跃高 $a_m=26\text{mm}$ 的水跃，问原型中水跃高度为多少？(4) 如模型中水跃消能率为 112W，问原型水跃消能率 N_p 为多少？（提示：由 $N=\rho g Q\Delta E$ 得 $\lambda_N=\lambda_L^{3.5}$）

第五章　液流形态与水头损失

基本要求：（1）理解流动阻力与水头损失的分类及其产生原因。

（2）掌握实际液体两种流动形态的特征、判别方法、雷诺数 Re 的物理意义和形成紊流的条件。

（3）掌握紊流的特征（脉动现象、附加切应力、黏性底层和速度分布）和沿程阻力系数 λ 的变化规律。

（4）掌握均匀流的基本方程，特别是达西公式，熟练地进行圆管层流与紊流沿程阻力系数及沿程水头损失。

（5）能正确选择局部水头损失系数，并进行局部水头损失的计算。

（6）了解边界层概念、特征，边界层分离现象及绕流阻力概念。

本章重点：（1）水头损失的分类及其产生原因。

（2）实际液体两种流动形态的特征、判别方法、雷诺数 Re 的物理意义和形成紊流的条件。

（3）黏性底层厚度与壁面粗糙度对水流阻力的影响。

（4）紊流与层流的速度分布特征、尼古拉兹实验与沿程阻力系数 λ 的变化规律。

（5）达西公式和沿程水头损失计算。

（6）局部水头损失的计算。

　　第三章讨论了液体一元流的基本原理，建立了理想液体和实际液体的能量方程。由讨论可知，理想液体和实际液体的能量方程主要区别就在于实际液体能量方程中多了一项水头损失 h_w。对于水头损失 h_w，目前仅仅知道是由于实际液体具有黏滞性而产生的。关于水头损失 h_w 的产生机理、在水流运动过程中遵循什么规律、如何计算？第三章都没有给予回答。本章将就水头损失 h_w 的这些问题作详细的讨论。这也是水力学中的一个基本问题。

　　本章首先从水流的物理特性和水流的边界特征出发，分析水头损失 h_w 的产生机理及其类型；然后从雷诺实验出发，介绍液流的两种不同形态——层流和紊流，分析和推导不同形态中水头损失的变化规律及计算公式；最后对与水头损失密切相关的边界层理论作一简单介绍。

第一节　水流阻力与水头损失及其分类

　　液流的边界不同，对断面流速分布有一定影响，从而对水流阻力和水头损失也有一定影响。为了便于计算，水力学中根据流动边界的不同把水头损失 h_w 分为沿程水头损失 h_f 和局部水头损失 h_j 两类。

一、沿程阻力和沿程水头损失

图 5-1 所示为液体在固体边界上作均匀流流动（即流线是相互平行的直线）的情况。如果液体为理想液体，由于黏滞系数 $\mu=0$，固体边界上就没有滞水作用，流层之间也就没有相对运动，即过水断面上的速度分布是均匀的，因而就不会产生阻力。如果是实际液体，由于黏滞系数 $\mu\neq0$，与边界面接触的液体质点就会黏附在固体表面上，它们之间没有相对运动，流速为 0，而在边界面的垂直方向上，流速由 0 迅速增大（如图 5-1 所示），显然速度分布是不均匀的，即流层之间发生了相对运动。由于黏滞性的作用，使有相对运动的两流层之间产生了内摩擦力（即水流阻力），由于水流作均匀流，这一部分阻力沿程不变，并且沿程都会产生，故称为沿程阻力。液体在流动过程中为了克服沿程阻力做功，消耗了一部分机械能，所消耗的机械能转化为热能而散失于水流之中，将这一部分能量称为能量损失或水头损失。由于这部分能量损失是沿程都有的，并与流程成正比，所以称为沿程水头损失，用 h_f 表示。

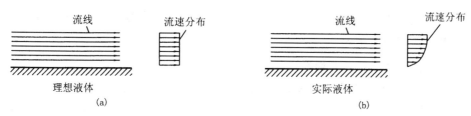

流线　　流速分布　　　　　　流线　　流速分布

理想液体　　　　　　　　　　实际液体

(a)　　　　　　　　　　　　(b)

图 5-1

二、局部阻力和局部水头损失

当固体边界的形状或大小发生急剧变化时（如管道的突然扩大、缩小、转弯和闸阀等），在流动的局部区段内，主流与边界分离并产生旋涡（图 5-2），水流内部结构发生急剧变化，流速分布改变，造成水流质点之间摩擦和碰撞加剧，从而消耗了较多的能量。这种因局部边界急剧改变的区段内形成的水流阻力，称为局部阻力，水流为克服局部阻力而产生的能量损失称为局部水头损失，用 h_j 表示。

局部水头损失的大小随边界的不同而不同，并且是在一个区段内产生的，但是这个区段相对于较长的管道和河渠而言，还是较短的。因此，为方便起见，水力学中把它视为集中在一个断面上产生的。

由以上讨论可知，沿程水头损

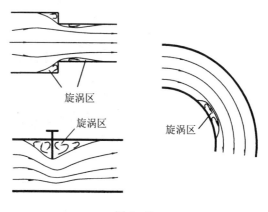

旋涡区

旋涡区

旋涡区

图 5-2

失和局部水头损失的产生机理没有本质上的区别，都是由于液体黏滞性的存在使液体质点之间相互摩擦和碰撞而产生的，或者说，都是由于阻力做功而消耗的机械能。所不同的是，如果固体边界是平顺的，只产生沿程水头损失；如果固体边界发生急剧变化，除了产生沿程水头损失外，还产生局部水头损失。由此可知水流中产生水头损失应具备两个条件：①液体具有黏性；②有固体边界的影响。前者是内因条件，起决定作用，后者是外因条件。

将某一流段沿程水头损失 h_f 和局部水头损失 h_j 的总和，称为该流段的总水头损失，用 h_w 表示，即

$$h_w = \sum h_f + \sum h_j \qquad (5-1)$$

式中：$\sum h_f$ 为全流程上各段沿程水头损失之和；$\sum h_j$ 为全流程上各段局部水头损失之和。

第二节　均匀流沿程水头损失计算公式
——达西公式

由前述讨论可知，沿程水头损失是由沿程阻力做功所引起的，为此，下面讨论水头损失和切应力的关系。

一、切应力与沿程水头损失的关系

如图 5-3 所示，为均匀流段的一段总流，设该总流与水平轴的夹角为 α，流段长为 l，过水断面面积为 A，断面 1—1 与断面 2—2 形心点上的动水压强分别为 p_1 和 p_2，z_1、z_2 分别表示断面 1—1 和断面 2—2 形心距基准面的高度。由于该流段为均匀流，没有局部水头损失，只有沿程水头损失。因此，对两断面列能量方程，得

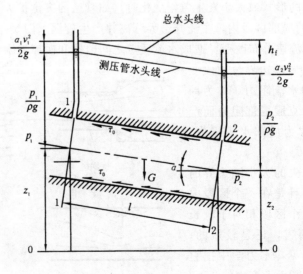

图 5-3

$$z_1 + \frac{p_1}{\rho g} + \frac{\alpha_1 v_1^2}{2g} = z_2 + \frac{p_2}{\rho g} + \frac{\alpha_2 v_2^2}{2g} + h_f$$

对于均匀流

$$\frac{\alpha_1 v_1^2}{2g} = \frac{\alpha_2 v_2^2}{2g}$$

因此

$$h_f = \left(z_1 + \frac{p_1}{\rho g}\right) - \left(z_2 + \frac{p_2}{\rho g}\right) \tag{5-2}$$

上式说明，均匀流中液体用于克服阻力做功所消耗的能量全部由势能提供。

为了分析水头损失 h_f 和切应力 τ_0 的关系，现对该流段进行受力分析。

取隔离体 $1-2$，其上所受的作用力有如下几项：

（1）表面力：动水压力 $P_1 = p_1 A$，$P_2 = p_2 A$，侧面上的动水压力与流动方向垂直，故在流动方向投影为 0；摩擦阻力（沿程阻力）$T = \tau_0 l \chi$，式中 τ_0 为液体与固体边界上的平均切应力，χ 为过水断面与固体边界接触的周界长度，称为湿周。

（2）质量力：由于为均匀流，所以只有重力 $G = \rho g A l$。

将以上所有的作用力代入牛顿第二定律 $\boldsymbol{F} = m\boldsymbol{a}$，由于为均匀流，加速度为 0，则

$$P_1 - P_2 + G\sin\alpha - T = 0$$

或

$$p_1 A - p_2 A + \rho g A l \sin\alpha - \tau_0 l \chi = 0$$

由图 $5-3$ 可见，$\sin\alpha = \dfrac{z_1 - z_2}{l}$，代入上式，并将各项除以 $\rho g A$，经整理得

$$\left(z_1 + \frac{p_1}{\rho g}\right) - \left(z_2 + \frac{p_2}{\rho g}\right) = \frac{l\chi}{A} \frac{\tau_0}{\rho g} \tag{5-3}$$

由式（$5-2$）和式（$5-3$）得

$$h_f = \frac{l\chi}{A} \frac{\tau_0}{\rho g}$$

令 $R = \dfrac{A}{\chi}$，称 R 为水力半径，则上式为

$$h_f = \frac{l}{R} \frac{\tau_0}{\rho g} \quad \text{或} \quad \tau_0 = \rho g R \frac{h_f}{l} = \rho g R J \tag{5-4}$$

上式即为均匀流沿程水头损失 h_f 与切应力 τ_0 的关系，它是研究沿程水头损失的基本公式。式中 $J = \dfrac{h_f}{l}$ 为水力坡度。

二、切应力的分布

式（$5-4$）是在考虑 $1-2$ 流段内整个断面上液流所受各种作用力平衡条件下推导出来的，若只取流段内半径为 r 的任一圆柱体液流来分析作用力的平衡条件（图 $5-4$），设圆柱的轴与管轴重合，作用在圆柱表面上的平均切应力为 τ，仿照前述同样步骤，可得

$$\tau = \rho g \frac{r}{2} J \tag{5-5}$$

将管壁上切应力 τ_0 的表达式（$5-4$）写为

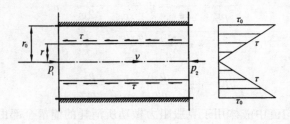

图 5 - 4

$$\tau_0 = \rho g \frac{r_0}{2} J \qquad (5-6)$$

比较式（5-5）与式（5-6），可得

$$\frac{\tau}{\tau_0} = \frac{r}{r_0} \quad \text{或} \quad \tau = \frac{r}{r_0} \tau_0 \qquad (5-7)$$

上式说明，在圆管均匀流的过水断面上，切应力呈直线分布，管壁处切应力最大，管轴处切应力为 0。

对于水深为 h 的二元明渠恒定均匀流，可推得明渠中任一点 y（以渠底为零点计算的纵坐标）处的切应力为

$$\tau = \tau_0 \left(1 - \frac{y}{h}\right) \qquad (5-8)$$

可见二元明渠恒定均匀流断面上的切应力也呈直线变化。

三、达西（Darcy）公式

式（5-4）给出了沿程水头损失 h_f 与切应力 τ_0 的关系，但该式还不能直接求出沿程水头损失 h_f，要求出沿程水头损失 h_f，还必须给出切应力 τ_0 的公式。切应力 τ_0 可直接用式（4-4）表示，即

$$\tau_0 = f\left(Re, \frac{\Delta}{R}\right) \rho v^2$$

令

$$f\left(Re, \frac{\Delta}{R}\right) = \frac{1}{8} \lambda$$

则

$$\tau_0 = \frac{1}{8} \lambda \rho v^2 \qquad (5-9)$$

代入式（5-4），并整理得

$$h_f = \lambda \frac{l}{4R} \frac{v^2}{2g} \qquad (5-10)$$

上式即为均匀流沿程水头损失计算公式，又称达西公式。式中 λ 称为沿程阻力系数，是表征沿程阻力大小的一个无量纲系数。

对于圆管有压流，因为 $R = \dfrac{A}{\chi} = \dfrac{\frac{1}{4} \pi d^2}{\pi d} = \dfrac{1}{4} d$，代入式（5-10），达西公式可

写为

$$h_f = \lambda \frac{l}{d} \frac{v^2}{2g} \qquad (5-11)$$

有压流的概念将在第六章中介绍。

第三节　液体运动的两种形态

由达西公式（5-10）得知，要确定沿程水头损失 h_f，关键在于确定沿程阻力系数 λ。由式（4-4）可知，沿程阻力系数 λ 与雷诺数 Re 有关，而雷诺数 Re 是表征流动形态的一个无量纲数。因此，本节详细讨论液体的流动形态。

在 100 多年前人们就已经发现，当流速很小时，水头损失 h_w 与流速 v 的一次方成正比；而在流速较大时，水头损失 h_w 与流速 v 的平方成正比。对于这个问题，在很长一段时间内，人们弄不清楚其中的原因。直到 1883 年，英国的物理学家雷诺（Reynold）通过实验才发现，水头损失 h_w 与流速 v 的关系与液体的运动形态有关。

一、雷诺实验

雷诺实验装置如图 5-5 所示。由水箱引出一根玻璃管，进口为光滑喇叭口形，出口处设有阀门 K。在水箱液面的上方置一盛有红色液体的容器，用细管将红色液体导入玻璃管中心。细管进口处设有阀门 B。为了保持管内为恒定流，水箱内装有溢流设备。

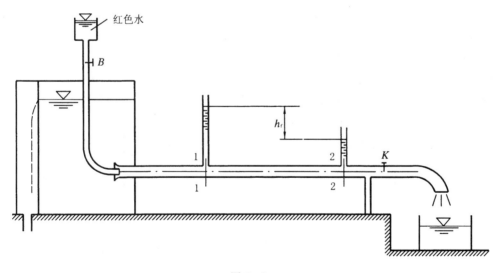

图 5-5

实验时首先将容器内装满水，然后将管道阀门 K 徐徐打开，液体自玻璃管缓慢流出。再打开容器阀门 B，使红色液体进入玻璃管。此时可以看到玻璃管内有一条细直且界线分明的红色直线束，并且不与周围清水掺混，如图 5-6（a）所示。这一现

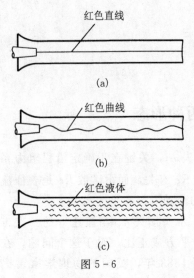

红色直线

(a)

红色曲线

(b)

红色液体

(c)

图 5-6

象说明，玻璃管中水流呈层状运动，且各层质点互不混掺。将这种流动形态称为层流运动。如果将 K 逐渐开大，这时可以看到红色液体形成的直线出现波动，如图 5-6（b）所示。若继续开大阀门 K，当管中 v 增大至某一值时，红色液体开始破裂，红色液体质点逐渐向四周扩散。流速再继续增大，则全管水流变为红色液体，如图 5-6（c）所示。这一现象说明，流体质点已不再作层状运动，各层之间的质点相互混掺，这种流动形态称为紊流。

若实验以相反程序进行，即管中水流已经处于紊流状态，将阀门 K 逐渐关小。由实验可观测到，当流速减小至某一值时，管中又出现一条明晰的有色直线束，这说明管中水流又由紊流转变为层流。

若称流态转变时的流速为临界流速，则由实验发现，由层流向紊流转变时的临界流速 v_k' 与由紊流向层流转变时的临界流速 v_k 不相等，并且 $v_k < v_k'$。称 v_k' 为上临界流速，v_k 为下临界流速。

二、沿程水头损失 h_f 与流速 v 的关系

若在相距为 l 的断面 1-1 和断面 2-2 处各安装一根测压管，测出管中不同流速 v 所对应的两个测压管水头差，即两断面间的沿程水头损失 h_f，并将所测得的 v 和 h_f 点绘在双对数坐标纸上，如图 5-7 所示。分析绘制的 $v-h_f$ 曲线，并由实验观测到，当实验由层流向紊流顺序进行时，h_f 随 v 的变化沿 $ACDE$ 曲线移动，当实验由紊流向层流顺序进行时，h_f 随 v 的变化沿 $EDBA$ 曲线移动，并且不管实验顺序如何，AB 段对应的流态为层流，DE 段对应的流态为紊流。但 BCD 段的流态与实验顺序有关，当实验由层流向紊流顺序进行时，水流在 C 点由层流转变为紊流，当实验由紊流向层流顺序进行时，流动在 B 点由紊流转变为层流。称 BCD 段对应的流态为过渡区。分析 $v-h_f$ 曲线可得以下结果：

（1）AB 段为一与横坐标轴成 $45°$ 的直线，即斜率 $m=1.0$。这表明层流时水头损失 h_f 与流速 v 呈一次方比例关系。

（2）DE 段为一与横坐标轴成 $60°15' \sim 63°25'$ 的直线，即斜率 $m=$

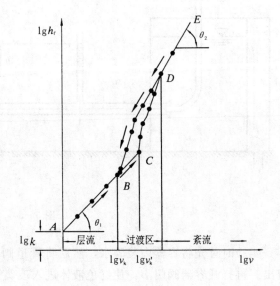

图 5-7

1.75～2.0。这表明紊流时水头损失 h_f 与流速 v 呈 1.75 次方或平方的比例关系。

上述实验曲线可用下列方程表示：

$$\lg h_f = \lg k + m \lg v \quad \text{或} \quad h_f = kv^m$$

式中：$\lg k$ 为截距；m 为斜率。

层流时，$h_f = kv^{1.0}$；紊流时，$h_f = kv^{1.75\sim2.0}$。由此可得，欲确定沿程水头损失 h_f，须先判断水流流态。

三、流态的判别标准

如何判别流动形态？首先想到的是用临界流速来判断，即 $v < v_k$ 时为层流，$v > v_k$ 时为紊流。但雷诺曾用不同管径对多种液体进行了实验，发现临界流速 v_k 的大小与管径 d、液体密度 ρ 和黏滞系数 μ 有关，即 $v_k = f(d, \rho, \mu)$。因此，用临界流速 v_k 判断流态很不方便。雷诺通过多次实验发现，在由紊流向层流进行实验时，流态转变的临界点的无量纲数 $\dfrac{v_k d}{\nu} = 2000$，即为一恒定值。用 Re 表示无量纲数 $\dfrac{vd}{\nu}$，则 $Re_k = \dfrac{v_k d}{\nu}$。称 Re 为雷诺数，Re_k 为临界雷诺数。由此可得层流时，$Re < Re_k = 2000$；紊流时，$Re > Re_k = 2000$。

实验结果还发现，当实验由层流向紊流顺序进行时，雷诺数 Re_k' 不是一个稳定的值，有时 $Re_k' = 12000\sim20000$，甚至有时 $Re_k' = 40000\sim50000$。为区别它们之间的不同，称 Re_k 为下临界雷诺数，Re_k' 为上临界雷诺数。因此，一般用下临界雷诺数 $Re_k = 2000$ 来判别流态。

对于非圆管及明渠，雷诺数 Re 可用下式表示：

$$Re = \frac{vR}{\nu}$$

式中：R 为水力半径。

对于明渠或天然河道，$Re_k = 500$。

例 5 - 1　某管道直径 $d = 100\text{mm}$，管中流速 $v = 1.0\text{m/s}$，水温为 10℃。试判别管中水流形态。

解：

当水温为 10℃时，其运动黏滞系数可由式（1 - 9）计算，即

$$\nu = \frac{0.01775}{1 + 0.0337t + 0.000221t^2} = \frac{0.01775}{1.3591} = 0.0131 \ (\text{cm}^2/\text{s})$$

管中水流的雷诺数为

$$Re = \frac{vd}{\nu} = \frac{1.0 \times 10^2 \times 100 \times 10^{-1}}{0.0131} = 76336 > Re_k = 2000$$

故管中水流处于紊流形态。

例 5 - 2　用直径 $d = 25\text{mm}$ 的管道输送 30℃的空气，试问管内保持层流的最大流

速是多少？

解：

30℃时空气运动黏滞系数 $\nu=16.6\times10^{-6}\,\text{m}^2/\text{s}$，保持层流的最大流速即为临界流速，由

$$Re_k=\frac{v_k d}{\nu}=2000$$

得

$$v_k=\frac{Re_k\nu}{d}=\frac{2000\times16.6\times10^{-6}}{0.025}=1.328\ (\text{m/s})$$

故管内保持层流的最大流速为 1.328m/s。

四、流态转化过程分析

由雷诺实验得知，层流与紊流是两种不同形态的流动，其主要表现在紊流运动时各流层之间液体质点不断地相互混掺，而层流时则无此现象。那么，这种质点的混掺是如何发生的，又是如何形成紊流的呢？下面对其进行分析。

由于液体的黏滞性及边壁阻力，过水断面上的速度分布不均匀，各流层间有相对运动，从而使流层间产生内摩擦力。若选定某一流层讨论，流速大的相邻流层加于它的切应力是顺流向的，而流速小的相邻流层加于它的切应力是逆流向的，如图5-8所示。由这两个力所构成的力矩，有使该流层发生旋转的倾向。如果此时由于外界的某种干扰使流层发生波动，就会引起局部流速和压强作重新调整。在波峰一侧，流层的过水断面受到挤压，则流速增大，压强降低；波谷一侧的变化恰好相反，即流速减小，压强增大。由此该流层在横向又承受一力矩作用，如图5-9（a）所示。在横向力 P 和摩擦应力 τ 两个力构成的力矩作用下，使波峰更凸，波谷更凹，从而使波幅增大，如图5-9（b）所示。当波幅大到一定程度后，波峰与波谷重叠，形成涡体，如图5-9（c）所示。形成涡体后，涡体旋转，在涡体旋转方向与水流方向一致的一边流速变大，压强变小；相反一侧流速减小，压强增大，从而在涡体的上下侧形成压差，产生作用于涡体的升力，如图5-10所示。

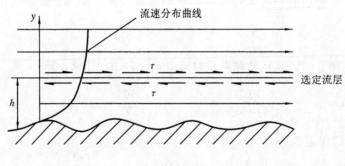

图 5-8

在升力作用下，该涡体有脱离原流层进入相邻流层的倾向。另一方面，涡体还受到黏滞力的作用，黏滞力约束涡体运动，阻碍涡体脱离原流层进入相邻流层。因此，

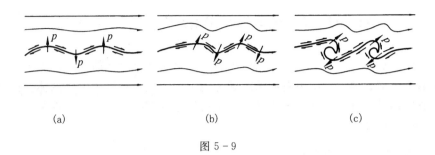

(a)　　　　　　　　　(b)　　　　　　　　　(c)

图 5 - 9

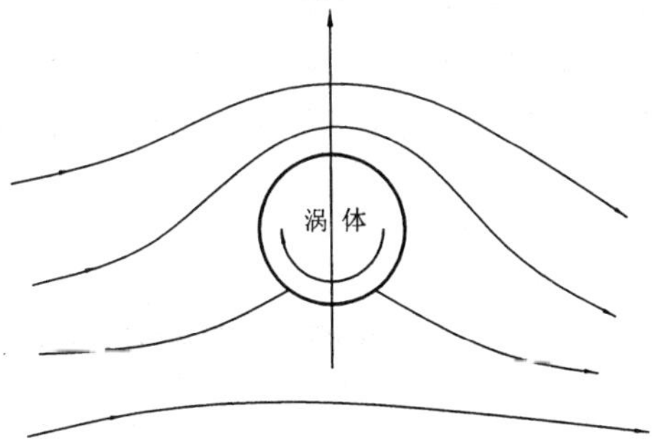

该涡体能否脱离原流层进入相邻流层，取决于黏滞力与升力产生的惯性作用的对比关系。当惯性力作用比黏滞力作用大到一定程度时，涡体才能脱离原流层进入相邻流层，从而形成紊流。

由雷诺实验得知：在圆管中，当 $Re<Re_k=2000$ 时，为层流运动；当 $Re>Re_k=2000$ 时，为紊流运动，对此又如何解释呢？

图 5 - 10

一般地说，惯性力可表示为 $F=ma$，写成量纲表达式：$[F]=[m][a]$。因为质量 $m=\rho V$，则 $[m]=[\rho L^3]$。所以，$[F]=[\rho L^3][LT^{-2}]=[\rho L^2 v^2]$。

黏滞力的大小可用牛顿内摩擦定律表示，即 $T=A\mu\dfrac{\mathrm{d}u}{\mathrm{d}y}$，写成量纲表达式：$[T]=\left[L^2\mu\dfrac{v}{L}\right]=[\mu v L]$。惯性力与黏滞力比值的量纲表达式可表示为

$$\left[\frac{F}{T}\right]=\left[\frac{\rho L^2 v^2}{\mu v L}\right]=\left[\frac{vL}{\nu}\right]$$

上述量纲式恰好与 Re 的量纲相同。式中的特征长度 L 代表圆管直径 d 或水槽的水力半径 R。由此从力学角度解释了 Re 的物理意义，即 Re 表征了惯性力与黏滞力的对比关系，而临界雷诺数则是表现了这两种力的对比关系发生转折（流态转换）时的临界值。

由上述分析可知，形成紊流必须具备两个条件：①要有涡体形成；②Re 要达到一定的值。前者是先决条件，即如果液体很平稳，没有任何干扰，涡体不易形成，即使 Re 达到一定的值，也不能形成紊流。这就是上临界雷诺数极不稳定的原因。当然，如果有涡体存在，但雷诺数没有达到一定值，惯性力不足以克服黏滞力，涡体不能够脱离原流层而进入相邻流层，混掺作用也不会形成，即不会形成紊流，这就是下临界雷诺数较稳定的原因。

第四节　层流运动及其沿程水头损失计算

在工程实践中，尽管层流运动较少出现，但是它还是存在的，如机械工程中黏度较高的油类运动、地下油层中石油的运动和地下水渗流运动等。由于液体在圆管内的恒定层流运动是不可压缩黏性流体动力学中最简单的问题之一，所以本节只讨论圆管内的恒定层流运动。

一、圆管层流的流速分布

长直圆管内的层流运动是均匀的轴对称流动，其流层可认为是一系列由管轴线所确定的同心圆筒薄层。下面从分析流层间作用力入手，探讨层流流速分布的特点。

如图 5-11 所示为一等直径圆管。为分析方便，取径向为 r，纵向为 x 的柱坐标系，则圆管内任一流层的切应力由牛顿内摩擦定律表示为

$$\tau = -\mu \frac{\mathrm{d}u_x}{\mathrm{d}r} \tag{5-12}$$

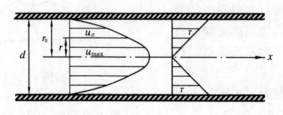

图 5-11

因各圆筒层间的纵向流速 u_x 是随半径 r 的增大而减小的，因此流速梯度 $\dfrac{\mathrm{d}u_x}{\mathrm{d}r}$ 为负值，为使 τ 为正值，在等式右端冠 "-" 号。

对于圆管均匀流动，任一流层的切应力满足式（5-5），即

$$\tau = \rho g \frac{r}{2} J$$

联立两式，经整理后，可得

$$\frac{\mathrm{d}u_x}{\mathrm{d}r} = -\frac{\rho g J}{2\mu} r$$

积分得

$$u_x = -\frac{\rho g J}{4\mu} r^2 + c$$

由图可见，当 $r = r_0$ 时，$u_x = 0$，代入上式得

$$c = \frac{\rho g J}{4\mu} r_0^2$$

于是得圆管均匀层流的速度分布表达式为

$$u_x = \frac{\rho g J}{4\mu} (r_0^2 - r^2) \tag{5-13}$$

上式表明，圆管层流时的流速沿径向是按抛物线规律分布的，如图 5-11 所示。在 $r=0$ 处，流速最大，该点流速为

$$u_{x\max}=\frac{\rho g J}{4\mu}r_0^2 \tag{5-14}$$

根据流量的定义：$Q=\int_A u\mathrm{d}A$，对于圆管，$A=\pi r^2$，$\mathrm{d}A=2\pi r\mathrm{d}r$，则通过 $\mathrm{d}A$ 的流量为

$$\mathrm{d}Q=u\mathrm{d}A=\frac{\rho g J}{4\mu}\ (r_0^2-r^2)\ 2\pi r\mathrm{d}r$$

积分上式，得圆管中通过的流量为

$$Q=\int_0^{r_0}\frac{\rho g J}{4\mu}(r_0^2-r^2)2\pi r\mathrm{d}r=\frac{\pi\rho g J}{4\mu}\left(r_0^4-\frac{1}{2}r_0^4\right)$$

$$=\frac{\pi\rho g J}{8\mu}r_0^4=\frac{\pi\rho g J}{128\mu}d^4 \tag{5-15}$$

将式（5-15）及 $A=\pi r_0^2$ 代入 $Q=vA$，得断面平均流速为

$$v=\frac{Q}{A}=\frac{\rho g J}{8\mu}r_0^2=\frac{\rho g J}{32\mu}d^2 \tag{5-16}$$

比较式（5-16）和式（5-14），得

$$v=\frac{1}{2}u_{x\max} \tag{5-17}$$

可见，在恒定均匀层流情况下，圆管断面平均流速是管内最大流速的一半。由此表明，圆管层流的断面流速分布是很不均匀的。

二、圆管层流沿程水头损失的计算

将式（5-16）写成以下形式：

$$J=\frac{32\mu v}{\rho g d^2}$$

对于均匀流，因 $J=\dfrac{h_{\mathrm{f}}}{l}$，则

$$h_{\mathrm{f}}=\frac{32\mu v}{\rho g d^2}l \tag{5-18}$$

资源 5-1
圆管层流

上式即为圆管层流沿程水头损失的计算公式。该式表明，在圆管层流中沿程水头损失 h_{f} 与断面平均流速 v 的一次方成正比，这与雷诺实验的结果是一致的。

联立达西公式（5-11）和式（5-18），经整理后得

$$\lambda=\frac{64}{Re} \tag{5-19}$$

上式表明圆管层流的沿程阻力系数 λ 值只与 Re 有关，并且呈反比关系。

采用与圆管层流研究相同的办法，可求得明渠层流运动的断面流速分布为

$$u_x=\frac{\rho g J}{2\mu}\ (2hy-y^2) \tag{5-20}$$

断面平均流速 $$v=\frac{\rho g J}{3\mu}h^2 \tag{5-21}$$

沿程阻力系数 $$\lambda=\frac{24}{Re} \tag{5-22}$$

式中：h 为渠中水深。

第五节 紊 流 特 征

紊流运动状态在自然界和工程实践中是最常见的一类流动状态，所以研究紊流的特征和规律有着重要的实际意义。但相对于层流而言，紊流是一种复杂的非恒定的随机流动。尽管有许多科学工作者做了大量的研究工作，但至今仍然没有得到满意的结果，人们对于紊流的物理本质还不是很清楚。自然科学界公认，紊流是人类尚未了解清楚的最复杂的自然现象之一。本节只能定性地讨论紊流的特征，并介绍目前的一些研究成果。

一、紊流的运动要素脉动化

紊流的最基本特征在于液流中存在大小不等的涡体，并且这些涡体在不断地互相混掺着前进，其位置、形态、流速都在随机地变化。如果在发生紊流的玻璃管道中放入与水的比重相同的沙粒，便可看到这些沙粒从管道入口到出口将描绘出复杂的轨迹，而且不同瞬时通过空间同一点的沙粒的轨迹也在不断变化，表征流动特征的速度、压强等也在随机变化。如果测出管中某点不同时刻 t 的轴向速度 u_x，可以发现该点的速度并不是一个常数（如图 5-12 所示），而是以某一数值为中心随机不断地跳动，将这种跳动称为脉动。

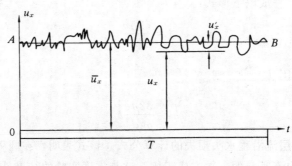

图 5-12

资源 5-2
脉动现象

脉动现象是一个非常复杂的现象，如图 5-12 所示的脉动幅度有大有小，变化频繁，而无明显的规律性。因此，要描述紊流中各点的流速 u 和压强 p 随时间变化的过程非常困难。

虽然流速 u 和压强 p 随时间不断变化，但在足够长时间内，这个变化始终是围绕着某一平均值而上下变动。这表明看似杂乱无序变化的紊流运动，仍具有一定的规律性。把运动参数按时间平均的方法称为时间平均法，简称时均法。仍以图 5-12 所示

的纵向流速为例，若取一足够长时段 T，则时均流速为

$$\overline{u_x} = \frac{1}{T}\int_0^T u_x \mathrm{d}t \qquad (5-23)$$

式中：u_x 为瞬时流速；$\overline{u_x}$ 为时均流速。

紊流的瞬时值可分为时均值和脉动值两个部分，即

$$u_x = \overline{u_x} + u'_x \quad \text{或} \quad u'_x = u_x - \overline{u_x} \qquad (5-24)$$

u'_x 称为脉动流速。将式（5-24）代入式（5-23），得

$$\overline{u_x} = \frac{1}{T}\int_0^T (\overline{u_x} + u'_x)\mathrm{d}t = \frac{1}{T}\int_0^T \overline{u_x}\mathrm{d}t + \frac{1}{T}\int_0^T u'_x \mathrm{d}t = \overline{u_x} + \overline{u'_x}$$

由此得

$$\overline{u'_x} = 0 \qquad (5-25)$$

即脉动流速的时均值等于 0，这从物理概念上是清楚的。

同样，其他运动要素如动水压强也可表示为

$$p = \overline{p} + p' \qquad (5-26)$$

$$\overline{p} = \frac{1}{T}\int_0^T p\,\mathrm{d}t$$

$$\overline{p'} = 0$$

式中：p、$\overline{p}$、p' 分别表示紊流场中某点的瞬时压强、时均压强和脉动压强。

二、紊流中产生附加切应力

与层流相比，紊流中将会产生附加切应力。下面对其进行分析。

在层流运动中，由于黏性的存在而使流层间发生相对运动，由此引起的切应力称为黏滞力，并且符合牛顿内摩擦定律：$\tau = \mu \dfrac{\mathrm{d}u}{\mathrm{d}y}$。

但在紊流中，各流层间除了发生相对运动外，由于紊流的液体质点相互混掺，使各层间产生质点交换。当低速层的质点进入高速层后，将对高速层起阻滞作用；当高速层的质点进入低速层后，将对低速层起推动作用。从而质点交换就转换成了动量交换，因此在相邻流层的分界面上产生了由动量交换引起的切应力，将该切应力称之为附加切应力，用 $\overline{\tau_2}$ 表示。若黏滞力用 $\overline{\tau_1}$ 表示，则紊流中的切应力 $\overline{\tau}$ 应由两部分组成，即

$$\overline{\tau} = \overline{\tau_1} + \overline{\tau_2} \qquad (5-27)$$

关于附加切应力 $\overline{\tau_2}$ 的表达式，许多学者做了大量的研究工作，其中应用较广的是普朗特（Prandtl）于 1925 年提出的混合长度理论，下面对其进行介绍。

普朗特认为，紊流中脉动流速使液体质点在流层间混掺、碰撞而产生动量交换的运动过程，类似于气体分子的布朗运动。因此，他假定某流层的质点在向其他流层混掺时，能保持自身原有的性质，不与其他质点碰撞而自由运移一段距离。在此过程中，质点的流速、动量均保持不变；当质点进入另一流层后，立即与当地流层质点发生动量交换，从而产生沿流向的脉动流速和动量变化。

以二元明渠为例，取 xOy 坐标，其时均流速分布如图 5-13 所示。现取 a、b 两

层分析，在 a 层与 b 层之间取一垂直于 y 轴的微小面积 ΔA，若 a 层的液体质点以脉动流速 u'_y 通过 ΔA 进入 b 层，则在 $\mathrm{d}t$ 时段内通过的质量为

$$\Delta m = \rho u'_y \Delta A\, \mathrm{d}t$$

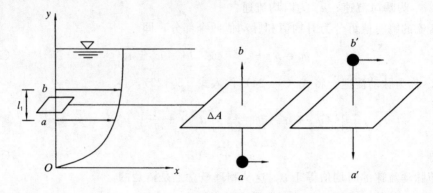

图 5-13

根据普朗特假设，这些质点在 a 层时若具有纵向流速 u_x，在向 b 层运移过程中纵向流速 u_x 保持不变，进入 b 层后，立即变为 $u_x + u'_x$，此时的动量变化为

$$\Delta K = \Delta m\left[\left(u_x + u'_x\right) - u_x\right] = \Delta m u'_x$$
$$= \rho u'_x u'_y \Delta A\, \mathrm{d}t$$

由动量定律得

$$\Delta K = \rho u'_x u'_y \Delta A\, \mathrm{d}t = \Delta F \cdot \mathrm{d}t$$

即

$$\Delta F = \rho u'_x u'_y \Delta A$$

式中：ΔF 为由质点混掺引起的在 ΔA 面积上的切力。

故 ΔA 面积上的切应力为

$$\tau_2 = \frac{\Delta F}{\Delta A} = \rho u'_x u'_y$$

取时间平均后，得

$$\overline{\tau_2} = \frac{\overline{\Delta F}}{\Delta A} = \overline{\rho u'_x u'_y} \tag{5-28a}$$

设 u'_y 向上为正值、向下为负，u'_x 向右为正、向左为负，则当 u'_y 为正时（液体质点自下层进入到上层），即由低速层进入高速层时，液体质点对高速层起阻滞作用，所以可认为 u'_x 为负。同理，当 u'_y 为负时（液体质点自上层进入到下层），即由高速层进入低速层时，液体质点对低速层起推动作用，可认为 u'_x 为正。由此可见，u'_x 与 u'_y 的符号总是相反。为使 $\overline{\tau_2}$ 为正值，在式（5-28a）右端冠"—"号，即

$$\overline{\tau_2} = -\overline{\rho u'_x u'_y} \tag{5-28b}$$

上式就是紊流附加切应力的表达式，可见，紊流附加切应力与脉动流速和液体的密度有关，与黏滞系数无关。

由于脉动流速是时间的随机值，难以直接应用上式计算紊流附加切应力。为此普朗特提出了混合长度假说。

如图 5-13 所示，设 a 层与 b 层之间的距离为 l_1。由于 l_1 很小，在 l_1 范围内的时均流速可看作线性变化。若 a 层（低速层）的时均流速为 $\overline{u_x}$，则 b 层（高速层）的时均流速为 $\overline{u_x} + l_1 \dfrac{\mathrm{d}\overline{u_x}}{\mathrm{d}y}$。两层的时均流速差为

$$\overline{\Delta u_x} = \left(\overline{u_x} + l_1 \frac{\mathrm{d}\overline{u_x}}{\mathrm{d}y}\right) - \overline{u_x} = l_1 \frac{\mathrm{d}\overline{u_x}}{\mathrm{d}y}$$

普朗特假设 b 层的脉动流速 u_x' 是由于两层液体的流速差 $\overline{\Delta u_x}$ 引起的，即

$$u_x' = \overline{\Delta u_x} = l_1 \frac{\mathrm{d}\overline{u_x}}{\mathrm{d}y}$$

由于横向脉动流速 u_y' 与纵向脉动流速 u_x' 是同一量级的小量，二者之间存在一定的比例关系，令

$$u_y' = k u_x' = k l_1 \frac{\mathrm{d}\overline{u_x}}{\mathrm{d}y}$$

于是由式（5-28b）得到附加切应力为

$$\overline{\tau_2} = -\rho \overline{u_x' u_y'} = \rho k l_1^2 \left(\frac{\mathrm{d}\overline{u_x}}{\mathrm{d}y}\right)^2 \tag{5-29a}$$

令

$$k l_1^2 = l^2$$

则

$$\overline{\tau_2} = \rho l^2 \left(\frac{\mathrm{d}\overline{u_x}}{\mathrm{d}y}\right)^2 \tag{5-29b}$$

式（5-29b）即为普朗特混合长度理论推导出的紊流切应力公式。称式中的 l 为混合长度，一般由实验测得。

应当指出，普朗特混合长度理论在物理概念上是不够完善的。因为分子运动和紊流脉动在形式上似乎相像，但它们之间有着本质的区别。因此，普朗特理论在本质上是有缺陷的。尽管如此，由于该理论建立了附加切应力与时均流速梯度的关系，这为进一步研究紊流的流速分布奠定了基础。

紊流运动中的切应力 $\overline{\tau}$ 是黏滞力 $\overline{\tau_1}$ 与附加切应力 $\overline{\tau_2}$ 之和，即

$$\overline{\tau} = \overline{\tau_1} + \overline{\tau_2} = \mu \frac{\mathrm{d}\overline{u_x}}{\mathrm{d}y} + \rho l^2 \left(\frac{\mathrm{d}\overline{u_x}}{\mathrm{d}y}\right)^2 \tag{5-30}$$

以后若不加说明，紊流的运动要素均指它的时均值，省略时均值的上标"—"。

三、紊流中存在黏性底层

1. 固壁紊流的分层结构

在有固壁的紊流中，并非整个区域均为紊流。由实验表明，在沿固壁法向的不同距离上，大体上可以划分为 3 个区域（如图 5-14 所示），即①在远离固壁的区域内，由于脉动流速很大，则附加切应力 τ_2 远大于黏滞力 τ_1，此时可认为 $\tau_1 \approx 0$，称此区域为紊流核心区；②在紧靠固壁附近的区域，由于脉动流速很小，则附加切应力 τ_2 很小，而流速梯度 $\dfrac{\mathrm{d}u}{\mathrm{d}y}$ 却很大，所以黏滞力 τ_1 很大，相比较而言，可认为 $\tau_2 \approx 0$，由于该区域中黏滞力 τ_1 起主导作用，流态表现为层流的性质，因此称此区域为黏性底层；

③介于二者之间的区域中，附加切应力 τ_2 和黏滞力 τ_1 接近于同一数量级，称此区域为过渡区。由于该区域很薄，研究意义不大，故不予讨论。

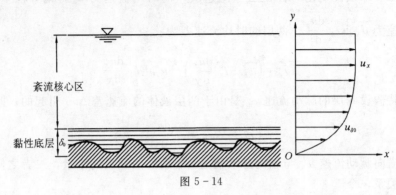

图 5-14

2. 黏性底层厚度

黏性底层厚度非常薄，一般只有十分之几毫米。但它对紊流速度分布和阻力系数变化规律有极大影响。因此，下面着重讨论黏性底层厚度的计算公式。

由于黏性底层厚度非常薄，因此，速度分布可看成直线变化（如图 5-14 所示），即

$$u_x = \frac{u_{\delta_0}}{\delta_0} y$$

将 u_x 对 y 求导，得

$$\frac{\mathrm{d}u_x}{\mathrm{d}y} = \frac{u_{\delta_0}}{\delta_0} \qquad (5-31)$$

式中：δ_0 为黏性底层厚度；u_{δ_0} 为黏性底层外边界的流速。

由于黏性底层中液流的性质与层流的性质相同，因此，切应力服从牛顿内摩擦定律，并将式（5-31）代入，得

$$\tau_0 = \mu \frac{\mathrm{d}u_x}{\mathrm{d}y} = \mu \frac{u_{\delta_0}}{\delta_0}$$

将上式两边除以密度 ρ，整理得

$$\frac{u_{\delta_0}}{\delta_0} = \frac{\tau_0/\rho}{\mu/\rho} = \frac{\tau_0/\rho}{\nu}$$

令 $\sqrt{\tau_0/\rho} = u_*$，则上式可写为

$$\frac{u_{\delta_0}}{\delta_0} = \frac{u_*^2}{\nu} \quad \text{或} \quad \frac{u_{\delta_0}}{u_*} = \frac{u_* \delta_0}{\nu} \qquad (5-32)$$

式中，u_* 与流速有相同的量纲，故称摩阻流速。所以，$\dfrac{u_{\delta_0}}{u_*}$ 为一无量纲数，用 N 表示，即

$$N = \frac{u_{\delta_0}}{u_*}$$

将上式代入式（5-32），得

$$\delta_0 = \frac{N\nu}{u_*} \qquad (5-33)$$

考虑到式（5-9）和 $\sqrt{\tau_0/\rho} = u_*$，可得 $u_* = \sqrt{\tau_0/\rho} = \sqrt{\dfrac{\lambda}{8}}\,v$，代入上式得

$$\delta_0 = \frac{N\nu}{\sqrt{\dfrac{\lambda}{8}}\,v} = \frac{\sqrt{8}\,Nd}{\sqrt{\lambda}}\frac{\nu}{vd} = \frac{\sqrt{8}\,Nd}{\sqrt{\lambda}\,Re}$$

由尼古拉兹实验得无量纲数 $N = 11.6$，则上式可写为

$$\delta_0 = \frac{32.8d}{Re\sqrt{\lambda}} \qquad (5-34)$$

上式即为圆管中黏性底层厚度计算公式。公式表明，黏性底层厚度 δ_0 与雷诺数 Re 成反比。

3. 黏性底层厚度对紊流阻力的影响

固体边壁的粗糙程度是指壁面凹凸不平的状况，通常用 Δ 表示粗糙壁面的凸出高度，称绝对粗糙度。显然，水流阻力与绝对粗糙度 Δ 有关，同时还与黏性底层厚度 δ_0 有关。下面对其进行分析。

（1）当雷诺数很小时，黏性底层较厚，δ_0 可能大于绝对粗糙度 Δ 若干倍，此时边壁的凸出高度完全淹没于黏性底层之中，如图5-15（a）所示。在这种情况下，绝对粗糙度 Δ 对紊流区的流动没有影响，液体就像在壁面绝对光滑的边界上流动一样，边壁对水流的阻力，主要是黏性底层的黏滞阻力。所以，称这种状态下的边界为水力光滑面，并称此时的紊流处于水力光滑区。

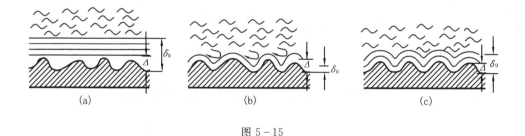

图 5-15

（2）当雷诺数很大时，黏性底层很薄，边壁绝对粗糙度 Δ 已部分或大部分伸入到紊流核心区，如图5-15（b）所示。这时紊流在流过凸出部分时将形成小旋涡，而边壁对紊流的阻力主要就是由这些小旋涡引起的。此时边壁绝对粗糙度 Δ 已对紊流阻力产生绝对影响，故称这种状态下的壁面为水力粗糙面，称此时的紊流处于水力粗糙区。

（3）介于以上二者之间的情况，即黏性底层厚度已不足以完全淹没边壁粗糙度 Δ 的影响，边壁粗糙度 Δ 也没有起决定性的作用，如图5-15（c）所示。这种壁面称

为过渡粗糙面，称此时紊流处于水力过渡粗糙区。

由以上分析可见，水力学中所说的光滑或粗糙，不完全取决于边壁粗糙度 Δ，还与黏性底层厚度 δ_0 有关。比如对同一壁面，在雷诺数较小时，可能是光滑面，而当雷诺数较大时，又可能是粗糙面。

根据一些实验成果和理论研究，以上定义的紊流 3 个流区的判别标准见表 5-1。

表 5-1　　　　　紊流分区标准 $\left(Re_* = \dfrac{u_* \Delta}{v}\right)$

紊流区	判　别　指　标	
	Δ/δ_0	Re_*
光滑区	$\Delta/\delta_0 < 0.3$	$Re_* < 3.5$
过渡区	$0.3 \leqslant \Delta/\delta_0 \leqslant 6$	$3.5 \leqslant Re_* \leqslant 70$
粗糙区	$\Delta/\delta_0 > 6$	$Re_* > 70$

注　Re_* 代表摩阻流速对应的雷诺数。

四、紊流使速度分布均匀化

已知层流中的速度按抛物线规律分布。那么紊流中的速度分布是怎样的呢？由于紊流中有横向脉动，使液体质点相互混掺，相互碰撞，因而使液体内部各质点之间产生了动量传递，从而使得管中心部分的速度分布较层流要均匀的多。而在靠近壁面附近，由于脉动受到壁面的限制，黏性作用使流速急剧下降，这样便形成了中心部分较平坦、壁面处梯度较大的速度分布剖面，如图 5-16 所示。

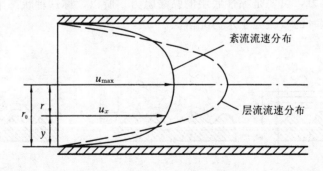

图 5-16

紊流流速分布表达式至今仍无纯理论公式，多是根据理论分析和实验结果得出的半经验半理论公式或纯经验公式，目前常采用以下两种表达式。

1. 指数分布公式

普朗特和卡门根据实验资料提出了紊流速度分布的指数公式：

$$\frac{u_x}{u_{max}} = \left(\frac{y}{r_0}\right)^n \tag{5-35}$$

式中：u_{max} 为断面上最大流速；n 为指数，与雷诺数 Re 有关，其值见表 5-2。

表 5 - 2　　　　　　　　　　　　指数 n 与雷诺数 Re 的关系

Re	4×10^3	2.3×10^4	1.1×10^5	1.1×10^6	2×10^6	3.2×10^6
n	1/6	1/6.6	1/7	1/8.8	1/9.6	1/10

2. 对数分布公式

由式（5-30）知，紊流中的切应力为 $\tau = \mu \dfrac{\mathrm{d}u_x}{\mathrm{d}y} + \rho l^2 \left(\dfrac{\mathrm{d}u_x}{\mathrm{d}y}\right)^2$。在紊流区，由于 Re 很大，$\tau_2 \gg \tau_1$，所以

$$\tau \approx \tau_2 = \rho l^2 \left(\frac{\mathrm{d}u_x}{\mathrm{d}y}\right)^2 \qquad (5-36)$$

根据萨特克维奇（Саткевич）的研究结果，普朗特提出的混合长度 l 为

$$l = ky\sqrt{1 - y/r_0} \qquad (5-37)$$

式中：k 称卡门常数，由实验结果得 $k = 0.4$。

又由式（5-7）知，

$$\tau = \frac{r}{r_0}\tau_0 = \frac{r_0 - y}{r_0}\tau_0 = \left(1 - \frac{y}{r_0}\right)\tau_0 \qquad (5-38)$$

式中：r_0 为管道半径；y 为断面上任一点到固体壁面的距离；对于明渠可用水深 H 代替管道半径 r_0。

将式（5-37）、式（5-38）代入式（5-36），经整理得

$$\tau_0 = \rho k^2 y^2 \left(\frac{\mathrm{d}u_x}{\mathrm{d}y}\right)^2 \quad \text{或} \quad \frac{\mathrm{d}u_x}{\mathrm{d}y} = \frac{1}{ky}\sqrt{\frac{\tau_0}{\rho}} = \frac{u_*}{ky}$$

积分上式得

$$u_x = \frac{u_*}{k}\ln y + c \qquad (5-39a)$$

上式即为紊流流速分布的对数公式。

将 $k = 0.4$ 代入式（5-39a），得

$$u_x = 5.75 u_* \lg y + c \qquad (5-39b)$$

式中：c 为积分常数，与紊流流区有关。

下面给出紊流各流区流速分布半经验半理论公式：

（1）紊流光滑区。

$$u_x = u_* \left(5.75\lg \frac{u_* y}{\nu} + 5.5\right) \qquad (5-40)$$

对圆管断面积分，可得断面平均流速分布为

$$v = u_* \left(5.75\lg \frac{u_* r_0}{\nu} + 1.75\right)$$

上式表明，紊流光滑区的流速仅与雷诺数 $\dfrac{u_* y}{\nu}$ 有关。

（2）紊流粗糙区。

$$u_x = u_* \left(5.75 \lg \frac{y}{\Delta} + 8.5 \right) \tag{5-41}$$

对圆管断面积分，可得断面平均流速分布为

$$v = u_* \left(5.75 \lg \frac{r_0}{\Delta} + 4.75 \right)$$

上式表明，紊流粗糙区的流速仅与相对粗糙度 $\frac{y}{\Delta}$ 有关。

应当注意，式（5-40）、式（5-41）对靠近管轴处和管壁处不适用，对其他各点均吻合较好。

最后指出，由于紊流和层流的流速分布不同，使能量方程中的动能修正系数也不同。可以证明，圆管均匀层流的动能修正系数 $\alpha = 2$，而圆管均匀紊流的动能修正系数一般为 $\alpha = 1.05 \sim 1.10$，并且流速分布越不均匀，动能修正系数越大。

例 5-3 试用流速对数分布公式推导二元明渠恒定均匀流流速分布曲线上与断面平均流速相等的点的位置。

解：

明渠流一般为紊流粗糙区，因此可用式（5-41）：

$$u_x = u_* \left(5.75 \lg \frac{y}{\Delta} + 8.5 \right)$$

将上式变为自然对数公式，即为

$$u_x = u_* \left(2.5 \ln \frac{y}{\Delta} + 8.5 \right)$$

由此得单位宽度明渠的流量为

$$q = \int_0^h u_x \, \mathrm{d}y = \int_0^h u_* \left(2.5 \ln \frac{y}{\Delta} + 8.5 \right) \mathrm{d}y = u_* \left(2.5 \int_0^h \ln \frac{y}{\Delta} \mathrm{d}y + 8.5 \int_0^h \mathrm{d}y \right)$$

断面平均流速为

$$v = \frac{q}{h} = \frac{1}{h} \int_0^h u_x \, \mathrm{d}y = u_* \left(\frac{2.5}{h} \int_0^h \ln \frac{y}{\Delta} \mathrm{d}y + \frac{8.5}{h} \int_0^h \mathrm{d}y \right)$$

$$= u_* \left(5.75 \lg \frac{h}{\Delta} + 6 \right) \tag{5-42}$$

设 $u_x = v$ 时，$y = y_c$，代入式（5-41）得

$$v = u_* \left(5.75 \lg \frac{y_c}{\Delta} + 8.5 \right)$$

代入式（5-42）解得 $y_c = 0.367h$。

由此说明，位于水面以下 $0.633h$ 处的点流速等于垂线上的断面平均流速。这就是工程中常采用测取水面下 $0.6h$ 处的流速代替断面平均流速的依据。

第六节　沿程阻力系数的变化规律

前已述及，要确定沿程水头损失 h_f，关键在于确定沿程阻力系数 λ。本章第四节已经给出了在圆管层流中沿程阻力系数 λ 的表达式：$\lambda = \dfrac{64}{Re}$。那么紊流中的沿程阻力系数 λ 是如何变化的呢？本节将对此进行讨论，并介绍近几十年的一些研究成果。

一、尼古拉兹（Nikuradse）实验

1933 年，尼古拉兹（Nikuradse）将均匀的砂粒粘贴在管道内壁上，制成不同粗糙度的管道，进行了系统的水力学实验，实验装置如图 5-17 所示。实验时，对每一根不同粗糙度的管道量测不同流量下的断面平均流速 v 和沿程水头损失 h_f，测出水温，然后由达西公式 $h_f = \lambda \dfrac{l}{d}\dfrac{v^2}{2g}$ 和雷诺数表达式 Re

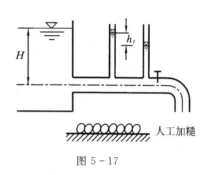

图 5-17

$= \dfrac{vd}{\nu}$，计算出沿程阻力系数 λ 和雷诺数 Re，并绘出 $\lg\lambda$ 和 $\lg Re$ 的关系曲线，如图 5-18 所示，该曲线称为尼古拉兹曲线。

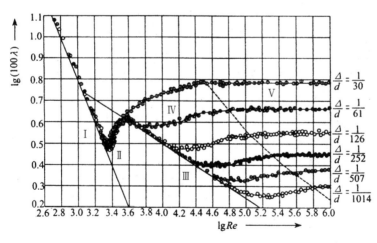

图 5-18

由图 5-18 尼古拉兹曲线可以看出，不同流态、不同流区沿程阻力系数 λ 的变化规律是不同的。

（1）当 $Re < 2000$（$\lg Re < 3.3$）时，水流为层流流态。所有实验点都落在直线 I 上，这表明此时 λ 值与相对粗糙度 $\dfrac{\Delta}{d}$ 无关，只与雷诺数 Re 有关，即 $\lambda = f(Re)$，并

且直线 I 方程为 $\lambda = \dfrac{64}{Re}$，恰好与圆管层流的理论公式（5-19）相同。这也证明了圆管层流的理论公式（5-19）的正确性。

（2）当 $2000 < Re < 4000$（$3.3 < \lg Re < 3.6$）时，所有实验点都落在直线 I 与直线 III 之间的曲线 II 上，说明 $\lambda = f\ (Re)$。该区为紊流过渡区。由于该范围较窄，实用意义不大，故一般不予讨论。

（3）当 $Re > 4000$（$\lg Re > 3.6$）时，水流已处于充分紊流区。此时的实验点明显地表现出 3 种不同的变化特征，即

1）当 Re 较小时，不同粗糙度管道的实验点都落在直线 III 上，即相对粗糙度 $\dfrac{\Delta}{d}$ 对 λ 仍然没有影响，只是随 Re 而变化，说明 $\lambda = f\ (Re)$，该区即为紊流光滑区。

2）当 Re 较大时，不同粗糙度管道的实验点落在不同的曲线上，即图中直线 III 与虚线之间的 IV 区的曲线族，并且该曲线随 Re 而变化，这说明 $\lambda = f\left(Re, \dfrac{\Delta}{d}\right)$，该区即为紊流过渡粗糙区。

3）当 Re 很大时，不同粗糙度管道的实验点均落在图中虚线右侧的 V 区。由图可见，该直线族均与横向坐标轴 $\lg Re$ 平行，这表明 λ 与 Re 无关，只与相对粗糙度 $\dfrac{\Delta}{d}$ 有关，即 $\lambda = f\left(\dfrac{\Delta}{d}\right)$，该区即为紊流粗糙区。由达西公式 $h_{\text{f}} = \lambda\ \dfrac{l}{d}\dfrac{v^2}{2g}$ 可知，对同一根管道而言，管长 l、直径 d 和粗糙度 Δ 是不变的，在该区中又因为 $\lambda = f\left(\dfrac{\Delta}{d}\right)$，由此得，在该区中沿程水头损失与断面平均流速的平方成正比，即 $h_{\text{f}} \propto v^2$。因此，紊流粗糙区也称为阻力平方区。

各流区划分的界限见表 5-1。

二、沿程阻力系数 λ 的确定

1. 计算公式

前面已经给出了层流的沿程阻力系数的计算公式。对于紊流，由于其复杂性，至今还没有成熟的沿程阻力系数 λ 的理论公式，这里只能给出由实验结果和部分理论推导得出的半经验公式。

（1）紊流光滑区$\left(Re_* = \dfrac{u_* \Delta}{v} < 3.5，或 \Delta/\delta_0 < 0.3\right)$。

伯拉修斯（Blasius）公式：

$$\lambda = \frac{0.3164}{Re^{0.25}} \tag{5-43}$$

适用范围：$4000 < Re < 10^5$。

尼古拉兹（Nikuradse）公式：

明流 $$\frac{1}{\sqrt{\lambda}} = 2\lg\ (Re\sqrt{\lambda})\ + 0.398 \tag{5-44}$$

管流
$$\frac{1}{\sqrt{\lambda}}=2\lg\ (Re\sqrt{\lambda})\ -0.8 \qquad (5-45)$$

适用范围：$Re<10^6$。

谢维列夫（Шевелев）公式：
$$\lambda=\frac{0.287}{Re^{0.226}} \qquad (5-46)$$

上式仅适用于塑料管，适用范围：$v<3\mathrm{m/s}$。

（2）紊流过渡粗糙区（$3.5\leqslant Re_*\leqslant70$，或 $0.3\leqslant\Delta/\delta_0\leqslant6$）。

柯列布鲁克-怀特（Colebrook - White）公式：
$$\frac{1}{\sqrt{\lambda}}=-2\lg\left(\frac{2.51}{Re\sqrt{\lambda}}+\frac{\Delta}{3.7d}\right) \qquad (5-47)$$

适用范围：$3000<Re<10^6$。

显然，式（5 - 47）为一隐函数方程，需用试算法求解。为求解方便，齐恩（A. K. Jain）将式（5 - 47）改为下列显式：
$$\frac{1}{\sqrt{\lambda}}=1.14-2\lg\left(\frac{\Delta}{d}+\frac{21.25}{Re^{0.9}}\right) \qquad (5-48)$$

谢维列夫公式：
$$\lambda=\frac{0.0179}{d^{0.3}}\ (1+\frac{0.867}{v})^{0.3} \qquad (5-49)$$

式（5 - 49）是对旧钢管和铁管进行实验得出的，主要适用于旧钢管和铁管。适用范围：$Re<9.2\times10^5$，$v<1.2\mathrm{m/s}$。式中的 v、d 的单位分别为 m/s、m。

（3）紊流粗糙区（$Re_*>70$，或 $\Delta/\delta_0>6$）。

尼古拉兹公式：

明流
$$\lambda=\frac{1}{\left[2\lg\left(11.5\ \dfrac{R}{\Delta}\right)\right]^2} \qquad (5-50)$$

管流
$$\lambda=\frac{1}{\left[2\lg\left(3.7\ \dfrac{d}{\Delta}\right)\right]^2} \qquad (5-51)$$

适用范围：$Re>\dfrac{382}{\sqrt{\lambda}}\left(\dfrac{r_0}{\Delta}\right)$。

谢维列夫公式：
$$\lambda=\frac{0.0210}{d^{0.3}} \qquad (5-52)$$

上式适用于旧钢管或旧铸铁管。适用范围：$Re>9.2\times10^5$，$v>1.2\mathrm{m/s}$。式中的 v、d 的单位分别为 m/s、m。

应当指出，尼古拉兹实验是对人工加糙管进行的，但实际管道或渠道边壁凸起高度的形状和分布都是无规则的，也无法量测。工程中采用的办法是通过对实际管道的沿程水头损失 h_f 进行实验，将实验结果和人工加糙管的实验结果相比较，把具有同

一 λ 值的人工加糙管道的 Δ 值作为实际管道的粗糙度，用这种方法得到的粗糙度称为当量粗糙度。表 5 - 3 是常用的实际管道和渠道中的当量粗糙度值，供估算时参考使用。

在应用以上公式计算沿程阻力系数 λ 时，应首先判别紊流所处的流区，然后选用相应的公式进行计算。表 5 - 1 给出的各流区界限值，应用时常常需要试算，下面介绍较为简单的判别式：

光滑区 $$Re < 26.98 \left(\frac{d}{\Delta} \right)^{8/7}$$

过渡粗糙区 $$26.98 \left(\frac{d}{\Delta} \right)^{8/7} < Re < 4146 \left(\frac{d}{2\Delta} \right)^{0.85} \qquad (5-53)$$

粗糙区 $$Re > 4146 \left(\frac{d}{2\Delta} \right)^{0.85}$$

表 5 - 3　　　　　　　　　　　**各种壁面当量粗糙度 Δ 值**

管道壁面	Δ/mm	渠道壁面	Δ/mm
清洁钢管	0.0015～0.01	有抹面的混凝土管	0.5～0.6
橡皮软管	0.01～0.03	纯水泥面	0.25～1.25
新的无缝钢管	0.04～0.17	刨光木板面	0.25～2.0
旧钢管，涂柏油的钢管	0.12～0.21	非刨光木板面、水泥浆粉面	0.45～3.0
普通新铸铁管	0.25～0.42	水泥浆砖砌体	0.80～6.0
旧的生锈钢管	0.60～0.62	混凝土槽	0.80～9.0
污秽的金属管	0.75～0.90	凿石护面	1.25～6.0
木管	0.25～1.25	土渠	4.0～11
陶土排水管	0.45～6.0	水泥勾缝的普通块石砌体	6.0～17
涂有珐琅质的排水管	0.25～6.0	石砌渠道（干砌、中等质量）	25～45
无抹面的混凝土管	1.0～2.0	卵石河床（$d = 70 \sim 80mm$）	30～60

2. 莫迪（F. Moody）图

尼古拉兹等的实验研究为管流阻力构建了理论框架。但由于其研究是在人工加糙管道中进行的，而实用的各种管道粗糙度在大小、空间上都是不均匀的，因此，将尼古拉兹等的研究成果直接用于实际管道是不合适的。

1944 年莫迪根据柯列布鲁克-怀特公式，在当时已有的研究成果基础上整理绘制出了工业管道不同相对粗糙度情况下 λ-Re 曲线图，称为莫迪图（见图 5-19）。由图可见，除过渡粗糙区外，基本上和尼古拉兹曲线相同。该图使用方法简单，且所得的 λ 值与实际情况较为符合，故实际应用较广。

例 5 - 4　有一输水管，直径 $d = 20cm$，管壁绝对粗糙度 $\Delta = 0.2mm$。已知液体的运动黏滞系数 $\nu = 0.015cm^2/s$，管道通过流量 $Q = 20000cm^3/s$。试计算管道的沿程阻力系数 λ。

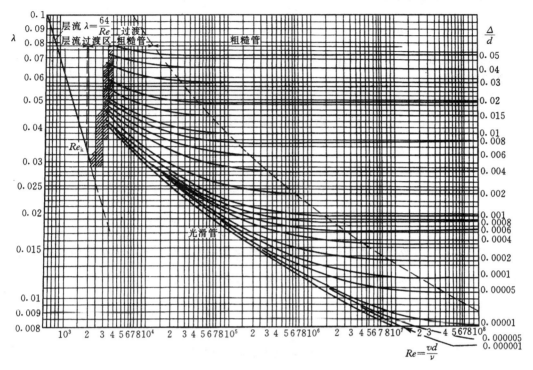

图 5-19

解：

（1）判别流态。

断面平均流速　　$v = \dfrac{Q}{A} = \dfrac{4Q}{\pi d^2} = \dfrac{4 \times 20000}{3.14 \times 20^2} = 63.69$（cm/s）

雷诺数　　　　　$Re = \dfrac{vd}{\nu} = \dfrac{63.69 \times 20}{0.015} = 84920 > 2000$

由此可知，管内为紊流流态。

（2）判别流区。利用式（5-53）判别流区，先计算流区界限值：

$$26.98 \left(\frac{d}{\Delta} \right)^{8/7} = 26.98 \times \left(\frac{20}{0.02} \right)^{8/7} = 72379$$

$$4146 \left(\frac{d}{2\Delta} \right)^{0.85} = 4146 \times \left(\frac{20}{2 \times 0.02} \right)^{0.85} = 816120$$

由此可得 $26.98 \left(\dfrac{d}{\Delta} \right)^{8/7} < Re < 4146 \left(\dfrac{d}{2\Delta} \right)^{0.85}$，属紊流过渡粗糙区。

（3）计算 λ 值。

1）用齐恩（A. K. Jain）公式 $\dfrac{1}{\sqrt{\lambda}} = 1.14 - 2\lg \left(\dfrac{\Delta}{d} + \dfrac{21.25}{Re^{0.9}} \right)$ 计算：

将 $\dfrac{\Delta}{d} = \dfrac{0.2}{200} = 0.001$，$Re = 84920$ 代入上式计算，得 $\lambda = 0.0227$。

2）用莫迪图计算：

由 $\dfrac{\Delta}{d}=0.001$，$Re=84883$，查图 5-19 得 $\lambda=0.0204$。

由本例题的计算结果可见，不同的公式计算结果虽有差别，但差别很小，在实用上都是允许的。

第七节　紊流沿程水头损失的计算

一、达西（Darcy）公式

在第二节曾导出了沿程水头损失的表达式——达西公式：

$$h_f=\lambda\,\frac{l}{4R}\,\frac{v^2}{2g}\quad\text{或}\quad h_f=\lambda\,\frac{l}{d}\,\frac{v^2}{2g}\quad\text{（对圆管）}$$

达西公式是计算沿程水头损失的最一般的公式，无论是层流还是紊流都适用。计算沿程水头损失 h_f 时，关键在于确定沿程阻力系数 λ。对于层流：$\lambda=\dfrac{64}{Re}$；对于紊流，需先判别流区，然后在式（5-43）～式（5-52）中选用相应的公式计算出 λ，代入达西公式计算出 h_f。

如例 5-4，若已知管长 $l=200\text{m}$，则沿程水头损失为

$$h_f=\lambda\,\frac{l}{d}\,\frac{v^2}{2g}=0.0225\times\frac{200}{0.2}\times\frac{0.6369^2}{2\times9.8}=0.466\ \text{（m）}$$

二、谢才（Chezy）公式

上述关于沿程水头损失的分析是近几十年来的研究成果。实际上早在 200 多年前，人们在生产实践中就总结出了一套计算沿程水头损失的经验公式，这些公式虽然缺乏理论依据，但由于是建立在大量实际资料基础上的，所以在生产中一直在起作用，并在一定程度上能够满足工程设计需要。由于运用方便，至今仍然被广泛采用。谢才公式就是这些经验公式其中之一。

1769 年，谢才总结了明渠恒定均匀流的流动规律，提出了计算均匀流时沿程水头损失的经验公式：

$$v=C\sqrt{RJ}\tag{5-54}$$

式中：v 为断面平均流速，m/s；C 为谢才系数，$\text{m}^{1/2}/\text{s}$；R 为水力半径，m；J 为水力坡度。

由水力坡度的定义知，$J=\dfrac{h_f}{l}$，因此，谢才公式又可写为

$$h_f=\frac{v^2}{C^2R}l\tag{5-55}$$

应当指出，就谢才公式本身而言，它适用于均匀流中不同流态或流区，对不同流态或流区，仅仅是谢才系数 C 不同而已。但现在用于计算 C 的公式都是实践中总结出来的经验公式，而生产实际中的水流绝大部分流动都是紊流粗糙区。因此，目前用

于计算 C 的经验公式仅限于紊流粗糙区，所以谢才公式也只限于紊流粗糙区中应用。目前各国普遍采用以下两个公式来计算谢才系数 C。

1. 曼宁（Manning）公式（1890 年）

$$C = \frac{1}{n} R^{1/6} \tag{5-56}$$

式中：n 为糙率系数，简称糙率，可查表 5-4；R 为水力半径，由于是经验公式，所以单位必须以 m 计。

表 5-4   **不同壁面条件的糙率 n 值**

壁面种类及状况	n
特别光滑的黄铜管、玻璃管、有机玻璃	0.009
精致水泥浆抹面；安装及连接良好的新制清洁铸铁管及钢管；精刨木板	0.011
未刨光但连接很好的木板；正常情况下无显著水锈的给水管	0.012
良好的砖砌体；正常情况下的排水管；略有污秽的给水管	0.013
污秽的给水管和排水管；一般情况下渠道的混凝土面；一般的砖砌面	0.014
旧的砖砌面；相当粗糙的混凝土面；特别光滑、仔细开挖的岩石面	0.017
坚实的黏土渠道；有不密实淤泥层（有的地方是不连续的）的黄土，或砂砾石及泥土的渠道；养护良好的大土渠	0.0225
良好的干砌圬工；中等养护情况的土渠；情况极良好的天然河道（河床清洁、顺直、水流畅通、没有浅滩深槽）	0.025
养护情况中等以下的土渠	0.0275
情况较坏的土渠（如部分渠底杂草、卵石或砾石，部分岸坡崩塌等）；情况良好的天然河道	0.030
情况很坏的土渠（如断面不规则，有杂草、块石，水流不畅等），情况比较良好的天然河道，但有不多的块石和野草	0.035
情况特别坏的渠道（如有不少深潭及塌岸，杂草丛生，渠底有大石块等）；情况不太好的天然河道（如杂草、块石较多，河床不甚规则而有弯曲，有不少深潭和塌岸）	0.040

2. 巴甫洛夫斯基（Ravlovsky）公式（1925 年）

$$C = \frac{1}{n} R^y \tag{5-57}$$

适用范围：$0.1 \leqslant R \leqslant 3.0$，$0.011 \leqslant n \leqslant 0.04$。

式中 $y = 2.5\sqrt{n} - 0.13 - 0.75\sqrt{R}(\sqrt{n} - 0.1)$。作近似估算时，若 $R < 1.0\text{m}$，取 $y = 1.5\sqrt{n}$；若 $R > 1.0\text{m}$，取 $y = 1.3\sqrt{n}$。与曼宁公式一样，式中水力半径 R 的单位必须以 m 计。

最后应说明，式中的糙率 n 为表征边界表面影响水流阻力的各种因素的综合系数，其概念不像 Δ 那样明确。在应用时，n 选择得是否恰当，对计算结果影响很大。表 5-4 中的 n 值是参照多年的实践经验所确定的标准列出的，所以在进行工程设计时，n 值的选取应慎重。

比较谢才公式和达西公式，可以得出谢才系数 C 和沿程阻力系数 λ 的关系为

$$C = \sqrt{\frac{8g}{\lambda}} \quad \text{或} \quad \lambda = \frac{8g}{C^2} \tag{5-58}$$

但应注意，上式只适用于阻力平方区。还应注意，虽然谢才公式是在明渠恒定均匀流条件下总结出来的，对管道的阻力平方区也能适用。

为便于查用，现将圆管流动的流态流区的划分界限和沿程阻力系数 λ 及流速分布 u、断面平均流速 v 公式列于表 5-5。

表 5-5　　　　　圆管流动的流态流区界限、流速分布及沿程阻力系数公式

流区		界限	流速（u 或 v）	λ 的理论公式及半经验公式	λ 的半经验公式
层流区		$Re < 2000$	$u = \dfrac{\rho g J}{4\mu}(r_0^2 - r^2)$ $v = \dfrac{\rho g J}{32\mu}d^2$	$\lambda = \dfrac{64}{Re}$	
过渡区		$4000 > Re > 2000$			
紊流区	光滑区	$\dfrac{u_* \Delta}{\nu} = Re_* < 5$ 或 $\dfrac{\Delta}{\delta_0} < 0.4$ 或 $Re < 26.98\left(\dfrac{d}{\Delta}\right)^{8/7}$	$\dfrac{u}{u_*} = 5.5 + 5.75\lg\dfrac{yu_*}{\nu}$ $\dfrac{v}{u_*} = 1.75 + 5.75\lg\dfrac{r_0 u_*}{\nu}$	$\dfrac{1}{\sqrt{\lambda}} = 2\lg(Re\sqrt{\lambda}) - 0.8$ 适用于 $5\times10^4 < Re < 3\times10^6$	$Re < 10^5$ 时， $\lambda = \dfrac{0.3164}{Re^{0.25}}$； $10^5 < Re < 3\times10^6$ 时， $\lambda = 0.0032 + \dfrac{0.221}{Re^{0.237}}$
	过渡区	$5 < Re_* < 70$ 或 $6 > \dfrac{\Delta}{\delta_0} > 0.4$ 或 $26.98\left(\dfrac{d}{\Delta}\right)^{8/7} < Re < 4146\left(\dfrac{d}{2\Delta}\right)^{0.85}$	$u = (1 + 1.33\sqrt{\lambda})v - 2.03v\sqrt{\lambda}\lg\dfrac{r_0}{r_0 - r}$ $v = u_{max} - \dfrac{3u_*}{2k}$	$\dfrac{1}{\sqrt{\lambda}} = 1.74 - 2\lg\left(\dfrac{\Delta}{r_0} + \dfrac{18.7}{Re\sqrt{\lambda}}\right)$ $= -2\lg\left(\dfrac{\Delta}{3.7d} + \dfrac{2.51}{Re\sqrt{\lambda}}\right)$	$\dfrac{1}{\sqrt{\lambda}} = 1.14 - 2\lg\left(\dfrac{\Delta}{d} + \dfrac{21,25}{Re^{0.9}}\right)$ $\lambda = 0.11\left(\dfrac{\Delta}{d} + \dfrac{68}{Re}\right)^{0.25}$
	粗糙区	$Re_* > 70$ 或 $\dfrac{\Delta}{\delta_0} > 6$ 或 $Re > 4146\left(\dfrac{d}{2\Delta}\right)^{0.85}$	$\dfrac{u}{u_*} = 8.5 + 5.75\lg\dfrac{y}{\Delta}$ $\dfrac{v}{u_*} = 4.75 + 5.75\lg\dfrac{r_0}{\Delta}$	$\dfrac{1}{\sqrt{\lambda}} = 1.74 + 2\lg\dfrac{r_0}{\Delta}$	$\lambda = 0.11\left(\dfrac{\Delta}{d}\right)^{0.25}$ $\lambda = \dfrac{8g}{C^2}$

例 5-5　有一混凝土衬砌的引水隧洞，洞径 $d = 2.0$m，洞长 $L = 1000$m，水流为阻力平方区。试求引水隧洞通过流量 $Q = 5.65\text{m}^3/\text{s}$ 时的沿程水头损失，并求其对应的 λ 值。

解：

（1）计算隧洞的水力要素。

$$A = \frac{\pi d^2}{4} = \frac{3.14 \times 2^2}{4} = 3.14 \ (\text{m}^2)$$

$$R = \frac{A}{\chi} = \frac{d}{4} = 0.5 \ (\text{m})$$

$$v = \frac{Q}{A} = \frac{5.65}{3.14} = 1.80 \ (\text{m/s})$$

（2）由于洞壁为混凝土衬砌，查表 5-4，选用 $n = 0.014$。

（3）求 h_f，由曼宁公式得

$$C = \frac{1}{n} R^{1/6} = \frac{1}{0.014} \times 0.5^{1/6} = 63.64 \ (\text{m}^{1/2}/\text{s})$$

$$h_f = \frac{v^2}{C^2 R} L = \frac{1.8^2}{63.64^2 \times 0.5} \times 1000 = 1.60 \ (\text{m})$$

（4）对应的 λ 值为 $\qquad \lambda = \frac{8g}{C^2} = \frac{8 \times 9.8}{63.63^2} = 0.0194$

第八节　局　部　水　头　损　失

本章开始已经讨论了局部水头损失的产生过程和机理，这里不再重复。由于产生局部水头损失的边界条件类型繁多，难以从理论上进行分析计算。目前只有少数几种情况可以用理论来作近似分析，大多数情况还要用实验方法确定。下面以突然扩大管道的局部水头损失计算为例进行分析。

如图 5-20 所示，为一突扩管道，其直径从 d_1 变为 d_2。当水流从断面 A_1 流至断面 A_2 时，流股脱离固体边界，在四周形成旋涡，然后流股逐渐扩大。经 $l = (5 \sim 8) d_2$ 距离后，流线接近平行，即形成渐变流。现选取两管道交界处断面 1-1 和旋涡区末端断面 2-2，以 0-0 为基准面，列出断面 1-1 和断面 2-2 的能量方程：

$$z_1 + \frac{p_1}{\rho g} + \frac{\alpha_1 v_1^2}{2g} = z_2 + \frac{p_2}{\rho g} + \frac{\alpha_2 v_2^2}{2g} + h_w$$

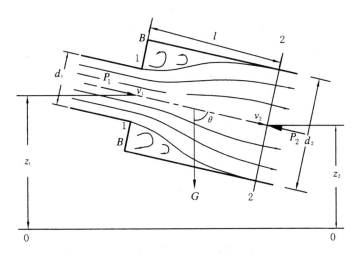

图 5-20

由于断面 1—1 和断面 2—2 间距离很短，近似认为 $h_f \approx 0$，则 $h_w \approx h_j$。因此，上式可写为

$$h_j = (z_1 - z_2) + \left(\frac{p_1 - p_2}{\rho g}\right) + \left(\frac{\alpha_1 v_1^2}{2g} - \frac{\alpha_2 v_2^2}{2g}\right) \qquad (5-59)$$

由于上式中的 p_1 与 p_2 均为未知数，下面借助动量方程求解：

取隔离体 $B—1—1—B—2—2$，则可列出沿流动方向的动量方程：

$$\rho Q (\beta_2 v_2 - \beta_1 v_1) = \sum F$$

上式中的 $\sum F$ 为隔离体所受的力在流动方向的投影，它包括以下几项：

(1) 作用于断面 1—1 上的动水压力 $P_1 = p_1 A_1$。

(2) 作用于断面 2—2 上的动水压力 $P_2 = p_2 A_2$。

(3) 作用于环形面积 1—B、断面 B—1 上的动水压力 P，即旋涡区的水作用于环形面积上的压力。由实验表明，$p \approx p_1$，则 $P = p(A_2 - A_1) = p_1(A_2 - A_1)$。

(4) 隔离体的重力在流动方向的分力 $G\cos\theta = \rho g A_2 l \dfrac{z_1 - z_2}{l} = \rho g A_2 (z_1 - z_2)$。

由于 l 段很短，$B—1—1—B$ 至断面 2—2 之间的水流与管壁间的切应力与其他力相比甚小，可忽略不计，于是动量方程可写为

$$\rho Q (\beta_2 v_2 - \beta_1 v_1) = p_1 A_1 - p_2 A_2 + p_1 (A_2 - A_1) + \rho g A_2 (z_1 - z_2)$$

以 $Q = v_2 A_2$ 代入，并以 $\rho g A_2$ 遍除各项，整理得

$$\frac{v_2}{g} (\beta_2 v_2 - \beta_1 v_1) = z_1 - z_2 + \frac{p_1 - p_2}{\rho g} \qquad (5-60)$$

将式 (5-60) 代入式 (5-59)，并取 α_1、α_2、β_2、β_1 均为 1.0，得

$$h_j = \frac{v_2}{g} (v_2 - v_1) + \frac{v_1^2 - v_2^2}{2g}$$

整理上式得

$$h_j = \frac{(v_1 - v_2)^2}{2g} \qquad (5-61)$$

上式就是突然扩大管道局部水头损失的理论计算公式。实验表明，该公式具有足够的准确性。

由连续方程 $v_1 A_1 = v_2 A_2$ 得 $v_1 = \dfrac{A_2}{A_1} v_2$ 或 $v_2 = \dfrac{A_1}{A_2} v_1$，代入式 (5-61) 得

$$h_j = \left(1 - \frac{A_1}{A_2}\right)^2 \frac{v_1^2}{2g} = \zeta_1 \frac{v_1^2}{2g} \quad \text{或} \quad h_j = \left(\frac{A_2}{A_1} - 1\right)^2 \frac{v_2^2}{2g} = \zeta_2 \frac{v_2^2}{2g} \qquad (5-62)$$

其中
$$\zeta_1 = \left(1 - \frac{A_1}{A_2}\right)^2, \quad \zeta_2 = \left(\frac{A_2}{A_1} - 1\right)^2$$

式中：ζ_1、ζ_2 分别为突然扩大管道局部水头损失系数或局部阻力系数，计算时选用的局部阻力系数必须与流速水头相对应。

当液体从管道在淹没情况下流入断面很大的容器或气体流入大气时，因 $A_1/A_2 \approx 0$，则 $\zeta_1 = 1$，这是突然扩大的特殊情况，称为出口阻力系数。

其他各种局部水头损失一般都可表示为式 (5-62) 的形式，即

$$h_{\mathrm{j}} = \zeta \frac{v^2}{2g} \qquad (5-63)$$

式中的局部阻力系数 ζ 可由实验测定。表 5-6 给出了各类管道及明渠中常用的局部阻力系数 ζ 值，供参考。

表 5-6　　　　　　　　　　**管路各种局部阻力系数表**

名称	简图	局部阻力系数 ζ 值
管道突然扩大		$\zeta_1 = \left(1 - \dfrac{A_1}{A_2}\right)^2$（应用公式 $h_{\mathrm{j}} = \zeta_1 \dfrac{v_1^2}{2g}$） $\zeta_2 = \left(\dfrac{A_2}{A_1} - 1\right)^2$（应用公式 $h_{\mathrm{j}} = \zeta_2 \dfrac{v_2^2}{2g}$）
管道突然缩小		$\zeta = 0.5\left(1 - \dfrac{A_2}{A_1}\right)$（应用公式 $h_{\mathrm{j}} = \zeta \dfrac{v_2^2}{2g}$）

管道逐渐扩大

$\alpha/(°)$	D/d							
	1.1	1.2	1.4	1.6	1.8	2.0	2.5	3.0
4	0.01	0.02	0.02	0.03	0.03	0.03	0.03	0.03
8	0.02	0.03	0.04	0.05	0.05	0.05	0.05	0.05
10	0.03	0.04	0.06	0.07	0.07	0.07	0.08	0.08
15	0.05	0.06	0.12	0.14	0.15	0.16	0.16	0.16
20	0.10	0.16	0.23	0.26	0.28	0.29	0.30	0.31
25	0.13	0.21	0.30	0.35	0.37	0.38	0.39	0.40
30	0.16	0.25	0.36	0.42	0.44	0.45	0.48	0.48

管道逐渐缩小

$\zeta = k\left(\dfrac{1}{\varepsilon} - 1\right)^2$, $\varepsilon = 0.57 + \dfrac{0.043}{1.1 - A}$, $A = \dfrac{A_2}{A_1}$, $h_{\mathrm{j}} = \zeta \dfrac{v_2^2}{2g}$

A_1、A_2 分别为减缩前后管道断面面积

$\alpha/(°)$	10	20	40	60	80	100	140
k	0.4	0.25	0.2	0.2	0.3	0.4	0.6

进口	完全修圆	0.05~0.10
	稍微修圆	0.20~0.25
	没有修圆	0.50

名称	简图		局部阻力系数 ζ 值								
进口		喇叭形	0.10								
		斜角	$\zeta = 0.5 + 0.3\cos\alpha + 0.2\cos^2\alpha$								
出口		流入水库（池）	1.0								
		流入明渠	A_1/A_2	0.1	0.2	0.3	0.4	0.5	0.6	0.7	0.8	0.9
			ζ	0.81	0.64	0.49	0.36	0.25	0.16	0.09	0.04	0.01
折管		圆形	$\alpha/(°)$	30	40	50	60	70	80	90		
			ζ	0.20	0.30	0.40	0.55	0.70	0.90	1.10		
		矩形	$\alpha/(°)$	15		30		45		60		90
			ζ	0.075		0.11		0.26		0.49		1.20
弯管		直角	R/d	0.5	1.0	1.5	2.0	3.0	4.0	5.0		
			$\zeta_{90°}$	1.20	0.80	0.60	0.48	0.36	0.30	0.29		
		任意角度	$\zeta_{\alpha°} = k\zeta_{90°}$									
			$\alpha/(°)$	20	30	40	50	60	70	80		
			k	0.40	0.55	0.65	0.75	0.83	0.88	0.95		
			$\alpha/(°)$	90	100	120	140	160	180			
			k	1.00	1.05	1.13	1.20	1.27	1.33			

当全开时（$a/d = 1$）

d/mm	15	20~50	80	100	150
ζ	1.5	0.5	0.4	0.2	0.1

d/mm	200~250	300~450	500~800	900~1000
ζ	0.08	0.07	0.06	0.05

当各种开启度时

a/d	7/8	6/8	5/8	4/8	3/8	2/8	1/8
$A_{开启}/A_{总}$	0.948	0.856	0.740	0.609	0.466	0.315	0.159
ζ	0.15	0.26	0.81	2.06	5.52	17.0	97.8

闸阀 圆形管道

名称	简图		局部阻力系数 ζ 值					
截止阀		全开	4.3~6.1					
莲蓬头（滤水网）		无底阀	2~3					
		有底阀	d/mm	40	50	75	100	150	200
			ζ	12	10	8.5	7.0	6.0	5.2
			d/mm	250	300	350	400	500	750
			ζ	4.4	3.7	3.4	3.1	2.5	1.6
平板门槽			0.05~0.20					
拦污栅			$\zeta = \beta\left(\dfrac{s}{b}\right)^{4/3}\sin\alpha$ 式中：s—栅条宽度； b—栅条间距； α—倾角； β—栅条形状系数，用下表确定：					

栅条形状	1	2	3	4	5	6	7
β	2.42	1.83	1.67	1.035	0.92	0.76	1.79

例 5-6 水从一水箱经过两段水管流入另一水箱，如图 5-21 所示。$d_1 = 15\text{cm}$，$l_1 = 30\text{m}$，$\lambda_1 = 0.03$，$H_1 = 5\text{m}$，$d_2 = 25\text{cm}$，$l_2 = 50\text{m}$，$\lambda_2 = 0.025$，$H_2 = 3\text{m}$，闸板式闸门开启度 a 为管径的 3/8。水箱尺寸很大，可认为箱内水面保持恒定。试求其流量。

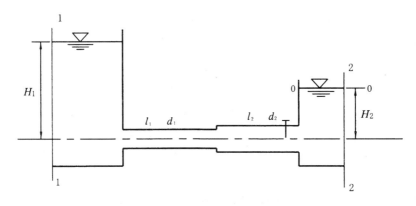

图 5-21

解：

以下游水面为基准面，对断面 $1-1$ 和断面 $2-2$ 列能量方程，并略去水箱中的流速水头，得

$$H_1 - H_2 = \sum h_w$$

其中

$$\sum h_w = \sum h_f + \sum h_j$$

$$\sum h_f = \lambda_1 \frac{l_1}{d_1} \frac{v_1^2}{2g} + \lambda_2 \frac{l_2}{d_2} \frac{v_2^2}{2g}$$

设进口、突然扩大、阀门和出口的局部阻力系数分别为 ζ_1、ζ_2、ζ_3 和 ζ_4，则

$$\sum h_j = \zeta_1 \frac{v_1^2}{2g} + \zeta_2 \frac{v_1^2}{2g} + \zeta_3 \frac{v_2^2}{2g} + \zeta_4 \frac{v_2^2}{2g}$$

由连续方程知：

$$v_2 = v_1 \frac{A_1}{A_2} = v_1 \left(\frac{d_1}{d_2}\right)^2$$

由式（5-62）知：

$$\zeta_2 = \left(1 - \frac{A_1}{A_2}\right)^2 = \left[1 - \left(\frac{d_1}{d_2}\right)^2\right]^2$$

则

$$\sum h_f = \left[\lambda_1 \frac{l_1}{d_1} + \lambda_2 \frac{l_2}{d_2}\left(\frac{d_1}{d_2}\right)^4\right]\frac{v_1^2}{2g} = \left[0.03 \times \frac{30}{0.15} + 0.025 \times \frac{50}{0.25} \times \left(\frac{0.15}{0.25}\right)^4\right]\frac{v_1^2}{2g}$$

$$= 6.648 \frac{v_1^2}{2g}$$

$$\sum h_j = \left[\zeta_1 + \left(1 - \left(\frac{d_1}{d_2}\right)^2\right)^2 + \zeta_3\left(\frac{d_1}{d_2}\right)^4 + \zeta_4\left(\frac{d_1}{d_2}\right)^4\right]\frac{v_1^2}{2g}$$

查表 5-6 得 $\zeta_1 = 0.5$，$\zeta_3 = 5.52$，$\zeta_4 = 1$，代入上式得

$$\sum h_j = 1.755 \frac{v_1^2}{2g}$$

则

$$\sum h_w = \sum h_f + \sum h_j = 8.403 \frac{v_1^2}{2g}$$

所以

$$v_1 = \sqrt{\frac{2g(H_1 - H_2)}{8.402}} = \sqrt{\frac{2 \times 9.8 \times (5-3)}{8.402}} = 2.16 \ (\text{m/s})$$

通过此管路流出的流量为

$$Q = A_1 v_1 = \frac{\pi}{4} d_1^2 v_1 = \frac{\pi}{4} \times 0.15^2 \times 2.16 = 0.038 \ (\text{m}^3/\text{s}) = 38\text{L/s}$$

例 5-7 一段长度为 10m 的管路，其直径 $d = 100\text{mm}$。其中有两个 $90°$ 的弯管（$R/d = 4.6$）。管路的沿程阻力系数 $\lambda = 0.037$。如拆除这两个弯管而不改变管段长度，作用于管段两段的总水头也维持不变。试问管路中的流量能增加百分之几？

解：

拆除弯管之前，在一定流量下的水头损失为

$$h_w = \lambda \frac{l}{d} \frac{v_1^2}{2g} + 2\zeta \frac{v_1^2}{2g} = \left(\lambda \frac{l}{d} + 2\zeta\right)\frac{v_1^2}{2g}$$

式中：v_1 为该流量下的圆管断面平均流速。

查表 5-6 得弯管的局部阻力系数为 $\zeta = 0.294$，代入上式得

$$h_w = \left(0.037 \times \frac{10}{0.1} + 2 \times 0.294\right) \frac{v_1^2}{2g} = 4.29 \frac{v_1^2}{2g}$$

拆除弯管后的水头损失只有沿程水头损失，即

$$h_f = 0.037 \times \frac{10}{0.1} \times \frac{v_2^2}{2g} = 3.7 \frac{v_2^2}{2g}$$

若管路两段的总水头差不变，则得

$$3.7 \frac{v_2^2}{2g} = 4.29 \frac{v_1^2}{2}$$

因而

$$\frac{v_2}{v_1} = \sqrt{\frac{4.29}{3.7}} = 1.077$$

流量 $Q = vA$，A 不变，所以 $Q_2 = 1.077 Q_1$，即流量增加 7.7%。

第九节　边界层理论简介

一、边界层概念

前面讨论了实际液流中的两种形态及各自的流动特征，同时提出了判别两种流态的标准——雷诺数 Re。由于雷诺数 Re 反映了惯性力与黏滞力的对比关系，所以，Re 的不断增大就意味着黏滞力对液流的作用不断减小和惯性力对液流的作用不断增加。由此人们曾作过这样的推理：当 Re 很大时，意味着黏滞力很小，此时可忽略黏性而按理想液体的流动处理。这样的推理看起来似乎没有错误，但通过一次次的实验和计算发现，大 Re 的实际流动与理想液体的流动有着显著的差别。如二维均匀流绕圆柱体的流动，若液体为理想液体，其流动图形如图 5-22（a）所示；若液体为实际液体，当 Re 很大时其流动情况如图 5-22（b）所示。显然，二者之间存在着很大差别。那么形成这种差别的原因是什么呢？直至 1904 年普朗特提出了边界层理论之后，才对该问题给予了解释。

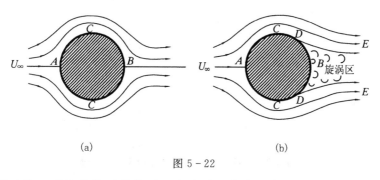

(a)　　　　　　　　　　　(b)

图 5-22

普朗特认为：当流体绕过物体时，流动可以分成两个区域来研究，即：在固壁附近的一个薄层中，必须考虑流体的黏性作用；而在这个薄层以外的区域，可以视为理

想流体的流动。普朗特称此薄层为边界层，该理论为边界层理论。

普朗特提出的边界层理论的依据是什么呢？普朗特认为：由于实际液体都具有黏性，当液体流经固壁时，固壁边界上的液体质点必然黏附在固壁上，与固壁边界没有相对运动。不管 Re 有多大，固壁上的流速必为 0（这在理想液体流动中是不存在的），在边界的外法线方向上，流动的流速由 0 迅速增大，这样在边界附近的流区内存在着相当大的流速梯度。因此，在这个区域里黏滞力的作用就不能忽略。Re 的大小只影响该区域的厚薄，但不管 Re 有多大，这个区域总是存在的。在边界层以外，流速梯度很小，黏性作用可以忽略，按理想液体处理。

普朗特的这种处理流动的方法，对流动中的黏性作用给出了清晰的图案，并为用数学方法解决大 Re 的实际液体的流体力学问题开辟了道路。普朗特的边界层理论已为许多实验观测所证实。所以，在流体力学中该理论有着深远的意义。

二、边界层特征

为了说明边界层特征，现考虑一个典型的边界层流动。设想一个等速平行的平面流动，各处流速均为 U_0。若在该流动中放置一块与流动平行的静止平板，如图 5-23 所示。由于平板是不动的，根据无滑移条件，与平板接触的液体质点的流速为 0。在平板附近的质点通过流体的内摩擦阻力也都受到平板的阻滞作用，因此流体流速都有不同程度的降低。离平板越远，阻滞作用越小，流速越接近于 U_0。当流动的 Re 很大时，这种阻滞作用只反映在平板两侧的一个较薄的流层内，这个流层就是边界层。

取 xOy 坐标如图 5-23 所示，边界层在 y 方向的大小用边界层厚度 δ（指从平板沿法线方向到流速 $u=0.99U_0$ 处的距离）表示。实验证明，边界层的厚度随着 x 的增加而增加，并且在平板前端边界层厚度为 0，即 $\delta=\delta(x)$，$\delta\mid_{x=0}=0$，但 $\delta\ll L$，L 为平板的特征长度。

由边界层理论得知，在边界层以内流速梯度 $\dfrac{\mathrm{d}u}{\mathrm{d}y}$ 很大，并且越是靠近边界层前部，由于边界层厚度很小，流速梯度越大，因此黏滞力的作用就较大，表现出了层流的性质，称这种边界层为层流边界层。在层流边界层的下游，随着边界层厚度的逐渐增加，经过一个过渡段，流态转变为紊流边界层。由于过渡段很短，将其视为一个点，

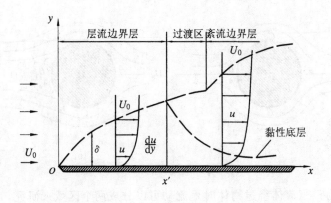

图 5-23

称此点为转捩点。转捩点距平板前端的距离用 x' 表示，则在 $x=x'$ 处边界层由层流边界层转变为紊流边界层，相应的雷诺数可表示为

$$Re' = \frac{U_0 x'}{\nu} \tag{5-64}$$

称为平板临界雷诺数。平板临界雷诺数并非常数，实验表明，$Re' \approx 3 \times 10^5 \sim 3 \times 10^6$。

由此可知，在边界层内也有层流和紊流两种流态之分，并且在紊流边界层中存在黏性底层。

三、边界层分离现象

前面讨论了均匀直线流与平行平板的边界层流动。当液流流过非平行平板或非流线型物体时，情况就大不相同了，此时就会出现所谓的边界层分离现象。下面以圆柱绕流为例来说明边界层的分离现象。

如图 5-22（a）所示，当理想液体质点流至圆柱体时，A 点流速变为 0，称为驻点。液体质点从 A 到 C 的流动过程中，由于液体受到圆柱的挤压，断面减小，流速沿程逐渐增大 $\left(\dfrac{\partial u}{\partial s} > 0\right)$，而压强沿程逐渐减少 $\left(\dfrac{\mathrm{d}p}{\mathrm{d}s} < 0\right)$，即压能转化为动能。到达 C 点时，流速达到最大值，压强为最小值。在从 C 点到 B 点的过程中情况相反，即流速沿程减小 $\left(\dfrac{\partial u}{\partial s} < 0\right)$，压强沿程增大 $\left(\dfrac{\mathrm{d}p}{\mathrm{d}s} > 0\right)$，即动能转化为压能。由于理想液体没有能量损失，因此至 B 点时，压强恢复到与 A 点的压强相同，而流速为 0。

对于实际液体，如图 5-22（b）所示，由于液体的黏滞性，绕流一开始就在圆柱表面形成了边界层。在从 A 到 C 和从 C 到 B 的流动过程中，虽然流速和压强重复着与理想液体相同的变化 $\left(\text{从 } A \text{ 到 } C，\dfrac{\partial u}{\partial s} > 0，\dfrac{\mathrm{d}p}{\mathrm{d}s} < 0，压能转化为动能；从 } C \text{ 到 } B，\right.$ $\left.\dfrac{\partial u}{\partial s} < 0，\dfrac{\mathrm{d}p}{\mathrm{d}s} > 0，动能转化为压能\right)$，但由于实际液体有能量损失，所以液体质点在未到达 B 点之前，如在 D 点处动能已消耗殆尽，流速变为 0，而压强又低于下游压强，故流体由下游压强高处流向压强低处，发生了回流。后面的液体质点自上游继续流来，而且都有着共同的经历。这样，在 D 点堆积的流体质点越来越多，加之下游发生回流，这些流体质点最终被挤向主流，从而使边界层脱离固壁表面，这种现象就称为边界层分离。边界层开始与固壁分离的点叫分离点（如图中的 D 点），分离点之后出现回流区或旋涡区。

分析以上边界层分离的过程可以看出，边界层分离是逆压梯度 $\left(\dfrac{\mathrm{d}p}{\mathrm{d}s} > 0\right)$ 和物面黏性阻滞的综合结果，二者缺一不可。如仅有物面的黏性阻滞作用而没有逆压梯度，则边界层不会发生分离（如 A 至 C 段），因为没有反推力，流体不会发生回流。由此可得，顺压梯度 $\left(\dfrac{\mathrm{d}p}{\mathrm{d}s} < 0\right)$ 或零压梯度 $\left(\dfrac{\mathrm{d}p}{\mathrm{d}s} = 0\right)$ 流动永远不会产生分离现象。如果只有逆压梯度而没有壁面的黏性阻滞作用，也不会产生分离现象（如理想液体）。因为没有壁面的黏性阻滞作用，运动中液体质点就不会停止下来。应当指出，满足了逆压梯度

和壁面黏性阻滞作用这两个条件，并非就一定会产生分离，还要视逆压梯度的大小。如果逆压梯度较小，可以不产生分离（如当机翼绕流的冲角很小时，沿翼面流动的逆压梯度很小，因此流动就不发生分离）。因此，逆压梯度和物面黏性阻滞作用同时存在仅仅是产生分离的必要条件，而不是充分条件。

图 5-24 给出了边界层分离点前后的流速分布情况。在分离点上游，沿边界外法线分布的流速梯度 $\frac{\partial u_x}{\partial y}\big|_{y=0} > 0$；在分离点 s 的下游，边界附近产生回流，因此，边界附近的流速为负值，即 $\frac{\partial u_x}{\partial y}\big|_{y=0} < 0$；在分离点 s 处，$\frac{\partial u_x}{\partial y}\big|_{y=0} = 0$，即 $\frac{\partial u_x}{\partial y}\big|_{y=0} = 0$ 是分离点的特征。

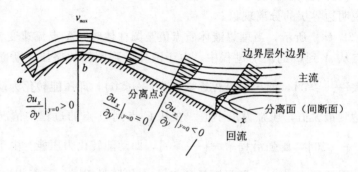

图 5-24

四、绕流阻力

当物体在流体中运动或流体流经物体时，物体总是受到水的压力和切向力的作用。若沿物体表面将这些力积分，可得一个合力 $\boldsymbol{F}$，如图 5-25 所示。若将合力 $\boldsymbol{F}$ 分解为与来流方向平行的力 F_D 和与来流方向垂直的升力 F_L，则用公式可表示为

$$\boldsymbol{F} = F_D \boldsymbol{i} + F_L \boldsymbol{j} \tag{5-65}$$

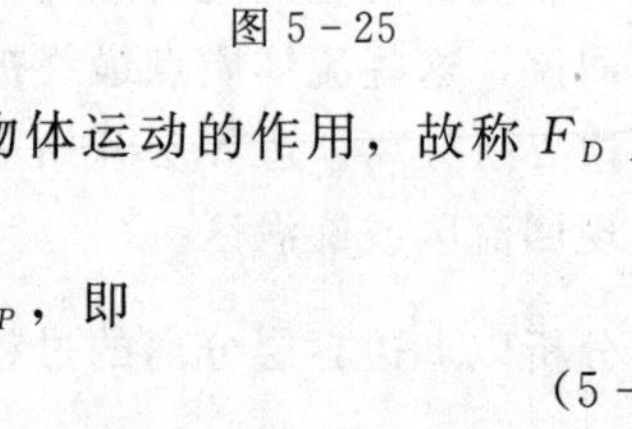

图 5-25

由于 F_D 总是与物体的运动方向相反，起着阻碍物体运动的作用，故称 F_D 为绕流阻力。

绕流阻力 F_D 又可分为摩擦阻力 F_f 和压差阻力 F_P，即

$$F_D = F_f + F_P \tag{5-66}$$

式中：$F_f = \iint_A \tau_0 \sin\alpha \, \mathrm{d}A$；$F_P = \iint_A p \cos\alpha \, \mathrm{d}A$。其中 α 为物面法线方向与来流方向的夹角。

由此可见，摩擦阻力 F_f 是流体黏性直接作用的结果。所以只要流体为实际流体，总会有摩擦阻力 F_f 存在，这是不可避免的。而压差阻力 F_P 是流体黏性间接作用的结果。它主要是由于边界层分离后，物体尾部的压力平衡不了前面的压力而形成

了压差，产生了一个向后的作用力，阻碍物体向前运动，所以称为压差阻力。对于不发生边界层分离的流线型物体，由于黏性的缘故，同样会使物体后部的压力小于前部的压力而产生压差阻力，只是此时的压差阻力要小一些。

此外，压差阻力 F_P 的大小还与分离点的位置有关，分离点越是靠近物体的前部，分离区越大，压差越大，则压差阻力也就越大。而边界层是否分离及分离点的位置与物体的形状有关，所以也称 F_P 为形状阻力。

当物体在流体中运动时，人们总是希望物体所受到的绕流阻力越小越好。那么，怎样才能减小物体的绕流阻力呢？根据以上分析，可从以下几个方面考虑。

1. 设法减小摩擦阻力 F_f

由于紊流边界层中的摩擦阻力 F_f 比层流边界层要大。因此，应该尽量使边界层为层流边界层。为此应将物体表面做得越光越好，这样可以提高临界雷诺数，从而易形成层流边界层。

2. 设法减小压差阻力 F_P

（1）将物体做成流线型，这样不产生边界层分离或分离区很小，可以大大减小压差阻力 F_P。

（2）对大雷诺数下的非流线型物体，应使边界层为紊流边界层，这样做虽然增加了摩擦阻力 F_f，但较层流边界层可以大大推迟分离点的位置，减小分离后的旋涡区，从而减小压差阻力 F_P。这时摩擦阻力 F_f 虽然略有增加，但压差阻力 F_P 大大减小，故绕流阻力 F_D 将会减小。

思 考 题

5-1 （1）雷诺数 Re 有什么物理意义？为什么它能起到判别流态的作用？（2）为什么用下临界雷诺数判别流态，而不用上临界雷诺数判别流态？（3）两个不同管径的管道，通过不同黏性的液体，它们的临界雷诺数是否相同？

5-2 有如图所示两根输水管，图（a）直径一定，流量逐渐增加，图（b）流量一定，管径逐渐增大。试问第一根管中的雷诺数随时间如何变化？第二根管中的雷诺数沿长度如何变化？

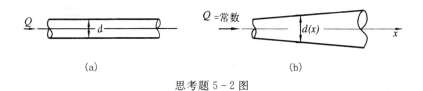

思考题 5-2 图

5-3 有两根直径 d、长度 l 和绝对粗糙度 Δ 相同的管道，一根输送水，另一根输送油。试问（1）当两管道中液体的流速相等时，其沿程水头损失 h_f 是否相等？（2）当两管道中液体的雷诺数 Re 相等时，其沿程水头损失 h_f 是否相等？

5-4 （1）$\tau_0 = \rho g R J$，$h_f = \lambda \dfrac{l}{d} \dfrac{v^2}{2g}$ 和 $v = C\sqrt{RJ}$ 三个公式之间有何联系与区别？

（2）这三式是否在均匀流和非均匀流中、管道和明渠中、层流和紊流中均能应用？

5-5 利用圆管层流 $\lambda=\dfrac{64}{Re}$，水力光滑区 $\lambda=\dfrac{0.3164}{Re^{0.25}}$ 和粗糙区 $\lambda=0.11\left(\dfrac{\Delta}{d}\right)^{0.25}$ 这 3 个公式，论证在层流中 $h_f\propto v^{1.0}$，光滑区 $h_f\propto v^{1.75}$，粗糙区 $h_f\propto v^2$。

5-6 如图所示管道，已知水头为 H，管径为 d，沿程阻力系数为 λ，且流动在阻力平方区，若：（1）在铅直方向接一长度为 Δl 的同管径的水管；（2）在水平方向接一长度为 Δl 的同管径的水管。试问哪一种情况的流量大？为什么？（假设由于管路较长忽略其局部水头损失）

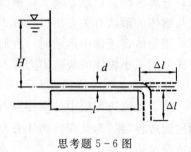

思考题 5-6 图

5-7 管径突变的管道，当其他条件相同时，若改变流向，在突变处所产生的局部水头损失是否相等？为什么？

5-8 边界层是如何形成的？边界层有何特征？

5-9 何谓边界层分离现象？边界层分离点的特征是什么？

5-10 如何减少物体的绕流阻力？为什么要将有些物体做成流线形？

习　题

5-1 做雷诺实验时，为了提高 h_f 的量测精度，改用如图所示的油水压差计量测断面 1、2 之间的 h_f。油水交界面的高差为 $\Delta h'$。设水的密度为 ρ，油的密度为 ρ_0。（1）试证 $h_f=\dfrac{p_1}{\rho g}-\dfrac{p_2}{\rho g}=\left(\dfrac{\rho-\rho_0}{\rho}\right)\Delta h'$。（2）若 $\rho_0=0.86\rho$，问 $\Delta h'$ 是用普通测压管量测 Δh 的多少倍？

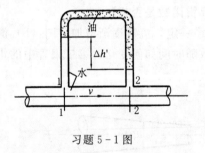

习题 5-1 图

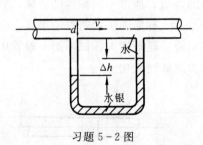

习题 5-2 图

5-2 有一管道，管段长度 $l=10\text{m}$，直径 $d=8\text{cm}$，在管段两端接一水银压差计，如图所示。当水流通过管道时，测得压差计中水银面高差 $\Delta h=10.5\text{cm}$。试求水流作用于管壁的切应力 τ_0。

5-3 有一矩形断面渠道，宽度 $b=2\text{m}$，渠中均匀流水深 $h_0=1.5\text{m}$，测得 100m 渠段长度的沿程水头损失 $h_f=25\text{cm}$。试求水流作用于渠道壁面的平均切应力 τ_0。

5-4 圆管直径 $d=15\text{mm}$，其中流速为 15cm/s，水温为 12℃。试判别水流是层流还是紊流？

5－5　某管道的长度 $l=20\mathrm{m}$，直径 $d=1.5\mathrm{cm}$，通过流量 $Q=0.02\mathrm{L/s}$，水温 $T=20℃$。试求管道的沿程阻力系数 λ 和沿程水头损失 h_f。

5－6　动力黏度为 μ 的液体，在宽为 b 的矩形渠道作层流运动，水深为 h，速度分布为 $u=u_o\left[1-\left(\dfrac{y}{h}\right)^2\right]$，式中：$u_0$ 为表面流速（u_0，μ，b，h 均为常量）。试求（1）断面流速 v；（2）渠底切应力 τ_0。

5－7　油在管中以 $v=1\mathrm{m/s}$ 的速度流动，油的密度 $\rho=920\ \mathrm{kg/m^3}$，$l=3\mathrm{m}$，$d=25\mathrm{mm}$，水银压差计测得 $h=9\mathrm{cm}$。试求（1）油在管中的流态？（2）油的运动黏滞系数 ν？（3）若保持相同的平均流速反向流动，压差计的读数有何变化？

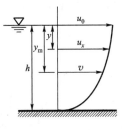

习题 5－6 图

5－8　油的流量 $Q=77\mathrm{cm^3/s}$，流过直径 $d=6\mathrm{mm}$ 的细管，在 $l=2\mathrm{m}$ 长的管段两端水银压差计读数 $h=30\mathrm{cm}$，油的密度 $\rho=900\mathrm{kg/m^3}$。试求油的 μ 和 ν 值。

5－9　油的运动黏滞系数 $\nu=0.002\mathrm{cm^2/s}$，密度 $\rho=800\mathrm{kg/m^3}$，若以 $1.5\mathrm{m/s}$ 的速度流过 $d=25\mathrm{mm}$ 的铜管。已知铜管壁面 $\Delta=0.002\mathrm{mm}$，管长 $l=45\mathrm{m}$。试求（1）沿程水头损失；（2）壁面切应力 τ_0。

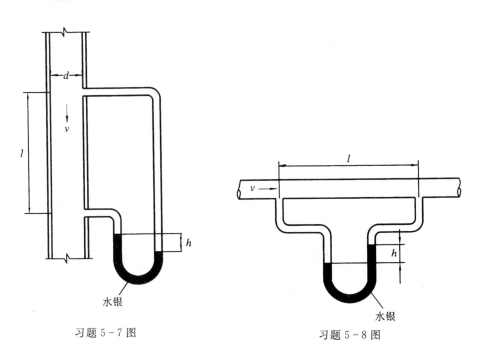

习题 5－7 图　　　　　　　　　　　　习题 5－8 图

5－10　有一断面形状为梯形的渠道，如图所示。已知底宽 $b=3.0\mathrm{m}$，水深 $h_0=2.0\mathrm{m}$，边坡系数 $m=\cot\theta=2$，糙率 $n=0.015$，水流为均匀流，且为阻力平方区，水力坡度 $J=0.001$。试计算流量 Q。

5－11　有断面形状和尺寸不变的顺直渠道，其中水流为均匀流，并为阻力平方区。当过水断面面积 $A = 24 \mathrm{m}^2$，湿周 $\chi = 12 \mathrm{m}$，流速 $v = 2.84 \mathrm{m/s}$ 时，测得水力坡度 $J = 0.002$。试求此土渠的糙率 n。

5-12　有一混凝土护面的圆形断面隧洞（无抹灰面层，用钢模板，施工质量良好），长度 $l = 300 \mathrm{m}$，直径 $d = 5 \mathrm{m}$。水温 $t = 20 \mathrm{℃}$，当通过流量 $Q = 200 \mathrm{m}^3/\mathrm{s}$ 时，分别用沿程水头损失系数 λ 及谢才系数 C 计算隧洞的沿程水头损失 h_f。

5-13　如图所示，流速由 v_1 变为 v_2 的突然扩大管中，如果中间加一中等粗细管段使其形成两次突然扩大，试求中间管段流速取何值时总的局部损失为最小。

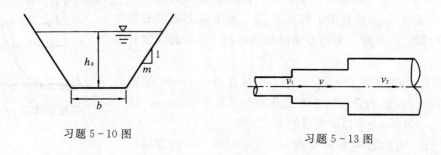

习题 5-10 图

习题 5-13 图

5-14　题图为测定沿程阻力系数的实验装置。已知 AB 段管长 $l = 10 \mathrm{m}$，管径 $d = 5 \mathrm{cm}$，今测得 AB 段测压管水头差 $\Delta h = 0.8 \mathrm{m}$，$90 \mathrm{s}$ 流入量水箱的水体体积为 $0.25 \mathrm{m}^3$，水温 $T = 15 \mathrm{℃}$。试求管段 AB 的沿程阻力系数 λ。

5-15　测定 $90°$ 弯管的局部水头损失系数的实验装置如题图所示。已知实验段 AB 长 $10 \mathrm{m}$，管径 $d = 0.05 \mathrm{m}$，弯管曲率半径 $R = d$，管段沿程阻力系数 $\lambda = 0.0264$，实测 AB 两端测压管水头差 $\Delta h = 0.63 \mathrm{m}$，$100 \mathrm{s}$ 流入量水箱的水体体积为 $0.28 \mathrm{m}^3$。试求弯管局部水头损失系数。

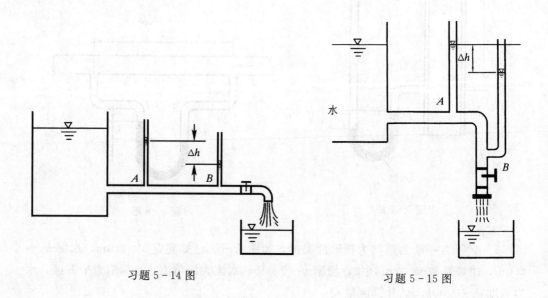

习题 5-14 图

习题 5-15 图

第六章 有压管道恒定流

基本要求: (1) 理解有压流与无压流、长管与短管的概念,根据恒定总流的连续性方程、能量方程和水头损失方程,熟练地进行短管与长管的水力计算。

         (2) 掌握总水头线、测压管水头线的绘制。

         (3) 熟练掌握虹吸管、水泵装置等水力计算。

本章重点: (1) 简单短管与长管的水力计算。

         (2) 测管水头线和总水头线的绘制。

第一节 概 述

第三章、第五章阐述了液体运动的基本规律、水流形态及水头损失,本章将运用这些基本原理,分析各种有压输水管道的水力计算问题。

利用各种管道或开凿隧洞输送液体是水利工程中经常采用的一种输水方式,如水电站的压力钢管和压力引水隧洞、水库的有压泄洪隧洞、居民生活用水及厂矿生产用水的输水管道、水泵管道系统和虹吸管等常用的给排水设施等。另外,还有石油工程中的输油管、城市通风供热中的管道送气工程等,这些都是常见的有压管道。

资源 6-1
有压管道

管流可分为恒定管流和非恒定管流。对于恒定管流,应用恒定流能量方程、连续方程以及水头损失的计算方法进行水力计算,本章介绍了恒定有压管流的水力计算,非恒定管流的相关内容见第十三章。

有压管流是指管道的整个断面均被液体充满着,没有自由表面,这样的管道称为有压管道,其中的液流称为有压管流。如果管内存在自由表面,并且管内表面压强为0,这样的管道称为无压管道,无压管道中水流称为无压流。无压流也称明流,如污水管、暗沟、涵管中的水流就不能当作有压管流。

根据有压管流中的沿程水头损失、局部水头损失及流速水头所占的比重不同,将有压管流分为长管和短管。当局部水头损失与流速水头之和小于沿程水头损失的5%时,计算中可以忽略局部水头损失和流速水头,这种管道称为长管;当局部水头损失与流速水头之和大于沿程水头损失的5%时,计算中各种损失和流速水头都应考虑,这种管道称为短管。

将管道分为长管和短管是为了简化水力计算,而不是简单地按管道的长度来区分。当不能明确判断是长管还是短管时,按短管计算总是不会错的。

根据管道的布置方式不同,有压管道又可分为简单管道和复杂管道。前者指单一直径没有分支的管道;后者是指由两根或两根以上不同特性的管道组成的管系,主要有串联管道、并联管道、枝状管网和环状管网等，如图 6-1 所示。

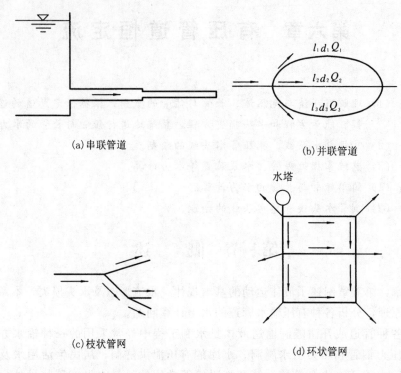

(a)串联管道　　　　　　　　　　(b)并联管道

(c)枝状管网　　　　　　　　　　(d)环状管网

图 6-1

按管道的出流性质不同，将管流分为自由出流和淹没出流，管道出口水流直接流入大气，水股四周均受到大气压强的作用，称为自由出流，如图 6-2 所示。管道出口如果淹没在水面以下，称为淹没出流，如图 6-3 所示。

第二节　简单管道的水力计算

一、简单短管的水力计算

实际工程中短管的水力计算是最常见的，如虹吸管、离心泵吸水管、泄洪隧洞、铁路或公路涵管等。下面讨论简单短管自由出流和淹没出流的水力计算。

1. 自由出流

图 6-2 所示为一自由出流的简单管道。设管道长度为 l，管径为 d。现以过管道出口断面中心点的水平面 0-0 为基准面，对管道上游水池满足渐变流条件的断面 1-1 和出口断面 2-2 列总流的能量方程，得

$$H+\frac{\alpha_0 v_0^2}{2g}=\frac{\alpha_2 v_2^2}{2g}+h_{w1-2}$$

令

$$H+\frac{\alpha_0 v_0^2}{2g}=H_0$$

则
$$H_0 = \frac{\alpha_2 v_2{}^2}{2g} + h_{w1-2} = \frac{\alpha_2 v_2{}^2}{2g} + h_f + \sum h_j \qquad (6-1)$$

式中：v_2 为管道出口断面的流速，且 $v_2 = v$，v 为管中流速；v_0 为水池中的流速，称为行近流速；H 为管道出口断面中心与水池水面的高差，称为管道的实际水头；H_0 为包括行近流速水头在内的总水头，称为管道的全水头。

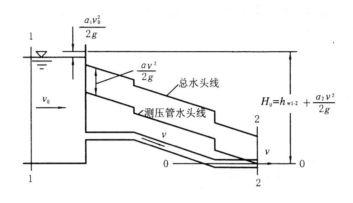

图 6-2

式（6-1）表明，管道的总水头将全部消耗于管道的水头损失和保持出口的动能。

由于
$$h_{w1-2} = h_f + \sum h_j = \lambda \frac{l}{d} \frac{v^2}{2g} + \sum \zeta \frac{v^2}{2g}$$

式中：$\sum \zeta$ 为管路各局部水头损失系数的总和。

代入式（6-1）得
$$H_0 = \left(\alpha_2 + \lambda \frac{l}{d} + \sum \zeta \right) \frac{v^2}{2g}$$

取 $\alpha_2 = 1.0$，则上式为
$$H_0 = \left(1 + \lambda \frac{l}{d} + \sum \zeta \right) \frac{v^2}{2g}$$

由此得管中流速为
$$v = \frac{1}{\sqrt{1 + \lambda \dfrac{l}{d} + \sum \zeta}} \sqrt{2gH_0} \qquad (6-2)$$

管道中的流量为
$$Q = vA = \frac{1}{\sqrt{1 + \lambda \dfrac{l}{d} + \sum \zeta}} A \sqrt{2gH_0} = \mu_0 A \sqrt{2gH_0} \qquad (6-3)$$

其中
$$\mu_0 = \frac{1}{\sqrt{1 + \lambda \dfrac{l}{d} + \sum \zeta}}$$

式中：μ_0 为管道的流量系数；A 为管道的过水断面面积。

当水池面积很大时，行近流速 v_0 远小于管中流速 v，则行近流速水头 $\dfrac{\alpha_0 v_0^2}{2g}$ 可以忽略不计，此时 $H_0 = H$，故式（6-3）可写为

$$Q = \mu_0 A \sqrt{2gH} \tag{6-4}$$

2. 淹没出流

图 6-3 为一淹没出流的简单管道，现取下游水池水面为基准面，列断面 1—1 和断面 2—2 的能量方程，得

$$z + \frac{\alpha_0 v_0^2}{2g} = \frac{\alpha_2 v_2^2}{2g} + h_{w1-2}$$

式中：z 为上下游水池的水位差。

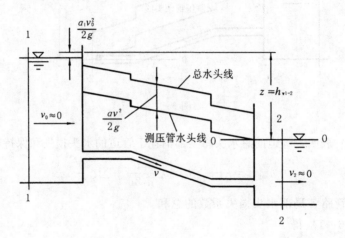

图 6-3

由于相对于管道过水断面面积而言，上下游水池的面积都很大，即 v_0 和 v_2 远小于 v，因此，$\dfrac{\alpha_0 v_0^2}{2g}$ 和 $\dfrac{\alpha_2 v_2^2}{2g}$ 可以忽略不计，则上式为

$$z = h_{w1-2} \tag{6-5}$$

上式表明，管道在淹没出流的情况下，管道的全部水头都消耗于管道的水头损失。式中的水头损失为

$$h_{w1-2} = h_f + \sum h_j = \lambda \frac{l}{d} \frac{v^2}{2g} + \sum \zeta \frac{v^2}{2g} = \left(\lambda \frac{l}{d} + \sum \zeta \right) \frac{v^2}{2g}$$

代入式（6-5），得

$$z = \left(\lambda \frac{l}{d} + \sum \zeta \right) \frac{v^2}{2g}$$

由此得管道中的断面平均流速为

$$v = \frac{1}{\sqrt{\lambda \dfrac{1}{d} + \sum \zeta}} \sqrt{2gz}$$

若管道的过水断面面积为 A，则由连续方程可得

$$Q = vA = \mu_0 A \sqrt{2gz} \qquad (6-6)$$

其中

$$\mu_0 = \frac{1}{\sqrt{\lambda \dfrac{l}{d} + \Sigma \zeta}}$$

式中：μ_0 为管道的流量系数。

比较式（6-3）、式（6-6），两式在形式上完全相同。所不同的是自由出流时用 H 表示管道出口断面中心与上游水池水面的高差，而淹没出流时用 z 表示上下游水池水面差。将两式统一写成如下形式：

$$Q = \mu_0 A \sqrt{2gH} \qquad (6-7)$$

此时 H 在自由出流时为管道出口断面中心与上游水池水面的高差；淹没出流时 H 为上下游水池水位差。另外，式中流量系数 μ_0 在形式上虽然不同（自由出流时 $\mu_0 = 1/\sqrt{1 + \lambda \dfrac{l}{d} + \Sigma \zeta}$，淹没出流时 $\mu_0 = 1/\sqrt{\lambda \dfrac{l}{d} + \Sigma \zeta}$），但数值是相等的，这是因为淹没出流时 μ_0 的计算公式中虽然较自由出流时分母中少了一项 1，但淹没出流时的 $\Sigma \zeta$ 中多了一个出口局部阻力系数 ζ_0。在淹没出流情况下，若下游水池较大，出口局部阻力系数 $\zeta_0 = 1$。故在其他条件相同时，两者的 μ_0 是相等的。

二、简单长管的水力计算

对于图 6-2、图 6-3 所示的简单管道，若按长管计算，由长管的定义可知，流速水头和局部水头损失可忽略不计，则式（6-1）可写为

$$H = h_f = \lambda \frac{l}{d} \frac{v^2}{2g} \qquad (6-8)$$

水利工程中的有压输水管道中的水流一般属于阻力平方区，可采用谢才公式计算沿程水头损失。将 $\lambda = \dfrac{8g}{C^2}$ 代入上式，得

$$H = \frac{8g}{C^2} \frac{l}{d} \frac{v^2}{2g} = \frac{8gl}{C^2 4R} \frac{Q^2}{2gA^2} = \frac{Q^2}{A^2 C^2 R} l$$

令 $K = AC\sqrt{R}$，则

$$H = h_f = \frac{Q^2}{K^2} l \qquad (6-9a)$$

或

$$Q = K \sqrt{\frac{h_f}{l}} = K\sqrt{J} \qquad (6-9b)$$

由上式可知，由于水力坡度的量纲 $[J] = 1$，所以 K 具有与流量相同的量纲，故称 K 为流量模数。它综合反映了管道的断面形式、尺寸及边壁粗糙度对输水能力的影响。当管道处于阻力平方区时，可由曼宁公式 $C = \dfrac{1}{n} R^{1/6}$ 计算出不同直径、不同粗率的流量模数 K，见表 6-1。当管中流速较小（$v < 1.2 \text{m/s}$）时，水流一般处于紊流过渡区，严格地来讲不能用曼宁公式来求流量模数，所以不能直接用式（6-9a）

计算水头损失。实际工程中一般对式（6-9a）进行修正，即

$$H=h_{\mathrm{f}}=k\frac{Q^2}{K^2}l \qquad (6-9\mathrm{c})$$

其中

$$k=\frac{1}{v^{0.2}} \qquad (6-10)$$

对于旧钢管和铸铁管，由谢维列夫实验给出 k 值如表 6-2。

由以上讨论可知，当按短管计算时，自由出流的总水头 H_0 除了消耗于沿程和局部水头损失外，还有一部分转化为出口动能，即 $H_0=\frac{\alpha v^2}{2g}+\sum h_{\mathrm{f}}+\sum h_{\mathrm{j}}$；而淹没出流时，总水头 z 消耗于沿程水头损失 h_{f} 和局部水头损失 h_{j}，即 $z=\sum h_{\mathrm{f}}+\sum h_{\mathrm{j}}$。当按长管计算时，二者的总水头均消耗于沿程损失 h_{f}，自由出流时 $H_0=\sum h_{\mathrm{f}}$；淹没出流时 $z=\sum h_{\mathrm{f}}$。

表 6-1　　给水管道的流量模数 $K=AC\sqrt{R}$ 数值（按 $C=\frac{1}{n}R^y$，$y=\frac{1}{6}$ 计算）

直径 d /mm	K (L/s)			直径 d /mm	K (L/s)		
	清洁管 $n=0.011$	正常管 $n=0.0125$	污管 $n=0.0143$		清洁管 $n=0.011$	正常管 $n=0.0125$	污管 $n=0.0143$
50	9.624	8.460	7.403	500	4.467×10^3	3.927×10^3	3.436×10^3
75	28.37	24.94	21.83	600	7.264×10^3	6.386×10^3	5.587×10^3
100	61.11	53.72	47.01	700	10.96×10^3	9.632×10^3	8.428×10^3
125	110.80	97.40	85.23	750	13.17×10^3	11.58×10^3	10.13×10^3
150	180.20	158.40	138.60	800	15.64×10^3	13.57×10^3	12.03×10^3
175	271.80	238.90	209.00	900	21.42×10^3	18.83×10^3	16.47×10^3
200	388.00	341.10	298.50	1000	28.36×10^3	24.93×10^3	21.82×10^3
225	531.20	467.00	408.60	1200	46.12×10^3	40.55×10^3	35.48×10^3
250	703.50	618.50	541.20	1400	69.57×10^3	61.16×10^3	53.52×10^3
300	1.144×10^3	1.006×10^3	880.00	1600	99.33×10^3	87.32×10^3	76.41×10^3
350	1.726×10^3	1.517×10^3	1.327×10^3	1800	136.00×10^3	119.50×10^3	104.60×10^3
400	2.464×10^3	2.166×10^3	1.895×10^3	2000	180.10×10^3	158.3×10^3	138.50×10^3
450	3.373×10^3	2.965×10^3	2.594×10^3				

三、简单管道水力计算的类型

在实际工程中，对于恒定有压管流，水力计算主要有以下几种。

1. 输水能力计算

即已知管道布置、管道断面尺寸及作用水头，计算管道通过的流量。这类问题，可直接应用式（6-7）或式（6-9）计算。

表 6-2   **钢管及铸铁管修正系数 k 值**

$v/(\text{m/s})$	k	$v/(\text{m/s})$	k	$v/(\text{m/s})$	k	$v/(\text{m/s})$	k
0.20	1.41	0.45	1.175	0.70	1.085	1.00	1.03
0.25	1.33	0.50	1.15	0.75	1.07	1.10	1.015
0.30	1.28	0.55	1.13	0.80	1.06	1.20	1.00
0.35	1.24	0.60	1.115	0.85	1.05		
0.40	1.20	0.65	1.10	0.90	1.04		

例 6-1   图 6-4 所示为某水库泄洪压力隧洞，洞身断面为圆形，内径 $d=$ 5.0m，洞长 $L=160.0$m，进口有渐变段及闸门槽，其局部水头损失系数 $\zeta_1=0.2$，中间有一弯段，局部水头损失系数 $\zeta_2=0.15$，洞壁糙率 $n=0.0125$，隧洞出口底部高程 200.0m。水库水位 237.50m。试计算隧洞自由出流时的泄流量。

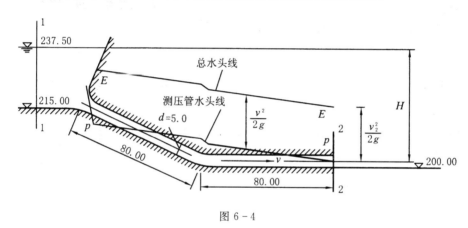

图 6-4

解：

隧洞为自由出流，忽略进口断面行近流速，可按式（6-7）计算其泄流量。

（1）计算沿程阻力系数 λ。

水力半径 $$R=\frac{d}{4}=\frac{5}{4}=1.25 \ (\text{m})$$

谢才系数 $$C=\frac{1}{n}R^{1/6}=\frac{1}{0.0125}\times 1.25^{1/6}=83.03 \ (\text{m}^{1/2}/\text{s})$$

沿程阻力系数 $$\lambda=\frac{8g}{C^2}=\frac{8\times 9.8}{83.03^2}=0.0114$$

（2）确定流量系数 μ_0。

$$\mu_0=\frac{1}{\sqrt{1+\lambda\dfrac{L}{d}+\Sigma\zeta}}=\frac{1}{\sqrt{1+0.0114\times\dfrac{160}{5}+0.2+0.15}}=0.764$$

（3）计算泄流量 Q。

过水断面面积 $$A=\frac{\pi}{4}d^2=\frac{3.14}{4}\times 5^2=19.63 \ (\text{m}^2)$$

作用水头 $\qquad H=237.5-200-\dfrac{5}{2}=35.00$ （m）

流量 $\quad Q=\mu_0 A\sqrt{2gH}=0.764\times 19.625\times\sqrt{2\times 9.8\times 35}=392.7$ （$\mathrm{m^3/s}$）

2. 作用水头计算

即已知管道布置、管道断面尺寸、糙率和输水流量，确定通过一定流量时所需要的水头。

例 6-2 由水塔引一简单管道向工厂供水，管长 $l=3500\mathrm{m}$，直径 $d=350\mathrm{mm}$，拟采用正常铸铁管，管道布设如图 6-5 所示。工厂所需水头 $H_c=20\mathrm{m}$，若需保证向工厂供水流量 Q 为 $0.085\mathrm{m^3/s}$，试确定所需水塔高度 H。

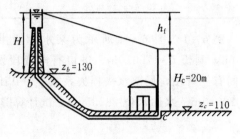

图 6-5

解：

给水管道按长管计算。由连续方程求得管道内的流速为

$$v=\frac{Q}{A}=\frac{0.085}{\dfrac{1}{4}\times 3.14\times 0.35^2}=0.88 \text{（m/s）}<1.2\mathrm{m/s}，\text{属于紊流过渡区。}$$

由表 6-2 查得 $k=1.04$，由表 6-1 查得新铸铁管 $K=1.517\mathrm{m^3/s}$。

由式（6-9c）计算沿程水头损失为

$$h_\mathrm{f}=k\frac{Q^2}{K^2}l=1.04\times\frac{0.085^2}{1.517^2}\times 3500=11.43 \text{（m）}$$

所需水塔高度为

$$H=H_c+h_\mathrm{f}-(z_b-z_c)=20+11.43-(130-110)=11.43 \text{（m）}$$

3. 断面尺寸计算

即已知管道布置、输水流量和糙率，确定管道的断面尺寸。该类型有两种情况：

（1）管道布置、输水流量、作用水头均已确定，求管道的断面尺寸。此时管道的断面尺寸有确定的数值，可按前述的基本公式求解。

对于长管，可按下式先求出流量模数：

$$K=\frac{Q}{\sqrt{\dfrac{H}{l}}}$$

若为圆管，则可根据已求得的 K 值，由表 6-1 确定所需的管径。

对于短管，由式（6-7）可得

$$d=\sqrt{\frac{4Q}{\mu_0\pi\sqrt{2gH}}} \qquad\qquad (6-11)$$

由于式中的流量系数 μ_0 与管径 d 有关，必须采用试算法求解管道的断面尺寸。即先假设一个 d，求出 μ_0，代入式（6-11）计算 d，若计算所得的 d 与假设的 d 相等时即为所求，否则继续假设，直至计算的 d 与假设的 d 相等。

也可按下式进行迭代计算：

对于自由出流 $\qquad d_{i+1}=\sqrt{\dfrac{4Q}{\pi\sqrt{2gH}}\left(1+\sum\zeta+\lambda\dfrac{l}{d_i}\right)^{0.25}}$

或 $\qquad\qquad\qquad d_{i+1}=\sqrt{\dfrac{4Q}{\pi\sqrt{2gH}}\left(1+\sum\zeta+\dfrac{12.7gn^2l}{d_i^{4/3}}\right)^{0.25}}$ (6-12a)

对于淹没出流 $\qquad d_{i+1}=\sqrt{\dfrac{4Q}{\pi\sqrt{2gH}}\left(\sum\zeta+\lambda\dfrac{l}{d_i}\right)^{0.25}}$

或 $\qquad\qquad\qquad d_{i+1}=\sqrt{\dfrac{4Q}{\pi\sqrt{2gH}}\left(\sum\zeta+\dfrac{12.7gn^2l}{d_i^{4/3}}\right)^{0.25}}$ (6-12b)

（2）只给定管道的输水流量和管道布置，要求选定所需的管径及相应的水头。在这种情况下，一般要从技术和经济两个方面综合考虑确定管道的断面尺寸和作用水头。

若考虑技术要求，因为在流量一定的条件下，流速的大小与管径有关。管径小，则流速大，而流速过大容易产生较大的水击压强，从而容易引起管道破坏；管径大，则流速小，流速过小又容易使水流挟带的泥沙在管道中淤积。常见管道的允许流速见表 6-3。

表 6-3　　　　　　　　　　　常见管道的允许流速

管道类型	允许流速 /(m/s)	管道类型	允许流速 /(m/s)
水泵式供水系统吸水管	1.2~2.0	水泵式供水系统压力管	1.5~2.5
自流式供水系统，水头 $H=15\sim60m$	1.5~7.0	自流式供水系统，水头 $H\leqslant15m$	0.6~1.5
一般给水管道	1.0~3.0	水电站引水管	5.0~6.0

若考虑经济效益，因为管径小，则管道造价低，但由于管中的流速大而使水流阻力和能量损失大，对于抽水装置会增加运行中的电能消耗，运行费用高；反之，管径大，则造价高。因此，管径的设计应选择几个方案进行技术经济比较，综合考虑管道造价、能量损失、施工运行费用等有关因素。使输水管道系统综合成本最小的流速称为经济流速，相应的管径称为经济管径。常见管道的经济流速见表 6-4。

表 6-4　　　　　　　　　　　常见管道的经济流速

管道类型	经济流速 /(m/s)	管道类型	经济流速 /(m/s)
水泵吸水管	0.8~1.25	钢筋混凝土管	2~4
水泵压水管	1.5~2.5	水电站引水管	5~6
露天钢管	4~6	自来水管 $d=100\sim200mm$	0.6~1.0
地下钢管	3~4.5	自来水管 $d=200\sim400mm$	1.0~1.4

管道直径的确定可按下列方法进行：

1）用连续方程计算。在输水流量 Q 一定的情况下，如果根据技术要求或经济条件事先确定了流速，则可由连续方程求出管径。

$$d=\sqrt{\frac{4Q}{v\pi}} \qquad (6-13)$$

2）用经验公式计算。在技术经济资料缺乏时，可按下式近似计算：

$$d=\sqrt[7]{KQ^3/H} \qquad (6-14)$$

式中：系数 K 综合反映了电价、钢材价、折旧、施工、管理、维修费用等因素的影响，K 值一般为 8～15。当电站机组年运行时间较少，钢材较贵而电价较低时，K 值应取小值，反之取较大值。

例 6-3 图 6-6 所示为一横穿河道的钢筋混凝土倒虹吸管，已知通过的流量 $Q=3\mathrm{m^3/s}$，管长 $l=50\mathrm{m}$，倒虹吸管上下游水位差 $z=3\mathrm{m}$，沿程阻力系数 $\lambda=0.025$，折角 $30°$ 处局部水头损失系数均为 0.20，进口局部水头损失系数为 0.5，出口局部水头损失系数为 0.8，上下游渠道的流速相等。若采用圆管，试确定倒虹吸管管径。

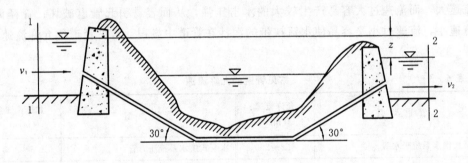

图 6-6

解：

倒虹吸管一般按短管计算。本题管道出口淹没在水面以下，为淹没出流。可直接应用式（6-6）：

$$Q=\mu_0 A\sqrt{2gz}$$

式中

$$\mu_0=\frac{1}{\sqrt{\lambda\dfrac{l}{d}+\sum\zeta}}$$

用试算法求管径 d：

设 $d=0.9\mathrm{m}$，则 $A=\dfrac{\pi}{4}d^2=\dfrac{3.14}{4}\times0.9^2=0.636$（$\mathrm{m^2}$）。

$$\mu_0=\frac{1}{\sqrt{\lambda\dfrac{l}{d}+\sum\zeta}}=\frac{1}{\sqrt{0.025\times\dfrac{50}{0.9}+0.5+2\times0.2+0.8}}=0.569$$

$$Q=\mu_0 A\sqrt{2gz}=0.569\times0.636\sqrt{2\times9.8\times3}=2.77\ (\mathrm{m^3/s})$$

与已知流量不符，重新试算。

再设 $d=0.93\mathrm{m}$，按上述步骤计算，可求得 $Q=2.98\mathrm{m}^3/\mathrm{s}$，与已知流量 $Q=3.0\mathrm{m}^3/\mathrm{s}$ 相近。所以，实际可取管径 $d=0.95\mathrm{m}$。

用迭代公式（6-12b）计算 d，则

$$d_{i+1}=\sqrt{\frac{4Q}{\pi\sqrt{2gH}}\left(\sum\zeta+\lambda\frac{l}{d}\right)^{0.25}}$$

其中

$$\sqrt{\frac{4Q}{\pi\sqrt{2gH}}}=\sqrt{\frac{4\times3}{3.14\sqrt{2\times9.8\times3}}}=0.706$$

则

$$d_{i+1}=\sqrt{\frac{4Q}{\pi\sqrt{2gH}}}\left(\sum\zeta+\lambda\frac{l}{d}\right)^{0.25}=0.706\left(0.5+2\times0.2+0.8+0.025\frac{50}{d_i}\right)^{0.25}$$

$$=0.706\left(1.7+\frac{1.25}{d_i}\right)^{0.25}$$

设 $d_0=1.0\mathrm{m}$，代入上式求得 $d_1=0.925\mathrm{m}$；将 $d_1=0.925\mathrm{m}$ 再代入上式，又求得 $d_2=0.933\mathrm{m}$；重复上述步骤，可求得 $d_3=0.934\mathrm{m}$。可见，相邻两次结果非常接近，故可确定 $d=0.94\mathrm{m}$。实际可取管径 $d=0.95\mathrm{m}$。

比较上述两种方法，用迭代公式计算可减少试算法中许多繁琐的试算，一般迭代 3~4 次，就可以得到相当满意的结果。水力学中有许多公式需要试算，这些公式也可以用迭代法计算，这些迭代公式将在后面各章详细介绍。

4. 压强沿程分布

即已知管道布置、管径、输水流量和作用水头，定量计算或定性分析管道沿程的压强。

压强沿程变化情况是水电站、给排水等输水工程设计中十分关心的问题之一。如果管道中出现过大的真空值容易产生空化和空蚀，从而降低管道的输水能力，甚至危及管道的安全。因此，设计管道时应求出管道各断面压强的大小。

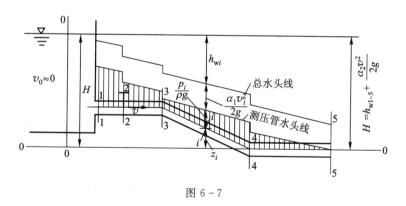

图 6-7

管道任一断面的压强可按照能量方程求出。图 6-7 所示为一泄水管道，以通过出口断面中心的水平面为基准面，对入口前断面 0-0 和任一断面 $i-i$ 列能量方程，可得 i 断面的压强水头为

$$\frac{p_i}{\rho g} = H - \left(z_i + \frac{\alpha_i v_i^2}{2g} + h_{w0-i} \right) \tag{6-15}$$

其实对于位置一定的管道，若能绘出总水头线和测压管水头线（这两条线的概念在第三章已作过介绍），便直观而清楚地了解沿管道各断面压强的变化。下面就总水头线和测压管水头线的定量计算和定性绘制予以讨论。

定量计算总水头线和测压管水头线的依据仍然是总流的能量方程。如图 6-7 所示的管道，将式（6-15）改写为

$$H = z_i + \frac{p_i}{\rho g} + \frac{\alpha_i v_i^2}{2g} + h_{w0-i} = H_i + h_{w0-i} \tag{6-16a}$$

则任一断面的总水头为

$$H_i = H - h_{w0-i} \tag{6-16b}$$

由上式可见，任一断面的总水头等于管道进口前的总水头减去管道进口至该断面的水头损失。

由式（6-16a）可得任一断面的测压管水头为

$$z_i + \frac{p_i}{\rho g} = H_i - \frac{\alpha_i v_i^2}{2g} \tag{6-17}$$

即任一断面的测压管水头等于该断面的总水头减去该断面的流速水头。这样，在绘制出总水头线后，比总水头线低一个流速水头的位置上便是测压管水头线。总水头线和测压管水头线的定量绘制方法和步骤见例 6-4。

各断面测压管水头线与该断面中心的距离即为该断面的压强水头。若测压管水头线在某断面中心的上方，则该断面中心点的压强为正值，反之为负值。实际工程中，应尽量避免管内出现较大负压，因为负压较大时，水流常处于不稳定状态，且可能产生空化现象，致使管道遭到破坏。因此，应采取必要措施以改变管内的受压情况。

有时，只需粗略地绘出总水头线和测压管水头线，而不必进行上述定量计算。在这种情况下，只需按照水头线的特点，定性绘出两条线即可。总水头线和测压管水头线具有以下特点：

（1）总水头线总是沿程下降的。当有沿程水头损失时，总水头线沿程逐渐下降，当有局部水头损失时，假定局部水头损失集中发生在局部变化断面上，总水头线铅直下降。

（2）测压管水头线可能沿程上升，也可能沿程下降。

（3）总水头线比测压管水头线高出一个流速水头。当流量一定时，管径越大，总水头线与测压管水头线间距（即流速水头）越小；反之，管径越小，两条线之间的间距越大；管径不变，总水头线与测压管水头线相互平行。

（4）总水头线和测压管水头线的起始点和终止点由管道进出口边界条件确定。常见管道进、出口及局部突变管件的水头线如图 6-8 所示。

对淹没出流的出口水头线变化情况，可由能量方程推导如下：

以下游水池液面为基准面［图 6-8（c）］，列出口断面 2-2 和下游水池过水断面 3-3 的能量方程：

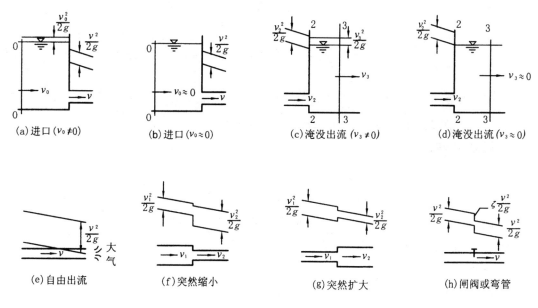

图 6 - 8

$$z_2+\frac{p_2}{\rho g}+\frac{\alpha_2 v_2^{\,2}}{2g}=\frac{\alpha_3 v_3^{\,2}}{2g}+h_{w2-3}$$

或写为

$$H_2=\frac{v_3^{\,2}}{2g}+h_{w2-3}$$

可以看出，出口断面的总水头 $H_2=\frac{v_3^{\,2}}{2g}+h_{w2-3}>0$。因此，出口断面的总水头线在下游液面以上。将断面突然扩大的水头损失 $h_{w2-3}=\frac{(v_2-v_3)^2}{2g}$ 代入能量方程，并取 $\alpha_2\approx\alpha_3\approx1.0$，则出口断面的测压管水头为 $z_2+\frac{p_2}{\rho g}=-\frac{v_3\,(v_2-v_3)}{g}<0$。因此，出口断面的测压管水头线在下游液面以下，与下游液面的铅直距离为 $\frac{v_3\,(v_2-v_3)}{g}$。当 $A_3\gg A_2$ 时，$v_2\gg v_3\approx0$，此时，出口断面的测压管水头线与下游液面重合（图 6-8d），出口断面的总水头为 $H_2=h_{w2-3}=\frac{v_2^{\,2}}{2g}$。

例 6-4 图 6-7 为简单管道，已知上游水面到管道出口中心距离 $H=15$m，管径 $d=0.1$m，各段长度 $l_1=l_2=l_3=50$m，沿程阻力系数 $\lambda=0.025$，管道进口局部阻力系数 $\zeta_1=0.5$，阀门局部阻力系数 $\zeta_2=0.5$，阀门位于第一管道的中间，两个弯管的局部阻力系数均为 $\zeta_{3,4}=0.2$。试定量绘制总水头线和测压管水头线。

解：

（1）计算管道的流速 v 和流速水头 $\frac{v^2}{2g}$。由基本公式 $Q=\mu_0 A\sqrt{2gH}$ 得

$$v = \mu_0 \sqrt{2gH}$$

式中 $\mu_0 = \dfrac{1}{\sqrt{1+\lambda \dfrac{l}{d}+\sum \zeta}} = \dfrac{1}{\sqrt{1+0.025 \times \dfrac{150}{0.1}+0.5+0.5+2 \times 0.2}} = 0.158$

所以 $v = 2.709$ （m/s），$\dfrac{v^2}{2g} = 0.374$ （m）。

（2）计算局部水头损失 h_{ji} 和沿程水头损失 h_{fi}。

局部水头损失 h_{ji}：

进口 $\qquad\qquad h_{j1} = \zeta_1 \dfrac{v^2}{2g} = 0.5 \times 0.374 = 0.187$ （m）

阀门 $\qquad\qquad h_{j2} = \zeta_2 \dfrac{v^2}{2g} = 0.5 \times 0.374 = 0.187$ （m）

弯管 $\qquad\qquad h_{j3} = h_{j4} = \zeta_3 \dfrac{v^2}{2g} = 0.2 \times 0.374 = 0.075$ （m）

沿程水头损失 h_{fi}：

$$h_{f1-2} = h_{f2-3} = \lambda \dfrac{l_{1-2}}{d} \dfrac{v^2}{2g} = 0.025 \times \dfrac{25}{0.1} \times 0.374 = 2.34 \text{ （m）}$$

$$h_{f3-4} = h_{f4-5} = \lambda \dfrac{l_{4-5}}{d} \dfrac{v^2}{2g} = 0.025 \times \dfrac{50}{0.1} \times 0.374 = 4.68 \text{ （m）}$$

（3）计算分界断面的总水头 H_i 和测压管水头 $\left(z+\dfrac{p}{\rho g}\right)_i$。任一断面的总水头按式（6-16b）计算，任一断面的测压管水头按式（6-17）计算。则有

$$H_1 = H - \zeta_1 \dfrac{v^2}{2g} = 15 - 0.187 = 14.81 \text{ （m）}$$

$$\left(z+\dfrac{p}{\rho g}\right)_1 = H_1 - \dfrac{v^2}{2g} = 14.81 - 0.374 = 14.44 \text{ （m）}$$

同理，对于阀门断面前：

$$H_2 = H_1 - h_{f1-2} = 14.81 - 2.34 = 12.47 \text{ （m）}$$

$$\left(z+\dfrac{p}{\rho g}\right)_2 = H_2 - \dfrac{v^2}{2g} = 12.47 - 0.374 = 12.10 \text{ （m）}$$

对于阀门断面后：

$$H_2' = H_2 - h_{j2} = 12.47 - 0.187 = 12.28 \text{ （m）}$$

$$\left(z+\dfrac{p}{\rho g}\right)_2' = H_2' - \dfrac{v^2}{2g} = 12.28 - 0.374 = 11.91 \text{ （m）}$$

其他分界断面的总水头和测压管水头计算结果见表6-5。

将以上计算出的各断面的 H_i 和 $\left(z+\dfrac{p}{\rho g}\right)_i$ 按一定比例绘制管道的总水头线和测压

管水头线，如图 6-7 所示。

表 6-5　　　　　　　　　　　　计 算 结 果

断面号	1	2		3		4		5
		前	后	前	后	前	后	
H_i/m	14.81	12.47	12.28	9.92	9.85	5.15	5.08	0.374
$\left(z+\dfrac{p}{\rho g}\right)_i$/m	14.44	12.10	11.91	9.55	9.48	4.78	4.70	0

四、计算实例

1. 虹吸管的水力计算

实际工程中，经常遇到跨越河堤、土坝或高地的输水管道（图6-9），这种部分管道高于水源液面，在真空条件下工作的管道系统，称为虹吸管。虹吸管的工作原理是先将管内空气排出，使管内形成一定的真空值。由于虹吸管进口处水流的压强大于大气压，因此在管内外形成一定的压差，这样水流就会从压强大的地方流向压强小的地方。保持在虹吸管中有一定的真空值以及一定的上下游水位差，水就会不断地由上游通过虹吸管流向下游。虹吸管内的最低压强或最大真空值一般出现在虹吸管顶部第二个弯管断面处。从理论上讲，当虹吸管内的绝对压强小于汽化压强时，液体将会汽化，此时在虹吸管顶部形成许多气泡，出现空化现象，使虹吸管无法正常工作。在实际应用中，保证虹吸管内不产生空化现象的允许最大真空值为 7～8m 水柱（当地大气压为 10m 水柱时）。在海拔 2000m 左右时，当地大气压约为 8m 水柱，则允许最大真空值为 5～6m 水柱。

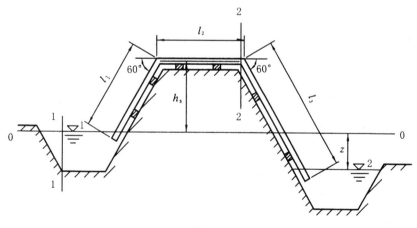

图 6-9

虹吸管水力计算的主要任务是：①确定虹吸管的输水流量；②确定虹吸管的最大安装高度或计算虹吸管内的最大真空值。下面以例说明。

例 6-5　图 6-9 所示为一直径 $d=1.0$m 的钢筋混凝土虹吸管。虹吸管的各段长度分别为 $l_1=8$m，$l_2=12$m，$l_3=15$m，中间有两个 60°的弯头，每个弯头的局部阻力系数 $\zeta_1=0.365$，进出口局部阻力系数分别为 $\zeta_2=0.5$，$\zeta_3=1.0$，上下游渠道水面

的水位差 $z=1\mathrm{m}$。试确定（1）虹吸管的输水流量；（2）当虹吸管中的最大允许真空值为 7m 时，虹吸管的允许安装高度。

解：

（1）确定虹吸管的输水流量。由图可见，虹吸管为淹没出流，可直接由式（6-7）计算。

对混凝土管，糙率 $n=0.014$，由曼宁公式得

$$C=\frac{1}{n}R^{1/6}=\frac{1}{0.014}\times\left(\frac{1}{4}\right)^{1/6}=56.7\ (\mathrm{m}^{1/2}/\mathrm{s})$$

沿程阻力系数　　　　　$\lambda=\frac{8g}{C^2}=\frac{8\times9.8}{56.7^2}=0.024$

管道的流量系数为

$$\mu_0=\frac{1}{\sqrt{\lambda\dfrac{l}{d}+\sum\zeta}}=\frac{1}{\sqrt{0.024\times\dfrac{8+12+15}{1.0}+0.5+2\times0.365+1.0}}=0.571$$

虹吸管的输水流量为

$$Q=\mu_0 A\sqrt{2gz}=0.571\times\frac{\pi}{4}\times1.0^2\sqrt{2\times9.8\times1.0}=1.985\ (\mathrm{m}^3/\mathrm{s})$$

（2）确定虹吸管的允许安装高度。首先找出发生最大真空值的断面。本题虹吸管中最大真空值发生在第二个弯头末，即断面 2—2。

以上游渠道自由水面为基准面，对上游断面 1—1 和断面 2—2 列能量方程。

$$0+0+\frac{\alpha_1 v_1^2}{2g}=h_s+\frac{p}{\rho g}+\frac{\alpha_2 v_2^2}{2g}+h_f+\sum h_j$$

取 $\alpha_2=1.0$，则

$$v_2=\frac{Q}{A}=\frac{4\times1.985}{3.14\times1^2}=2.53\ (\mathrm{m/s})$$

由于 $v_1\ll v_2$，认为 $v_1\approx0$。

由题意知：$\dfrac{p}{\rho g}=-7\ (\mathrm{m})$，则

$$h_s=7-\left(1+0.024\times\frac{8+12}{1.0}+0.5+2\times0.365\right)\times\frac{2.53^2}{2\times9.8}=6.11\ (\mathrm{m})$$

故虹吸管的允许安装高度为 6.11m。

2. 水泵装置的水力计算

水泵是把水从低处引向高处的一种水力机械。水泵抽水系统由吸水管、压水管、水泵及其附件组成（图 6-10）。水泵在工作时，必须先将它的进口处形成一定真空，这样水池的水在大气压力作用下流向吸水管，流经水泵时从水泵获得新的能量，然后沿压水管流向水塔或水池。

水泵装置的水力计算主要是确定水泵的安装高度和计算水泵的扬程。下面以例说明。

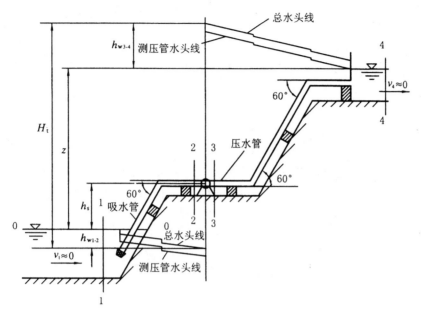

图 6-10

例 6-6 如图 6-10 所示的水泵装置系统，已知水泵的流量 $Q=7L/s$，提水高度 $z=18m$，吸水管长度 $l_1=5m$，压水管长度 $l_2=20m$，60°弯头的局部阻力系数 $\zeta_1=0.6$，吸水管进口底阀的局部阻力系数 $\zeta_2=8.5$，沿程阻力系数 $\lambda=0.0455$。水泵最大允许真空值不超过 6m，水泵和动力机械总效率为 70%。试确定（1）吸水管和压水管的管径；（2）水泵的最大安装高度；（3）水泵的扬程；（4）带动水泵的动力机械功率。

解：

（1）确定吸水管和压水管的管径。根据表 6-3 选取吸水管和压水管的允许流速分别为 2.0m/s 和 2.5m/s，则

$$d_{吸}=\sqrt{\frac{4Q}{\pi v}}=\sqrt{\frac{4\times7\times10^{-3}}{3.14\times2.0}}=0.067 \text{（m）}$$

$$d_{压}=\sqrt{\frac{4Q}{\pi v}}=\sqrt{\frac{4\times7\times10^{-3}}{3.14\times2.5}}=0.060 \text{（m）}$$

选取标准直径 $d_{吸}=75mm$，$d_{压}=75mm$，则相应的流速为

$$v_{吸}=v_{压}=\frac{4Q}{\pi d^2}=\frac{4\times7\times10^{-3}}{3.14\times0.075^2}=1.59 \text{（m/s）}$$

由表 6-3 可见，管中流速满足允许流速要求，管中流态属于紊流粗糙区。

（2）水泵的最大安装高度。以水源水面为基准面，对吸水管进口断面 1—1 和水泵入口断面 2—2 列能量方程，并且忽略水源过水断面的行近流速水头，得

$$0 = h_s + \frac{p_2}{\rho g} + \frac{\alpha_2 v_2^2}{2g} + h_f + \sum h_j$$

取 $\alpha_2 = 1.0$，而 $v_2 = v_{吸} = 1.58 \text{m/s}$，则

$$h_s = -\frac{p_2}{\rho g} - \left(1 + \lambda \frac{l}{d} + \sum \zeta\right)\frac{\alpha_2 v_2^2}{2g}$$

$$= 6 - \left(1 + 0.0455 \times \frac{5}{0.075} + 8.5 + 0.6\right) \times \frac{1.58^2}{2 \times 9.8} = 4.33 \text{（m）}$$

故水泵的最大安装高度为 4.33m。

（3）确定水泵的扬程。以水源水面为基准面，对进口断面 1—1 和出水池断面 4—4 列能量方程，并且忽略水源过水断面和出水池断面的行近流速水头，得

$$z + h_{w1-2} + h_{w3-4} = H_t$$

其中

$$h_{w1-2} = \left(\lambda \frac{l_{1-2}}{d} + \sum \zeta\right)\frac{v^2}{2g}$$

$$= \left(0.0455 \times \frac{5}{0.075} + 8.5 + 0.6\right)\frac{1.58^2}{2 \times 9.8} = 1.55 \text{（m）}$$

$$h_{w3-4} = \left(\lambda \frac{l_{3-4}}{d} + \sum \zeta\right)\frac{v^2}{2g}$$

$$= \left(0.0455 \times \frac{20}{0.075} + 0.6 + 0.6 + 1\right)\frac{1.58^2}{2 \times 9.8} = 1.83 \text{（m）}$$

由此得水泵扬程为

$$H_t = z + h_{w1-2} + h_{w3-4} = 18 + 1.55 + 1.83 = 21.38 \text{（m）}$$

（4）确定带动水泵的动力机械功率。

$$N_p = \frac{\rho g Q H_t}{\eta_p} = \frac{9.8 \times 7 \times 10^{-3} \times 21.38}{0.7} = 2.10 \text{（kW）}$$

第三节 复杂管道的水力计算

工程中常根据需要建造不同的复杂管道，复杂管道由多条简单管道组成。按布置形式的不同可分为串联管路、并联管路、分叉管路和沿程均匀泄流管路等。复杂管路一般情况下按长管计算。下面分别对各种类型的复杂管路的水力计算进行讨论。

一、串联管路

串联管路是由不同直径的管道依次连接而成的管路，如图 6-11 所示。串联管路各段通过的流量可能相同，也可能由于流量的分出而不相同。

1. 各管段流量不相同的情况

如图 6-11 所示，因管道各节点处有流量 q_i 分出，所以各管段的流量不同。由连续性原理得

$$Q_{i+1} = Q_i - q_i \qquad (6-18)$$

式中：i 为管段的序号；q_i 为第 i 管段末分出的流量。

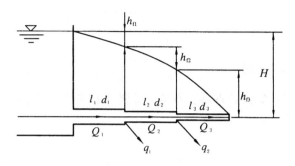

图 6 - 11

由于各管段的流速不相同，所以各段的水头损失也不相同，故应分段计算水头损失。按长管计算，$h_{fi}=\dfrac{Q_i^2}{K_i^2}l_i$，则全管路的总水头应等于各管段的沿程水头损失之和，即

$$H=h_{f1}+h_{f2}+h_{f3}+\cdots+h_{fn}=\sum_{i=1}^{n}h_{fi}=\sum_{i=1}^{n}\frac{Q_i^2}{K_i^2}l_i \qquad (6-19)$$

联立式（6-18）和式（6-19），即可解得管道的流量 Q、管径 d 和管道的总水头 H 等各类问题。由于按长管考虑，管道的测压管水头线与总水头线重合。又因各管段的流速不同，所以各管段的测压管水头线和总水头线的水力坡度也不同。全管段的测压管水头线和总水头线为折线，如图 6-11 所示。

2. 各管段流量相同的情况

由于各管段的流量相同，即

$$Q_1=Q_2=Q_3=\cdots=Q_i$$

由于管段的管径 d_i 不同，则各管段的流速 v_i 也不相同。由连续方程得各管段的流速为

$$v_i=\frac{A}{A_i}v \qquad (6-20)$$

式中：v_i 为第 i 管道的断面平均流速；v 为管道出口断面的平均流速。

若按短管计算，由能量方程可得

$$H=\sum h_{fi}+\sum h_{ji}+\frac{\alpha v^2}{2g}=\sum\lambda\frac{l_i}{d_i}\frac{v_i^2}{2g}+\sum\zeta\frac{v_i^2}{2g}+\frac{\alpha v^2}{2g}$$

将式（6-20）代入上式，得

$$H=\left[\alpha+\sum\lambda_i\frac{l_i}{d_i}\left(\frac{A}{A_i}\right)^2+\sum\zeta_i\left(\frac{A}{A_i}\right)^2\right]\frac{v^2}{2g} \qquad (6-21)$$

整理上式得
$$v=\mu\sqrt{2gH}$$

$$Q=vA=\mu A\sqrt{2gH} \qquad (6-22)$$

式中 μ 称为管道的流量系数，其值为

$$\mu = \frac{1}{\sqrt{1 + \sum \lambda_i \dfrac{l_i}{d_i}\left(\dfrac{A}{A_i}\right)^2 + \sum \zeta_i \left(\dfrac{A}{A_i}\right)^2}} \tag{6-23}$$

当管中水流为紊流粗糙区时，$\lambda_i = \dfrac{8g}{C_i^2}$。

可见，串联管道计算的特点是：在节点处流进的流量等于流出的流量；整个管道的水头损失等于各管段水头损失之和。

二、并联管路

干管段在同一处分叉，然后又在另一处汇合的管系称为并联管路，如图 6-12 所示。设各支管 i 的流量和沿程水头损失分别为 Q_i、h_{fi}，根据连续性原理，干管流量 Q 与各支管流量 Q_i 之间具有以下关系：

$$Q = \sum Q_i = Q_1 + Q_2 + Q_3 + \cdots \tag{6-24}$$

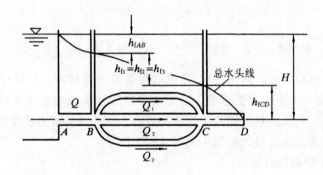

图 6-12

由于 B、C 两点为 BC 间各支管的共同交汇点，若在 B、C 两点安置测压管，则两测压管的液面差就是 BC 间各支管的能量损失。显然，每根测压管只能有一个液面高程，所以通过 BC 间任一支管的单位重量液体的水头损失是相等的。若按长管考虑，应有

$$h_{f1} = h_{f2} = h_{f3} = h_{fB-C} \tag{6-25a}$$

由式 (6-9a) 得

$$\frac{Q_1^2}{K_1^2}l_1 = \frac{Q_2^2}{K_2^2}l_2 = \frac{Q_3^2}{K_3^2}l_3 \tag{6-25b}$$

或

$$Q_1 = K_1 \sqrt{\frac{h_{fB-C}}{l_1}}, \quad Q_2 = K_2 \sqrt{\frac{h_{fB-C}}{l_2}}, \quad Q_3 = K_3 \sqrt{\frac{k_{fB-C}}{l_3}} \tag{6-25c}$$

将式 (6-25c) 代入式 (6-24) 得

$$Q = \left(\frac{K_1}{\sqrt{l_1}} + \frac{K_2}{\sqrt{l_2}} + \frac{K_3}{\sqrt{l_3}}\right)\sqrt{h_{fB-C}} \tag{6-26a}$$

或

$$h_{fB-C} = \left(\frac{Q}{K_1/\sqrt{l_1} + K_2/\sqrt{l_2} + K_3/\sqrt{l_3}}\right)^2 \tag{6-26b}$$

应当注意，各支管的水头损失 h_f 相等，只表明通过每一支管的单位重量液体的机械能损失相等。但由于各支管的长度、管径、糙率可能不等，流量也不相等，所以各支管的总机械能损失是不等的。

三、分叉管路

由一根干管分成数根支管，并且分叉后不再汇合的管路，称为分叉管路，如图6-13所示。计算时可对图中的 ABC 和 ABD 分别作串联管路计算。若按长管考虑，对 ABC 管路有

$$H_1 = h_f + h_{f1} = \left(\frac{Q}{K}\right)^2 l + \left(\frac{Q_1}{K_1}\right)^2 l_1 \tag{6-27a}$$

对 ABD 管路有

$$H_2 = h_f + h_{f2} = \left(\frac{Q}{K}\right)^2 l + \left(\frac{Q_2}{K_2}\right)^2 l_2 \tag{6-27b}$$

由连续性方程得

$$Q = Q_1 + Q_2 \tag{6-28}$$

联立求解方程式（6-27a）、式（6-27b）、式（6-28）即可解得 Q_1、Q_2 和 Q。

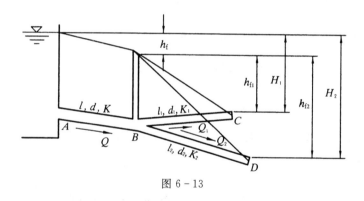

图 6-13

四、沿程均匀泄流管路

前面所讨论的管道，其流量在每一段管道内均沿程不变。但在实际工程和日常生活中，经常遇到水流从管道侧面连续泄流的情况，如喷灌、滴灌管道，滤池冲洗管和人工降雨管等。这种沿程连续不断分泄出流量的管道，称为沿程泄流管道。设单位长度上泄出的流量为 q，一般来说，沿程泄出的流量 q 是不等的，即 $q = f(x)$。为方便计算，这里视单位长度管段上泄出的流量 q 相等。

如图6-14所示，q 为单位长度管道的沿程泄流量，Q 为管道末端泄出的流量，全管长为 l。由此得距离管道起点 O 为 x 的 M 点断面处的流量为

$$Q_M = Q + (l - x) q$$

由于管中水流属于变量流，且是非均匀流。但在微分段 dx 内可认为流量不变，按均匀流考虑，则由 $h_f = \dfrac{Q^2}{K^2} l$ 得

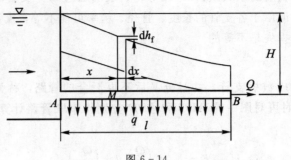

图 6-14

$$dh_f = \frac{1}{K^2}\left[Q+(l-x)\,q\right]^2 dx$$

积分上式得

$$H_{AB} = h_{fA-B} = \int_0^l \frac{l}{K^2}\left[Q+(l-x)\,q\right]^2 dx$$

$$= \frac{l}{K^2}\left(Q^2 + Qql + \frac{1}{3}q^2l^2\right) \tag{6-29}$$

其中

$$Q^2 + Qql + \frac{1}{3}q^2l^2 \approx (Q+0.55ql)^2 = Q_r^2 \tag{6-30}$$

称 Q_r 为折算流量。则式 (6-29) 可写为

$$H_{AB} = h_{fAB} = \frac{Q_r^2}{K^2}l \tag{6-31}$$

由式 (6-29) 可见，当 $Q=0$ 时，$H_{AB} = h_{fAB} = \frac{1}{3}\frac{(ql)^2}{K^2}l$。

上式表明，当流量全部沿程均匀泄出时，其水头损失只等于全部流量集中在末端泄出时的水头损失的 1/3。

第四节 管网的水力计算

在给排水、灌溉、供气等管道系统工程中，常常需要将若干个管段组合成管网，以便将水、气输送到不同的用户。管网按其布置形式可分为枝状管网和环状管网，如图 6-15 所示。

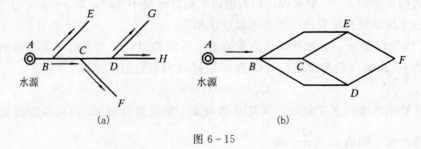

(a)   (b)

图 6-15

管网的水力计算包括管径设计、各管段流量和水头损失计算以及管道系统的总水头计算。下面分别介绍枝状管网和环状管网的水力计算。

一、枝状管网

枝状管网是由管段组合而成的若干条分枝线路，如图 6-15（a）所示。枝状管网的特点是管网内任一点只能向一个方向供水。若在管网内某一处出现故障，那么该点后面各管段供水将出现断流。因此，枝状管网供水可靠性差，但节约管材、造价低。

枝状管网的设计，一般先根据工程要求、建筑物布置、地形条件等进行整个管线的布置，确定各管段的长度和通过各管段的流量以及管段末端要求的剩余水头 H_z（也称自由水头），然后确定各管段的直径和水塔应有的高程。

一般取距水源远、地形高、建筑物层数多、流量大的供水点为最不利点或控制点。把水塔到控制点的管段作为干管，其余为支管。由于干管是由通过不同流量、不同管径的管段串联而成，因此枝状管网可按串联管路计算。

水塔高度可按下式计算：

$$H_t = z_0 + \sum h_f + H_z - z_t \qquad (6-32)$$

式中：z_0 为控制点的地形高程；z_t 为水塔处的地形高程；H_z 为控制点的自由水头；$\sum h_f$ 为从水塔到管网控制点的总水头损失。

如果水塔已经建成，要求扩建已有的给水系统，这种情况相当于已知总水头、管线布置和管段通过的流量，需求管径 d。此时再用经济流速确定管径，将不能保证供水要求。对于这种情况，应根据枝状管网各支线的已知条件，利用下式：

$$\overline{J} = \frac{H_t + (z_t - z_0) - H_z}{\sum L_i} \qquad (6-33)$$

求出各自的平均坡度，然后由平均水力坡度的最小值 $\overline{J}_{\min}$ 算出各管段的流量模数：

$$K_i = \frac{Q_i}{\sqrt{J_{\min}}} \qquad (6-34)$$

式中：L_i 为扩建管路中各支管的长度；Q_i 为扩建管路中各管段通过的流量。

由上式求得的 K_i 值，选出各管段的管径。

例 6-7 一枝状管网从水塔 0 沿干线 0-1 用铸铁管（$n=0.013$）输送用水，各节点供水量如图 6-16 所示，干线长 120m，每段管长均标在图中。水塔处的地面高程和点 7 的地面高程相同，点 4 比点 7 高出 5m，点 4 和点 7 要求的自由水头均为 H_z =12m。试求各管段的管径、水头损失及水塔的高度。

解：

先根据经济流速选择各管段的直径。

例如对于管段 3-4，$Q=20$L/s，选用经济流速 $v=1$m/s，则管径为

$$d = \sqrt{\frac{4Q}{\pi v}} = \sqrt{\frac{4 \times 0.02}{3.14 \times 1.0}} = 0.16 \ (\text{m}) = 160\text{mm}$$

采用标准管径，取 $d=200$mm，查表 6-1 得 $K=341.1$L/s。

管中实际流速 $v = \dfrac{4Q}{\pi d^2} = \dfrac{4 \times 0.02}{3.14 \times 0.2^2} = 0.64$（m/s）。因 $v<1.2$m/s，水流在紊流

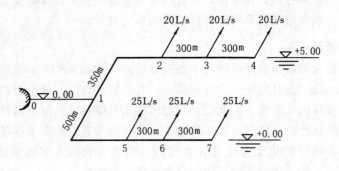

图 6-16

过渡区，修正系数 $k=1.103$，则由式（6-9c）求得管段 3—4 水头损失 h_f 为

$$h_f = k \frac{Q^2}{K^2} L = 1.103 \times \frac{20^2}{341.1^2} \times 300 = 1.14 \text{（m）}$$

分别计算各段 h_f，其结果列于表 6-6 中。

从水塔到最远的用水点 4 和点 7 的水头损失分别为

沿 43210 线　　$\sum h_f = 1.14 + 1.36 + 3.56 + 1.03 = 7.09$（m）

沿 76510 线　　$\sum h_f = 1.74 + 2.12 + 3.01 + 1.03 = 7.90$（m）

因为点 4 和点 7 的自由水头均为 12m，而点 4 的地面标高为 5.00m，比点 7 高出 5m，可以判定点 4 是控制点，则水塔高度应为

$$H_t = z_4 + \sum h_f + H_z - z_t = 5 + 7.09 + 12 - 0 = 24.09 \text{（m）}$$

表 6-6　　　　　　　　　　　　计 算 结 果

管　段		管段长度 L/m	管段中流量 $Q/(\text{L/s})$	管径 d/mm	流速 $v/(\text{m/s})$	流量模数 $K/(\text{L/s})$	修正系数 k	水头损失 h_f/m
		已 知 数 据			计 算 结 果			
左支管	3—4	300	20	200	0.64	341.0	1.103	1.14
	2—3	300	40	250	0.82	618.5	1.056	1.36
	1—2	350	60	250	1.22	618.5	1.0	3.56
右支管	6—7	300	25	200	0.80	341.0	1.06	1.74
	5—6	300	50	250	1.02	618.5	1.026	2.12
	1—5	500	75	300	1.06	1006.0	1.021	3.01
0—1		120	135	350	1.40	1517.0	1.0	1.03

二、环状管网

环状管网是由管段组合而成的若干个封闭网路，又称闭合管网。环状管网的优点是：如果一个方向的管道因故不能供水，从另一方向的管道仍能保证继续供水，提高了供水保证率。对一些重要部门往往采用环状管网供水。环状管网的设计是先根据供

水要求及地形条件布置管线，确定各管段长度及各节点向外引出的流量，然后通过水力计算确定各管段通过的流量 Q、管径 d 和各段的水头损失。

环状管网中的水流必须满足以下两个条件：

（1）根据连续性原理，流入任一节点的流量应等于由此节点流出的流量（包括节点供水流量），即

$$\sum Q_i = 0 \qquad\qquad (6-35)$$

通常称上式为水量平衡方程。

（2）对于任一闭合环路，沿顺时针流动的水头损失之和应等于沿逆时针流动的水头损失之和。即

$$\sum h_{fi} = 0 \qquad\qquad (6-36)$$

如图 6-17 所示，有

$$h_{fAB} + h_{fBC} - h_{fAF} - h_{fFC} = 0$$
$$h_{fFC} + h_{fCD} - h_{fFE} - h_{fED} = 0$$

根据上述两个条件，在进行环状管网的水力计算时，需用逐次渐近法，其计算步骤和方法如下：

（1）在符合每个节点 $\sum Q_i = 0$ 的原则下，拟定各管段的水流方向和流量，根据拟定的流量按限定流速选择各管段的管径。

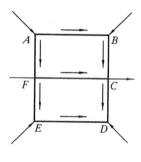

图 6-17

（2）用公式 $h_{fi} = k \dfrac{Q_i^2}{K_i^2} L_i$ 计算各管段的水头损失。

（3）以顺时针方向的水头损失为正值，以逆时针方向的水头损失为负值，计算每一环路的 $\sum h_{fi}$。在首次试算时 $\sum h_{fi}$ 一般不会等于 0。

（4）求校正流量 ΔQ。如果 $\sum h_{fi} > 0$，说明按顺时针流向的管段中流量偏大，逆时针流向的管段中流量偏小；如果 $\sum h_{fi} < 0$，则情况相反。逐次渐近法的关键就在于找出使闭合环路的 $\sum h_{fi} = 0$ 的校正流量 ΔQ。设初次拟定的流量为 Q，那么对于每一管段加入校正流量后的水头损失为

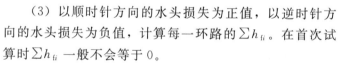

$$h_{fi} = \frac{L}{K_i^2} (Q_i + \Delta Q)^2 = \frac{L}{K_i^2} \left[Q_i^2 + 2Q_i \Delta Q + (\Delta Q)^2 \right]$$

因为 ΔQ 较小，可将上式括号中的第 3 项略去。对于同一环路，因各管段的校正流量 ΔQ 相等，为使 $\sum h_{fi} = 0$，应有

$$\sum h_{fi} = \sum \frac{L_i}{K_i^2} (Q_i^2 + 2Q_i \Delta Q) = \sum h_{fi} + 2\sum h_{fi} \frac{\Delta Q}{Q_i} = 0$$

$$\Delta Q = -\frac{\sum h_{fi}}{2\sum (h_{fi}/Q_i)} \qquad\qquad (6-37)$$

应注意，上式的分子是各管段水头损失的代数和，计算时应注意正负号，分母

是各管段的绝对值相加。式中的负号表示所加的 ΔQ 的方向与表示 $\sum h_{fi}$ 的方向相反。

（5）求出 ΔQ 后，对各管段的流量进行修正并重新计算各管段的水头损失。若闭合差 $\sum h_{fi} \neq 0$，且大于规定值，应再次对各管段流量进行分配，直到 $\sum h_{fi}$ 小于规定的值为止。这时的流量、管径和水头损失，就可认为是最后的计算结果。具体计算见下例。

例 6-8　有一环路管网如图 6-18 所示，其管长、管段编号及节点分出流量标注于图中。管道为铸铁管，糙率 $n=0.0125$，允许的单环闭合差为 0.1m。试求各管段通过的流量和管径。

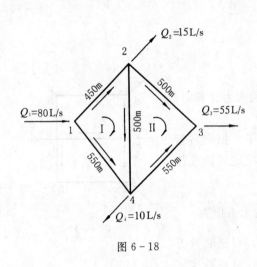

图 6-18

解：

（1）按管网供水趋势指向大用户集中的节点，初拟管网水流方向，并按节点水量平衡方程式（6-35）第一次分配环内各段流量于表 6-7。

（2）按经济流速确定管径。以管段 1-2 为例，初拟流量 $Q=50\text{L/s}$，经济流速 $v=1.00\text{m/s}$，则

$$d = \sqrt{\frac{4Q}{\pi v}} = \sqrt{\frac{4 \times 50 \times 10^{-3}}{3.14 \times 1.00}}$$
$$= 0.252 \ (\text{m})$$

选取标准管径 250mm，所对应的流速 $v=1.02\text{m/s}$。其余的管径计算列于表 6-7 中。

（3）计算两环各管段的水头损失。仍以管段 1-2 为例，由 $d_{1-2}=250\text{mm}$，$n=0.0125$，查表 6-1 得 $K_{1-2}=618.5\text{L/s}$。第一次分配流量 $Q_{1-2}=50\text{L/s}$，则

$$v_{1-2} = \frac{4Q_{1-2}}{\pi d_{1-2}^2} = \frac{4 \times 50 \times 10^{-3}}{3.14 \times 0.25^2} = 1.02 \ (\text{m/s})$$

查表 6-2 得修正系数 $k=1.027$，则

$$h_{f1-2} = k_i \frac{Q_i^2}{K_i^2} L_i = 1.027 \times \frac{0.05^2}{0.6185^2} \times 450 = 3.02 \ (\text{m})$$

按同样的方法可计算出其余各管段的水头损失，结果列于表 6-7 中。

（4）计算各环路的闭合差。

以第 I 环路为例，$\sum h_{fi} = h_{f1-2} + h_{f2-4} + h_{f1-4}$
$$= 3.02 + 1.896 - 4.403 = 0.513 \ (\text{m}) > 0.1\text{m}$$

闭合差大于规定值，应重新进行流量分配。第 II 环路的计算结果见表 6-7。

（5）计算各环路的校正流量 ΔQ。

表 6-7

环状管网水力计算表

环号	管段/m	管长/m	管径/mm	一次分配流量/(L/s)	K_i/(L/s)	v_i/(m/s)	修正系数k	h_{fi}/m	$\dfrac{h_{fi}}{Q_i}$	ΔQ	校正流量/(L/s)	二次分配流量/(L/s)	v_i/(m/s)	修正系数k	h_{fi}/m	$\dfrac{h_{fi}}{Q_i}$	ΔQ/(L/s)	校正流量/(L/s)	三次分配流量/(L/s)	v_i/(m/s)	修正系数k	h_{fi}/m
Ⅰ	1—2	450	250	50	618.5	1.02	1.027	3.020	0.060	−0.85	−0.85	49.15	1.00	1.030	2.927	0.060	−0.18	−0.18	48.97	1.00	1.030	2.906
	2—4	500	200	20	341.1	0.64	1.103	1.896	0.095		−0.85 +0.40	19.55	0.62	1.103	1.832	0.093		−0.18 +0.21	19.58	0.624	1.110	1.829
	1—4	550	200	−30	341.1	0.95	1.035	−4.403	0.147		−0.85	−30.85	0.98	1.032	−4.643	0.151		−0.18	−31.03	0.988	1.031	−4.693
	Σ							0.513	0.302						0.12	0.304						0.042
Ⅱ	2—3	500	150	15	158.4	0.85	1.05	4.708	0.314	−0.40	−0.40	14.60	0.82	1.060	4.503	0.308	−0.21	−0.21	14.39	0.813	1.057	4.362
	2—4	500	200	−20	341.1	0.64	1.103	−1.896	0.095		−0.40 +0.85	−19.55	0.62	1.110	−1.823	0.093		−0.21 +0.18	−19.58	0.624	1.110	−1.829
	4—3	550	250	−40	618.5	0.81	1.06	−2.438	0.061		−0.40	−40.40	0.82	1.062	−2.487	0.062		−0.21	−40.61	0.827	1.055	−2.50
	Σ							0.374	0.470						0.193	0.463						0.033

以Ⅰ环路为例，$\Delta Q = -\dfrac{\sum h_{fi}}{2\sum h_{fi}/Q_i} = -\dfrac{0.513}{2\times 0.302} = -0.85$（L/s）

将 ΔQ 与各管段第一次分配的流量相加，得第二次分配流量。

按上述步骤，重复计算，直到闭合差允许精度。本例题按第 3 次分配流量计算，环路满足闭合差的要求，故第 3 次分配流量即为各管段通过的流量。

应当指出，对于两个闭合环路共用的管段，其流量校正值应为两个闭合环路流量校正值的代数和。校正值符号由所在环路的方向确定。如管段 2—4 为Ⅰ、Ⅱ闭合环路共用的管段，计算第Ⅰ环路管段的校正流量时，除加上第Ⅰ环路求出的校正值外，还应加上Ⅱ环路求出的校正值，其符号由在第Ⅰ环路中的方向确定。

思 考 题

6-1 什么是"长管"和"短管"？在水力计算上有什么区别？

6-2 图（a）为自由出流，图（b）为淹没出流，若在两种出流情况下，作用水头 H、管长 l、管径 d 及沿程阻力系数均相同，试问（1）两管中的流量是否相同？为什么？（2）两管中各相应点的压强是否相同？为什么？

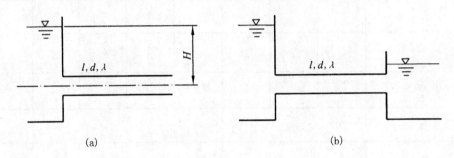

（a） （b）

思考题 6-2 图

习 题

6-1 如图所示的倒虹吸管，管径 $d=1$m，管长 $l=50$m，上下游水面差 $H=2.24$m，若倒虹吸管的沿程阻力系数和局部阻力系数分别为 $\lambda=0.02$，$\zeta_{进}=0.5$，$\zeta_{弯}=0.25$，$\zeta_{出}=1.0$。试求倒虹吸管通过的流量。

6-2 某水泵站有两台水泵，每台流量为 $40\text{m}^3/\text{h}$，由水池吸取 10℃ 的水供给工厂用水，如图所示，池水来自水库，水池与水库之间用直径 $d=150$mm 的输水管相连，管长 $l=60$m，管壁的绝对粗糙度 $\Delta=0.3$mm，管道进口（包括过滤网）的阻力系数 $\zeta_{进口}=5$，管道上装有阀门一个，其局部损失系数 $\zeta_{阀门}=0.5$。试计算水库水面与水池水面的高差 ΔH。

6-3 某水库挡水坝的圆形断面

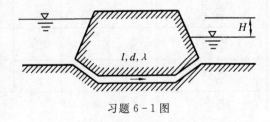

习题 6-1 图

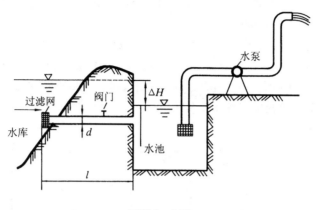

习题 6-2 图

泄水底孔如图所示。孔径 $d=1.0\text{m}$，水库水面至底孔出口中心高度 $H=12.5\text{m}$，当水库泄水时，测得底孔流量 $Q=9.4\text{m}^3/\text{s}$。试求底孔的水头损失系数 ζ（底孔的水头损失可看作一个局部水头损失）。

6-4　某实验室的实验管道如图所示。已知管径 $d=4\text{cm}$，水塔水面和管道出口之间高差 $H=8\text{m}$，管道总水头损失系数 $\sum\lambda\dfrac{l}{d}+\sum\zeta=14.0$。为了增大管道流量，考虑两种措施，即在管道出口 B 处接垂直向下或沿水平方向接一根相同

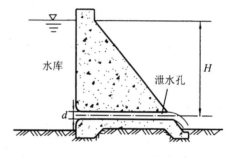

习题 6-3 图

直径的 1.5m 长的橡皮管，如图所示。橡皮管的沿程水头损失系数 $\lambda=0.02$。试问哪一种措施能使管道流量加大？为什么？

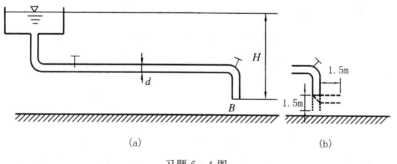

(a)　　　　　　　　　(b)

习题 6-4 图

6-5　图示为用水塔供应 C 处用水，管道为正常管，$n=0.0125$，管径 $d=200\text{mm}$，管长 $l=1000\text{m}$，水塔中水面标高为 $\nabla_T=17\text{m}$，地面标高 $\nabla_C=12\text{m}$，B 处地面标高 $\nabla_B=10\text{m}$，按长管考虑。试问（1）C 处流量 Q 为多少？　（2）当 $Q=$

$0.05\mathrm{m}^3/\mathrm{s}$，$d$ 不变时，水塔水面离地面的高度 H 为多少？（3）若 $Q=0.05\mathrm{m}^3/\mathrm{s}$，水塔高度不变，则管径 d 为多少？

6-6　一管道系统如图，各管段的长度分别为：$l_1=300\mathrm{m}$，$l_2=200\mathrm{m}$，$l_3=400\mathrm{m}$，管径 $d=300\mathrm{mm}$，沿程阻力系数 $\lambda=0.03$，闸阀处 $\zeta_1=5.0$，折管 A、B 处 $\zeta_2=0.3$，$\zeta_3=0.35$。已知 $z_1=9.0\mathrm{m}$，$z_2=14.0\mathrm{m}$，$p_\mathrm{m}=200\mathrm{kN/m}^2$。试计算管道通过的流量并绘制总水头线和测压管水头线。

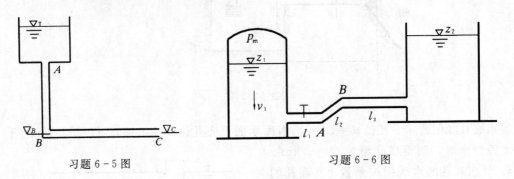

习题 6-5 图　　　　　　　　　　习题 6-6 图

6-7　定性绘出图中各管道的总水头线和测压管水头线。

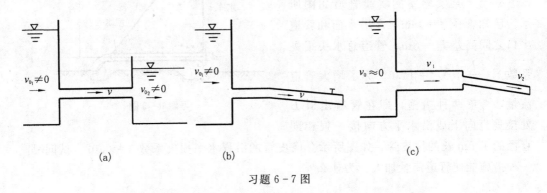

（a）　　　　　　　　　（b）　　　　　　　　　（c）

习题 6-7 图

6-8　如图所示虹吸管连接两水池，已知：上、下游水位差 $z=2\mathrm{m}$，管长 $l_1=2\mathrm{m}$，$l_2=5\mathrm{m}$，$l_3=3\mathrm{m}$，管径 $d=200\mathrm{mm}$，上游水面至管顶高度 $\Delta h=1\mathrm{m}$，沿程水头损失系数 $\lambda=0.026$，进口莲蓬头的局部水头损失系数 $\zeta_1=5.0$，每个弯头的局部水头损失系数 $\zeta_2=0.2$。试求（1）虹吸管中的流量 Q；（2）压强最低点位置及最大真空度。

6-9　有一水泵将水抽至水塔，如图所示。已知动力机的功率为 $100\mathrm{kW}$，抽水机流量 $Q=100\mathrm{L/s}$，吸水管长 $l_1=30\mathrm{m}$，压水管长 $l_2=500\mathrm{m}$，管径 $d=300\mathrm{mm}$，管道的沿程水头损失系数 $\lambda=0.03$，水泵允许真空值为 $6\mathrm{m}$ 水柱高，动力机及水泵的总效率为 0.75，局部水头损失系数：$\zeta_{进口}=6.0$，$\zeta_{弯头}=0.4$。试求（1）水泵的提水高度 z；（2）水泵的最大安装高度 h_s。

6-10　一直径为 d 的水平直管从水箱引水，如图所示，已知管径 $d=0.1\mathrm{m}$，管长 $l=50\mathrm{m}$，$H=4\mathrm{m}$，进口局部水头损失系数 $\zeta_1=0.5$，阀门局部水头损失系数 $\zeta_2=$

2.5，今在相距为 10m 的断面 1—1 及断面 2—2 间接一水银压差计，其液面差 Δh = 4cm。试求通过水管的流量 Q。

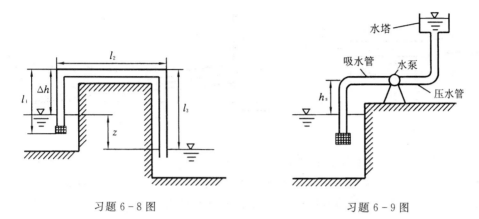

习题 6-8 图　　　　　　　　　　　　习题 6-9 图

6-11　图示为一水平管道恒定流，水箱水头为 H，已知管径 d = 10cm，管长 l = 15m，进口局部水头损失系数 ζ = 0.5，沿程水头损失系数 λ = 0.022，在离出口 10m 处安装测压管测得测压管水头 h = 2m。今在管道出口处加上直径为 5cm 的管嘴，设管嘴的水头损失忽略不计，试问此时测压管的水头 h 变为多少？

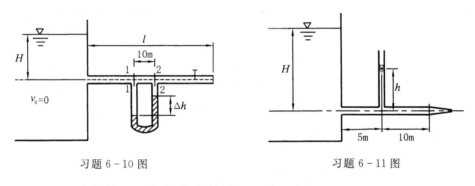

习题 6-10 图　　　　　　　　　　　习题 6-11 图

6-12　一直径沿程不变的输水管道，连接两水池，如图所示，已知管道直径 d = 0.3m，全管长 l = 90m，沿程水头损失系数 λ = 0.03，进口局部水头损失系数 ζ_1 = 0.5，折弯局部水头损失系数 ζ_2 = 0.3，出口局部水头损失系数 ζ_3 = 1.0，出口在下游水面以下深度 h_2 = 2.3m，同时在距出口 30m 处接一 U 形水银测压计，其液面差 Δh = 0.5m，较低的水银液面距离管轴 1.5m。试确定（1）通过管道的流量 Q 以及两水池水面差 z；（2）定性绘出总水头损失线及测压管水头线。

6-13　已知管道的沿程水头损失系数 λ = 0.011，d_1 = 1m，l_1 = 100m，d_2 = 0.5m，l_2 = 200m，d_3 = 0.25m，l_3 = 300m，进口局部损失系数 ζ_1 = 0.5，闸门 A 局部损失系数 ζ_2 = 0.5，闸门 K 和出口局部损失系数 ζ_3 = 1.5，水头 H = 100m。试求（1）通过管道的流量 Q；（2）定性绘制管道中的总水头线及测压管水头线。

6-14　有一串联管道如图所示，已知 H_1 = 20m，H_2 = 10m，d_1 = 0.2m，d_2 = 0.3m，d_3 = 0.1m，l_1 = l_2 = l_3 = 150m，沿程水头损失系数分别为 λ_1 = 0.016，λ_2 =

0.014，$\lambda_3 = 0.02$。试确定总流量 Q。

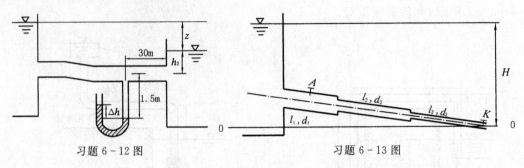

习题 6-12 图　　　　　　　　　习题 6-13 图

6-15　图示为一并联管道，其中 $d_1 = 300$mm，$l_1 = 1200$m，$d_2 = 400$mm，$l_2 = 1600$m，$d_3 = 250$mm，$l_3 = 1200$m，各管的糙率 $n = 0.0125$。如管道的总流量 $Q = 0.2$m³/s。试求各管所通过的流量 Q_i 和 AB 间的水头损失 h_f。

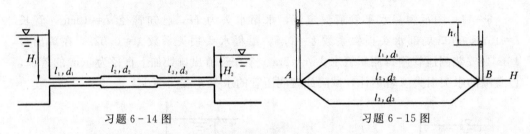

习题 6-14 图　　　　　　　　　习题 6-15 图

6-16　有一沿程均匀泄流管道 AB，如图所示，长 $l = 1000$m，AB 段单位长度上泄出的总流量 Q_2 均等于 0.11m³/s。当通过流量 Q_1 等于 0 时，AB 段水头损失 $h_f = 0.8$m。试求当通过流量 $Q_1 = 100$L/s 时的 AB 段水头损失。

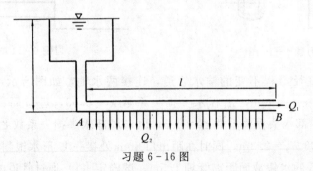

习题 6-16 图

第七章 明渠恒定流

基本要求：(1) 掌握明渠恒定均匀流的特征及其产生条件。

(2) 正确理解水力最佳断面及允许流速的基本概念，牢固掌握明渠恒定均匀流各类问题的水力计算方法及复式断面的水力计算。

(3) 熟练掌握明渠流3种流态的判别，理解并掌握明渠恒定非均匀流中断面比能、临界水深、临界底坡的概念。

(4) 掌握明渠恒定非均匀渐变流水面曲线的分析与绘制及定量计算的方法。

本章重点：(1) 明渠恒定均匀流的特征及其产生条件、梯形断面的水力要素、水力最佳断面及允许流速的基本概念。

(2) 牢记明渠恒定均匀流的基本公式，熟练进行明渠恒定均匀流的水力计算。

(3) 明渠流3种流态的判别方法和相应的概念，弗劳德数 Fr 的物理意义。

(4) 断面比能及断面比能曲线、临界水深及计算、临界底坡概念。

(5) 水跃现象和共轭水深计算。

(6) 明渠恒定非均匀渐变流水面曲线的定性分析与绘制。

(7) 明渠恒定非均匀渐变流水面曲线的计算方法。

第一节 概　　述

明渠是一种具有自由表面水流的渠道。根据它的形成可分为天然渠道和人工渠道。前者如天然河道；后者如人工渠道（输水渠道、排水渠）、运河及未充满水流的管道等。明渠水流的水力计算是水利工程计算中一个重要的组成部分。如拦河筑坝形成的水库，需要计算上游河道中水面的壅水长度，以估计淹没影响的范围；开挖溢洪道需要确定其输水能力，以宣泄多余的洪水；修建渠道应有合理的断面尺寸等，这些都需要掌握明渠水流的运动规律，研究明渠水流的计算方法，为规划设计提供科学依据。

资源 7-1
明渠

明渠水流与第六章中的有压管流不同，它具有自由表面，表面上各点受大气压强作用，其相对压强为 0，所以又称为无压流。

明渠水流由于自由表面不受约束，即上边界不固定，因此较有压管流要复杂得多。明渠水流根据其运动要素是否随时间变化，分为明渠恒定流和明渠非恒定流。本章只讨论明渠恒定流。明渠恒定流中根据其运动要素是否沿程变化，又可分为明渠恒定均匀流和明渠恒定非均匀流。本章按照由简单到复杂，由特殊到一般的原则，先讨论明渠恒定均匀流，然后讨论明渠恒定非均匀流。

由于过水断面形状、尺寸与底坡的变化对明渠水流运动有重要影响，因此在水力学中把明渠分成以下类型：

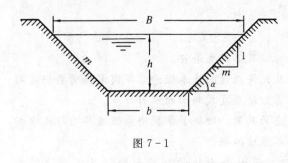

图 7-1

（1）按照过水断面的形状不同，将明渠分为梯形渠道、矩形渠道、半圆形渠道和 U 形渠道等。

梯形断面是实际工程中渠道最常采用的断面形式，如图 7-1 所示。

渠道过水断面的水力要素主要有渠道底宽 b、水深 h、水面宽 B、湿周 χ、水力半径 R、边坡系数 m 和过水断面面积 A。其中边坡系数 $m =$ cotα（α 为渠道边壁与水平面的夹角，如图 7-1 所示）。m 的大小由渠道的边壁材料或护面材料确定，表 7-1 列出的各种岩土的边坡系数 m 值可供参考。这些水力要素之间有如下关系：

水面宽度 $$B = b + 2mh \tag{7-1}$$

过水断面面积 $$A = (b + mh)h \tag{7-2}$$

湿周 $$\chi = b + 2h\sqrt{1 + m^2} \tag{7-3}$$

水力半径 $$R = \frac{A}{\chi} = \frac{(b + mh)h}{b + 2h\sqrt{1 + m^2}} \tag{7-4}$$

其他形式的断面，可根据一定的几何关系，求出过水断面的诸水力要素之间的关系。

表 7-1　　　　　　　　　各种岩土的边坡系数 m

岩土种类	边 坡 系 数	
	水下部分	水上部分
未风化的岩石	0.1～0.25	0
风化的岩石	0.25～0.5	0.25
半岩性耐水土壤	0.5～1	0.5
卵石和砂砾	1.25～1.5	1
黏土、硬或半硬黏壤土	1～1.5	0.5～1
松软黏壤土、砂壤土	1.25～2	1～1.5
细砂	1.5～2.5	2
粉砂	3～3.5	2.5

（2）按照断面的形状和尺寸沿程是否变化，将渠道分为棱柱体渠道和非棱柱体渠道。

凡是断面形状及尺寸沿程不变的长直渠道，称为棱柱体渠道，否则称为非棱柱体

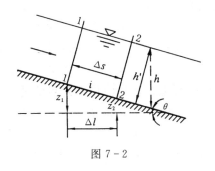

图 7-2

渠道。前者的过水断面面积 A 仅随水深 h 而变化，即 $A=f(h)$；后者的过水断面面积不仅随水深变化，还随着流程 s 变化，即 $A=f(h,s)$。

（3）按照渠道底坡的大小不同，可将渠道分为顺坡渠道、平坡渠道和逆坡渠道。

渠道底坡是指渠底的高差 Δz 与相应渠长 Δs 的比值，如图 7-2 所示，即

$$i=\frac{z_1-z_2}{\Delta s}=\sin\theta \qquad (7-5)$$

一般规定，$i>0$ 为顺坡（正坡）；$i=0$ 为平坡；$i<0$ 为逆坡（负坡或反坡）。

由于土渠的底坡都很小，实际工程中为方便计算，当 $\theta\leqslant6°$ 时，常用铅垂方向的水深 h 代替真实水深 h'，用渠段的水平投影长度 Δl 代替渠段的实际长度 Δs，即

$$i=\frac{\Delta z}{\Delta l}=\tan\theta \qquad (7-6)$$

由此引起的误差均小于 1%。但是当底坡很大时，将会引起显著的误差。

第二节　明渠恒定均匀流

明渠恒定均匀流是明渠水流中最基本和最简单的流动，其理论除了应用于明渠过流能力的分析和明渠断面的设计外，同时也是明渠恒定渐变流理论的重要基础。

一、明渠恒定均匀流特征及其形成条件

1. 明渠恒定均匀流特征

明渠恒定均匀流是平行直线流动，是一种特殊的流动，因此具有以下特征：

（1）过水断面的形状、尺寸、水深、流量、流速及流速分布沿程不变。

（2）总水头线、水面线及底坡线三者相互平行，即 $J=J_p=i$。

（3）水流阻力 T 与水流重力在流动方向的分力 $G\sin\theta$ 相平衡，即 $T=G\sin\theta$。

特征（3）可说明如下：

在图 7-3 所示的均匀流中取断面 1—1 和断面 2—2 间的水体，写出力的平衡关系：

$$P_1-P_2+G\sin\theta-T=0$$

由于均匀流过水断面的形状、大小和压强沿程不变，则式中的 $P_1=P_2$，于是得

$$T=G\sin\theta$$

2. 明渠恒定均匀流形成条件

由于明渠恒定均匀流具有以上特征，因此它的形成就必须具备以下条件：

（1）必须是恒定流，且流量沿程不变。

（2）必须是长而直的棱柱体顺坡渠道。

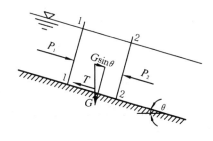

图 7-3

（3）粗糙系数 n 沿程不变，渠道中无建筑物或障碍物的干扰。

由此可见，形成明渠恒定均匀流的条件是非常苛刻的。实际工程中大多数明渠中的水流都是非均匀流。但是，当顺直棱柱体渠道中为恒定流时，如果流量沿程不变，只要渠道足够长，在离开渠道进口、出口或建筑物一定距离的渠段中，水流总有形成均匀流的趋势。图 7-4 所示为自水库引水的棱柱体渠道，在闸门局部开启的情况下水流自闸下流出，在水库水头作用下，流速较大，因此水流的阻力也较大，且 $T >$ $G\sin\theta$，则水流作减速运动。随着流速的减小，根据连续性原理，过水断面面积和水深将沿程增加，呈现非均匀流的特征。由于流速的减小，水流阻力 T 也沿程减小。在水流运动到一定距离之后，$T = G\sin\theta$，此时流速不再减小，过水断面面积和水深也将沿程不变，呈现出均匀流的特征。由以上分析可知，在平坡和逆坡渠道中不可能产生均匀流，即使在顺坡渠道中，也很难形成均匀流。因此严格地说，没有真正意义的明渠恒定均匀流。但实际工程中对于一些顺直的棱柱体人工渠道以及比较顺直、断面形状和尺寸、边壁糙率等沿程变化不大的天然河道近似地按均匀流处理。

为了区别于明渠恒定非均匀流的水深，称明渠恒定均匀流水深为正常水深，用 h_0 表示。

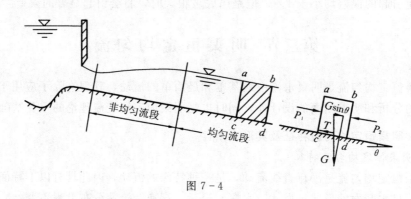

图 7-4

二、明渠恒定均匀流基本公式

由于明渠水流一般属紊流阻力平方区，所以明渠恒定均匀流的基本公式为连续方程和谢才公式：

$$Q = vA \quad 和 \quad v = C\sqrt{RJ}$$

于是
$$Q = AC\sqrt{RJ}$$

由于均匀流中，$J = i$，所以上式还可写为

$$Q = AC\sqrt{Ri} \quad 或 \quad Q = K\sqrt{i} \tag{7-7}$$

式中：K 为流量模数。

上式即为明渠恒定均匀流的基本公式。

三、明渠恒定均匀流水力计算中的几个问题

1. 糙率 n 的选取

由基本公式 $Q = AC\sqrt{Ri}$ 可以看出，谢才系数 C 的大小对流量 Q 有一定的影响，

而由曼宁公式 $C=\dfrac{1}{n}R^{1/6}$ 可以看出，水力半径 R 对 C 的影响远比糙率 n 小得多，即 C 的大小主要取决于糙率 n 值的选取。在渠道设计中，如果选用的 n 值偏小，则设计的渠道断面偏小，不能通过设计流量，即实际过流能力达不到设计要求。如果要通过设计流量，因渠道断面尺寸不足，则易发生水流漫溢而造成事故。同时还可能使实际流速小于允许值，造成水中泥沙淤积。如果选用的 n 值偏大，则可能造成过水断面过大，工程投资增加，还可能使实际流速超过允许值，引起渠道冲刷。n 值的选取还应考虑渠道的施工质量、养护条件、渠壁粗糙变化情况等。有资料表明，n 值与流量、水深及水流含沙量有关。所以，在工程实际中，应结合实际情况，慎重选用 n 值。表 7-2 给出了部分渠道与河道的糙率 n 值，设计中可供参考。

表 7-2　　　　　　　　　部分渠道及河道的糙率 n 值

壁面情况		表面粗糙情况		
		较好	正常	较差
土渠	1. 清洁、形状正常	0.020	0.0225	0.025
	2. 不通畅、并有杂草	0.027	0.030	0.035
	3. 渠线略有弯曲、有杂草	0.025	0.030	0.033
	4. 挖泥机挖成的土渠	0.0275	0.030	0.033
	5. 砂砾渠道	0.025	0.027	0.030
	6. 细砾石渠道	0.027	0.030	0.033
	7. 土底、石砌坡岸渠	0.030	0.033	0.035
	8. 不光滑的石底、有杂草的坡	0.030	0.035	0.040
石渠	1. 清洁的、形状正常的凿石渠	0.030	0.033	0.035
	2. 粗糙、断面不规则的凿石渠	0.04	0.045	
	3. 光滑而均匀的石渠	0.025	0.035	0.040
	4. 精细地开凿的石渠		0.02~0.025	
各种材料护面的渠道	1. 三合土（石灰、沙、煤灰）护面	0.014	0.016	
	2. 浆砌砖护面	0.012	0.015	0.017
	3. 条石砌面	0.013	0.015	
	4. 浆砌块石护面	0.017	0.025	0.030
	5. 干砌块石护面	0.023	0.032	0.035
混凝土渠道	1. 抹灰的混凝土或钢筋混凝土护面	0.011	0.012	0.013
	2. 无抹灰的混凝土或钢筋混凝土护面	0.013	0.014~0.015	0.017
	3. 喷浆护面	0.016	0.018	0.021
木质渠道	1. 刨光木板	0.012	0.013	0.014
	2. 未刨光木板	0.013	0.014	0.015

壁 面 情 况			表面粗糙情况		
			较好	正常	较差
小河（洪水期水面宽小于30m）	平原河道	1. 清洁、顺直、无沙滩或深潭	0.025	0.030	0.033
		2. 同上，但多乱石及杂草	0.030	0.035	0.040
		3. 清洁、弯曲、有些浅滩和潭坑	0.033	0.040	0.045
		4. 同3，但有些杂草及乱石	0.035	0.045	0.050
		5. 同4，水深较浅，底坡多变，回流较多	0.040	0.048	0.055
		6. 同4，但较多乱石	0.045	0.050	0.060
		7. 有滞流河段，多杂草，有深潭	0.050	0.070	0.080
		8. 杂草很多的河段，有深潭和林木滩地上的过洪	0.070	0.100	0.150
	山区河流（河槽无植物，河岸较陡，高水位时岸坡上树木淹没）	1. 河床：砾石、卵石及少许孤石	0.030	0.040	0.050
		2. 河床：卵石及大孤石	0.040	0.050	0.070
大河（洪水期水面宽大于30m）由于河岸阻力较小，n值略小于前述同样情况的河道		一、断面较整齐，无孤石或丛木	0.025	0.030	0.060
		二、断面不整齐，河床粗糙	0.035	0.035	0.100
洪水期滩地漫流	草滩地，无草丛	1. 有矮杂草	0.025	0.030	0.035
		2. 有高杂草	0.030	0.035	0.050
	有耕种的滩地	1. 未熟的农作物	0.020	0.030	0.040
		2. 已熟的成行农作物	0.025	0.035	0.045
		3. 已熟的密植农作物	0.030	0.040	0.050
	矮草丛和灌木丛	1. 稀疏，多杂草	0.035	0.050	0.070
		2. 不太密，夏季情况	0.040	0.060	0.080
		3. 较密，夏季情况	0.070	0.100	0.160
	树木	1. 平整过的土地，有树木，但未抽新枝	0.030	0.040	0.050
		2. 同上，树干多新枝	0.050	0.060	0.080
		3. 密林，树下少植物，洪水位在树下	0.080	0.100	0.120
		4. 密林，树下少植物，洪水位淹没树枝	0.100	0.120	0.160

　　实际工程中，常常会遇到断面周界上糙率不同的渠道。如图7-5所示的渠道，渠底为浆砌块石，边坡采用混凝土衬护，有时甚至两个边坡采用不同的衬护；天然河道的主槽与河滩的糙率一般也不相同。此时取任何一部分的糙率代表总糙率都不能反映实际阻力情况。为了反映不同糙率及其相应湿周对水流的综合阻力作用，水力学中

通常采用综合糙率的概念。根据不同的理论和假设，有不同的综合糙率计算公式。下面介绍几个公式以供参考。

$$n_r = \frac{n_1\chi_1 + n_2\chi_2 + \cdots + n_n\chi_n}{\chi_1 + \chi_2 + \cdots + \chi_n} \qquad (7-8)$$

或

$$n_r = \sqrt{\frac{n_1^2\chi_1 + n_2^2\chi_2 + \cdots + n_n^2\chi_n}{\chi_1 + \chi_2 + \cdots + \chi_n}} \qquad (7-9)$$

或

$$n_r = \left(\frac{n_1^{3/2}\chi_1 + n_2^{3/2}\chi_2 + \cdots + n_n^{3/2}\chi_n}{\chi_1 + \chi_2 + \cdots + \chi_n}\right)^{2/3} \qquad (7-10)$$

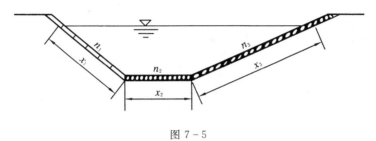

图 7-5

2. 水力最佳断面和实用经济断面

（1）水力最佳断面。在渠道底坡、糙率和流量一定时，渠道断面形状及大小的设计可有多种选择方案。从水力学角度考虑，总是希望在流量 Q、糙率 n 和底坡 i 一定的情况下，所设计的渠道断面面积最小；或者在断面面积 A、糙率 n 和底坡 i 一定的情况下，所设计的过水断面形状能使渠道通过的流量最大。将这种过水断面称为水力最佳断面。下面由明渠恒定均匀流基本公式分析水力最佳断面的条件。

明渠恒定均匀流基本公式为

$$Q = AC\sqrt{Ri}$$

其中 $C = \dfrac{1}{n}R^{1/6}$，$R = \dfrac{A}{\chi}$；将其代入基本公式并整理得

$$Q = \frac{i^{1/2}A^{5/3}}{n\chi^{2/3}} = f(i,\ n,\ A,\ \chi) \qquad (7-11)$$

由上式可知，渠道输水能力 Q 的大小取决于底坡 i、糙率 n、断面面积 A 和湿周 χ。设计中底坡 i 一般随地形条件而定，糙率 n 取决于渠壁的材料。因此，在 i 和 n 给定的前提下，流量 Q 取决于断面面积 A 和湿周 χ。当断面面积 A 一定时，Q 随 χ 的减小而增加。由此可知，当断面面积 A 给定时，湿周 χ 最小的断面，通过的流量 Q 最大。由此也可以说明，水力最佳断面是断面面积 A 一定时湿周 χ 最小的断面。由几何学可知，面积为定值时，边界周长最小的几何图形是圆形，所以管道的断面形状一般都为圆形。对于渠道，若设计成圆形或半圆形，则施工困难，除了在钢筋混凝土或钢丝网水泥渡槽中采用外，一般应用很少。在土壤中开挖的渠道，一般都采用梯形断面，因为梯形断面比较接近半圆形。下面分析在已定边坡 m 前提下梯形断面的水力最佳断面条件。

由梯形断面面积公式 $\qquad A=(b+mh)h$

解得 $\qquad b=\dfrac{A}{h}-mh$

将上式代入湿周公式 $\qquad \chi=b+2h\sqrt{1+m^2}$

得 $\qquad \chi=\dfrac{A}{h}-mh+2h\sqrt{1+m^2}$ $\qquad(7-12)$

前已述及，水力最佳断面是断面面积 A 一定时湿周 χ 最小的断面。因此，只需求上式的极小值即可，即

$$\dfrac{\mathrm{d}\chi}{\mathrm{d}h}=-\dfrac{A}{h^2}-m+2\sqrt{1+m^2} \qquad(7-13)$$

再求二阶导数，得

$$\dfrac{\mathrm{d}^2\chi}{\mathrm{d}h^2}=2\dfrac{A}{h^3}>0$$

故有 $\chi_{\min}$ 存在。将面积表达式代入式（7-13）并求解，得宽深比为

$$\beta_m=\dfrac{b}{h}=2(\sqrt{1+m^2}-m) \qquad(7-14)$$

上式就是梯形的水力最佳断面的条件。由此可见，梯形水力最佳断面的宽深比 β_m 仅是边坡系数 m 的函数。

又 $\qquad R=\dfrac{A}{\chi}=\dfrac{(b+mh)h}{b+2h\sqrt{1+m^2}}$

由式（7-14）得 $b=2h(\sqrt{1+m^2}-m)$，代入上式，解得

$$R=\dfrac{h}{2} \qquad(7-15)$$

由此可得，在任何边坡系数 m 的情况下，梯形水力最佳断面的水力半径 R 为水深 h 的一半。

对于矩形断面，由 $m=0$，代入式（7-14）得矩形水力最佳断面的宽深比为

$$\beta_m=2 \quad 或 \quad b=2h \qquad(7-16)$$

由此说明，矩形水力最佳断面的底宽 b 为水深 h 的两倍。

（2）实用经济断面。应当指出，以上讨论的水力最佳断面的概念仅仅是从水力学角度提出的。在实际工程中还必须依据工程造价、施工技术、管理要求和养护条件等来综合考虑和比较、选择最经济合理的断面形式。对于小型渠道，工程造价主要取决于土方量，因此水力最佳断面可以是渠道的经济断面，按水力最佳断面的设计是合理的。对于较大型渠道，按水力最佳断面设计的渠道往往是渠底窄而水深深的断面形式。例如当 $m>0.75$ 时，由式（7-14）求出的宽深比 $\beta_m=\dfrac{b}{h}<1$，这类渠道的施工需要深挖高填，施工开挖工程量及费用大，管理也不方便；再者，当流量改变时水深变化较大，给灌溉、航运带来不便。因此，对这类渠道来讲，水力最佳断面就未必是渠道的经济断面。工程中常采用实用经济断面来设计这类渠道。实用经济断面应满足

的条件是①在一定范围内取较大的宽深比 β 值；②在该宽深比下设计的渠道过水断面面积十分接近水力最佳断面面积。根据式（7-11），在相同的流量 Q、糙率 n 和底坡 i 条件下，实用经济断面与水力最佳断面的水力要素之间有如下关系：

$$\left(\frac{A}{A_m}\right)^{5/2}=\frac{\chi}{\chi_m}=\frac{h(\beta+2\sqrt{1+m^2})}{h_m(\beta_m+2\sqrt{1+m^2})}$$

且

$$\frac{A}{A_m}=\frac{h^2(\beta+m)}{h_m^2(\beta_m+m)}$$

可得

$$\frac{h}{h_m}=\left(\frac{A}{A_m}\right)^{5/2}\left[1-\sqrt{1-\left(\frac{A_m}{A}\right)^4}\right] \tag{7-17}$$

$$\beta=\left(\frac{h_m}{h}\right)^2\left(\frac{A}{A_m}\right)(2\sqrt{1+m^2}-m)-m \tag{7-18}$$

式中：有下标 m 的各参量表示水力最佳断面的水力要素。

式（7-17）和式（7-18）为实用经济断面的计算公式。联立式（7-17）和式（7-18）计算出不同 $\dfrac{h}{h_m}$ 和 m 时的 β，并列于表 7-3 中，由表 7-3 可知，当 $\dfrac{h}{h_m}$ 为 $0.822\sim0.683$，即 $h=(0.822\sim0.683)h_m$ 时，将此式代入式（7-18），由此求得的宽深比 β 值总是大于 1，这就满足了实用经济断面的要求。

表 7-3   实用经济断面水力计算表

m	h/h_m				
	1.00	0.822	0.760	0.718	0.683
0.00	2.000	2.992	3.530	3.996	4.462
0.25	1.561	2.459	2.946	3.368	3.790
0.50	1.236	2.097	5.564	2.968	3.373
0.75	1.000	1.868	2.339	2.764	3.154
1.00	0.828	1.734	2.226	2.652	3.078
1.25	0.704	1.673	2.199	2.654	3.109
1.50	0.608	1.653	2.221	2.712	3.202
1.75	0.528	1.658	2.271	2.802	3.332
2.00	0.480	1.710	2.377	2.955	3.533
2.50	0.380	1.808	2.583	3.254	3.925
3.00	0.320	1.967	2.860	3.633	4.407

3. 渠道允许流速

一条设计合理的渠道，除了考虑上述水力最佳条件及经济因素之外，还应使渠道的设计流速不能大到使渠床遭受冲刷，也不能小到使水中悬浮的泥沙发生淤积，而应当是既不冲刷、也不淤积的流速。因此，在渠道的设计中，要求渠中的流速 $v_\text{允}$ 在不冲、不淤的允许流速范围之内，具体如下：

（1）$v_允 < v_{不冲}$，$v_{不冲}$就是使渠底或边坡上的土壤颗粒被冲动，引起渠道冲刷的流速，称为不冲允许流速。$v_{不冲}$的大小主要取决于土质情况，即土壤颗粒的大小、种类和密实程度，或取决于渠道的衬砌材料以及渠中流量等因素。表 7-4 为陕西省水利厅 1965 年总结的各种渠道的不冲允许流速，可供设计明渠时选用。

表 7-4　　　　　　　　　　渠道的不冲允许流速

岩石或护面种类		渠道流量/（m³/s）		
		<1.0	1~10	>10.0
坚硬岩石和人工护面渠道	软质水成岩（泥灰岩、页岩、软砾岩）	2.5	3.0	3.5
	中等硬质水成岩（致密砾岩、多孔石灰岩、层状石灰岩、白云石灰岩、灰质砂岩）	3.5	4.25	5.0
	硬质水成岩（白云砂岩，砂质石灰岩）	5.0	6.0	7.0
	结晶岩，火成岩	8.0	9.0	10.0
	单层块石铺砌	2.5	3.5	4.0
	双层块石铺砌	3.5	4.5	5.0
	混凝土护面	6.0	8.0	10.0

土质渠道	土 质		不冲允许流速/（m/s）		说　　　明
	均质黏性土	轻壤土	0.60~0.80		（1）均质黏性土各种土质的干容重为 12.75~16.67kN/m³。
		中壤土	0.65~0.85		
		重壤土	0.70~1.0		
		黏土	0.75~0.95		（2）表中所列为水力半径 $R=1$m 的情况。当 $R \neq 1$m 时，应将表中数值乘以 R^α 才得相应的不冲允许流速。
	土 质	粒径/mm	不冲允许流速/（m/s）		
	均质无黏性土	极细土	0.05~0.1	0.35~0.45	对于砂、砾石、卵石和疏松的壤土、黏土，$\alpha = 1/4~1/3$，对于密实的壤土、黏土，$\alpha = 1/5~1/4$
		细砂、中砂	0.25~0.1	0.45~0.60	
		粗砂	0.5~2.0	0.60~0.75	
		细砾石	2.0~5.0	0.75~0.90	
		中砾石	5.0~10.0	0.90~1.10	
		粗砾石	10.0~20	1.10~1.30	
		小卵石	20.0~40	1.30~1.80	
		中卵石	40.0~60	1.80~2.20	

（2）$v_允 > v_{不淤}$，$v_{不淤}$是指维持水中的泥沙不致落淤的最小垂线平均流速。其值与泥沙的密度、粒径和水深有关。这个条件主要是对含有泥沙的渠道水流考虑的。当含有泥沙的渠道水流流速小于 $v_{不淤}$时，泥沙将淤积在渠道中，同时还会使杂草滋生，从而影响渠道的过水能力。$v_{不淤}$的大小与水流条件及水流的挟沙特性等多方面因素有关，可查阅有关手册确定。

最后指出，如果渠道水力计算的结果，发现 $v_允 > v_{不冲}$或 $v_允 < v_{不淤}$，就应设法调整。根据谢才公式，v与 i、R 和 n 有关。就渠道底坡 i 而言，为了减少土石方数量，i 应尽可能与地面坡度一致。但如有必要，而且地形条件允许，也可改变渠线，使之

延长或缩短，或者用跌水集中地面高差，来达到改变 i 的要求。另一方面，为了满足 $v_{不冲} > v_{允} > v_{不淤}$ 条件，也可通过改变 $v_{不冲}$ 或 $v_{不淤}$ 来实现。例如在渠首设置沉沙池、渠道护面等就具有这种作用。

例 7-1 一梯形断面明渠，建在重壤土地段，已知底坡 $i=0.0002$，边坡系数 $m=1.25$，粗糙系数 $n=0.025$，需要通过的设计流量 $Q=2\text{m}^3/\text{s}$。试按水力最佳断面的条件设计渠道断面，并校核渠中流速（已知渠道的 $v_{不淤}=0.4\text{m/s}$）。

解：

（1）按水力最佳断面的条件设计渠道断面。由式（7-14）求出水力最佳断面的宽深比为

$$\beta_m = \frac{b}{h} = 2(\sqrt{1+m^2}-m) = 2 \times (\sqrt{1+1.25^2}-1.25) = 0.702$$

由此得 $b=0.702h$，$A=(b+mh)h=1.95h^2$，$R=0.50h$，$C=\frac{1}{n}R^{1/6}=35.64h^{1/6}$。

将以上各式代入基本公式，得

$$Q = AC\sqrt{Ri} = 0.69h^{8/3} \quad \text{或} \quad h = \left(\frac{Q}{0.69}\right)^{3/8}$$

将已知条件 $Q=2\text{m}^3/\text{s}$ 代入上式可求得 $h=1.49\text{m}$，则

$$b = 0.702h = 1.05(\text{m})$$

（2）校核渠中流速。由表 7-4 查得 $R=1.0\text{m}$ 时的 $v'_{不冲}=(0.70\sim1.0)$ m/s，对所设计的水力最佳断面 $R=\frac{h}{2}=\frac{1.49}{2}=0.745$（m）；取 $\alpha=\frac{1}{4}$，则

$$v_{不冲} = v'_{不冲}R^\alpha = (0.70\sim1.0) \times 0.745^{1/4} = (0.65\sim0.93)\text{m/s}$$

已知不淤允许流速 $v_{不淤}=0.4\text{m/s}$，渠中断面平均流速为

$$v = \frac{Q}{A} = \frac{2}{(1.05+1.25\times1.49)\times1.49} = 0.46(\text{m/s})$$

故 $v_{不冲} > v > v_{不淤}$，所设计的断面满足渠道不冲刷不淤积的条件。

四、明渠恒定均匀流水力计算的基本问题

将明渠恒定均匀流基本公式（7-7）写为

$$Q = AC\sqrt{Ri} = f(b, h_0, m, i, n) \tag{7-19}$$

可见，式中包含有 Q、b、h_0、m、i、n 6 个变量，其中 m、n 根据渠道护面材料的种类先由经验方法确定，其余的 4 个变量 Q、b、h、i 一般是根据渠道所担负的任务、施工条件、地形及地质状况等，先选定其中的 3 个，然后应用式（7-7）求另一个。这样明渠恒定均匀流的水力计算主要有以下 3 种基本类型，现以最常用的梯形断面渠道为例分述如下：

（1）验算渠道的输水能力，即已知公式中的 b、h_0、m、n、i，求 Q。这类问题主要是对已经建成的渠道进行校核性的水力计算，可直接应用式（7-7）计算。

（2）决定渠道底坡，即已知公式中的 Q、b、h_0、m、n，求 i。这类问题在渠道

的设计中也经常遇到。在这种情况下，先求出流量模数 $K=AC\sqrt{R}$，再按式（7-7）直接求出渠道底坡。即

$$i=\frac{Q^2}{K^2}$$

（3）决定渠道断面尺寸，即已知公式中的 Q、m、i、n，求 b、h_0。在设计一条新渠道时，一般已知流量 Q、渠道底坡 i、边坡系数 m 及粗糙系数 n，求渠道断面尺寸 b 和 h。从式（7-19）可知，6个变量 b，h_0，m，i，n，Q 中仅知其中4个变量，需求两个变量 b 和 h_0，可能有许多 b 和 h_0 的组合能够满足这个方程式。实际工程中，一般根据工程要求及经济条件，先定出渠道的底宽 b、或水深 h_0、或者宽深比 β。有时还可选定渠道的允许流速 $v_允$，再求变量 b 和 h_0。下面分别说明：

1）已知 Q、b、m、i、n，求 h_0。将断面面积 $A=(b+mh_0)h_0$、湿周 $\chi=b+2h_0\sqrt{1+m^2}$、粗糙系数 $C=\frac{1}{n}R^{1/6}$、水力半径 $R=\frac{A}{\chi}=\frac{(b+mh_0)h_0}{b+2h_0\sqrt{1+m^2}}$ 代入基本公式 $Q=AC\sqrt{Ri}$ 中，整理可得

$$Q=(b+mh_0)h_0\frac{1}{n}\left[\frac{(b+mh_0)h_0}{b+2h_0\sqrt{1+m^2}}\right]^{2/3}\sqrt{i}$$

上式中虽然只有一个未知数 h_0，但为一高阶的隐函数方程，直接求解很困难，通常采用试算法、试算法-图解法、查图法和迭代法求解，下面以例说明。

例 7-2 有一断面为梯形的灌溉干渠，采用浆砌块石衬砌，渠道底宽 $b=5\text{m}$，根据地形情况，底坡 $i=0.0006$，边坡系数 $m=1.5$，干渠设计流量 $Q=9.5\text{m}^3/\text{s}$。试按均匀流计算渠道水深 h_0。

解：

由题意，渠壁采用浆砌块石衬砌，查表 7-2 得 $n=0.025$。

（1）试算法。设 $h_0=1.0\text{m}$，代入式（7-7）计算得 $Q_1=5.28\text{m}^3/\text{s}$，与所给流量 $Q=9.5\text{m}^3/\text{s}$ 不等。再设 $h_0=1.5\text{m}$，计算得 $Q_2=10.98\text{m}^3/\text{s}$，$Q_2\neq Q$。设 $h_0=1.39\text{m}$，计算得 $Q_3=9.5\text{m}^3/\text{s}$。可见 $Q_3=Q$，即 $h_0=1.39\text{m}$ 为所求。

（2）试算法-图解法。试算法-图解法一般借助于 $Q-h_0$ 曲线进行计算。即假设一系列的 h_0 值（一般不少于4个），代入基本公式（7-7），求出相应的流量 Q，并点绘 $Q-h_0$ 曲线，在曲线上由已知的 Q 查得所对应的 h_0。在本例题中，计算过程见表 7-5，$Q-h_0$ 曲线如图 7-6 所示。由曲线查得，$Q=9.5\text{m}^3/\text{s}$ 所对应的正常水深 $h_0=1.39\text{m}$。

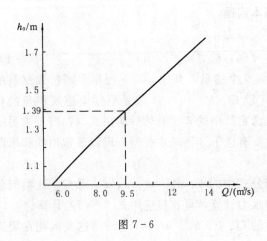

图 7-6

表 7-5

h_0/m	A/m^2	χ/m	R/m	$C/(m^{0.5}/s)$	$Q/(m^3/s)$
1.0	6.5	8.61	0.755	38.17	5.28
1.3	9.04	9.69	0.933	39.54	8.46
1.5	10.88	10.41	1.045	40.30	10.98
1.8	13.86	11.49	1.206	41.27	15.39

（3）查图法。查图法是直接利用已制成的曲线（附录Ⅰ）求解。解题步骤如下：

1）求流量模数：
$$K = \frac{Q}{\sqrt{i}} = \frac{9.5}{\sqrt{0.0006}} = 387.8 \ (m^3/s)$$

2）求比数：
$$\frac{b^{2.67}}{nK} = \frac{5^{2.67}}{0.025 \times 387.8} = 7.58$$

3）由比数值查附录Ⅰ中 $m=1.5$ 的曲线，得 $\frac{h_0}{b} = 0.278$

4）求 h_0：
$$h_0 = b \cdot \frac{h_0}{b} = 5 \times 0.278 = 1.39 \ (m)$$

（4）迭代法。对于梯形断面，应用迭代公式：

$$h_{0i+1} = \left(\frac{nQ}{b\sqrt{i}}\right)^{3/5} \frac{\left(1 + \frac{2}{b}\sqrt{1+m^2}\,h_{0i}\right)^{2/5}}{1 + \frac{m}{b}h_{0i}} \tag{7-20}$$

将已知条件代入上式，得

$$h_{0i+1} = 1.488 \times \frac{(1 + 0.721 h_{0i})^{2/5}}{1 + 0.3 h_{0i}}$$

设 $h_{00} = 0$，代入上式右端计算得 $h_{01} = 1.488m$；将 $h_{01} = 1.488m$ 再代入上式右端，计算得 $h_{02} = 1.377m$；重复上述步骤，可求得 $h_{03} = 1.387m$，$h_{04} = 1.3865m$。可见，相邻两次结果非常接近，故可确定 $h_0 = 1.387m \approx 1.39m$。

2）已知 Q、h_0、m、i、n，求 b。

与类型 1）一样，同样可运用试算法、试算法-图解法、查图法（利用附录Ⅱ）和迭代法。此类型的迭代公式为

$$b_{i+1} = \frac{nQ}{h_0\sqrt{i}}\left[\frac{b_i + 2h_0\sqrt{1+m^2}}{(b_i + mh_0)h_0}\right]^{2/3} - mh_0 \tag{7-21}$$

初值可任选，也可取 $b_0 = 0$。

例 7-3　某梯形渠道，设计通过流量 $Q = 17.1m^3/s$，渠道粗糙系数 $n = 0.022$，边坡系数 $m = 1.25$。根据地形及供水点的位置，底坡采用 $i = 0.0004$，渠中均匀流设计水深 $h_0 = 2.2m$。试设计该渠道的底宽 b。

解：

(1) 试算法。设 $b=3.5\text{m}$，代入式（7-7）计算得 $Q_1=14.97\text{m}^3/\text{s}$，与所给流量 $Q=17.1\text{m}^3/\text{s}$ 不等。再设 $b=4.0\text{m}$，计算得 $Q_2=16.49\text{m}^3/\text{s}$，$Q_2 \neq Q$。设 $b=4.2\text{m}$，计算得 $Q_3=17.06\text{m}^3/\text{s}$。可见 $Q_3 \approx Q$，即 $h_0=4.2\text{m}$ 为所求。

(2) 试算法-图解法。与计算正常水深相类似，即假设一系列的 b 值（一般不少于 4 个），代入式（7-7），求出相应的流量 Q，绘制 b-Q 曲线，再由 b-Q 曲线图查得 $Q=17.1\text{m}^3/\text{s}$ 时对应的渠底宽度 $b=4.2\text{m}$。

(3) 查图法。查图法是直接利用已制成的曲线（附录Ⅱ）求解。解题步骤如下：

1）求流量模数：
$$K=\frac{Q}{\sqrt{i}}=\frac{17.1}{\sqrt{0.0004}}=855 \ (\text{m}^3/\text{s})$$

2）求比数：
$$\frac{h^{2.67}}{nK}=\frac{2.2^{2.67}}{0.022\times 855}=0.436$$

3）由比数值，查附录Ⅱ中 $m=1.25$ 的曲线，得 $\dfrac{h_0}{b}=0.518$

4）求 b：
$$b=\frac{2.2}{0.518}=4.25 \ (\text{m})$$

(4) 迭代法。将各已知量代入式（7-21），得

$$b_{i+1}=\frac{nQ}{h_0\sqrt{i}}\left[\frac{b_i+2h_0\sqrt{1+m^2}}{(b_i+mh_0)h_0}\right]^{2/3}-mh_0$$

$$=8.55\left(\frac{b+7.04}{2.2b+6.05}\right)^{2/3}-2.75$$

设 $b_0=0$，代入上式计算得 $b_1=6.709\text{m}$；将 $b_1=6.709\text{m}$ 再代入上式，计算得 $b_2=3.736\text{m}$；重复上述步骤，可求得 $b_3=4.34\text{m}$，$b_4=4.18\text{m}$，$b_5=4.22\text{m}$，$b_6=4.21\text{m}$。可见，相邻两次结果非常接近，故可确定 $b=4.21\text{m}$。

3）已知 Q、m、i、n 及宽深比 β，求 h_0 和 b。

该类型的水力计算可参考例题 7-1。

4）已知 Q、m、i、n 及允许流速 v，求 h_0 和 b。

当允许流速成为设计渠道的控制条件时，可按下列步骤确定断面尺寸 b、h_0。

a. 由连续方程 $A=\dfrac{Q}{v}$ 和谢才公式 $v=C\sqrt{Ri}$ 求出 A 和 R。

b. 将求出的 A 和 R 代入关系式：

$$\begin{cases} A=(b+mh_0)h_0 \\ \dfrac{A}{R}=\chi=b+2h_0\sqrt{1+m^2} \end{cases} \tag{7-22}$$

c. 联立求解式（7-22）中的方程组，可解得 b、h_0。但应注意，在求解以上方程组时，可能有两组解，其中 $b<0$ 的解是不真实的，应舍去。

例 7-4 试设计一梯形断面灌溉渠道，要求输水流量 $Q=15\text{m}^3/\text{s}$，渠道粗糙系

数 $n=0.028$，边坡系数 $m=1.0$，渠中允许流速 $v=0.8\text{m/s}$，渠道底坡 $i=0.0003$。试求所需渠道底宽 b 及均匀流水深 h_0。

解：

（1）由连续方程 $A=\dfrac{Q}{v}$ 求得 $A=\dfrac{Q}{v}=\dfrac{15}{0.8}=18.75\text{m}^2$；由谢才公式 $v=C\sqrt{Ri}$ 求得

$$R=\left(\frac{vn}{\sqrt{i}}\right)^{3/2}=1.471\ (\text{m})。$$

（2）将以上求出的 A 和 R 代入式（7-22）得

$$\begin{cases}18.75=(b+h_0)h_0\\[2mm]\dfrac{18.75}{1.471}=b+2h_0\sqrt{1+1.0^2}\end{cases}$$

整理上式，得

$$\begin{cases}h_0^2+bh_0-18.75=0\\[1mm]b+2.828h_0=12.75\end{cases}$$

联立求解上述方程，得

$$1.828h_0^2-12.75h_0+18.75=0$$

解得　　　　　　　　$h_{01}=4.86\ (\text{m}),\quad h_{02}=2.10\ (\text{m})$

$b_1=-1.0\ (\text{m})$（该值不合理，舍去），$b_2=6.78\ (\text{m})$

故渠道的底宽为 6.78m，渠中正常水深为 2.1m。

五、无压圆管与 U 形断面渠道均匀流水力计算

1. 无压圆管均匀流的特征及水力计算

直径不变的长直无压圆管中的流态与明渠恒定均匀流相同，其水力坡度 J、水面坡度 J_p 和底坡 i 彼此相等，即 $J=J_p=i$。此外，无压圆管均匀流还具有这样一种特征，即在水流为满流之前其流速和流量达到最大值（读者可根据前述的水力最佳断面的概念自行分析）。可以求得，当 $\dfrac{h}{d}=0.95$ 时，无压圆管均匀流的流量达到最大值；当 $\dfrac{h}{d}=0.81$ 时，无压圆管均匀流的流速达到最大值。

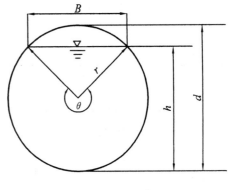

图 7-7

无压圆管均匀流的过水断面如图 7-7 所示。水流在管中的充满度可用水深与直径的比值 $\alpha=\dfrac{h}{d}$ 表示。θ 称为充满角。无压圆管均匀流各水力要素间的关系如下：

$$
\begin{cases}
A = d^2 (\theta - \sin\theta)/8 \\
\chi = d\theta/2 \\
R = d(1 - \dfrac{\sin\theta}{\theta})/4 \\
v = C\sqrt{Ri} = \dfrac{C}{2}\sqrt{d(1 - \dfrac{\sin\theta}{\theta})i} \\
Q = AC\sqrt{Ri} = \dfrac{C}{16}d^{5/2}i^{1/2}\Big[\dfrac{(\theta - \sin\theta)^3}{\theta}\Big]^{1/2} \\
\alpha = \dfrac{h}{d} = \sin^2(\theta/4)
\end{cases}
\tag{7-23}
$$

将谢才系数 $C = \dfrac{1}{n}R^{1/6}$ 代入上式中的流量公式,得

$$
Q = \frac{\sqrt{i}}{n}\Big[\frac{d^2(\theta - \sin\theta)/8}{(d\theta/2)^{2/3}}\Big]^{5/3} = f(d, \alpha, n, i)
\tag{7-24}
$$

上式表明了无压圆管均匀流流量 Q 与 d、α、n、i 4 个变量之间的关系。在管材一定(即 n 值确定)的条件下,无压圆管均匀流的水力计算主要有以下 4 种类型:

(1) 已知 d、α、n、i,求 Q。

(2) 已知 Q、d、α、n,求 i。

(3) 已知 Q、d、n、i,求 α(即求 h)。

(4) 已知 Q、α、n、i,求 d。

实际工程中,在进行无压管道的水力计算时,还要符合 GB 50014—2021《室外排水设计标准》中的有关规定。例如对于污水管道,为避免因管道承压使污水涌出排污口污染环境,应按不满流计算,其最大设计充满度按表 7-6 采用。

表 7-6　　　　　　　　　　最大设计充满度

管径 d 或渠深 H /mm	最大设计充满度($\alpha = h/d$)	管径 d 或渠深 H /mm	最大设计充满度($\alpha = h/d$)
200~300	0.55	500~900	0.70
350~450	0.65	≥1000	0.75

2. U 形渠道均匀流水力计算

由于 U 形渠道具有输水能力大、耐冻胀破坏等优点,在实际工程中已被广泛采用。U 形渠道一般采用如图 7-8 所示形式的断面。其水力设计可按下式计算:

$$
A = \begin{cases}
\Delta h\Big(\dfrac{2r}{\sqrt{1+m^2}} + \Delta h m\Big) + r^2\Big(\theta - \dfrac{m}{1+m^2}\Big), & h \geqslant a \\
r^2\Big(\beta - \dfrac{1}{2}\sin 2\beta\Big), & h < a
\end{cases}
\tag{7-25}
$$

$$
\chi = \begin{cases}
2(r\theta + \Delta h\sqrt{1+m^2}), & h \geqslant a \\
2r\beta, & h < a
\end{cases}
\tag{7-26}
$$

$$B = \begin{cases} 2\left(\dfrac{r}{\sqrt{1+m^2}} + \Delta h m \right), & h \geqslant a \\ 2r\sin\beta, & h < a \end{cases} \qquad (7-27)$$

$$h = \begin{cases} \Delta h + r(1-\cos\theta); & h \geqslant a \\ r(1-\cos2\beta); & h < a \end{cases} \qquad (7-28)$$

式中：Δh 为过水断面梯形高；r 为底弧半径；θ、β（取弧度）分别为 $h \geqslant a$、$h < a$ 时过水断面底弧圆心角的一半；a 为底弧弓形高。

由上式可见，U 形断面渠道的过水断面面积 A、湿周 χ 与 $h \geqslant a$ 还是 $h < a$ 有关，所以由流量 Q 计算水深 h 时，必须先判别给定的流量 Q 所对应的 $h \geqslant a$ 还是 $h < a$。设同样条件下通过 U 形渠道底弧弓形面积的流量为分界流量 Q_c，U 形渠道底弧弓形面积为

$$A_G = r^2 \left(\theta - \frac{m}{1+m^2} \right) \qquad (7-29)$$

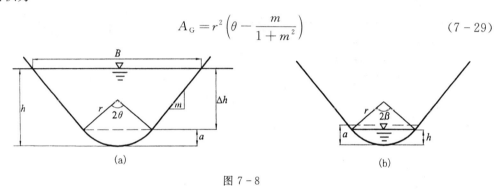

图 7-8

则分界流量为

$$Q_c = \frac{\sqrt{i}}{n} \left[\frac{r^8 \left(\theta - \dfrac{m}{1+m^2} \right)^5}{4\theta} \right]^{1/3} \qquad (7-30)$$

当实际流量 $Q \geqslant Q_c$ 时，$h \geqslant a$；当 $Q < Q_c$ 时，$h < a$。

当 $h \geqslant a$ 时，可按下式迭代计算 Δh：

$$\Delta h_{j+1} = \left(\frac{nQ}{\sqrt{i}} \right)^{3/5} \frac{\left(2\sqrt{1+m^2}\, \Delta h_j + 2r\theta \right)^{2/5} - r^2 \left(\theta - \dfrac{m}{1+m^2} \right)}{\dfrac{2r}{\sqrt{1+m^2}} + m \Delta h_j} \qquad (7-31)$$

计算时可取初值 $\Delta h_0 = 0$，j 为迭代次数。求出 Δh 后，可由式 $h = a + \Delta h$ 计算出 h，$a = r(1-\cos\theta)$。

当 $h < a$ 时，计算正常水深的过程与圆形过水断面相同。

六、复式断面明渠恒定均匀流的水力计算

对于一些深挖高填的大型渠道，在流量变化范围较大时，常采用复式断面。这样在小流量时深槽过水，大流量时全断面过水，以至于过水断面不过于宽浅。另外，平原地区天然河道的主槽和边滩也是复式断面，如图 7-9 所示。复式断面渠道的糙率

资源 7-2
复式断面

n 沿周界可能相同，也可能不同。但无论 n 值沿周界变化与否，都不能对整个复式断面渠道中的均匀流直接应用基本公式（7-7），否则就会得到不符合实际情况的结果。究其原因主要是在水位刚刚漫上边滩时，由于湿周突然增大，而过水断面面积变化甚小，因而按基本公式（7-7）计算的流量会突然减小，与实际的流量水深关系不符。

复式断面明渠恒定均匀流一般按下列方法计算，即将滩、槽分成若干部分（如图7-9所示），分别运用均匀流基本公式计算其流速和流量，再进行叠加，则可得到渠道的总流量 Q。如图7-9所示断面上各部分流量分别为

$$\begin{cases} Q_1 = A_1 C_1 \sqrt{R_1 i} = K_1 \sqrt{i} \\ Q_2 = A_2 C_2 \sqrt{R_2 i} = K_2 \sqrt{i} \\ Q_3 = A_3 C_3 \sqrt{R_3 i} = K_3 \sqrt{i} \end{cases} \tag{7-32}$$

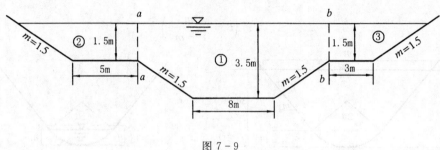

图 7-9

则整个渠道的流量为

$$Q = Q_1 + Q_2 + Q_3 = (K_1 + K_2 + K_3) \sqrt{i} \tag{7-33}$$

应当注意，断面各部分 K 值分别以各部分断面的要素来计算，各部分断面的湿周只计算水流与边壁相接触的周长，而水流与水流相接触的长度则不计。

例7-5　复式断面渠道如图7-9所示，主槽部分糙率 $n_1 = 0.02$，边滩部分糙率 $n_2 = n_3 = 0.025$，各部分边坡系数都为1.5，渠道底坡 $i = 0.0003$。试求渠道流量及断面平均流速。

解：

由 a、b 两铅垂线将断面分成3部分，现分别计算各部分断面水力要素：

（1）部分（主槽）。

面积　　$A_1 = (8 + 1.5 \times 2) \times 2 + (8 + 2 \times 1.5 \times 2) \times 1.5 = 22 + 21 = 43 \ (\text{m}^2)$

湿周　　$\chi_1 = 8 + 2 \times 2\sqrt{1 + 1.5^2} = 15.21 \ (\text{m})$

水力半径　$R_1 = \dfrac{A_1}{\chi_1} = \dfrac{43}{15.21} = 2.83 \ (\text{m})$

流量模数　$K_1 = A_1 C_1 \sqrt{R_1} = \dfrac{A_1}{n_1} R_1^{2/3} = \dfrac{43}{0.02} \times 2.83^{2/3} = 4301.6 \ (\text{m}^3/\text{s})$

（2）部分（左边滩）。

面积　　$A_2 = \left(5 + \dfrac{1}{2} \times 1.5 \times 1.5\right) \times 1.5 = 9.19 \ (\text{m}^2)$

湿周 $\quad\quad\quad\quad \chi_2 = 5 + 1.5 \times \sqrt{1 + 1.5^2} = 7.7$ （m）

水力半径 $\quad\quad R_2 = \dfrac{A_2}{\chi_2} = \dfrac{9.19}{7.7} = 1.194$ （m）

流量模数 $\quad\quad K_1 = \dfrac{9.19}{0.025} \times 1.194^{2/3} = 413.7$ （m³/s）

（3）部分（右边滩）。

面积 $\quad\quad\quad\quad A_3 = \left(3 + \dfrac{1}{2} \times 1.5 \times 1.5\right) \times 1.5 = 6.19$ （m²）

湿周 $\quad\quad\quad\quad \chi_3 = 3 + 1.5 \times \sqrt{1 + 1.5^2} = 5.7$ （m）

水力半径 $\quad\quad R_3 = \dfrac{A_3}{\chi_3} = \dfrac{6.19}{5.7} = 1.09$ （m）

流量模数 $\quad\quad K_3 = \dfrac{6.19}{0.025} \times 1.09^{2/3} = 262.2$ （m³/s）

复式断面通过的总流量为

$$Q = (K_1 + K_2 + K_3)\sqrt{i} = (4301.6 + 413.7 + 262.2) \times \sqrt{0.0003} = 86.21 (\text{m}^3/\text{s})$$

断面平均流速为

$$v = \frac{Q}{A_1 + A_2 + A_3} = \frac{86.21}{43 + 9.19 + 6.19} = 1.48 (\text{m/s})$$

第三节　明渠恒定非均匀渐变流

上一节讨论了明渠恒定均匀流，而实际当中的天然河道和人工渠道绝大部分流动是非均匀流。这是由于过水断面、底坡、糙率的变化及在明渠中修建闸坝等水工建筑物而造成的。如图 7-10 所示，渠道中闸坝前后、底坡变化处附近的水流都属于明渠恒定非均匀流。因此，讨论明渠恒定非均匀流具有重要的实际意义。

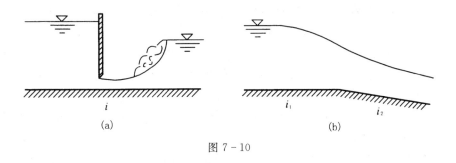

图 7-10

明渠恒定非均匀流的水面线、总水头线和底坡线相互不平行，流速、水深沿程变化，流线不是平行的直线。按照流线间的夹角、曲率半径的大小将明渠恒定非均匀流分为渐变流和急变流，本节主要讨论明渠恒定非均匀渐变流。关于明渠恒定非均匀急变流将在下一节讨论。

资源 7-3
弯道水流

一、明渠恒定水流的流态及其判别

由于明渠恒定非均匀流的水深和流速沿程变化，不同范围内的水深和流速使水流表现出不同的流态，而不同的流态具有不同的运动特性和动力特性。因此，下面介绍明渠水流的 3 种流态和流态的判别方法。

1. 明渠水流的 3 种流态

仔细观察自然界中的一些水流现象，可以发现许多有趣的问题。如大雨过后，集水沿路面流动。仔细观察便可以发现，水面宽阔、流速缓慢的水流，当遇到石块等障碍物时，石块上游水面抬高，下游水面下降，如图 7-11 所示。而在水面较窄、水流湍急处，当水流遇到石块等障碍物时，水流一涌而过，只在石块上方水面隆起（局部）。水力学中，为了区分这两种水流情况，将前者称为缓流，后者称为急流。下面就两种水流流态分析其产生的物理原因。

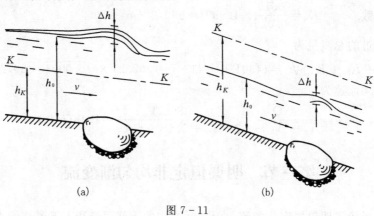

图 7-11

在静水中沿铅垂方向丢下一个小石块，水面将产生一微小波动。该微小波动以石块的着水点为圆心，以速度 v_w 向四周传播，其波形是一串半径不等的同心圆。如图 7-12（a）所示。如果在流动的水中同样丢下一块小石块，设水流的速度为 v，则水面波的传播速度应是水流的速度与波速的矢量和。即在顺水流方向，水面波的传播速度等于 $v+v_w$；在逆水流方向，水面波的传播速度等于 v_w-v。当 $v<v_w$ 时，水面波将以 $v'_w=v_w-v$ 的速度向上游传播，以 $v'_w=v+v_w$ 的速度向下游传播，波形如图 7-12（b）所示。当 $v=v_w$ 时，水面波向上游的传播速度 $v'_w=v_w-v=0$，即不能向上游传播，只能向下游传播，向下游传播的速度为 $v'_w=v+v_w=2v_w$，波形如图 7-12（c）所示。当 $v>v_w$ 时，水面波向上游的传播速度 $v'_w=v_w-v<0$，不能向上游传播，只能向下游传播，向下游传播的速度为 $v'_w=v+v_w$，波形如图 7-12（d）所示。将由石块产生的微波称为干扰波，则根据干扰波能否向上游传播，将水流分为缓流、急流和临界流：当 $v<v_w$ 时，干扰波能向上游传播，称为缓流；当 $v>v_w$ 时，干扰波不能向上游传播，称为急流；当 $v=v_w$ 时，干扰波不能向上游传播，但处于临界状态，称为临界流。

读者可自行分析前面所述的路面水流遇到障碍物时所产生的不同现象的原因。

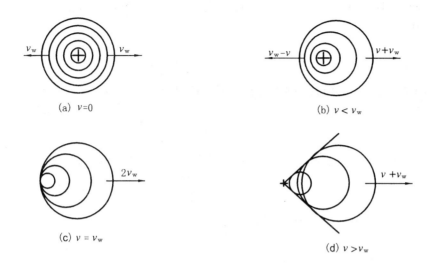

(a) $v=0$ (b) $v<v_w$

(c) $v=v_w$ (d) $v>v_w$

图 7－12

2. 流态的判别

（1）波速法。由以上分析可知，要判别水流的 3 种流态，必须知道水流的流速 v 和干扰波的波速 v_w。水流的流速 $v=Q/A$。因此，确定干扰波波速就成为判别 3 种流态的关键。下面建立干扰波波速的表达式。

资源 7－4
波速法

图 7－13（a）（b）所示为一任意形状的平底棱柱体渠道，渠内水流为静止状态，水深为 h。现用一矩形平板 $N-N$ 以一定的速度向左移动一下，则在平板左侧激起一微小波动。微波的波高为 Δh，并以速度 v_w 向左移动。如果忽略摩阻力的影响，则微波将保持开始的形状和速度一直传到无限远处。现将坐标系建立在波峰上，随同微波一起运动，则可认为微波是静止的，而水体以速度 v_w 向右运动。对于该坐标系来说，渠内水流是不随时间变化的恒定流，但水深是沿程变化的，所以是恒定非均匀流。

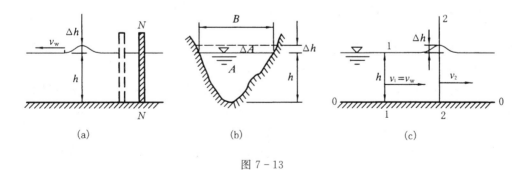

(a)   (b)   (c)

图 7－13

现以渠底为基准面，取相距很近的断面 1—1 和 2—2 建立能量方程，不计两断面间的能量损失，则

$$h+\frac{\alpha_1 v_1^2}{2g}=h+\Delta h+\frac{\alpha_2 v_2^2}{2g} \qquad (7-34)$$

将连续方程 $v_1 A = v_2 (A + \Delta A)$ 代入式（7-34），令 $\alpha_1 = \alpha_2 = 1.0$，并以 v_w 代替 v_1，得

$$h + \frac{v_w^2}{2g} = h + \Delta h + \left(\frac{A}{A + \Delta A}\right)^2 \frac{v_w^2}{2g}$$

由图 7-13（b）可知，$\Delta A \approx B \Delta h$，代入上式并整理，得

$$v_w = \sqrt{g \frac{A}{B}} \sqrt{\frac{(1 + \Delta A/A)^2}{1 + \Delta A/2A}}$$

对于微波 $\Delta A / A \ll 1$，可认为 $\Delta A / A \approx 0$，代入上式并简化为

$$v_w = \sqrt{g \frac{A}{B}} \tag{7-35}$$

对矩形断面明渠，$A = Bh$，则上式为

$$v_w = \sqrt{gh} \tag{7-36}$$

对任意形状断面的渠道，式（7-35）可简化为

$$v_w = \sqrt{g \bar{h}} \tag{7-37}$$

式中：$\bar{h}$ 为断面平均水深。

由上式可见，在忽略摩阻力的情况下，微波波速与断面平均水深的 1/2 次方成正比，水深越大，波速也越大。

干扰波波速 v_w 求出之后，即可根据 v_w 与断面平均流速 v 之间的相对大小，由 3 种流态的定义判别出水流的不同流态。

（2）弗劳德数法。急流、缓流、临界流 3 种流态除了用波速 v_w 与断面平均流速 v 的相对大小判别外，水力学中还常用波速和断面平均流速的比值来判别流态，即

$$\frac{v}{v_w} = \frac{v}{\sqrt{g \bar{h}}}$$

可见波速 v_w 和断面平均流速 v 的比值即为相似理论中的弗劳德数 $Fr = \dfrac{v}{\sqrt{g \bar{h}}}$。因此，用弗劳德数也可判别水流流态：$Fr < 1$ 时，$v < v_w$，水流为缓流；$Fr > 1$ 时，$v > v_w$，水流为急流；$Fr = 1$ 时，$v = v_w$，水流为临界流。

弗劳德数表征水流的惯性力与重力的比值，由此知，当 $Fr > 1$ 时，表明水流中惯性力的作用大于重力作用，流动是急流流态；反之 $Fr < 1$ 时，重力作用占优势，流动为缓流流态；当 $Fr = 1$ 时，二者达到了某种平衡状态，流动为临界流。

从能量观点看，v 代表动能，gh 代表势能。由此知，Fr 反映了过水断面上的动能与势能之比。Fr 越大，表明水流动能所占的比重越大，势能所占的比重小。由此知，动能与势能不同的对比关系，将会出现干扰波传播方向不同的 3 种流态。

二、断面比能与临界水深

为了从能量角度进一步分析明渠水流的 3 种流态，下面引入断面比能与临界水深的概念。

1. 断面比能

图 7-14 所示为一正底坡渠道中的非均匀渐变流，现任取一渐变流过水断面，以 0—0 水平面为基准面，其单位重量水体总机械能的表达式为

$$E = z_0 + h\cos\theta + \frac{\alpha v^2}{2g}$$

式中：z_0 为断面最低点相对于基准面的位置高度；h 为水深；θ 为渠道底面与水平面的夹角。

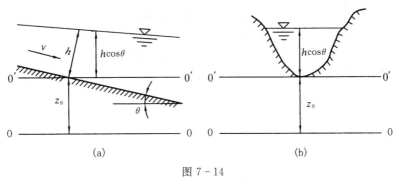

图 7-14

如果取过水断面最低点的水平面 $0'-0'$ 为基准面，则过水断面上单位重量水体的机械能为

$$E_s = h\cos\theta + \frac{\alpha v^2}{2g} \tag{7-38}$$

水力学中称 E_s 为断面比能，它是以断面最低点的水平面为基准面的机械能。当 θ 较小时，$h\cos\theta \approx h$，上式可改写为

$$E_s = h + \frac{\alpha v^2}{2g} \quad \text{或} \quad E_s = h + \frac{\alpha Q^2}{2gA^2} \tag{7-39}$$

断面比能 E_s 和断面总机械能 E 是有区别的。首先是定义上不同，断面比能 E_s 是以渠底为基准面的单位能量，而断面总机械能 E 可选任意水平面为基准面进行计算。其次是二者的沿程变化规律不同，断面的总机械能 E 沿流程总是减小的，即 $\dfrac{dE}{ds} < 0$；但对于断面比能 E_s 而言，由于它的基准面不固定，且 v 和 h 是沿程变化的，所以 E_s 沿流动方向可能减小 $\left(\dfrac{dE_s}{ds} < 0\right)$，也可能增大 $\left(\dfrac{dE_s}{ds} > 0\right)$，甚至沿流程不变 $\left(\dfrac{dE_s}{ds} = 0\right)$。大家可自行分析何种情况下 $\dfrac{dE_s}{ds} = 0$。

2. 断面比能曲线及其特性

由式（7-39）可见，当流量和渠道过水断面的形状、尺寸一定时，断面比能 E_s 仅仅是水深的函数，即 $E_s = f(h)$。若以 E_s 为横坐标，h 为纵坐标，按函数 $E_s = f(h)$ 绘制的 $E_s - h$ 关系曲线，称为断面比能曲线。下面定性分析断面比能曲线的特性。

根据式（7-39），当 $h \to 0$ 时，$A \to 0$，$\dfrac{\alpha Q^2}{2gA^2} \to \infty$，则 $E_s \to \infty$，所以曲线以横坐

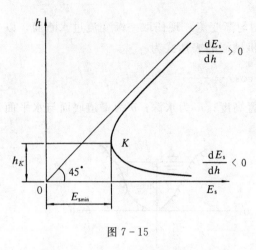

图 7-15

标为渐近线；当 $h \to \infty$ 时，$A \to \infty$，$\dfrac{\alpha Q^2}{2gA^2} \to 0$，则 $E_s \to \infty$，所以曲线以 45° 直线为渐近线。因为断面比能是水深的连续函数，并且水深 h 从 $0 \to \infty$，断面比能 E_s 由 ∞ 先是减小，而后再趋近于 ∞，故比能曲线中间必有一拐点 K，拐点 K 所对应的断面比能为最小值。由以上讨论，可定性绘制出断面比能曲线图 7-15。现分析曲线特性。

将式（7-39）对 h 求导，得

$$\frac{dE_s}{dh} = 1 - \frac{\alpha Q^2}{gA^3} \frac{dA}{dh}$$

式中：$\dfrac{dA}{dh} = B$，B 为水面宽度。代入上式得

$$\frac{dE_s}{dh} = 1 - \frac{\alpha Q^2 B}{gA^3} = 1 - \frac{\alpha v^2}{gA/B} = 1 - \frac{\alpha v^2}{g\overline{h}} \tag{7-40}$$

取 $\alpha = 1.0$，则上式为

$$\frac{dE_s}{dh} = 1 - \frac{v^2}{g\overline{h}} = 1 - \left(\frac{v}{\sqrt{g\overline{h}}}\right)^2 = 1 - Fr^2 \tag{7-41}$$

上式表明断面比能 E_s 随水深 h 的变化规律取决于弗劳德数 Fr。并有以下特性：

（1）当 $Fr < 1$ 时，$\dfrac{dE_s}{dh} > 0$，相当于曲线的上支，为缓流，即在缓流中，E_s 随水深 h 的增加而增加。

（2）当 $Fr > 1$ 时，$\dfrac{dE_s}{dh} < 0$，相当于曲线的下支，为急流，即在急流中，E_s 随水深 h 的增加而减小。

（3）当 $Fr = 1$ 时，$\dfrac{dE_s}{dh} = 0$，相当于曲线的拐点 K，为临界流，即在临界流中，$E_s = E_{smin}$，E_s 不随水深 h 而变化。

由此知，利用断面比能 E_s 也可判别流态：当 $\dfrac{dE_s}{dh} > 0$ 时，为缓流；当 $\dfrac{dE_s}{dh} < 0$ 时，为急流；当 $\dfrac{dE_s}{dh} = 0$ 时，为临界流。

3. 临界水深

临界水深是指在流量和断面形状给定的条件下，相应于断面比能为最小值时的水深。即 $E = E_{smin}$ 时所对应的水深，用 h_K 表示，如图 7-15 所示。

由图 7-15 可见，当实际水深 h 大于临界水深 h_K 时，相应于断面比能曲线上支，为缓流；当实际水深 h 小于临界水深 h_K 时，相应于断面比能曲线下支，为急流，故

用临界水深也可判别流态，即当 $h > h_K$ 时，为缓流；当 $h < h_K$ 时，为急流；当 $h = h_K$ 时，为临界流。

临界水深 h_K 的计算公式可根据上述定义得出，即求出 $E_s = f(h)$ 的极小值，所对应的水深便是临界水深 h_K。将 $\dfrac{\mathrm{d}E_s}{\mathrm{d}h} = 0$ 代入式（7-40），于是得

$$1 - \frac{\alpha Q^2 B_K}{g A_K^3} = 0 \quad \text{或} \quad \frac{\alpha Q^2}{g} = \frac{A_K^3}{B_K} \tag{7-42}$$

上式便是求临界水深 h_K 的普遍公式。式中等号左边是已知值，右边 B_K、A_K 分别为相应于 h_K 的水面宽度和过水断面面积，均是 h_K 的函数。对于非矩形的过水断面，$\dfrac{A_K^3}{B_K}$ 一般是 h_K 的隐函数，所以常采用试算法、图解法、查图法（仅适用于等腰梯形断面和圆形断面）和迭代法（仅用于等腰梯形断面）来求解。

（1）试算法。对于给定的断面，可假定若干个 h 值，依次算得 A、B 和 $\dfrac{A^3}{B}$ 值。当某一个 $\dfrac{A^3}{B} = \dfrac{\alpha Q^2}{g}$ 时，则相应的 h 就是 h_K。

（2）图解法。假设若干个 h 值，由此求出相应的 A、B 和 $\dfrac{A^3}{B}$ 值。以 $\dfrac{A^3}{B}$ 为横坐标，h 为纵坐标，绘出 $h - \dfrac{A^3}{B}$ 曲线，则图中对应于 $\dfrac{A^3}{B} = \dfrac{\alpha Q^2}{g}$ 的水深 h 便是临界水深 h_K，如图 7-16 所示。

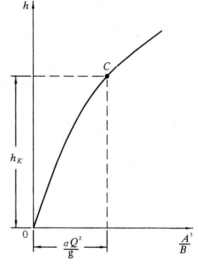

图 7-16

（3）查图法。对于等腰梯形和圆形断面渠道，可直接利用已制成的曲线（附录Ⅲ）求解。其具体方法见例 7-6。

（4）迭代法

对于等腰梯形断面渠道，可将式（7-42）整理成以下迭代公式求解：

$$h_{Ki+1} = \left(\frac{\alpha Q^2}{g b^2} \right)^{1/3} \frac{\left(1 + \dfrac{2m}{b} h_{Ki} \right)^{1/3}}{1 + \dfrac{m}{b} h_{Ki}} \tag{7-43}$$

式中初值可选 $h_{K0} = 0$。

对于矩形断面渠道，式（7-42）可改写为 $\dfrac{\alpha Q^2}{g} = \dfrac{(bh_K)^3}{b}$，整理得

$$h_K = \sqrt[3]{\frac{\alpha Q^2}{g b^2}} = \sqrt[3]{\frac{\alpha q^2}{g}} \tag{7-44}$$

其中
$$q = \frac{Q}{b}$$

式中：q 称为单宽流量。

可见，对于矩形断面渠道，临界水深 h_K 可以直接利用式（7-44）求得。

如果矩形断面渠道中的水流为临界流，则 $q = h_K v_K$，代入式（7-44）并整理得

$$h_K^3 = \frac{\alpha q^2}{g} = \frac{\alpha (h_K v_K)^2}{g}$$

由此得

$$h_K = \frac{\alpha v_K^2}{g} = 2 \frac{\alpha v_K^2}{2g} \qquad (7-45)$$

由于临界流时的断面比能为最小断面比能，所以

$$E_{smin} = h_K + \frac{\alpha v_K^2}{2g} = h_K + \frac{h_K}{2} = \frac{3}{2} h_K \quad 或 \quad h_K = \frac{2}{3} E_{smin} \qquad (7-46)$$

式（7-45）和式（7-46）表明，当矩形断面渠道中的水流为临界流时，临界水深是流速水头的两倍，而临界水深则为最小断面比能的 2/3。由此可知，在矩形断面渠道中，当 $h > \frac{2}{3} E_{smin}$ 时，水流为缓流；当 $h < \frac{2}{3} E_{smin}$ 时，水流为急流。

例 7-6 有一梯形断面渠道，底宽 $b = 10\text{m}$，边坡系数 $m = 1$，底坡 $i = 0.0004$，糙率 $n = 0.0225$，通过流量 $Q = 40\text{m}^3/\text{s}$。试求（1）临界水深；（2）分别用波速法、弗劳德数法和临界水深法判别水流为均匀流时的流态。

解：

（1）求临界水深 h_K。

1）图解法。设 h_K 分别为 0.9m、1.0m、1.1m、1.2m，根据下列公式求出对应的 A_K、B_K、$\frac{A_K^3}{B_K}$ 值见表 7-7。再根据表中的数据绘制图 7-17。

$$A_K = (b + mh_K)h_K = (10 + h_K)h_K$$
$$B_K = b + 2mh_K = 10 + 2h_K$$

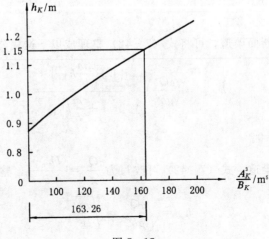

图 7-17

当 $Q=40\mathrm{m}^3/\mathrm{s}$ 时，$\dfrac{\alpha Q^2}{g}=163.27$，由 $\dfrac{\alpha Q^2}{g}=\dfrac{A_K^3}{B_K}=163.27$，查图 7-17 得 $h_K=1.15\mathrm{m}$。

表 7-7　　　　　　　　　　　计 算 结 果

h_K/m	0.9	1.0	1.1	1.2
A_K/m^2	9.81	11	12.21	13.44
B_K/m	11.8	12	12.20	12.40
$A_K^3/B_K/\mathrm{m}^5$	80.01	110.92	149.21	195.78

2）查图法。由 $Q=40\mathrm{m}^3/\mathrm{s}$ 得 $\dfrac{Q}{b^{2.5}}=\dfrac{40}{10^{2.5}}=0.126$。

由 $\dfrac{Q}{b^{2.5}}=0.126$ 和 $m=1.0$ 查附录Ⅲ得 $\dfrac{h_K}{b}=0.115$。

所以 $h_K=0.115\times10=1.15$（m）。

3）迭代法。将 $b=10\mathrm{m}$，$m=1$，$Q=40\mathrm{m}^3/\mathrm{s}$ 代入迭代公式（7-43），得

$$h_{Ki+1}=1.178\times\frac{(1+0.2h_{Ki})^{1/3}}{1+0.1h_{Ki}}$$

设 $h_{K0}=0$，得 $h_{K1}=1.178\mathrm{m}$；将 $h_{K1}=1.178\mathrm{m}$ 代入上式右端得，$h_{K2}=1.13\mathrm{m}$；重复上述步骤，得 $h_{K3}=1.1323\mathrm{m}$，$h_{K4}=1.132\mathrm{m}$。可见，最后两次结果非常接近，故可确定 $h_K=1.13\mathrm{m}$。

（2）分别用波速法、弗劳德数法和临界水深法判别水流流态。

1）波速法。由均匀流水深的迭代公式（7-20）：

$$h_{0i+1}=\left(\frac{nQ}{b\sqrt{i}}\right)^{3/5}\frac{\left(1+\dfrac{2}{b}\sqrt{1+m^2}\,h_{0i}\right)^{2/5}}{1+\dfrac{m}{b}h_{0i}}$$

可求得 $h_0=2.45\mathrm{m}$。

则渠中流速为

$$v=\frac{Q}{A}=\frac{Q}{(b+mh_0)\,h_0}=\frac{40}{(10+1\times2.45)\times2.45}=1.311\,（\mathrm{m/s}）$$

微波波速　　　　　　　　　　　$v_\mathrm{w}=\sqrt{g\overline{h}}$

其中　　　　$\overline{h}=\frac{A}{B}=\frac{(b+mh_0)\,h_0}{b+2mh_0}=\frac{(10+1\times2.45)\times2.45}{10+2\times1\times2.45}=2.05$（m）

所以　　　　　　　　　　$v_\mathrm{w}=\sqrt{9.8\times2.05}=4.48$（m/s）

可见，$v<v_\mathrm{w}$，属于缓流。

2）弗劳德数法。弗劳德数 $Fr=\dfrac{v}{\sqrt{g\bar h}}=\dfrac{1.311}{\sqrt{9.8\times2.05}}=0.292<1$，属于缓流。

3）临界水深法。由于 $h_0=2.45\text{m}$，$h_K=1.13\text{m}$，即 $h_0>h_K$，属于缓流。

三、临界底坡、缓坡与陡坡

由明渠恒定均匀流公式可知，对于断面形状、尺寸和糙率一定的棱柱体渠道，当

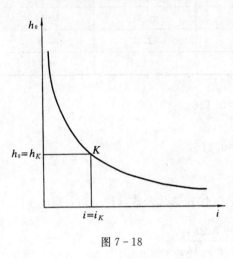

图 7-18

通过一定流量并作均匀流动时，渠道中的正常水深 h_0 仅与底坡 i 有关。底坡 i 越大，h_0 越小；底坡 i 越小，h_0 越大。h_0-i 关系曲线如图 7-18 所示。如果某一底坡正好使渠道中的正常水深 h_0 等于相应流量下的临界水深 h_K，该底坡称为临界底坡，用 i_K 表示。由此知，所谓的临界底坡是指渠道中的均匀流恰好等于临界流时所对应的底坡。

临界底坡的计算公式可根据定义得出。按照临界底坡的定义，其坡上的流动既是均匀流又是临界流，所以既要满足均匀流的基本公式 $Q=AC\sqrt{Ri}$，又要满足临界流的公式 $\dfrac{\alpha Q^2}{g}=\dfrac{A_K^3}{B_K}$，联立求解两式可得

$$i_K=\frac{Q^2}{C_K^2A_K^2R_K}=\frac{gA_K}{\alpha C_K^2R_KB_K}=\frac{g\chi_K}{\alpha C_K^2B_K} \tag{7-47}$$

式中：角标"K"表示与临界水深 h_K 相应的水力要素。

由临界底坡的定义和计算公式可以得出以下结论：

（1）临界底坡是对应于渠道中某一个流量而言的。流量改变，临界底坡的大小也随之改变。

（2）临界底坡与渠道的实际底坡无关。它仅仅是为了计算和分析的方便而引入的一个假想底坡。

（3）临界底坡只存在于正坡渠道上。由定义知，临界底坡是均匀流恰为临界流时的底坡，而均匀流只能产生于正底坡的渠道上，平坡和逆坡渠道上不可能形成均匀流。

分析图 7-18 可知，当 $i<i_K$ 时，$h_0>h_K$，为缓流，此时的渠道底坡称为缓坡；当 $i>i_K$ 时，$h_0<h_K$，为急流，此时的渠道底坡称为陡坡；当 $i=i_K$ 时，$h_0=h_K$，为临界流，此时的渠道底坡即为临界底坡。所以，在均匀流情况下，根据底坡的类型也可以判别流态，即缓坡上的水流为缓流，陡坡上的水流为急流，临界坡上的水流为临界流。但该判别方法只能适用于均匀流的情况。

明渠水流 3 种流态的判别方法归纳于表 7-8。

表 7-8   明渠流态判别方法

流态	波速法	弗劳德数法	断面比能法	临界水深法	临界底坡法 （只适用于均匀流情况）
缓流	$v<v_w$	$Fr<1$	$dE_s/dh>0$	$h>h_K$	$i<i_K$
急流	$v>v_w$	$Fr>1$	$dE_s/dh<0$	$h<h_K$	$i>i_K$
临界流	$v=v_w$	$Fr=1$	$dE_s/dh=0$	$h=h_K$	$i=i_K$

例 7-7 同例题 7-6，用临界底坡法判别水流流态。

解：

由例 7-6 解得，临界水深 $h_K=1.13m$，则相应的其他水力要素为

$$\chi_K=b+2h_K\sqrt{1+m^2}=10+2\times1.13\sqrt{1+1^2}=13.20\ (m)$$

$$A_K=(b+mh_K)h_K=(10+1\times1.13)\times1.13=12.58\ (m^2)$$

$$B_K=b+2mh_K=10+2\times1\times1.13=12.26\ (m)$$

$$R_K=\frac{A_K}{\chi_K}=\frac{12.58}{13.20}=0.95\ (m)$$

$$C_K=\frac{1}{n}R_K^{1/6}=\frac{1}{0.0225}\times0.95^{1/6}-44.07\ (m^{1/2}/s)$$

所以临界底坡为

$$i_K=\frac{g\chi_K}{\alpha C_K^2 B_K}=\frac{9.8\times13.20}{1\times44.07^2\times12.26}=5.43\times10^{-3}>0.0004$$

即 $i<i_K$，为缓坡渠道，故产生均匀流时为缓流。

第四节 水跃及水跃现象

上一节讨论了明渠水流的 3 种不同流态。当水流由一种流态转换为另一种流态时，会产生局部水力现象，即水跃和水跌。本节将分别讨论这两种水力现象的特点及有关问题。

一、水跃

1. 水跃的基本概念

（1）水跃现象。水跃是明渠水流从急流状态过渡到缓流状态时，水面骤然跃起的局部水力现象。例如从水闸、溢流堰下泄的急流与下游的缓流相衔接时均会出现水跃现象，如图 7-19 所示。

资源 7-5
水跃现象

由水跃实验可以看出，水跃区分为表面旋滚区和主流区。表面旋滚区的水流翻腾滚动、饱掺空气、呈乳白色泡沫状；主流区位于旋滚区的下部，该区水流流速由大变小，水深由小变大，水流急剧扩散。由实验知，在两个区域之间有大量的质量、动量交换，并形成很大的流速梯度，致使水跃段内有较大的能量损失。因此，水利工程中经常利用水跃这一形式来消除泄水建筑物下游高速水流的巨大动能。

水跃特征常用跃前水深 h'、跃后水深 h'' 和水跃长度 L_j 表示。如图 7-20 所示，

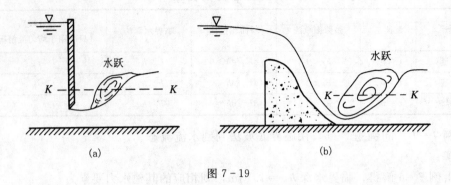

图 7-19

表面旋滚起点的断面 1-1 称为跃前断面，该断面的水深称为跃前水深；表面旋滚末端断面 2-2 称为跃后断面，该断面的水深称为跃后水深；跃前与跃后水深之差称为跃高；跃前跃后两断面间的距离称为跃长。

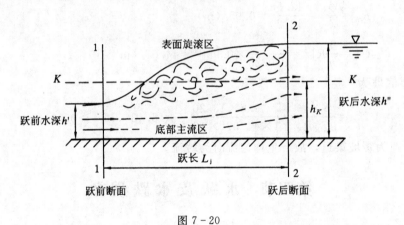

图 7-20

（2）水跃分类。具有上述形态的水跃称为完全水跃，但是并非在任何情况下都有旋滚区存在。由实验观测得知，当 $Fr_1 > 1.7$ 时，形成完全水跃；当 $1 < Fr_1 < 1.7$ 时水跃表面没有旋滚区，而是形成一系列起伏不平的波浪，称为波状水跃，Fr_1 为跃前断面的弗劳德数。波状水跃由于没有旋滚区存在，掺混作用差，消能效果相应也较差。

（3）形成水跃的条件。发生水跃必须具备一定的条件，即水流必须是从急流状态过渡到缓流状态。其原因可分析如下：在断面尺寸一定的明渠中，当水流从泄水建筑物（如堰闸）以急流状态下泄时，具有较大的流速和一定的水深。如果下游为水深较大、流速较小的缓流，则下泄的急流就会受到缓流的遏阻作用，此时流速就会减小。下游水深越大，这种遏阻作用也越大。当下游水深达到一定值时，表面的急流就会被壅高翻倒，形成表面旋滚，从而形成水跃。即跃前与跃后水深必须满足一定的关系，才会发生水跃。所以称跃前与跃后水深为共轭水深。下面讨论共轭水深的定量关系——水跃方程。

2. 棱柱体水平明渠的水跃方程及水跃函数

（1）水跃方程。这里仅讨论平底（$i=0$）棱柱体渠道中的水跃（如图 7-21 所示）。由于水跃区内部水流极为紊乱复杂，其阻力分布规律目前尚未弄清，无法计算能量损失，因此还不能应用能量方程。这里应用动量方程来推导，并且在推导中根据水跃的实际情况，作以下假设：

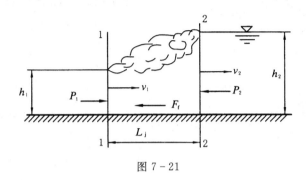

图 7-21

1）水跃的长度不大，水跃与渠身之间的摩阻力较小，可以忽略不计。

2）跃前、跃后两过水断面上的水流满足渐变流的条件，于是作用于该两断面上的动水压强分布可按静水压强分布规律计算，即 $P_1=\rho g h_{c1}A_1$；$P_2=\rho g h_{c2}A_2$，式中 A_1、A_2 和 h_{c1}、h_{c2} 分别表示跃前、跃后两断面的面积和断面形心点在水下的淹没深度。

3）跃前、跃后断面的动量修正系数 $\beta_1=\beta_2=1.0$。

根据上面的假设，对断面 1—1 和断面 2—2 写出 x 方向的动量方程，得

$$\rho Q(v_2-v_1)=\rho g h_{c1}A_1-\rho g h_{c2}A_2$$

将连续方程 $v_1=\dfrac{Q}{A_1}$，$v_2=\dfrac{Q}{A_2}$ 代入上式并整理得

$$\frac{Q^2}{gA_1}+h_{c1}A_1=\frac{Q^2}{gA_2}+h_{c2}A_2 \tag{7-48}$$

上式即为棱柱体水平明渠的水跃方程。

由式（7-48）可见，方程两边的函数形式相同。令

$$J(h)=\frac{Q^2}{gA}+h_c A \tag{7-49}$$

$J(h)$ 称为水跃函数。则水跃方程（7-49）可写为

$$J(h_1)=J(h_2) \tag{7-50}$$

上式表明，对于棱柱体平底明渠，跃前与跃后水深所对应的水跃函数相等。

（2）水跃函数曲线及其性质。由式（7-48）可见，当流量和渠道过水断面的形状、尺寸一定时，水跃函数 $J(h)$ 仅仅是水深 h 的函数。若以 $J(h)$ 为横坐标，h 为纵坐标，按函数式（7-49）绘制的 $J(h)-h$ 关系曲线，称为水跃函数曲线。下面定性绘制和分析水跃函数曲线及其性质。

由式（7-49）可见，在流量和断面形式及尺寸一定的条件下，当 $h\rightarrow0$ 时，$A\rightarrow$

0，则 $J(h) \rightarrow \infty$；当 $h \rightarrow \infty$ 时，$A \rightarrow \infty$，则 $J(h) \rightarrow \infty$。由此知，水跃函数曲线 $J(h) - h$ 有一拐点，即极小值 $J(h)_{min}$，该拐点将曲线分为上、下两支，如图 7-22 所示。分析水跃函数曲线可得以下性质：

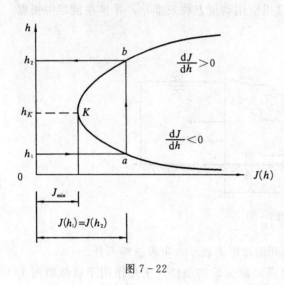

图 7-22

1) 水跃函数 $J(h)$ 有一极小值 $J(h)_{min}$，与 $J(h)_{min}$ 对应的水深即为临界水深 h_K。证明见例 7-8。

2) 当 $h > h_K$ 时（相当于曲线上支），$\dfrac{dJ}{dh} > 0$，即跃后，$J(h)$ 随 h 增加而增加；当 $h < h_K$ 时（相当于曲线下支），$\dfrac{dJ}{dh} < 0$，即跃前，$J(h)$ 随 h 增加而减小。

3) 当流量 Q 和渠道断面的形状、尺寸一定时，跃前水深 h_1 越小，其共轭的跃后水深 h_2 越大；反之，跃前水深 h_1 越大，其共轭的跃后水深 h_2 越小。

例 7-8 试证明当明渠的流量、过水断面的形状及尺寸一定时，相应于 $J(h)_{min}$ 的水深为临界水深。

证明：由微分学知，欲求相应于 $J(h)_{min}$ 的水深，可通过 $\dfrac{d[J(h)]}{dh} = 0$ 求得。已知 $J(h) = \dfrac{Q^2}{gA} + h_c A$，则

$$\frac{d[J(h)]}{dh} = \frac{d\left[\dfrac{Q^2}{gA} + h_c A\right]}{dh} = -\frac{Q^2 B}{gA^2} + \frac{d(Ah_c)}{dh} = 0 \qquad (7-51)$$

从图 7-23 不难看出，上式中的 Ah_c 是过水断面面积 A 对水面线 0-0 的静矩。为了确定 $\dfrac{d(Ah_c)}{dh}$，现给予水深一个增量 Δh（从而水面线上升至 $0'-0'$）。由 Δh 导致的 Ah_c 增量 $\Delta(Ah_c)$ 为

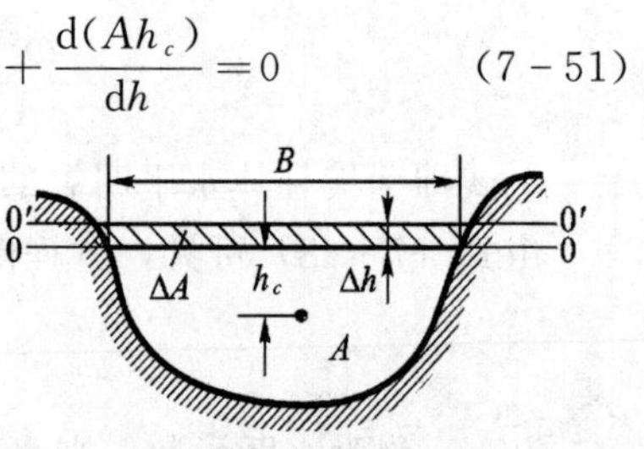

图 7-23

$$\Delta(Ah_c) = \left[A(h_c + \Delta h) + B\Delta h \frac{\Delta h}{2}\right] - Ah_c$$

$$= \left(A + B\frac{\Delta h}{2}\right)\Delta h$$

于是 $\qquad \dfrac{d(Ah_c)}{dh} = \lim\limits_{\Delta h \to 0} \dfrac{\Delta(Ah_c)}{\Delta h} = \lim\limits_{\Delta h \to 0}\left(A + B\dfrac{\Delta h_c}{2}\right) = A$

将上式代入式（7-51），则得

$$\frac{Q^2}{g} = \frac{A^3}{B}$$

上式与临界水深公式（7-42）相同。因此，相应于 $J(h)_{\min}$ 的水深为临界水深。

例7-9　当棱柱体水平明渠的流量、断面的形状、尺寸及跃前水深一定时，试分析水跃段中的低坎（图7-24）对跃后水深的影响。

解：

对图7-24所示的水跃段应用动量方程，并采用推导水跃方程时的同样假设，则可得有坎时的水跃方程如下：

$$\frac{Q^2}{gA_1'} + A_1' h_{c1}' = \frac{Q^2}{gA_2'} + A_2' h_{c2}' + \frac{R}{\rho g} \qquad (7-52a)$$

或

$$J(h_1') = J(h_2') + \frac{R}{\rho g} \qquad (7-52b)$$

式中：A_1'、A_2' 分别表示有坎时水跃前、跃后断面的面积；h_{c1}'、h_{c2}' 分别表示有坎时水跃前、跃后断面上形心点在水下的淹没深度；R 为坎的反击力；$J(h') = \frac{Q^2}{gA'} + A' h_c'$。

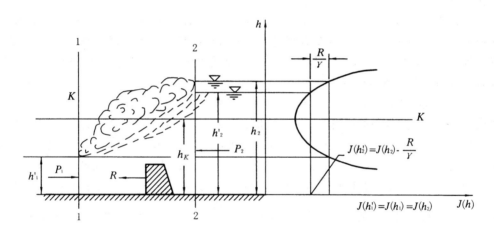

图7-24

已知无坎时的水跃方程为

$$J(h_1) = J(h_2)$$

由于有坎和无坎时的流量和跃前水深是相同的，故：

$$J(h_1') = J(h_1) = J(h_2)$$

于是，由方程式（7-52b）得

$$J(h_2') = J(h_1') - \frac{R}{\rho g} = J(h_2) - \frac{R}{\rho g} \qquad (7-53)$$

由上式得

$$J(h_2') < J(h_2)$$

根据水跃函数曲线特性，水跃函数随着跃后水深的减小而减小（图7-22），可知 $h_2' < h_2$，即有坎时的跃后水深比无坎时小。当 R 已知时，h_2' 可由如图7-24所示的水跃函数曲线求得。

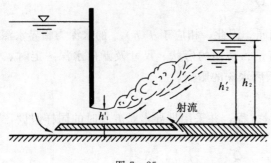

图 7-25

实际上，只要在水跃段内给水跃以反击力，不论此力是来自坎还是其他设施，一般均可导致跃后水深的减小。例如利用射流给水流以反冲力，也可降低跃后水深，如图 7-25 所示，$h_2' < h_2$（h_2 为原跃后水深）。

3. 棱柱体水平明渠水跃的计算

（1）水跃共轭水深的计算。当明渠断面的形状、尺寸和渠中通过的流量给定时，由已知的一个共轭水深 h_1（或 h_2）计算另一个未知的共轭水深 h_2（或 h_1），称为共轭水深计算。共轭水深计算可以通过水跃方程来完成。

1）任意形状断面明渠共轭水深的计算。由水跃方程式（7-48）可知，对于任意形状断面的明渠，h_c 及 A 均是水深 h 的复合函数，直接求解困难，故一般采用试算法和图解法。

试算法是根据已知的 h_1（或 h_2）计算出水跃方程一端的水跃函数值，然后假设共轭水深 h_2（或 h_1），计算水跃方程另一端的水跃函数值。若方程式两端的水跃函数值相等，则所设的 h_2（或 h_1）即为所求。否则再设 h_2（或 h_1），经反复计算直至方程式两端的水跃函数值相等为止。

图解法是根据已知流量 Q 及渠道断面的形状、尺寸，先作出 $J(h)-h$ 水跃函数曲线。然后由已知水深求得相应的 $J(h)$ 值，进而查得相对应的共轭水深值。实际图解时，并不需要将 $J(h)-h$ 曲线的上下两支全部绘出。当已知 h_1 求 h_2 时，只需绘出曲线的上支；而已知 h_2 求 h_1 时，只需绘出曲线的下支。其具体计算过程见例 7-10。

2）矩形断面明渠共轭水深的计算。矩形断面明渠共轭水深可由水跃方程直接求解。设矩形断面明渠渠宽为 b，则 $A=bh$，$q=\dfrac{Q}{b}$，$h_c=\dfrac{h}{2}$，代入式（7-48），得

$$\frac{q^2}{gh_1}+\frac{h_1^2}{2}=\frac{q^2}{gh_2}+\frac{h_2^2}{2}$$

整理上式可得

$$h_1 h_2^2+h_1^2 h_2-\frac{2q^2}{g}=0$$

解得

$$h_1=\frac{h_2}{2}\left(\sqrt{1+8\frac{q^2}{gh_2^3}}-1\right) \qquad (7-54\text{a})$$

$$h_2=\frac{h_1}{2}\left(\sqrt{1+8\frac{q^2}{gh_1^3}}-1\right) \qquad (7-54\text{b})$$

上式即为矩形棱柱体水平明渠共轭水深的计算公式。因 $\dfrac{q^2}{gh_1^3}=Fr_1^2$，$\dfrac{q^2}{gh_2^3}=Fr_2^2$，代入上式，则上式可改写为

$$h_1=\frac{h_2}{2}(\sqrt{1+8Fr_2^2}-1) \qquad (7-54\text{c})$$

$$h_2 = \frac{h_1}{2}(\sqrt{1 + 8Fr_1^2} - 1) \tag{7-54d}$$

将 $\frac{q^2}{g} = h_K^3$ 代入式（7-54a）和式（7-54b），得

$$h_1 = \frac{h_2}{2}\left[\sqrt{1 + 8\left(\frac{h_K}{h_2}\right)^3} - 1\right] \tag{7-54e}$$

$$h_2 = \frac{h_1}{2}\left[\sqrt{1 + 8\left(\frac{h_K}{h_1}\right)^3} - 1\right] \tag{7-54f}$$

（2）水跃长度的计算。由水跃的结构知，水跃区水流紊动强烈，底部流速大，冲刷能力强。工程中一般需在水跃区修建护坦保护河床。因此，水跃长度是消能建筑物消能设计的主要依据之一。但是由于水跃现象非常复杂，迄今为止理论分析还没有成熟的结果，只能依据实验研究得出经验公式。另一方面，由于不同研究者在实验中选择的跃后断面的标准不同，因此，不同经验公式算出的跃长也不尽相同。下面介绍几个常用的平底矩形断面明渠水跃长度计算的经验公式。

1）矩形断面的跃长公式。

a. 以跃后水深表示的，如：

美国垦务局公式 $\qquad\qquad L_j = 6.1 h_2 \tag{7-55}$

上式适用范围：$4.5 < Fr_1 < 10$。

b. 以水跃高度表示的，如：

欧勒弗托斯基（Elevatorski）公式 $\quad L_j = 6.9(h_2 - h_1) \tag{7-56}$

c. 以 Fr_1 表示的，如：

成都科技大学公式 $\qquad\qquad L_j = 10.8 h_1 (Fr_1 - 1)^{0.93} \tag{7-57}$

上式是根据宽度为 $0.3 \sim 1.5\text{m}$ 的水槽，$Fr_1 = 1.72 \sim 19.55$ 的实验资料总结而来的。

陈椿庭公式 $\qquad\qquad L_j = 9.4 h_1 (Fr_1 - 1) \tag{7-58}$

切尔托乌索夫公式 $\qquad\quad L_j = 10.3 h_1 (Fr_1 - 1)^{0.81} \tag{7-59}$

2）梯形断面的跃长公式。

$$L_j = 5 h_2 \left(1 + 4\sqrt{\frac{B_2 - B_1}{B_1}}\right) \tag{7-60}$$

式中：B_1、B_2 分别为跃前、跃后断面的水面宽度；h_2 为跃后水深。

（3）水跃能量损失机理及计算。前已述及，水跃段可以消除巨大能量。那么水跃为何能够消除能量？消能率取决于哪些因素？消能率又如何计算？下面就这些问题进行讨论。

1）水跃段中的水流特征及能量损失机理。图 7-26 绘出了溢流坝址下游水跃段及跃后段部分断面垂线上的时均流速分布图。由图可见，跃前断面 1-1 流速最大，并且垂线流速分布均匀。在水跃区内（如断面 $a-a$ 和断面 $b-b$），流速呈 S 形分布。这表明表面旋滚区的流速方向与底部相反，指向上游。底部流速小于跃前断面的流速，但仍然很大。跃后断面 2-2 处流速进一步减小，但底部流速仍大于上部的流速，直到断面 3-3 才趋于正常的流速分布。从总水头线的变化看，断面 1-1 至断面 2-2

总水头线急剧下降，这表明水跃段内消除了大量的动能。跃后段断面2－2至断面3－3，总水头线下降缓慢，说明跃后流段能量消耗较少。

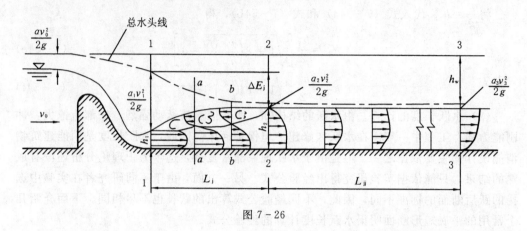

图 7－26

分析水跃段中水流特征可知，水跃段之所以能够消除大量的能量，是因为在水跃段内，主流与表面旋滚的交界面上流速梯度很大，这个区域是旋涡的发源地。流速梯度越大，旋涡强度越大，从而产生的紊动、混掺就越强烈。结果一方面使水流运动要素的分布沿流动方向迅速调整，另一方面产生了很大的附加切应力，使跃前断面的大部分动能转化为热能而消散掉。因此，主流与表面旋滚的交界面附近既是产生旋涡的发源地，同时也是水流机械能消耗最集中的地方。这种强烈紊动的扩散消能过程直到断面3－3才结束，所以水跃段L_j和跃后段L_{jj}合称为水跃消能段。

2）水跃消能量的计算。水跃的消能量包括水跃段L_j和跃后段L_{jj}的消能量。但由于跃后段消能量所占比例一般很小，为简便起见，工程上一般只计算水跃段的消能量，并以跃前断面与跃后断面的能量差作为水跃的消能量，即

$$\Delta E_j = E_1 - E_2 \tag{7-61}$$

式中：ΔE_j为水跃段的消能量；E_1、E_2为跃前、跃后断面的总能量。

对于平底矩形明渠，有

$$E_1 = h_1 + \frac{\alpha_1 v_1^2}{2g} = h_1 + \frac{\alpha_1 q^2}{2gh_1^2}, \quad E_2 = h_2 + \frac{\alpha_2 v_2^2}{2g} = h_2 + \frac{\alpha_2 q^2}{2gh_2^2}$$

将上式代入式（7－61），并令$\alpha_1 = \alpha_2 = 1.0$，得

$$\Delta E_j = E_1 - E_2 = h_1 - h_2 + \frac{q^2}{2g}\left(\frac{1}{h_1^2} - \frac{1}{h_2^2}\right)$$

将式（7－54c）、式（7－54d）代入上式，得

$$\Delta E_j = \frac{(h_2 - h_1)^3}{4h_1 h_2} = \frac{h_1(\sqrt{1+8Fr_1^2} - 3)^3}{16(\sqrt{1+8Fr_1^2} - 1)} \tag{7-62}$$

上式表明，在水跃段内，单位重量水体消耗的总能量与跃前水深成正比，并与跃前断面的弗劳德数Fr_1有关。

水跃消能量与跃前断面水流总能量的比值称为水跃的消能率，以K_j表示。

$$K_{j} = \frac{\Delta E_{j}}{E_{1}} = \frac{\Delta E_{j}}{h_{1} + \dfrac{q^{2}}{2gh_{1}^{2}}} = \frac{(\sqrt{1+8Fr_{1}^{2}} - 3)^{3}}{8(\sqrt{1+8Fr_{1}^{2}} - 1)(2 + Fr_{1}^{2})} \qquad (7-63)$$

可见，水跃消能率仅是跃前断面弗劳德数 Fr_{1} 的函数。由式（7-63）绘制的 K_{j}-Fr_{1} 关系曲线如图 7-27 所示。由图可见，来流越急（Fr_{1} 越大），消能率就越高。

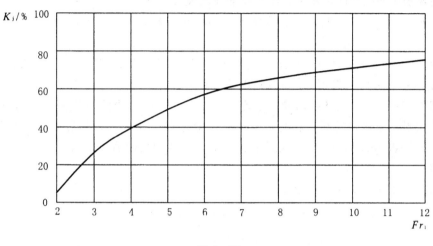

图 7-27

由实验观测知，Fr_{1} 不同，水跃的形式、流态和消能率也不同，如图 7-28 所示。

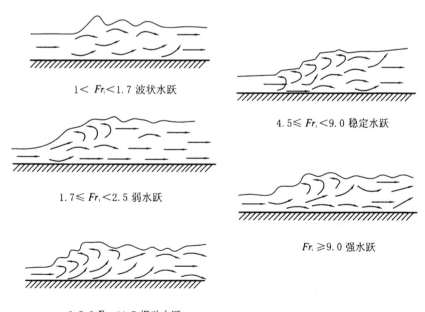

1< Fr_{1}<1.7 波状水跃

4.5≤ Fr_{1}<9.0 稳定水跃

1.7≤ Fr_{1}<2.5 弱水跃

Fr_{1}≥9.0 强水跃

2.5≤ Fr_{1}<4.5 摆动水跃

图 7-28

当 $1<Fr_1\leqslant1.7$ 时，为波状水跃。由于没有旋滚，消能率很低，并且部分动能转变为波动能量，经较长距离后才能衰减。

当 $1.7<Fr_1\leqslant2.5$ 时，为弱水跃。水面产生许多小旋滚，但紊动弱，消能率 K_j $<20\%$，跃后水面较平稳。

当 $2.5<Fr_1\leqslant4.5$ 时，为摆动水跃。消能率 $K_j\approx20\%\sim45\%$，该水跃不稳定，底部高速水流间歇地向上窜升，跃后水面波动较大。

当 $4.5<Fr_1\leqslant9.0$ 时，为稳定水跃。消能率较高，$K_j\approx45\%\sim70\%$，跃后水面平稳。

当 $Fr_1>9.0$ 时，为强水跃。消能率 $K_j>70\%$，有时可高达 85%，但跃后段会产生较大的水面波动，并向下游传播到很远的距离。

例 7-10 一棱柱体梯形断面渠道，底宽 $b=5.0$m，边坡系数 $m=1.0$。渠道上修建一水闸。当闸门局部开启时，通过的流量为 $Q=65\text{m}^3/\text{s}$，闸后产生一水跃，跃前水深 $h_1=0.5$m。试求（1）跃后水深 h_2；（2）水跃段的消能量。

解：

（1）用图解法求跃后水深 h_2。

对于梯形断面 $A=(b+mh)h=(5+h)h$

$$h_c=\frac{h}{6}\frac{3b+2mh}{b+mh}=\frac{(15+2h)}{6(5+h)}h$$

水跃函数 $J(h)=\dfrac{Q^2}{gA}+h_cA=\dfrac{65^2}{9.8\times A}+Ah_c=\dfrac{431.11}{A}+Ah_c$

根据已知的 $h_1=0.5$m，由以上关系计算出跃前断面相应的值为

$$A=(5+h)h=(5+0.5)\times0.5=2.75(\text{m}^2)$$

$$h_c=\frac{(15+2h)}{6(5+h)}h=\frac{(15+2\times0.5)}{6(5+0.5)}\times0.5=0.242(\text{m})$$

$$J(h)=\frac{431.12}{A}+Ah_c=\frac{431.12}{2.75}+2.75\times0.242=157.44(\text{m}^3)$$

为了绘制水跃函数曲线，设一系列 h 值并应用以上关系计算不同 h 值对应的 J (h) 值（因为要求的是 h_2，所以只需绘制水跃函数的上支，故所设 h 值应大于 h_K），计算结果列于表 7-9。

表 7-9   计 算 结 果

h/m	A/m²	h_c/m	Ah_c/m³	$\dfrac{Q^2}{gA}$/m³	$J(h)=\dfrac{Q^2}{gA}+h_cA$/m³
3.0	24	1.31	31.44	17.96	49.4
4.0	36	1.70	61.2	11.98	73.18
5.0	50	2.08	104	8.62	112.62
6.0	66	2.45	161.7	6.53	168.23

根据表中的 h 与 $J(h)$ 绘制水跃函数曲线，如图 7-29 所示，由曲线查得对应于横坐标 $J(h)=157.44\text{m}^3$ 的纵坐标 $h_2=5.82\text{m}$。

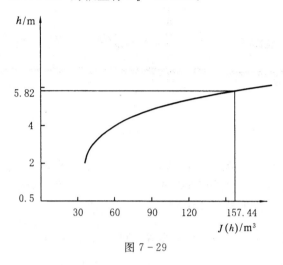

图 7-29

（2）求水跃的消能量。

跃前断面的总水头：

$$E_1 = h_1 + \frac{Q^2}{2gA_1^2}$$

$$= 0.5 + \frac{65^2}{2 \times 9.8 \times 2.75^2} = 29\,(\text{m})$$

跃后断面：

$$A_2 = (b + mh)h$$

$$= (5 + 5.82) \times 5.82 = 62.97\,(\text{m}^2)$$

总水头：

$$E_2 = h_2 + \frac{Q^2}{2gA_2^2} = 5.82 + \frac{65^2}{2 \times 9.8 \times 62.97^2} = 5.87\,(\text{m})$$

则水跃段单位重量水体消耗的能量为

$$\Delta E = E_1 - E_2 = 29 - 5.87 = 23.13\ (\text{m})$$

水跃消能率为 $\qquad K_j = \dfrac{\Delta E}{E_1} = \dfrac{23.13}{29} = 0.798 = 79.8\%$

4. 水跃发生的位置及其形式

工程中利用水跃消能时，常常需要判断水跃发生的位置及形式。在了解了水跃共轭水深之间的关系之后，即可确定水跃发生的位置及其形式。现以闸孔出流下游发生的水跃为例说明这一问题。

图 7-30 所示为一闸孔出流下游所发生的水跃。设闸下收缩断面 $c-c$ 处的水深为 h_c。实验表明，一般情况下 $h_c < h_K$，即为急流。设 h_c 的共轭水深为 h''_c，下游水深为 h_t，当 $h_t > h_K$ 时（即为缓流时），闸下游必然发生水跃。根据 h''_c 与 h_t 的相对大

215

小，闸下游可能发生以下 3 种不同形式的水跃。

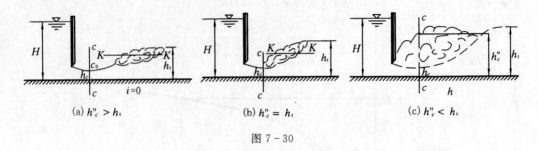

(a) $h''_c > h_t$ (b) $h''_c = h_t$ (c) $h''_c < h_t$

图 7 - 30

（1）当 $h''_c > h_t$ 时，跃前断面在断面 $c—c$ 的下游，称为远离式水跃。

（2）当 $h''_c < h_t$ 时，跃前断面在断面 $c—c$ 的上游，称为淹没式水跃。

（3）当 $h''_c = h_t$ 时，水跃恰好从断面 $c—c$ 开始发生，称为临界式水跃。

工程中还常用 h_t 与 h''_c 之比来判别水跃的形式，即 $\sigma_j = \dfrac{h_t}{h''_c}$，$\sigma_j$ 称为水跃淹没度，则当 $\sigma_j < 1$ 时，为远离式水跃；当 $\sigma_j > 1$ 时，为淹没式水跃；当 $\sigma_j = 1$ 时，为临界式水跃。

以上对水跃所发生的位置及形式的判别，也同样适用于其他形式泄水建筑物下游发生的水跃。

二、水跌

资源 7 - 6
水跌

当明渠水流由缓流过渡到急流时，水面会在短距离内急剧降落，这种局部水力现象称为水跌。如图 7 - 31 所示，为水流由缓坡到陡坡和水流经跌坎时产生的水跌现象。

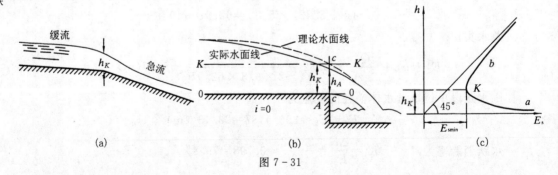

(a)   (b)   (c)

图 7 - 31

发生水跌的原因，是因为在缓坡上处于缓流状态的明渠水流，因渠底变为陡坡或末端变为跌坎时，重力作用增大。该作用力试图将水流的势能转变为动能，因此水面会发生急剧降落现象。由理论分析得知，发生水跌时，底坡改变处和跌坎处的水深必然为临界水深 h_K。下面以平底明渠末端为跌坎的水流为例对其进行说明。

图 7 - 31 所示为一平底明渠中的缓流。当水流经跌坎 A 时，明渠对水流的阻力突然消失，重力增大，发生跌落现象。取渠底水平面 0—0 为基准面，则水流的单位机

械能等于断面比能。由断面比能曲线 E_s-h 知，缓流状态下，E_s 随 h 的减小而减小。当跌坎上游水面降落时，水流的 E_s 沿 E_s-h 曲线由 b 向 K 减小，并且最低只能降至 K 点，即水流断面比能最小的临界水深的位置。因为如果继续降低，则为急流状态，能量反而增大，这是不可能的，所以跌坎上的水深只能是临界水深。但由实验观测得知，跌坎处的水深 h_A 小于临界水深 h_K，$h_K \approx 1.4 h_A$，而临界水深 h_K 发生在跌坎断面上游 $(3\sim4)h_K$ 的位置。这是由于跌坎附近的水流是急变流，而前面的理论分析是根据渐变流条件得出的结果，分析中没有考虑流线弯曲的影响。由于这种影响很小，在实际工程中，一般仍然近似认为跌坎断面 $c-c$ 处的水深为 h_K。

第五节　明渠恒定非均匀渐变流水面曲线的定性分析

明渠水面线的定性分析和定量计算是明渠水力计算中的一项重要内容。由于明渠恒定非均匀流中的运动要素是沿程变化的，因此水面线也是沿程变化的曲线。为了分析水面曲线，本节首先推导明渠恒定非均匀渐变流基本方程，即水深沿程变化规律，然后根据基本方程定性分析水面曲线的形式。

一、明渠恒定非均匀渐变流基本方程

图 7-32 表示底坡为 i 的明渠恒定非均匀渐变流。现以 $0-0$ 为基准面，沿流动方向任取间距为 ds 的两过水断面 $1-1$ 和断面 $2-2$。设断面 $1-1$ 的水深为 h，水位为 z，断面平均流速为 v，渠底高程为 z_0。由于非均匀流的水力要素沿程是变化的，经过微分段 ds 后，断面 $2-2$ 的水深、水位、断面平均流速、渠底高程分别为 $h+dh$、$z+dz$、$v+dv$ 和 z_0+dz_0。对断面 $1-1$ 和断面 $2-2$ 建立能量方程，得

$$z_0 + h\cos\theta + \frac{\alpha_1 v^2}{2g} = (z_0 + dz_0) + (h+dh)\cos\theta + \frac{\alpha_2 (v+dv)^2}{2g} + dh_f + dh_j$$

$$(7-64)$$

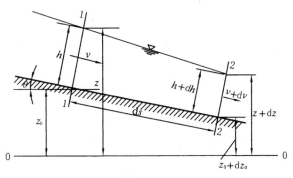

图 7-32

由于 $\dfrac{\alpha_2 (v+dv)^2}{2g} = \dfrac{\alpha_2}{2g}\left[v^2 + 2vdv + (dv)^2\right]$，略去高阶微分量，则

$$\frac{\alpha_2 (v+dv)^2}{2g} \approx \frac{\alpha_2}{2g}(v^2 + 2vdv) = \frac{\alpha_2 v^2}{2g} + d\left(\frac{\alpha_2 v^2}{2g}\right)$$

令 $\alpha_1 = \alpha_2 = \alpha$，并将上式及 $dz_0 = -i\,ds$ 代入式（7-64）化简，可得

$$i\,ds = dh\cos\theta + d\left(\frac{\alpha v^2}{2g}\right) + dh_f + dh_j \tag{7-65}$$

沿程水头损失 dh_f 近似用均匀流公式计算，即

$$dh_f = \frac{Q^2}{K^2}ds$$

局部水头损失 dh_j 可表示为 $dh_j = \zeta d\left(\dfrac{v^2}{2g}\right)$。将 dh_f 和 dh_j 代入式（7-65），得

$$i\,ds = dh\cos\theta + (\alpha + \zeta)d\left(\frac{v^2}{2g}\right) + \frac{Q^2}{K^2}ds \tag{7-66a}$$

当底坡较小时，$\cos\theta \approx 1$，则上式可写为

$$i\,ds = dh + (\alpha + \zeta)d\left(\frac{v^2}{2g}\right) + \frac{Q^2}{K^2}ds \tag{7-66b}$$

式（7-66a）、式（7-66b）就是明渠恒定非均匀渐变流基本方程。

1. 水深沿程变化的微分方程

对于人工渠道，由于渠底为平面，一般用水深沿程的变化反映水面线的变化规律更为简便。因此，下面推导水深沿程变化的微分方程。

将式（7-66b）两边同除以 ds，经整理得

$$i - \frac{Q^2}{K^2} = \frac{dh}{ds} + (\alpha + \zeta)\frac{d}{ds}\left(\frac{v^2}{2g}\right) \tag{7-67}$$

其中

$$\frac{d}{ds}\left(\frac{v^2}{2g}\right) = \frac{d}{ds}\left(\frac{Q^2}{2gA^2}\right) = -\frac{Q^2}{gA^3}\frac{dA}{ds}$$

对于非棱柱体，过水断面面积 A 是水深 h 和流程 s 的函数，即 $A = f(h, s)$，故

$$\frac{dA}{ds} = \frac{\partial A}{\partial s} + \frac{\partial A}{\partial h}\frac{dh}{ds} = \frac{\partial A}{\partial s} + B\frac{dh}{ds}$$

其中

$$\frac{\partial A}{\partial h} = B$$

将以上各式代入式（7-66b），化简后得

$$\frac{dh}{ds} = \frac{i - \dfrac{Q^2}{K^2} + (\alpha + \zeta)\dfrac{Q^2}{gA^3}\dfrac{\partial A}{\partial s}}{1 - (\alpha + \zeta)\dfrac{Q^2 B}{gA^3}} \tag{7-68}$$

上式为非棱柱体明渠恒定非均匀渐变流水深沿程变化的微分方程。

对于棱柱体明渠，$\dfrac{\partial A}{\partial s} = 0$；同时，棱柱体明渠渐变流中局部水头损失很小，一般可忽略不计，取 $\zeta = 0$，于是上式可化简为

$$\frac{dh}{ds} = \frac{i - \dfrac{Q^2}{K^2}}{1 - \dfrac{\alpha Q^2 B}{gA^3}} = \frac{i - \dfrac{Q^2}{K^2}}{1 - Fr^2} \tag{7-69}$$

上式为棱柱体明渠恒定非均匀渐变流水深沿程变化的微分方程，主要用于分析棱柱体明渠恒定非均匀渐变流水面线的变化规律。

2. 水位沿程变化的微分方程

对于天然河道，由于河底一般高低不平，底坡沿程变化，因此一般用水位沿程的变化反映水面线的变化规律。下面推导水位沿程变化的微分方程。

如图 7-32 所示，$z=z_0+h\cos\theta$，于是 $dz=dz_0+\cos\theta dh$。又因 $dz_0=-ids$，故
$$dz=-ids+\cos\theta dh \quad \text{或} \quad \cos\theta dh=dz+ids。$$

将上式代入式 (7-66a)，可得非均匀渐变流水位沿程变化的微分方程为

$$-\frac{dz}{ds}=(\alpha+\zeta)\frac{d}{ds}\left(\frac{v^2}{2g}\right)+\frac{Q^2}{K^2} \tag{7-70}$$

上式主要用于分析、计算天然河道水面线。

二、棱柱体明渠恒定非均匀渐变流水面曲线分析

1. 水面曲线的分区

为便于水面曲线的定性分析，下面首先对分析中所需的一些基本概念进行介绍。

(1) 底坡的划分。由前所述，将明渠底坡划分为 5 种，即

$$正坡\ (i>0)\begin{cases}缓坡 & i<i_K \\ 临界坡 & i=i_K, \\ 陡坡 & i>i_K\end{cases} \quad 平坡\ i=0, \quad 逆坡\ i<0。$$

(2) 流区的划分。按照实际水深 h、正常水深 h_0 和临界水深 h_K 的相对大小，将流动区域划分为以下 3 个流区：

1) 实际水深 h 同时大于正常水深 h_0 和临界水深 h_K 的流区为 a 区。

2) 实际水深 h 介于正常水深 h_0 和临界水深 h_K 之间的流区为 b 区。

3) 实际水深 h 同时小于正常水深 h_0 和临界水深 h_K 的流区为 c 区。

若用 $N-N$ 线表示渠道中的正常水深（h_0）线，用 $K-K$ 线表示渠道中的临界水深（h_K）线，则各种底坡上流区的划分如图 7-33 所示，即位于 $N-N$ 线和 $K-K$ 线之上的为 a 区，位于 $N-N$ 线和 $K-K$ 线之间的为 b 区，位于 $N-N$ 线和 $K-K$ 线之下的为 c 区。

由于底坡种类不同，$N-N$ 线和 $K-K$ 线的相对位置也不同。如缓坡上，由于 $h_0>h_K$，$N-N$ 线位于 $K-K$ 线之上；陡坡上，由于 $h_0<h_K$，$N-N$ 线位于 $K-K$ 线之下，因此在两种底坡上的流动都有 a、b、c 3 个流区。临界坡上，由于 $h_0=h_K$，$N-N$ 线与 $K-K$ 线重合，因此只有 a 和 c 两个流区。而在平坡和逆坡渠道上，由于不可能产生均匀流，没有 $N-N$ 线，只有 $K-K$ 线，所以只有 b 和 c 两个流区。

(3) 水面线类型。为了区分不同底坡上相同流区的水面线，分别在流区号 a、b、c 上加一角标。如缓坡上为 a_1、b_1、c_1；陡坡上为 a_2、b_2、c_2；临界坡上为 a_3、c_3；平坡上为 b_0、c_0；逆坡上为 b'、c'。这样 5 种底坡上共有 12 条水面曲线。

2. 水面曲线分析依据

归纳水面曲线的形状，主要有 3 种：水深沿程增加 $\left(\frac{dh}{ds}>0\right)$，称为壅水曲线；水

资源 7-7
水面曲线

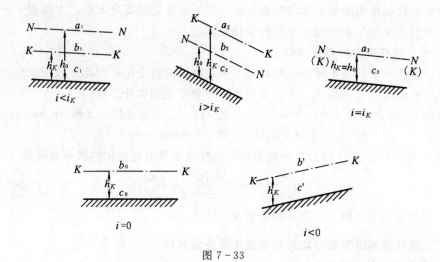

图 7 - 33

深沿程减小 $\left(\dfrac{\mathrm{d}h}{\mathrm{d}s}<0\right)$，称为降水曲线；水深沿程不变 $\left(\dfrac{\mathrm{d}h}{\mathrm{d}s}=0\right)$，趋于均匀流动。由此

可见，分析水面曲线的形状，就是确定水深沿程的变化率 $\dfrac{\mathrm{d}h}{\mathrm{d}s}$ 的值。

$\dfrac{\mathrm{d}h}{\mathrm{d}s}$ 的变化规律可由式（7-69）得出，将均匀流公式 $Q=K_0\sqrt{i}$，代入式（7-69），得

$$\frac{\mathrm{d}h}{\mathrm{d}s}=i\,\frac{1-\left(\dfrac{K_0}{K}\right)^2}{1-Fr^2} \qquad (7-71)$$

上式即为水面曲线定性分析的依据。式中 K_0 为对应于正常水深 h_0 的流量模数。

3. 水面曲线分析

下面以缓坡渠道为例，分析水面曲线的型式。

（1）a_1 型水面线。由于 a_1 型水面线是发生在缓坡上，$h_0>h_K$，即 $N-N$ 线在 $K-K$ 线之上；又在 a 区，所以 a_1 型水面线的水深 $h>h_0>h_K$。由此得

1）由 $h>h_0$，得 $K>K_0$，故式（7-71）中分子 $1-\left(\dfrac{K_0}{K}\right)^2>0$；又 $h>h_K$，得

$Fr<1$，即式（7-71）中分母 $1-Fr^2>0$。所以 $\dfrac{\mathrm{d}h}{\mathrm{d}s}>0$，即水深沿程增加，为壅水曲线。

2）由壅水曲线的变化趋势得，向上游端，水深逐渐减小，其极限情况为 $h\rightarrow h_0$，则 $K\rightarrow K_0$。故由式（7-71）得 $\dfrac{\mathrm{d}h}{\mathrm{d}s}\rightarrow0$，说明水深沿程不变，为均匀流，水面线趋近于 $N-N$ 线。向下游端，水深逐渐增加，其极限情况为 $h\rightarrow\infty$，则 $K\rightarrow\infty$，$Fr\rightarrow0$，由式（7-71）得 $\dfrac{\mathrm{d}h}{\mathrm{d}s}\rightarrow i$，说明单位距离上的水深沿程增加值与渠底高程的降低值相

等，即水面线以水平线为渐近线。由此将 a_1 型水面线的型式归纳为壅水曲线，上游端以 $N-N$ 线为渐近线，下游端以水平线为渐近线。

（2）b_1 型水面线　由 b_1 型水面线的流区及角标知，$h_0 > h > h_K$。由此得

1）由 $h < h_0$，得 $K < K_0$，故 $1 - \left(\dfrac{K_0}{K}\right)^2 < 0$；又 $h > h_K$，得 $Fr < 1$，即 $1 - Fr^2 > 0$，故 $\dfrac{\mathrm{d}h}{\mathrm{d}s} < 0$，即水深沿程减小，为降水曲线。

2）由降水曲线的变化趋势得，向上游端，水深逐渐增大，其极限情况为 $h \to h_0$，则 $K \to K_0$。故由式（7-71）得 $\dfrac{\mathrm{d}h}{\mathrm{d}s} \to 0$，说明水深沿程不变，为均匀流，水面线趋近于 $N-N$ 线。向下游端，水深逐渐减小，其极限情况为 $h \to h_K$，即 $Fr \to 1$，故式（7-71）中的分母趋近于 0。由于分子 $1 - \left(\dfrac{K_0}{K}\right)^2 < 0$，所以 $\dfrac{\mathrm{d}h}{\mathrm{d}s} \to -\infty$。这表明水面线与 $K-K$ 线有正交的趋势。而实际当中并不存在这种情况，当 b_1 型水面线在降落到水深接近临界水深时，出现水跃现象。得出理论与实际不相符合情况的原因，是由于在 $h \to h_K$ 的局部范围内，水面曲率很大，此时不再属于渐变流范围，为急变流。而上述水面线分析的依据是方程（7-71），此方程是在渐变流条件下推导出来的。因此，出现理论与实际不相符合的情况。由此将 b_1 型水面线的型式归纳为降水曲线，上游端以 $N-N$ 线为渐近线，下游端产生跌水。

（3）c_1 型水面线。由 c_1 型水面线的流区及角标知，$h_0 > h_K > h$。由此得

1）由 $h < h_0$，得 $K < K_0$，即 $1 - \left(\dfrac{K_0}{K}\right)^2 < 0$；又 $h < h_K$，得 $Fr > 1$，即 $1 - Fr^2 < 0$。所以 $\dfrac{\mathrm{d}h}{\mathrm{d}s} > 0$，即水深沿程增加，为壅水曲线。

2）由壅水曲线的变化趋势可得，向上游端，水深逐渐减小。但只要渠中有水，水深就不会为 0。实际上上游的最小水深常常是受来流条件控制的（如闸孔开度等）。对下游端，水深沿程增加，其极限情况为 $h \to h_K$，即 $Fr \to 1$，此时 $1 - Fr^2 \to 0$。所以 $\dfrac{\mathrm{d}h}{\mathrm{d}s} \to \infty$。这表明水面线与 $K-K$ 线有正交的趋势。同 b_1 型水面线一样，实际当中也不存在这种情况。而是当 c_1 型水面线上升至水深接近临界水深时，出现水跃现象。出现理论与实际不相符合情况的原因与 b_1 型水面线相同。c_1 型水面线的型式归纳为壅水曲线，下游端产生水跃。

用同样的方法，可以分析各种底坡棱柱体渠道上的水面曲线，这里不再一一分析。图 7-34 给出了各种底坡上各类水面曲线的型式及实例供参考。

4. 水面曲线分析的一般原则及注意点

总结棱柱体明渠中可能出现的 12 种水面曲线，可以看出它们之间既有共同的规律，又有各自的特点。具体分析时应遵循以下原则：

（1）a 区和 c 区的水面线为壅水曲线，b 区的水面线为降水曲线。

（2）在正底坡充分长的棱柱体渠道中，足够远处的水流趋近于均匀流，即 $h \to$

h_0，水面线趋近于 $N-N$ 线。

（3）当 $h \to h_K$ 时，水面线与 $K-K$ 线呈正交趋势。当水流由急流向缓流过渡时，产生水跃，水面线以水跃衔接，水跃的位置应满足跃前与跃后水深的共轭关系；当水流由缓流向急流过渡时，产生水跃，在底坡由缓坡转变为陡坡或有跌坎的转折断面上，水深近似为临界水深。

分析时应注意以下几点：

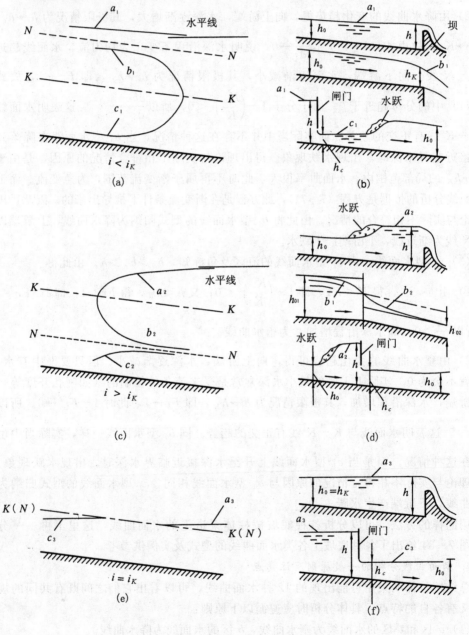

图 7-34（一）

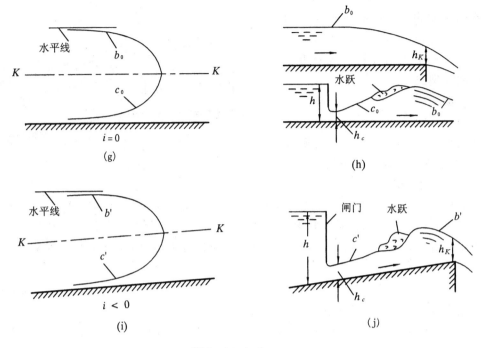

图 7 - 34（二）

（1）以上水面线的分析原则只适用于棱柱体非均匀渐变流渠道，而在非棱柱体或非均匀急变流渠道中不适用。

（2）无论何种底坡，每一个流区只可能有一种确定的水面曲线型式，即同一流区不可能出现两种水面曲线。如缓坡上的 a 区，只能是 a_1 型壅水曲线，不可能有其他型式的水面线。

（3）分析、计算水面线必须从控制断面（即已知水深的断面，相应的水深称为控制水深）开始。因为急流中的干扰波不能向上游传播，所以急流的控制断面在上游；而缓流中的干扰波能向上游传播，所以缓流的控制断面在下游。常见的控制断面有以下几种：

1）底坡由缓坡转变为陡坡或有跌坎的转折断面，该断面的水深近似为临界水深。

2）坝址及闸下游的收缩断面，该断面的水深为收缩水深，在第九章中讨论。

3）长而直的棱柱体正底坡渠道的充分远处应趋近于均匀流，即 $h \to h_0$，所以水面线趋近于 $N-N$ 线。

5. 水面曲线分析步骤

分析棱柱体明渠的水面线，一般按下列步骤进行：

（1）根据底坡的种类，确定 $N-N$ 线与 $K-K$ 线的位置。

（2）根据流动边界的具体情况，确定控制断面和控制水深。

（3）根据水面线的变化规律，确定水面线的型式。

下面以两段不同底坡连接的渠道为例，说明水面线的分析方法。

例 7-11　图 7-35 所示为一断面尺寸相同，但底坡不同的两段相连接棱柱体渠道，已知 $i_1 <$ $i_2 < i_K$，渠道充分长。试分析水面曲线型式。

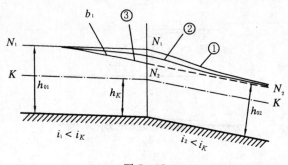

图 7-35

解:

（1）确定 $N-N$ 线与 $K-K$ 线的位置。由于两段渠道的断面尺寸相同，则临界水深相同，故 $K-K$ 线相同；由 $i_1 < i_K$、$i_2 < i_K$，则 $N-N$ 线位于 $K-K$ 线之上；又 $i_1 < i_2$，故 N_1-N_1 线高于 N_2-N_2 线。

（2）确定控制断面和控制水深。本题由于底坡的变化而产生了非均匀流，但由于渠道充分长，在远离底坡转折断面的上下游应趋近于均匀流，即水深分别趋近于 h_{01} 和 h_{02}。

（3）确定水面线的型式。由上游的较大水深 h_{01} 转变为较小的 h_{02}，中间应产生降落曲线。其降落方式可能有 3 种情况:

1）全部在第二渠段中降落，第一渠段为均匀流（即第一渠段的水面线为 $N-N$ 线）。

2）在第一、第二渠段中各降落一部分。

3）全部在第一渠段中降落，第二渠段为均匀流。

以上 3 种情况中，若按第一、第二两种情况降落，则在第二渠段 a 区将产生降水曲线，与水面线规律相矛盾，所以第一、第二两种情况不可能出现；若按第 3 种情况降落，则在第一渠段中产生 b_1 型降水曲线，上游趋近于 N_1-N_1 线，底坡转折处接 N_2-N_2 线，符合水面线变化规律，是正确的。

显然，按上述方法分析水面线是比较繁琐的，即每次都要给出各种可能出现的情况，然后进行分析比较，再确定出水面线型式。对于两段不同底坡相连接的棱柱体渠道，其水面曲线的型式可按以下规律绘制:

（1）由急流向缓流过渡时产生水跃，水跃的位置应满足跃前与跃后水深的共轭关系。

（2）由缓流向急流过渡时产生水跌，在底坡转折或跌坎断面处为临界水深。

（3）由缓流向缓流过渡时只影响上游渠段，下游仍然为均匀流。

（4）由急流向急流过渡时只影响下游渠段，上游仍然为均匀流。

（5）临界底坡中的流态，视其相邻底坡的陡缓而定。如果上（或下）游相邻底坡为缓坡，则视为缓流过渡到缓流，只影响上游，符合规律（3）。如果下（或上）游相邻底坡为陡坡，则视为急流过渡到急流，只影响下游，按规律（4）绘制。

（6）平坡和逆坡均可视为缓坡，水库中的流动可视为缓流。

运用以上规律绘制水面曲线就方便得多。如例 7-11，当完成第一步（确定 $N-$ N 线与 $K-K$ 线的位置）和第二步（确定控制断面和控制水深）之后，由于渠道上、下游充分远处水深分别为 h_{01} 和 h_{02}，均为缓流，可运用规律（3），即缓流过渡到缓流，只影响上游，下游仍然为均匀流。这样下游水面线即为 N_2-N_2 线，并在底坡转折断面处水深为 h_{02}。由 h_{01} 降落至 h_{02}，经 b_1 区，为 b_1 型水面曲线。

例 7-12　图 7-36 为一陡坡与临界底坡连接的棱柱体渠道。试定性绘制水面曲线。

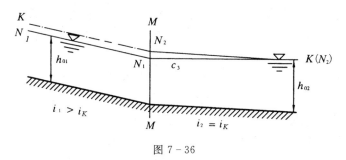

图 7-36

解：

（1）确定 $N-N$ 线与 $K-K$ 线的位置。由于两段渠道的断面尺寸相同，则临界水深相同，故 $K-K$ 线相同；由 $i_1 > i_K$，得 N_1-N_1 线低于 $K-K$ 线；又 $i_2=i_K$，故 N_2-N_2 与 $K-K$ 线重合。

（2）确定控制断面和控制水深。在距离底坡转折断面充分远的上下游应趋近于均匀流，即水深分别为 h_{01} 和 h_{02}（$=h_K$）。

（3）确定水面线的型式。本题运用规律（5）（临界底坡中的流态，视其相邻底坡的陡缓而定）。即由于与临界底坡相邻的为陡坡，可视为由急流向急流过渡，只影响下游，上游仍然为均匀流。则上游渠段水面线为 N_1-N_1 线，底坡转折断面的水深为 h_{01}。在下游渠段中水深由 h_{01} 增加至 h_{02}（$=h_K$），经 c_3 区，为 c_3 型水面曲线。

例 7-13　图 7-37 所示为一接水库的溢洪道，溢洪道由上游平坡段和下游陡坡段的棱柱体渠道组成，且下游段充分长，溢洪道进口处设置闸门控制流量。试定性分析平坡段较长、较短和很短时两渠段中的水面曲线。

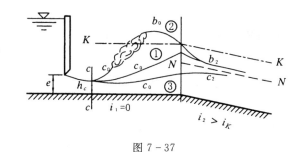

图 7-37

解：

（1）确定 $N-N$ 线与 $K-K$ 线的位置。由于平坡段没有 $N-N$ 线，只有 $K-K$ 线，并且与下游渠段的 $K-K$ 线相同。又 $i_2 > i_K$，因此 N_2-N_2 线低于 $K-K$ 线。

（2）确定控制断面和控制水深。当水闸的开度和流量一定时，闸下的收缩水深 h_c 可唯一确定，可视为控制水深，并且一般情况下 $h_c < h_K$；由于下游陡坡段充分长，故下游充分远处应趋近于均匀流，即水深为 h_{02}；平坡与陡坡转折断面可作为一控制断面，其水深视平坡段的长短而定。

(3) 确定水面线的型式。由于 $h_c < h_K$，位于平坡段的 c 区，故收缩断面之后形成 c_0 型壅水曲线，其后水面线的型式取决于平坡段的长短。

当平坡段较长时，c_0 型壅水曲线自 h_c 上升趋近 h_K 时，还未到达底坡转折断面，则由规律（1）知，平坡段上出现由急流向缓流的转变，即产生水跃。跃后断面在平坡段的 b 区，产生 b_0 型曲线，为缓流。而下游陡坡的充分远处 $h \to h_{02}$，为急流，即由缓流过渡到急流，运用规律（2），则在底坡转折处产生跌水。跃后平坡段为 b_0 型降水曲线，陡坡段为 b_2 型降水曲线，底坡转折断面为临界水深 h_K，如图中②线所示。

当平坡段较短时，c_0 型壅水曲线自 h_c 上升至水深 h（$< h_K$），已到达底坡转折断面。如果 $h_K > h > h_{02}$，则在陡坡段形成 b_2 型降水曲线，在充分远处水面线趋近于 $N-N$ 线，如图中①线所示。

当平坡段很短时，c_0 型壅水曲线自 h_c 上升至水深 h（$< h_K$），已到达底坡转折断面，若在底坡转折断面处 $h < h_{02}$，则在陡坡段形成 c_2 型壅水曲线，在充分远处水面线趋近于 $N-N$ 线，如图中③线所示。

例 7-14　一宽浅式矩形断面变坡渠道，粗糙系数 $n = 0.025$，渠段 2 的底坡 $i = 0.001$。当渠道的单宽流量 $q = 5\text{m}^3/(\text{m} \cdot \text{s})$ 时，渠段 1 的正常水深 $h_{01} = 0.9\text{m}$，渠段 3 的正常水深 $h_{03} = 1.2\text{m}$。试分析渠道的水面曲线（视各段渠道为充分长）。

解：

(1) 判断渠道中均匀流时的流态。

临界水深
$$h_K = \sqrt[3]{\frac{\alpha q^2}{g}} = \sqrt[3]{\frac{1 \times 5^2}{9.8}} = 1.37 \text{ (m)}$$

对宽浅式矩形断面，有 $\chi = b + 2h \approx b$，$R = \dfrac{A}{\chi} \approx \dfrac{bh}{b} = h$

则临界底坡
$$i_K = \frac{g \chi_K}{\alpha C_K^2 b_K} \approx \frac{g}{\alpha C_K^2}$$

式中
$$C_K = \frac{1}{n} R_K^{1/6} = \frac{1}{n} h_K^{1/6} = \frac{1}{0.025} \times 1.37^{1/6} = 42.15 \text{ (m}^{1/2}/\text{s)}$$

所以
$$i_K \approx \frac{g}{\alpha C_K^2} = 0.0055$$

由此得渠段 2 底坡 $i = 0.001 < i_K = 0.0055$，为缓坡渠道，均匀流时为缓流。

渠段 1 的正常水深 $h_{01} = 0.9\text{m} < h_K = 1.37\text{m}$，均匀流时为急流。

渠段 3 的正常水深 $h_{03} = 1.2\text{m} < h_K = 1.37\text{m}$，均匀流时为急流。

(2) 水面曲线分析。由上述分析结果，可确定 $N-N$ 线与 $K-K$ 线的位置如图 7-38 所示。

由于各段渠道为充分长，故渠段 1 上游来流为均匀流，且处于急流状态，而渠段 2 在均匀流流段内应是缓流，渠段 1 到渠段 2 的水流由急流到缓流，必将产生水跃，

对应于 h_{01} 所需的跃后水深为

$$h''_{01} = \frac{h_{01}}{2}\left(\sqrt{1 + 8\frac{q^2}{gh_{01}^3}} - 1\right)$$

$$= \frac{0.9}{2}\left(\sqrt{1 + 8 \times \frac{5^2}{9.8 \times 0.9^3}} - 1\right) = 1.97(\text{m})$$

渠段 2 的正常水深 h_{02} 由均匀流公式 $q = Ch\sqrt{Ri}$，得

$$h_{02} = \left(\frac{nq}{\sqrt{i}}\right)^{3/5} = \left(\frac{0.025 \times 5}{\sqrt{0.001}}\right)^{3/5} = 2.28(\text{m})$$

可见，$h_{02} > h''_{01}$，水跃发生在渠段 1，跃后产生 a_2 型水面曲线与渠段 2 缓流衔接，渠段 3 下游充分远处为均匀急流，缓流到急流产生跌水，且在变坡断面处经过 $K-K$ 线，则在渠段 2 产生 b_1 型水面曲线，渠段 3 产生 b_2 型水面曲线。水面曲线如图 7-38 所示。

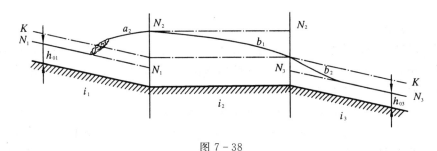

图 7-38

第六节　棱柱体明渠恒定非均匀渐变流水面曲线计算

上面对棱柱体明渠中各种水面线的定性分析进行了详细的讨论，但在工程中还需定量给出水面曲线的水力要素变化，即对水面线作定量计算和绘制。由此可以预测明渠水位的变化及对堤岸的影响。因此，水面线的定量计算是渠道水力计算的重要内容之一。

一、计算公式

前面已经推导出明渠恒定非均匀渐变流的基本微分方程式（7-66b）：

$$i\,\mathrm{d}s = \mathrm{d}h + (\alpha + \zeta)\mathrm{d}\left(\frac{v^2}{2g}\right) + \frac{Q^2}{K^2}\mathrm{d}s$$

忽略局部水头损失，取 $\alpha \approx 1$，上式可写为

$$\mathrm{d}\left(h + \frac{v^2}{2g}\right) = \left(i - \frac{Q^2}{K^2}\right)\mathrm{d}s$$

或

$$\frac{dE_s}{ds} = i - \frac{Q^2}{K^2} = i - J \tag{7-72}$$

式中：$E_s = h + \frac{v^2}{2g} = h + \frac{Q^2}{2gA^2}$；$J$ 为水力坡度，$J = \frac{Q^2}{K^2} = \frac{v^2}{C^2R}$。

将式（7-72）写成差分形式，则有

$$\Delta s = \frac{\Delta E_s}{i - \overline{J}} = \frac{E_{sd} - E_{su}}{i - \overline{J}} \tag{7-73}$$

上式即为逐段试算法计算水面线的基本公式。式中 E_{su}、E_{sd} 分别为流段上下游断面的断面比能，$\overline{J}$ 为流段内平均水力坡度，一般情况下采用下式计算：

$$\overline{J} = \frac{1}{2}(J_u + J_d) \tag{7-74}$$

平均值 $\overline{K}$ 或 $\overline{K^2}$ 可用下列方法计算：

$$\overline{K} = \overline{AC}\sqrt{R} \tag{7-75a}$$

或

$$\overline{K^2} = \frac{1}{2}(K_u^2 + K_d^2) \tag{7-75b}$$

二、计算方法

用逐段试算法计算水面曲线的基本方法，是先把明渠划分为若干流段，然后对每一流段应用式（7-73），由流段的已知断面水深求未知断面水深，逐段推算。

水面曲线的计算类型常见的有两类：

（1）已知流段两端水深 h_1、h_2，求流段长度 Δs。对棱柱体渠道，这类计算可由基本公式直接计算，不需试算。计算时首先按水深变化的范围将渠段划分为若干小段，分段的多少视精度要求而定，一般取 $\Delta h = 0.1 \sim 0.3$m。分段越多，精度越高。然后从已知的控制断面出发，分别计算出所有给定水深之间的距离 Δs，从而确定各水深所在的位置，便得到水深的沿程变化规律。

（2）已知流段一端水深 h_1（或 h_2）及两断面间的距离 Δs，求另一端的水深 h_2（或 h_1）。这类情况需要试算。计算时先从已知水深的断面开始，假定另一水深，然后根据基本公式（7-73）求出 $\Delta s'$。若 $\Delta s' = \Delta s$，则假定的水深即为所求，若 $\Delta s' \neq \Delta s$，需重新假设，直至 $\Delta s' = \Delta s$ 为止。

三、计算举例

例 7-15 一长直梯形断面渠道，底宽 $b = 10$m，边坡系数 $m = 2.0$，糙率 $n = 0.025$，底坡 $i = 0.0005$，当通过的流量 $Q = 28$m³/s 时，渠道末端水深 $h_d = 4.0$m。试计算水面曲线。

解：

（1）定性分析水面曲线。

1）求 h_0 和 h_K，确定 $N-N$ 和 $K-K$ 的位置。

将已知值代入均匀流正常水深迭代公式（7-20），得

$$h_{0i+1} = 1.983 \times \frac{(1 + 0.447h_{0i})^{2/5}}{1 + 0.2h_{0i}}$$

经迭代计算得正常水深为 $h_0 = 1.84$m。

将已知值代入临界水深迭代公式（7-43），得

$$h_{Ki+1} = 0.928 \times \frac{(1 + 0.4h_{Ki})^{1/3}}{1 + 0.2h_{Ki}}$$

经迭代计算得临界水深为 $h_k = 0.87$m。

因 $h_0 > h_K$，属于缓坡渠道，故 $N-N$ 线位于 $K-K$ 线之上。

2）确定控制水深及水面线型式。

由于末端水深 $h_d = 4.0$m，即 $h_d > h_0 > h_K$，所以水面线为 a_1 型。因此，控制断面在下游，水面线应从末端开始向上游计算。由于 a_1 型水面线上游以正常水深线为渐近线，取上游端水深比正常水深稍大一些，即

$$h_u = h_0 (1 + 1\%) = 1.86 \ (m)$$

（2）计算水面曲线。

1）根据水深变化范围，划分流段。取 $\Delta h = 0.3$m，自末端水深 $h_d = 4.0$m 起向上游划分流段，则各段水深分别为 4.0m、3.7m、3.4m、3.1m、2.8m、2.5m、2.2m、1.86m。

2）应用式（7-73）逐段推算，即可得相应流段的长度 Δs_i。再根据相应的水深 h_i 和 Δs_i 绘制水面线。以第 I 流段为例计算如下：

第 I 流段两断面的水深分别为 $h_1 = 4.0$m，$h_2 = 3.7$m，则相应的水力要素为

$$A_1 = (b + mh_1) h_1 = (10 + 2.0 \times 4.0) \times 4.0 = 72 \ (m^2)$$

$$\chi_1 = b + 2h \sqrt{1 + m^2} = 27.89 \ (m)$$

$$R_1 = \frac{A_1}{\chi_1} = 2.58 \ (m), \quad C_1 = \frac{1}{n} R^{1/6} = 46.85 \ (m^{1/2}/s)$$

$$v_1 = \frac{Q}{A} = \frac{28}{72} = 0.389 \ (m/s), \quad \frac{v_1^2}{2g} = \frac{0.389^2}{2 \times 9.8} = 0.0077 \ (m)$$

$$J_1 = \frac{v_1^2}{C_1^2 R_1} = \frac{0.389^2}{46.85^2 \times 2.58} = 0.267 \times 10^{-4}$$

$$E_{s1} = h_1 + \frac{v_1^2}{2g} = 4.0 + 0.0077 = 4.01 \ (m)$$

同理可得断面 2-2 的水力要素为 $A_2 = 64.38$m², $\chi_2 = 26.55$m，$R_2 = 2.42$m，$C_2 = 46.35$m$^{1/2}$/s，$v_2 = 0.435$m/s，$\frac{v_2^2}{2g} = 0.0096$m，$J_2 = 0.364 \times 10^{-4}$，$E_{s2} = 3.71$m。

则

$$\bar{J} = \frac{1}{2} (J_1 + J_2) = 0.316 \times 10^{-4}$$

第 I 流段长度为 $\Delta s = \dfrac{\Delta E_s}{i - \bar{J}} = \dfrac{E_{s1} - E_{s2}}{i - \bar{J}} = \dfrac{4.01 - 3.71}{0.0005 - 0.316 \times 10^{-4}} = 640.5$ （m）。

其余流段计算步骤相同，结果列于表 7-10。

根据表 7-10 中的 h 及 Δs 值，按一定比例绘制渠道的水面曲线，如图 7-39 所示。

表 7-10

h /m	A /m²	χ /m	R /m	$CR^{1/2}$	v /(m/s)	$J=\dfrac{v^2}{C^2R}$ /(×10⁻⁴)	$\overline{J}/$ (×10⁻⁴)	$i-\overline{J}/$ (×10⁻⁴)	$\dfrac{\alpha v^2}{2g}$ /m	E_s /m	ΔE_s /m	Δs /m	Σs /m
4.0	72	27.89	2.58	75.25	0.389	0.267			0.0077	4.008			0
							0.316	4.684			0.298	636.2	
3.7	64.38	26.55	2.42	72.10	0.435	0.364			0.0096	3.710			636
							0.434	4.566			0.298	652.7	
3.4	57.12	25.20	2.27	69.10	0.490	0.503			0.012	3.412			1289
							0.614	4.386			0.296	674.9	
3.1	50.22	23.86	2.10	65.60	0.558	0.724			0.016	3.116			1964
							0.893	4.107			0.295	718.3	
2.8	43.68	22.52	1.94	62.22	0.641	1.061			0.021	2.821			2682
							1.345	3.655			0.293	801.6	
2.5	37.5	21.18	1.77	58.52	0.747	1.629			0.028	2.528			3484
							2.120	2.880			0.288	1000	
2.2	31.68	19.84	1.60	54.72	0.884	2.610			0.040	2.240			4484
							3.734	1.266			0.318	2512	
1.86	25.52	18.32	1.39	49.82	1.098	4.857			0.062	1.922			6996

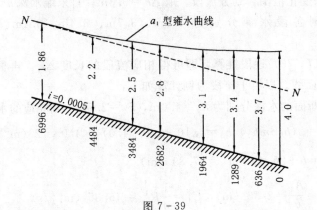

图 7-39

例 7-16　某一边墙成直线收缩的矩形渠道（图 7-40），渠长 $L=60\text{m}$，进口宽 $b_1=8\text{m}$，出口宽 $b_2=4\text{m}$，渠底为逆坡，$i=-0.001$，粗糙系数 $n=0.014$，当 $Q=18\text{m}^3\text{s}$ 时，进口水深 $h_1=2\text{m}$。试求中间断面及出口断面水深。

解：

由于渠道宽度逐渐收缩，故为非棱柱体渠道，求指定断面水深，需采用试算法。

（1）计算中间断面的水深：已知中间断面宽度 b 为 6m，今假定其水深 h 为 1.8m，按下列各式计算有关水力要素：

$$A=bh=6\times1.8=10.8\ (\text{m}^2)$$

$$\chi=b+2h=6+2\times1.8=9.6\ (\text{m})$$

$$R=\frac{A}{\chi}=\frac{10.8}{9.6}=1.125\ (\text{m})$$

$$CR^{1/2}=\frac{1}{n}R^{2/3}=\frac{1}{0.014}\times1.125^{2/3}$$

$$=77.26\ (\text{m/s})$$

$$v = \frac{Q}{A} = \frac{18}{10.8} = 1.667 \ (\text{m/s})$$

$$J = \frac{v^2}{C^2 R} = \left(\frac{1.667}{77.26}\right)^2 = 4.655 \times 10^{-4}$$

$$\frac{\alpha v^2}{2g} = \frac{1 \times 1.667^2}{2 \times 9.8} = 0.142 \ (\text{m})$$

将以上各值列于表 7-11 中。

又因进口断面宽度及水深已知，按以上公式计算进口断面的各水流要素，将计算结果列于表 7-11 中。

根据表 7-11 中有关数据，代入式（7-73）中，求出 Δs 为

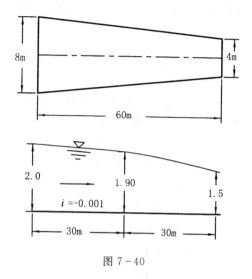

图 7-40

$$\Delta s = \frac{\Delta E_s}{i - \overline{J}} = \frac{1.942 - 2.065}{-13.17 \times 10^{-4}} = 93.4 (\text{m})$$

计算得到 Δs 为 93.4m，与实际长度 30m 相差甚远，说明前面所假设的水深 1.8m 与实际不符合，必须重新假设。故又假设中间断面水深为 1.9m，按以上程序计算，得到 Δs 为 29.58m，与实际长度比较接近，所以可认为中间断面水深为 1.9m。

表 7-11　　　　　　　　　　　　　　　**计 算 结 果**

断面位置	b/m	h/m	A/m²	χ/m	R/m	$CR^{1/2}$	v/(m/s)	$J = \frac{v^2}{C^2 R}$/($\times 10^{-4}$)	$\overline{J}$/($\times 10^{-4}$)	$i - \overline{J}$/($\times 10^{-4}$)	$\frac{\alpha v^2}{2g}$/m	E_s/m	ΔE_s/m	Δs/m
进口	8	2	16.0	12.0	1.33	86.42	1.13	1.691			0.065	2.065		
中	6	1.8	10.8	9.6	1.13	77.26	1.67	4.655	3.173	-13.17	0.142	1.942	-0.123	93.4
		1.9	11.4	9.8	1.16	78.99	1.58	3.996	2.884	-12.84	0.127	2.027	-0.038	29.6
出口	4	1.6	6.4	7.2	0.89	66.06	2.81	18.11	11.04	-21.04	0.404	2.004	-0.023	10.9
		1.5	6.0	7.0	0.86	64.35	3.00	21.73	12.86	-22.86	0.459	1.959	-0.068	29.8

（2）出口断面水深的计算与前面的计算方法完全一样，不再赘述。从表 7-11 看出，出口水深应为 1.5m。

第七节　天然河道水面曲线的计算

在天然河道上修建水工建筑物或对河道进行整治时，常常会改变河道中的水流运动状态，如修建闸、坝等建筑物时将抬高河道中的水位，形成壅水曲线。为了估算淹没范围，需要进行河道水面线的计算，以便给工程设计提供必要的资料。

天然河道与人工渠道相比，有以下特点：①在平面上曲直相间；②过水断面的形状、尺寸、底坡及粗糙系数沿程变化；③在同一断面内，水面宽度及糙率随高程的不

同而变化。因此，在进行水面曲线计算时，首先根据水文及地形的实测资料，把河道分成若干计算流段，然后对每一流段进行计算。

一、河道的划分原则

划分流段时应注意以下几点：

（1）一般用水位表示河道水面线。每个计算流段的过水断面形状、尺寸以及粗糙系数、底坡等变化都不能太大。

（2）在每一计算流段内，上、下游断面水位差 Δz 不能太大，一般对平原河道取 $0.1\sim0.2\mathrm{m}$，山区河流取 $1.0\sim3.0\mathrm{m}$。

（3）每个计算流段内，没有支流流出或流入。

一般对平原河道流段可划分得长一些，而山区河道的流段可划分得短一些。

二、河道水面曲线的计算方法

1. 计算公式

河道水面曲线的基本公式可采用式（7-70），将其改写成差分公式，即

$$-\Delta z = (\alpha + \zeta)\frac{Q^2}{2g}\Delta\left(\frac{1}{A^2}\right) + \frac{Q^2}{\overline{K}^2}\Delta s \tag{7-76}$$

其中 $-\Delta z = z_\mathrm{u} - z_\mathrm{d}$，$\Delta\left(\dfrac{1}{A^2}\right) = \dfrac{1}{A_\mathrm{d}^2 - A_\mathrm{u}^2}$，$\overline{K}^2 = \dfrac{1}{2}(K_\mathrm{u}^2 + K_\mathrm{d}^2)$，将各式代入式（7-76），得

$$z_\mathrm{u} + (\alpha + \zeta)\frac{Q^2}{2gA_\mathrm{u}^2} - \frac{\Delta s Q^2}{2K_\mathrm{u}^2} = z_\mathrm{d} + (\alpha + \zeta)\frac{Q^2}{2gA_\mathrm{d}^2} + \frac{\Delta s Q^2}{2K_\mathrm{d}^2} \tag{7-77}$$

以上各式中角标 u 与 d 分别表示流段上、下游断面的水力要素。令

$$f(z_\mathrm{u}) = z_\mathrm{u} + (\alpha + \zeta)\frac{Q^2}{2gA_\mathrm{u}^2} - \frac{\Delta s Q^2}{2K_\mathrm{u}^2} \tag{7-78a}$$

$$\varphi(z_\mathrm{d}) = z_\mathrm{d} + (\alpha + \zeta)\frac{Q^2}{2gA_\mathrm{d}^2} + \frac{\Delta s Q^2}{2K_\mathrm{d}^2} \tag{7-78b}$$

则式（7-76）可写为

$$f(z_\mathrm{u}) = \varphi(z_\mathrm{d}) \tag{7-79}$$

2. 计算方法及步骤

利用以上各式计算水面曲线时，可采用试算法，步骤如下：

（1）将河道划分成若干流段。

（2）若已知下游断面的水位 z_d，按式（7-78b）求出函数 $\varphi(z_\mathrm{d})$；反之，若已知上游断面的水位 z_u，按式（7-78a）求出函数 $f(z_\mathrm{u})$。

（3）假定若干上游断面水位 z_u，按式（7-78a）算出相应的若干 $f(z_\mathrm{u})$，并绘制 $z_\mathrm{u} - f(z_\mathrm{u})$ 关系曲线，如图 7-41 所示。

在曲线上找出与 $f(z_\mathrm{u}) = \varphi(z_\mathrm{d})$ 相对应的点 A，点 A 的纵坐标值即为所求的上游断面水位 z_u。将该水位作为另一个流段的下游水位。按照以上步骤，逐段推算，得到全河道的水面曲线。

除以上试算法外，河道水面曲线还可采用图解法，读者可参考其他水力学书籍。

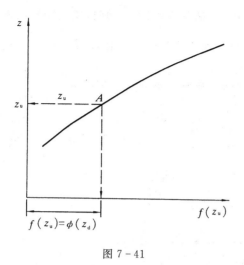

图 7-41

第八节 弯 道 水 流 简 介

在天然河道或人工渠道中，由于受地形、地质条件的限制，常常形成弯道。弯道中的水流可能是缓流，也可能是急流。缓流弯道水流与急流弯道水流的流动现象完全不同，本节主要介绍缓流弯道水流问题。

当缓流水流进入弯道时，会出现一些不同于直段河道水流的水力现象，如弯道的凹岸水面高于凸岸的水面，形成横向坡降，如图 7-42（a）所示；若量测横断面上的流速分布，发现弯道水流除具有纵向流速外，还存在横向和竖向流速。在水流表面，横向流速指向凹岸，在底部横向流速指向凸岸，如图 7-42（b）所示。同时凹岸的竖流由表面流向底部，凸岸的竖流由底部流向表面，构成横断面上的环形流动，称断面环流。另外对于含有泥沙的水流，当水流进入弯道时，泥沙都淤积在弯道的凸岸，而凹岸则被冲刷成深槽。那么缓流弯道水流为什么会出现这些现象呢？下面从力学角度对弯道水流的横向坡降、断面环流及能量损失等问题进行简要讨论。

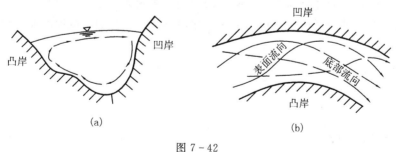

(a)   (b)

图 7-42

一、横向水面坡降及超高计算

图 7-43 所示为一弯道横断面图，O 点为弯道的曲率中心。现以 O 点为坐标原点建立坐标系，设凸岸曲率半径为 r_1，凹岸的曲率半径为 r_2，取水面上一质点 A，其

质量为 $\mathrm{d}m$，纵向流速为 u，曲率半径为 x，则该质点所受的重力 $\mathrm{d}G=\mathrm{d}mg$，其方向垂直向下。该质点同时还受离心力作用，其值为 $\mathrm{d}F=\mathrm{d}m\dfrac{u^2}{x}$，方向水平指向凹岸。现过 A 点作一与水面相切的斜率为 $\dfrac{\mathrm{d}z}{\mathrm{d}x}$ 的直线。则由于 $\dfrac{\mathrm{d}z}{\mathrm{d}x}=\dfrac{\mathrm{d}F}{\mathrm{d}G}$，于是有

$$\frac{\mathrm{d}z}{\mathrm{d}x}=\frac{\mathrm{d}F}{\mathrm{d}G}=\frac{\mathrm{d}m\dfrac{u^2}{x}}{\mathrm{d}mg}=\frac{u^2}{gx} \text{ 或 } \mathrm{d}z=\frac{u^2}{gx}\mathrm{d}x \tag{7-80}$$

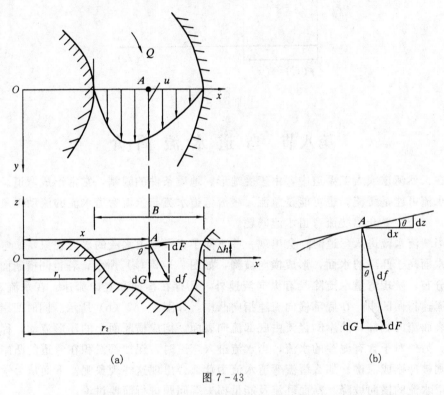

图 7-43

由上式可见，若能找到纵向流速 u 的横向分布规律，上式即可积分。但由于弯道水流的复杂性，纵向流速 u 的横向分布规律尚不清楚，目前只能以断面平均流速 v 代替 u，即

$$\mathrm{d}z=\frac{v^2}{gx}\mathrm{d}x \tag{7-81}$$

积分上式得

$$z=\frac{v^2}{g}\ln x+c$$

式中：c 为积分常数。

当 $x=r_1$ 时，$z=0$，则 $c=-\dfrac{v^2}{g}\ln r_1$。代入上式，得

$$z=\frac{v^2}{g}\ln\frac{x}{r_1} \tag{7-82}$$

上式即为横向自由水面的近似方程，可见自由水面近似为对数曲线。由上式可导出水面的横向断面超高为

$$\Delta h = \frac{v^2}{g}\ln\frac{r_2}{r_1} = \frac{v^2}{g}\ln\frac{r_c + B/2}{r_c - B/2} \approx \frac{Bv^2}{gr_c} \tag{7-83}$$

式中：r_c 为河道中心的曲率半径，B 为河道水面宽度。

由上式可见，水面的横向坡降与纵向流速的平方成正比，与曲率半径成反比。

二、断面环流

断面环流也称副流。下面讨论断面环流的形成原因。

图 7-44 所示为一矩形断面弯道，现取一微分柱体，分析其单位体积上的横向受力情况如下：

（1）离心惯性力 F：作用于水面下任一深度质点的离心惯性力与该质点的纵向流速 u 的平方成正比，即 $F \propto \rho\dfrac{u^2}{r}$。由于 u 自水面向槽底是逐渐减小的，所以 F 也是自水面向槽底逐渐减小的，如图 7-44（a）所示。

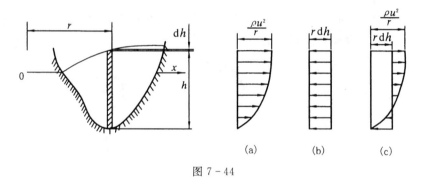

图 7-44

（2）动水压力 P：作用于柱体两侧的动水压力分布按静水压力分布考虑，由横向水面坡降所引起的压差分布如图 7-44（b）所示。

将离心惯性力 F 与动水压力差沿垂线叠加，可得到微分柱体所受的横向力沿垂线的分布图 7-44（c）。如图所示，微分柱体上部的横向力指向凹岸，下部指向凸岸，故在横断面的上部流动朝向凹岸，下部朝向凸岸，从而形成断面环流。横向流速与纵向流速综合结果，就形成了弯道中的螺旋式流动。由于弯道水流的这个特性，使弯道凹岸被冲刷，冲塌下来的泥土又被水流推向凸岸的下游形成淤积。

三、弯道的水头损失

弯道中水流的水头损失比同等长度顺直河道要大，这是因为弯道中存在断面环流，使受到的河床阻力较直段大，并且在弯道下游端的凸岸附近有时会发生水流分离现象，这些都会增大水流中的能量损失。弯道水流的局部水头损失仍按下式计算：

$$h_j = \zeta\frac{v^2}{2g}$$

实验结果表明，局部水头损失系数主要与弯道轴线的曲率半径 r_c、水面宽度 B、水深 h、弯道长度 L 和河槽糙率 n 有关，可采用以下经验公式确定：

$$\zeta = \frac{19.62L}{C^2 R}\left[1 + \frac{3}{4}\sqrt{\frac{B}{r_c}}\right] \tag{7-84}$$

在天然河道中，河宽一般远远大于水深，由于河床阻力的影响，使环流引起的能量损失很小，可忽略不计。

思 考 题

7-1　试从作用力角度分析在下列渠道中能否产生均匀流？
(1) 平底坡渠道；(2) 正坡长渠道；(3) 负坡渠道；(4) 非棱柱体正坡渠道。

7-2　试从能量观点分析，在 $i=0$ 和 $i<0$ 的棱柱形渠道中为什么不能产生均匀流？而在 $i>0$ 的棱柱形长渠道中的流动总趋向于均匀流？

7-3　(1) 水力最佳断面是根据怎样的水力学概念引出的？其特点是什么？(2) 对于矩形和梯形的断面渠道，水力最佳断面的条件是什么？(3) 实用经济断面是怎样引进的？有何特点？

7-4　(1) 下面 3 个波传播图形各代表什么形态水流？为什么？(2) 缓流、急流各有什么特点？有哪些判别方法？

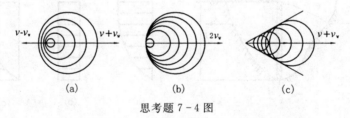

思考题 7-4 图

7-5　(1) 断面单位能量 E_s 与单位重量液体的总能量 E 有何区别？为什么要引入这一概念？(2) 明渠恒定均匀流 E_s 和 E 沿程是怎样变化的？(3) 明渠恒定非均匀流 E_s 和 E 沿程是怎样变化的？

7-6　(1) 弗劳德数 Fr 的物理意义是什么？怎样应用其判别水流流态（缓流和急流）？(2) $\dfrac{dE_s}{dh}>0$，$\dfrac{dE_s}{dh}=0$，$\dfrac{dE_s}{dh}<0$，各相应于什么流动形态？

7-7　试分析 (1) 在糙率 n 沿程不变的棱柱形的宽矩形断面渠道中，当底坡 i 一定时，临界底坡 i_K 随流量怎样变化？(2) 如果原来为均匀缓流，当流量增加或减少时，能否变成均匀急流？(3) 如果原来为均匀急流，当流量增加或减少时，能否变成均匀缓流？

7-8　在下列 4 种情况中跃前水深 h' 相同，渠道的底坡 i 和糙率 n 也相同。试问在产生水跃时所要求的跃后水深 h'' 是否相同？为什么？[图中 l 为图 (c) 情况池中产生临界式水跃的长度]

7-9　缓流、急流、临界流是否只能发生在缓坡、陡坡、和临界坡上？为什么？

7-10　缓流和急流的概念与渐变流、急变流的概念之间有何区别？能否有渐变

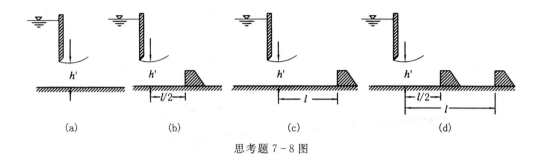

思考题 7-8 图

缓流、渐变急流、急变缓流、急变急流这些流动？

7-11　如图所示实验槽中水流现象，流量保持不变，如果提高或降低一下尾门，试分析水跃的位置是否移动，向哪一边移动，为什么？

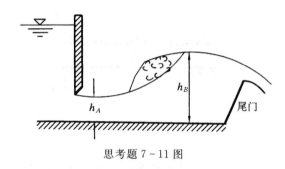

思考题 7-11 图

7-12　棱柱体渠道中发生均匀流时，在 $i < i_K$ 的渠道中只能发生缓流，在 $i > i_K$ 的渠道中只能发生急流。这种说法对否？为什么？

7-13　一定的流量 Q 通过下面的棱柱体渠道，并画出了各渠道的临界水深线 $K-K$ 和正常水深线 $N-N$。试问画得对否？为什么？如不对请改正。

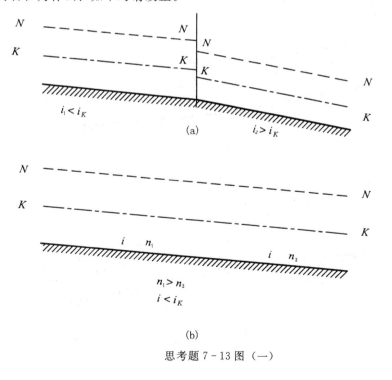

思考题 7-13 图（一）

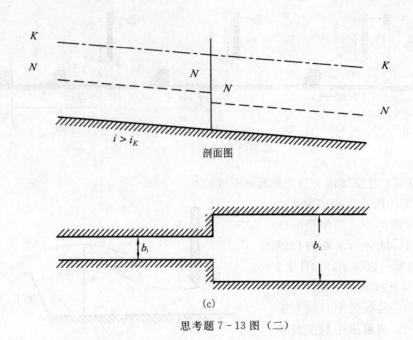

剖面图

(c)

思考题 7-13 图（二）

7-14　棱柱体渠道的各段都充分长，糙率 n 均相同，渠道各段的底坡如图所示。当通过的流量为 Q 时，试判别渠道中的水面曲线是否正确。如不正确，试进行改正。

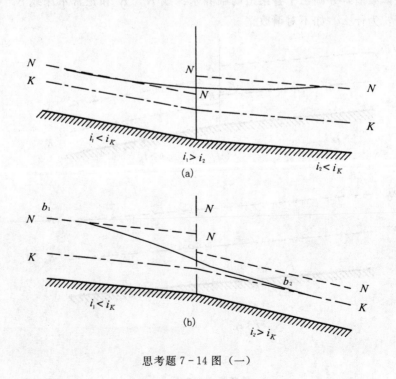

思考题 7-14 图（一）

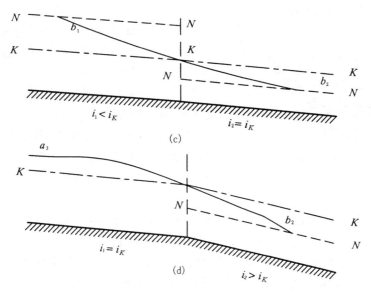

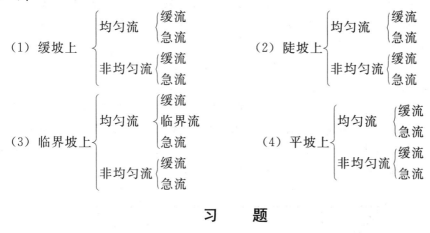

思考题 7-14 图（二）

7-15　下列各种情况中：哪些可能发生？哪些不可能发生（可能画"√"，不可能画
"×"）？

(1) 缓坡上 $\begin{cases} \text{均匀流} \begin{cases} \text{缓流} \\ \text{急流} \end{cases} \\ \text{非均匀流} \begin{cases} \text{缓流} \\ \text{急流} \end{cases} \end{cases}$　　(2) 陡坡上 $\begin{cases} \text{均匀流} \begin{cases} \text{缓流} \\ \text{急流} \end{cases} \\ \text{非均匀流} \begin{cases} \text{缓流} \\ \text{急流} \end{cases} \end{cases}$

(3) 临界坡上 $\begin{cases} \text{均匀流} \begin{cases} \text{缓流} \\ \text{临界流} \\ \text{急流} \end{cases} \\ \text{非均匀流} \begin{cases} \text{缓流} \\ \text{急流} \end{cases} \end{cases}$　　(4) 平坡上 $\begin{cases} \text{均匀流} \begin{cases} \text{缓流} \\ \text{急流} \end{cases} \\ \text{非均匀流} \begin{cases} \text{缓流} \\ \text{急流} \end{cases} \end{cases}$

习　　题

7-1　有两条矩形断面渡槽，如图所示。其中一条渠道的 $b_1=5\mathrm{m}$，$h_1=1\mathrm{m}$，另一条渠道的 $b_2=2.5\mathrm{m}$，$h_2=2\mathrm{m}$，因此 $A_1=A_2=5\mathrm{m}^2$。此外糙率 $n_1=n_2=0.014$，底坡 $i_1=i_2=0.004$。试问这两条渡槽中水流作均匀流时，其通过的流量是否相等？如不等，流量各为多少？

7-2　已知梯形断面棱柱体渠道，底坡 $i=0.00025$，底宽 $b=1.5\mathrm{m}$，边坡系数 $m=1.5$，正常水深 $h_0=1.1\mathrm{m}$，糙

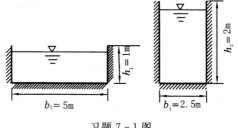

习题 7-1 图

率 $n = 0.0275$。试求流量 Q。

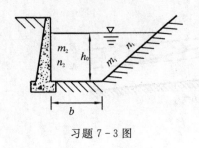

习题 7-3 图

7-3　一非对称的梯形断面渠道，左边墙为直立挡土墙。已知底宽 $b = 5.0$m，正常水深 $h_0 = 2.0$m，边坡系数 $m_1 = 1$，$m_2 = 0$，糙率 $n_1 = 0.02$，$n_2 = 0.014$，底坡 $i = 0.0004$。试确定平均流速 v 及流量 Q。

7-4　已知一梯形断面渠道，底宽 $b = 2.0$m，边坡系数 $m = 1.5$，糙率 $n = 0.025$，通过流量 $Q = 2.2$m³/s 时，正常水深 $h_0 = 1.2$m。试设计渠道底坡 i。

7-5　有一梯形断面渠道，已知通过流量 $Q = 5$m³/s，边坡系数 $m = 1.0$，糙率 $n = 0.02$，底坡 $i = 0.0002$。试按水力最佳条件设计断面。

7-6　有一梯形断面渠道，已知通过流量 $Q = 35$m³/s，均匀流水深 $h_0 = 1.68$m，边坡系数 $m = 1.5$，糙率 $n = 0.025$，底坡 $i = 0.00065$。试求底宽 b。

7-7　一灌溉渠道的流量为 $Q = 13$m³/s，渠道底坡 $i = 0.0008$，梯形断面底宽 $b = 7$m，边坡系数 $m = 1.5$，块石衬砌糙率 $n = 0.030$。试用图解法和迭代法求正常水深 h_0，并用谢才公式校核。

7-8　有一梯形断面棱柱体混凝土渠道，边坡系数 $m = 1.5$，糙率 $n = 0.014$，底坡 $i = 0.00016$，今通过流量 $Q = 30$m³/s 时作均匀流，如取断面底宽与水深之比为 $\beta = b/h_0 = 3$，求断面尺寸 b 及 h_0。

7-9　有一土渠糙率 $n = 0.017$，边坡系数 $m = 1.5$，已知流量 $Q = 30$m³/s，为满足航运要求，水深取 2m，流速 $v = 0.8$m/s。试设计底宽 b 及渠道底坡 i。

7-10　开凿一条运河，为保证枯水期也能通航而采用复式断面，如图所示，运河底坡 $i = 0.003$，主槽底宽 $b_1 = 20$m，边坡系数 $m = 2.5$，两侧滩地宽度也相等，$b_2 = b_3 = 30$m，边坡系数 $m_2 = m_3 = 3.0$，当 $h_1 = 4.0$m，$h_2 = h_3 = 2.0$m 时，主槽糙率 $n_1 = 0.025$，滩地的糙率 $n_2 = n_3 = 0.03$。试求通过运河的流量 Q。

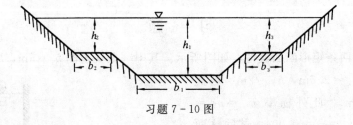

习题 7-10 图

7-11　某工程施工截流时，流量 $Q = 1730$m³/s，矩形断面龙口宽度 $b = 87$m，流速 $v = 6.9$m/s。试判别龙口处是缓流还是急流。

7-12　某河平均水深 $h = 4.0$m，相应流速 $v = 2.5$m/s。试判别河中水流是缓流还是急流。

7-13　试证明矩形断面明渠中通过最大流量时，水深 h 为断面比能 E_s 的 2/3，

即 $h = 2/3E_s$（令 E_s ＝常量）。

7-14　流量 $Q = 5.6\mathrm{m^3/s}$，通过宽 $b = 2.6\mathrm{m}$ 的矩形渠道，试求临界水深 h_K。

7-15　梯形断面渠道，底宽 $b = 1.8\mathrm{m}$，边坡系数 $m = 2.0$，流量 $Q = 3.0\mathrm{m^3/s}$。试用图解法和迭代法求临界水深 h_K。

7-16　有一矩形断面变底坡渠道，流量 $Q = 30\mathrm{m^3/s}$，底宽 $b = 6.0\mathrm{m}$，糙率 $n = 0.02$，底坡 $i_1 = 0.001$，$i_2 = 0.005$。试求（1）各渠段中正常水深；（2）各渠段中的临界水深；（3）判断各渠段均匀流流态。

7-17　有一浆砌石的矩形断面长渠道，已知底宽 $b = 4.0\mathrm{m}$，底坡 $i = 0.0009$，糙率 $n = 0.017$，通过流量 $Q = 8\mathrm{m^3/s}$，动能校正系数 $\alpha = 1.1$。试分别用临界水深法、波速法、弗劳德数法、断面比能方法等，判别渠中均匀流流动时是缓流还是急流。

7-18　有一梯形断面渠道，已知底宽 $b = 6.0\mathrm{m}$，边坡系数 $m = 2.0$，糙率 $n = 0.0225$，通过流量 $Q = 12\mathrm{m^3/s}$。试求临界底坡 i_K。

7-19　一矩形断面棱柱体渠道，底宽 $b = 4.0\mathrm{m}$，底坡 $i = 0$，当流量 $Q = 13.6\mathrm{m^3/s}$ 时渠中发生水跃，测得跃前水深 $h_1 = 0.6\mathrm{m}$。试求跃后水深 h_2 及水跃长度 L_j。

7-20　有一梯形渠道，底宽 $b = 7.0\mathrm{m}$，边坡系数 $m = 1.5$，已知通过流量 $Q = 45\mathrm{m^3/s}$，跃前水深 $h_1 = 0.8\mathrm{m}$。试用图解法求跃后水深 h_2。

7-21　某矩形断面渠道，底坡 $i = 0$，底宽 $b = 8.0\mathrm{m}$，流量 $Q = 16\mathrm{m^3/s}$，设跃前水深 $h_1 = 0.6\mathrm{m}$。试求（1）跃后水深 h_2；（2）水跃长度 L_j；（3）水跃的能量损失 ΔE 及水跃消能系数 K_j。

7-22　试分析并定性绘出如图中 3 种底坡的变化情况时，上下游渠道水面线的型式。已知上下游渠道断面形状、尺寸及粗糙系数均相同并为长直棱柱体明渠。

7-23　有 3 段不同的底坡渠道沿水流方向首尾相连，每段均很长，且断面形状、尺寸以及糙率均相同。在通过某一特定流量下，其底坡分别可为缓坡、陡坡和临界坡。试定性画出下列 3 种情况下各个渠道中水面曲线的可能连接形式：（1）渠道连接顺序为临界坡——陡坡——缓坡；（2）连接顺序改为缓坡——陡坡——临界坡；（3）连接顺序改为临界坡——缓坡——陡坡。如每一种情况下水面曲线的连接形式不止一种，除用图表示外，还需要用文字说明每一种连接形式发生的条件。

7-24　有一棱柱体渠道，缓坡与陡坡、平坡相连，在陡坡与平坡相连接处设有闸门，其开度如图所示。试绘出各段渠道水面曲线的衔接形式。

7-25　有一矩形断面的棱柱体长渠道用混凝土衬砌。已知底宽 $b = 4\mathrm{m}$，渠道在中间变更坡度，实测上段正常水深 $h_{01} = 2.0\mathrm{m}$，下段正常水深 $h_{02} = 0.5\mathrm{m}$，底坡 $i_2 = 0.04$。（1）判断两段底坡 i_1 及 i_2 属于何种底坡？分析并绘出这两段渠道上产生的水面曲线。（2）如果渠道下段出口处的水面受顶托抬高，水面曲线将有哪些变化？试分别按不同类型情况绘出水面曲线，并注明其名称。

7-26　有一梯形断面土渠，已知流量 $Q = 15.6\mathrm{m^3/s}$，底宽 $b = 10\mathrm{m}$，边坡系数 $m = 1.5$，糙率 $n = 0.02$，取不冲不淤流速 $v = 0.85\mathrm{m/s}$。试求（1）正常水深 h_0；（2）底坡 i；（3）试定性绘制下面棱柱形断面长渠道中产生的水面曲线。

7-27　某闸下游有一长度 $s_1 = 37\mathrm{m}$ 的水平段，后接底坡 $i_2 = 0.03$ 的长渠，断面

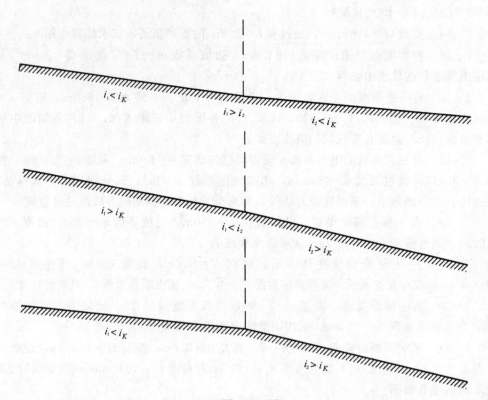

习题 7-22 图

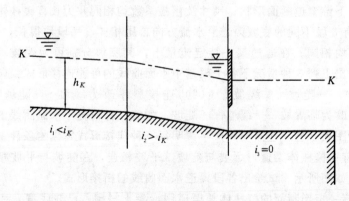

习题 7-24 图

均为矩形，底宽 $b=10\text{m}$，糙率 $n=0.025$，通过流量 $Q=80\text{m}^3/\text{s}$，收缩断面水深 h_c $=0.68\text{m}$。试用逐段试算法计算并绘制闸后渠道中的水面曲线，并求 $s_1=37\text{m}$ 和 $s_2=100\text{m}$ 处的水深。

7-28　有一矩形渠道，$Q=40\text{m}^3/\text{s}$，$b=10\text{m}$，$n=0.013$，若陡坡 i_1 与缓坡 i_2 相接，已知 $i_1=0.01$，$i_2=0.0009$。试问有无水跃发生的可能？若有水跃发生，试确定其位置。

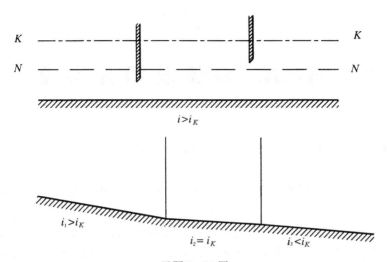

习题 7 - 26 图

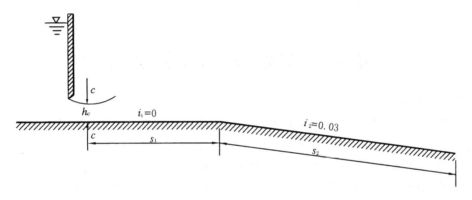

习题 7 - 27 图

第八章　堰流及闸孔出流

基本要求：(1) 了解堰流与闸孔出流的特点、区别及其相互转化的条件，弄清堰流的分类及各类型堰的过流条件。

(2) 牢记堰流与闸孔出流的基本公式，熟练地进行堰流与闸孔出流的水力计算。

本章重点：(1) 正确理解以下概念：堰流与闸孔出流的判别条件、各类堰流淹没出流的定义及其判别条件、闸孔出流淹没出流的定义及其判别条件、曲线型实用堰剖面的设计原则。

(2) 曲线型实用堰流、宽顶堰流的水力计算。

(3) 闸孔出流的水力计算。

第一节　堰流及闸孔出流的水力特性

一、堰流与闸孔出流定义

资源 8-1
堰流

堰和闸是水利工程中常见的水工建筑物，它主要用来引水、泄洪、调节流量或水位。比如在取水工程中，往往用修建坝来抬高水位，以便于引水；在引水渠道中，常修建堰和闸等水工建筑物来调节和控制流量。水力学中，将从底部或两侧对明渠水流施加束缩而使水流变形的建筑物称为堰，流经堰顶的水流称为堰流。例如溢流坝溢流 [图 8-1（a）]、闸门开启至闸门下缘脱离水面时的出流 [图 8-1（b）]、水流通过施工围堰及有侧墩或中墩的小桥出流 [图 8-1（c）]、涵洞进口水流等水流现象均为堰流。将在顶部对水流施加束缩而使水流变形的建筑物称为闸，经过闸门下缘的水流称为闸孔出流。常见的闸门型式有平板闸门 [图 8-2（a）] 和弧形闸门 [图 8-2（b）] 两种。

资源 8-2
闸孔出流

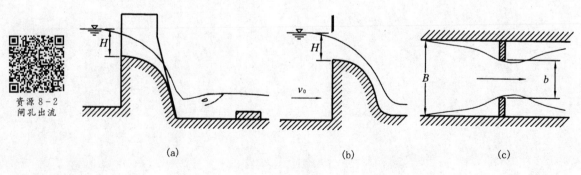

(a)　　　　　　　　　　(b)　　　　　　　　　　(c)

图 8-1

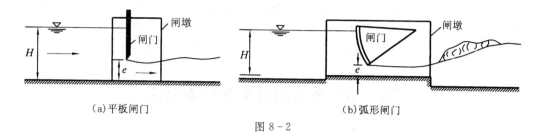

(a)平板闸门　　　　　　　　　　　　　　　(b)弧形闸门

图 8 - 2

二、堰流与闸孔出流的特征

由于堰流与闸孔出流的边界条件不同，因此表现出的水流特征亦不同。从外部形态上看，堰流的上下游水面线为一条连续的光滑曲线，而闸孔出流的水面线被闸门截断，上下游不连续。从过流能力看，二者也是不同的，堰流的过流量与堰顶水头的 $3/2$ 次方成正比（$Q \propto H^{3/2}$），而闸孔出流的过流量与闸前水头的 $1/2$ 次方成正比（$Q \propto H^{1/2}$）。但堰流与闸孔出流也有相同之处，如从动力学角度看，二者都壅高了上游水位，都是在重力作用下形成的水流运动；另外，二者都属于急变流，离心力对压强和流量有较大影响。从能量观点看，二者的流动过程都是由势能转化为动能的过程，二者的能量损失中主要为局部水头损失。因此，在堰流和闸孔出流的水力计算中只考虑局部水头损失。

正是由于堰流与闸孔出流存在上述相同之处。因此，对这两种水流现象的研究方法是相似的，但又由于二者具有各自的特征，所以两种水流现象的具体过流规律及影响因素各不相同。

三、堰流与闸孔出流的判别

由上述讨论可知，尽管堰流与闸孔出流为两种不同的水流现象，但在一定的边界条件下又是可以相互转化的，如闸孔出流的闸门开度 e 增大到一定值时，闸前水位下降，不与闸门底缘接触，则水流性质由闸孔出流过渡到堰流；反之，如果原来为堰流，当闸门开度 e 减小到对水流起控制作用时，水流则过渡到闸孔出流；或者闸门开度不变，当上游水头 H 增大（如上游河道来洪水时），则由原来的堰流转变为闸孔出流；而当上游水头 H 减小（如上游河道来流为降水过程）时，则由原来的闸孔出流转变为堰流。由此可见，两种水流的相互转化与闸门开度 e 及上游水头 H 有关，同时还与闸底坎的型式有关。由实验得知，堰流与闸孔出流可按下述条件判别：

（1）当闸底坎为平顶堰或平底时：

$$\frac{e}{H} \leqslant 0.65，为闸孔出流$$

$$\frac{e}{H} > 0.65，为堰流$$

（2）当闸底坎为曲线型堰时：

$$\frac{e}{H} \leqslant 0.75，为闸孔出流$$

$$\frac{e}{H} > 0.75，为堰流$$

堰流与闸孔出流是泄洪、引水工程中极为常见的水流现象。其水力计算的主要任务是研究它们的过流规律和过流能力。本章将应用水力学的基本原理分析各种类型的堰流与闸孔出流的过流特性及其影响因素，并介绍相应的水力计算方法。

第二节　堰流的分类及基本公式

一、堰流的特征量

研究堰流的目的在于探讨流经堰的流量 Q 与堰流其他特征量的关系。表示堰流的特征量主要有堰宽 b、堰顶水头 H、堰顶厚度 δ、堰高 P、下游水深 h_t 及下游水位高出堰顶的高度 h_s 和行近流速 v_0 等（图 8-3）。

二、堰流的分类

由于堰的形状、边界条件及布置型式不同，其过流能力不同。实际工程中，常常从不同角度将堰流分成不同的类型，见表 8-1。本章主要讨论按照第二种分类方法得出的各种类型正堰在淹没和非淹没、有侧收缩和无侧收缩情况下的水力计算，即堰顶轴线与水流流向正交时的薄壁堰、实用堰及宽顶堰的水力计算。这 3 种堰，由于堰顶厚度 δ 不同，对过堰水流的影响也不同：

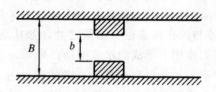
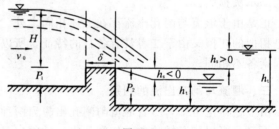

图 8-3

（1）薄壁堰（$\delta/H < 0.67$）：堰顶厚度 δ 不影响水流特性，水舌下缘与堰顶呈线接触。薄壁堰的堰口形状一般有矩形、三角形和梯形。由于薄壁堰流具有稳定的水位-流量关系，因此常被用于实验室和实际测量中的量水工具。

（2）实用堰（$0.67 \leqslant \delta/H < 2.5$）：堰顶厚度 δ 对水舌的形状已有一定影响，水舌与堰顶呈面接触，但堰顶水面仍为单一的降落曲线。实用堰的纵剖面可以是曲线形，也可以是折线形。工程上的溢流建筑物常用这种堰。

（3）宽顶堰（$2.5 \leqslant \delta/H < 10$）：堰顶厚度 δ 已经大到足以使堰顶出现近似水平的流动，但沿程水头损失还未达到显著的程度而可以忽略。宽顶堰又可分为有坎宽顶堰和无坎宽顶堰两种。水利工程中的过闸水流、无压涵洞进口水流等均可视为宽顶堰流。

当 $\delta/H > 10$ 时，沿程水头损失逐渐起主要作用，不再属于堰流的范畴，而为明渠水流。

表 8－1

堰 的 分 类

分类依据	堰的名称及示意图			
按堰口的几何形状分类	矩形堰 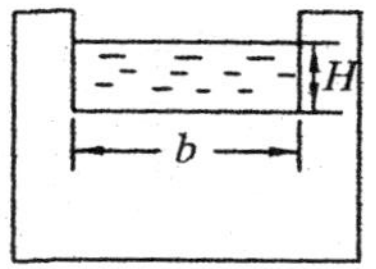	三角堰 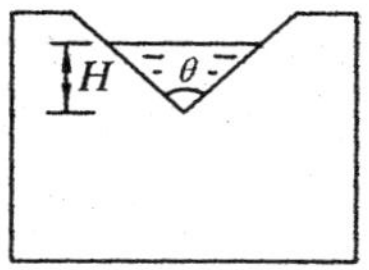	梯形堰 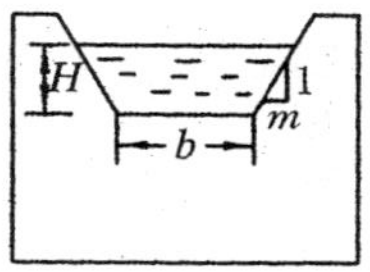	圆形堰 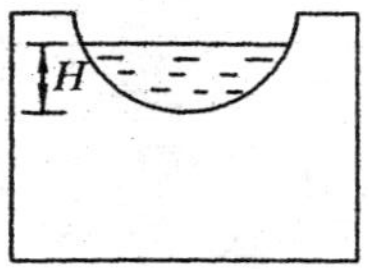
按堰壁厚度 δ 与堰上水头 H 的比值大小分类	薄壁堰 $\dfrac{\delta}{H}<0.67$		实用堰 $0.67\leq\dfrac{\delta}{H}<2.5$	宽顶堰 $2.5\leq\dfrac{\delta}{H}<10$
按堰顶在平面图上的几何形状分类	正堰 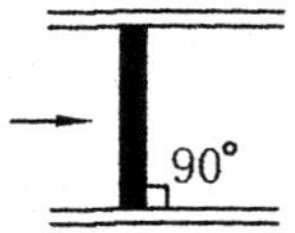	斜交堰 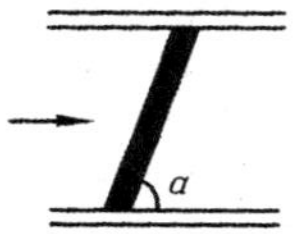	侧堰 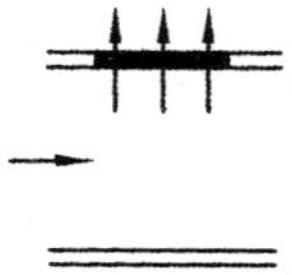	折线堰 	曲线堰 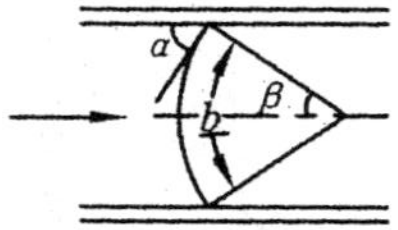	环形堰 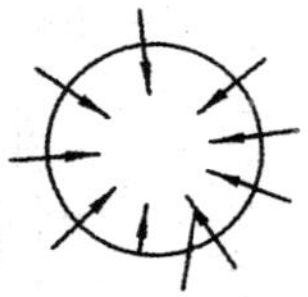
按下游水位对过堰流量有无影响分类	非淹没堰 下游水位不影响过堰流量者			淹没堰 下游水位影响过堰流量者
按堰宽 b 与上游河宽 B 的相对大小分类	无侧收缩堰 $b=B$			有侧收缩堰 $b<B$

三、堰流基本公式

尽管薄壁堰、实用堰和宽顶堰的边界条件不同，但过堰的水流现象及其运动特性是类似的，因此其基本公式是相同的。下面以薄壁堰为例，推导堰流的基本公式。

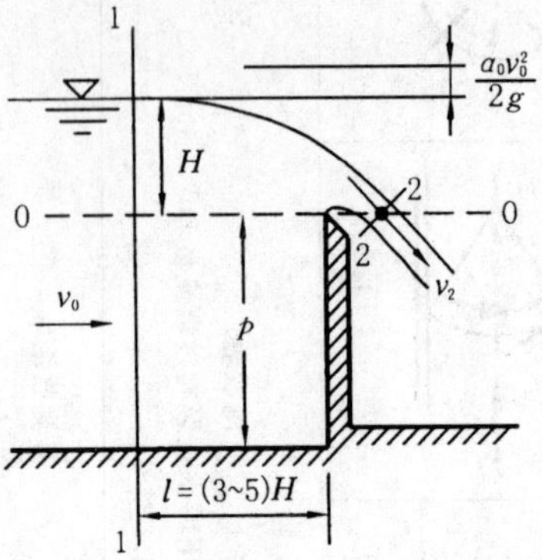

图 8-4

如图 8-4 所示，为一无侧收缩自由出流矩形薄壁堰。现以通过堰顶的水平面为基准面，对堰前断面 1—1 [一般距堰上游壁面为 $l=（3～5）H$] 及堰顶断面 2—2 列能量方程。其中断面 1—1 可视为渐变流，而断面 2—2 属急变流，其 $z+\dfrac{p}{\rho g}$ 不为常数，故用平均测压管水头 $\left(z+\dfrac{p}{\rho g}\right)_{\mathrm{m}}$ 表示。则可得能量方程为

$$H+\frac{\alpha_0 v_0^2}{2g}=\left(z+\frac{p}{\rho g}\right)_{\mathrm{m}}+\frac{\alpha_2 v_2^2}{2g}+\zeta\frac{v_2^2}{2g}$$

令
$$H+\frac{\alpha_0 v_0^2}{2g}=H_0,\qquad \left(z+\frac{p}{\rho g}\right)_{\mathrm{m}}=\xi H_0$$

式中：H_0 称为堰顶全水头；H 称为堰顶实际水头；ξ 为修正系数。

则上式可写为
$$H_0(1-\xi)=(\alpha_2+\zeta)\frac{v_2^2}{2g}$$

由此得
$$v_2=\frac{1}{\sqrt{\alpha_2+\zeta}}\sqrt{2gH_0(1-\xi)}=\varphi\sqrt{2gH_0(1-\xi)} \tag{8-1}$$

式中：$\varphi=\dfrac{1}{\sqrt{\alpha_2+\zeta}}$ 为流速系数。

由于堰顶过水断面为矩形，设其宽度为 b，断面 2—2 的水舌厚度用 kH_0 表示，则通过的流量为

$$Q=kH_0 bv_2=kbH_0\varphi\sqrt{2gH_0(1-\xi)}=\varphi k\sqrt{1-\xi}\,b\sqrt{2g}\,H_0^{3/2}$$

令 $m=\varphi k\sqrt{1-\xi}$，m 称为堰流的流量系数，则

$$Q=mb\sqrt{2g}\,H_0^{3/2} \tag{8-2}$$

上式即为堰流计算的基本公式，对薄壁堰、实用堰和宽顶堰均适用，仅仅是流量系数 m 不同而已。

由上式可知，堰的过水能力 Q 与堰顶水头 H_0 的 3/2 次方成比例，即 $Q\propto H_0^{3/2}$。

由堰流公式的推导过程可以看出，正确地确定出流量系数 m 是计算各类堰过流能力的关键。下面讨论 m 的影响因素。

由推导过程可知流量系数 $m=f（\varphi，k，\xi）$，其中 $\varphi=\varphi（\alpha_2，\zeta）$，即流速系数 φ 主要反映了局部水头损失的影响；k 值反映了堰顶水流垂直收缩的程度；ξ 值反映了断面 2—2 的压强分布和平均势能的情况。系数 φ、k、ξ 值都是随堰的几何边界条件及水头 H 而改变的。堰的边界条件主要是指上游堰高 P_1、堰型、堰的进口型式

等。所以，堰的流量系数取决于堰高、堰型、堰的进口型式及堰上水头等因素。

式（8-2）是在非淹没、无侧收缩条件下推导出来的，因此仅适用于非淹没的无侧收缩堰流的水力计算。对于有侧收缩或淹没情况下的堰，水力学中采用乘以一个系数加以修正的方法，如：

对于淹没堰，$Q = \sigma_s mb \sqrt{2g} H_0^{3/2}$，式中的 σ_s 称为堰流的淹没系数，$\sigma_s < 1.0$。

对于有侧收缩堰，$Q = \varepsilon_1 mb \sqrt{2g} H_0^{3/2}$，式中的 ε_1 称为堰流的侧收缩系数，$\varepsilon_1 < 1.0$。

由此得淹没式、有侧收缩的堰流公式为

$$Q = \varepsilon_1 \sigma_s mb \sqrt{2g} H_0^{3/2} \tag{8-3}$$

上式也可适用于非淹没的无侧收缩堰，此时式中 $\sigma_s = 1.0$，$\varepsilon_1 = 1.0$。

堰流基本公式也可由实验方法并应用量纲分析法推导，见例 4-3。

第三节　薄壁堰流的水力计算

薄壁堰流具有稳定的水头与流量关系，因此常用于实验室和野外流量量测。另外，曲线型实用堰的剖面形式也常根据薄壁堰流水股的下缘曲线来设计。因此，研究薄壁堰流具有实际意义。

按堰口的几何形状分，薄壁堰常有矩形、三角形和梯形薄壁堰等。下面分别讨论矩形和三角形薄壁堰流，其他型式可查有关手册。

一、矩形薄壁堰流

矩形薄壁堰流可应用堰流基本公式（8-2）计算，但为了能利用直接测出的水头 H 来计算流量，常将式（8-2）进行整理：

$$\begin{aligned}
Q &= mb \sqrt{2g} \left(H + \frac{\alpha_0 v_0^2}{2g} \right)^{3/2} \\
&= m \left(1 + \frac{\alpha_0 v_0^2}{2gH} \right)^{3/2} b \sqrt{2g} H^{3/2} \\
&= m_0 b \sqrt{2g} H^{3/2}
\end{aligned} \tag{8-4}$$

其中 $m_0 = m \left(1 + \dfrac{\alpha_0 v_0^2}{2gH} \right)^{3/2}$。可按德国雷布克（Rehbock）1912 年得出的经验公式计算，即

$$m_0 = 0.403 + 0.053 \frac{H}{P_1} + \frac{0.0007}{H} \tag{8-5}$$

式中：H 为堰上水头，m；P_1 为上游堰高，m。

上式在 $H \geqslant 0.025\text{m}$，$P_1 \geqslant 0.3\text{m}$，$\dfrac{H}{P_1} \leqslant 2$ 范围内适用。

巴青公式：

$$m_0 = \left(0.405 + \frac{0.0027}{H} \right) \left[1 + 0.55 \left(\frac{H}{H+P} \right)^2 \right] \tag{8-6}$$

式中：P 和 H 均以 m 计。

上式在 $H=0.1\sim0.6$m，$b=0.2\sim2.0$m，$H<2P$ 范围内适用。

当有侧收缩影响时，由于堰口附近水流受到侧收缩影响，使过堰水流的实际有效宽度小于堰顶宽度 b，同时也增加了堰流的局部水头损失，从而影响过堰流量。此时可按有侧收缩的巴青公式计算，即

$$m_0=\left(0.405+\frac{0.0027}{H}-0.03\frac{B-b}{B}\right)\left[1+0.55\left(\frac{H}{H+P}\right)^2\left(\frac{b}{B}\right)^2\right] \quad (8-7)$$

为保证上述公式用于实测时的精度，量测时应满足以下条件：

（1）堰顶水头 H 不宜太小，否则溢流水舌将受表面张力作用而贴附堰壁下流，使出流不稳定。实验证明：$H\geqslant2.5$cm。

（2）水舌下面的空间应与大气相通，否则会由于溢流水舌把空气带走，压强降低，水舌下形成负压，使水股上下摆动而形成不稳定溢流。

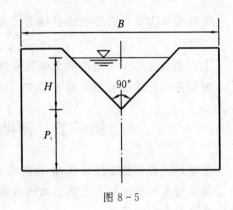

图 8-5

二、三角形薄壁堰流

当所测流量较小时（$Q<0.1$m³/s 时），若采用矩形薄壁堰，则会因堰上水头过小，误差增大，此时可改用三角形薄壁堰（图 8-5）。三角形薄壁堰的流量计算公式为

$$Q=C_0H^{5/2} \quad (8-8)$$

式中：C_0 为三角形薄壁堰的流量系数，与开口角度的大小有关；Q 以 m³/s 计；H 以 m 计。

实验确定为

$$C_0=2.361\tan\frac{\theta}{2}\left[0.553+0.0195\tan\frac{\theta}{2}+\cot\frac{\theta}{2}\left(0.005+\frac{0.001055}{H}\right)\right]$$

当三角形薄壁堰的开口做成 90°时，叫直角三角形薄壁堰，此时流量系数 C_0 可按下式计算：

$$C_0=1.354+\frac{0.004}{H}+\left(0.14+\frac{0.2}{\sqrt{P_1}}\right)\left(\frac{H}{B}-0.09\right)^2 \quad (8-9)$$

式中：H、P、B 均以 m 计，B 为堰上游引水渠宽。

上式在 $H=0.07\sim0.26$m，$P_1=0.1\sim0.75$m，$B=0.5\sim1.2$m，且 $H\leqslant\frac{B}{3}$ 范围内适用，此时误差小于 $\pm1.4\%$。

当 $Q<0.1$m³/s，$P_1\geqslant2H$；$B\geqslant$（3～4）H 时，式（8-8）可简化为

$$Q=1.343H^{2.47} \quad (8-10a)$$

或更简单些：
$$Q=1.4H^{2.5} \quad (8-10b)$$

对于其他三角形薄壁堰的流量系数或堰口为其他形状的薄壁堰，可查有关手册。这里不再一一介绍。

第四节　实用堰流的水力计算

实用堰是水利工程中用来挡水同时又能泄水的建筑物，其剖面形式常有折线型和曲线型两种，如图 8-6 所示。折线型实用堰一般用于低溢流堰，其特点是施工简单，但过水能力小；曲线型实用堰一般用于较高的溢流堰，其特点是过水能力大，但施工困难。二者的计算公式仍然为式 (8-3)，即 $Q = \varepsilon_1 \sigma_s mb \sqrt{2g} H_0^{3/2}$

由实验分析得知，影响实用堰过水能力的主要因素有两个方面：一是水力条件，即堰顶水头 H 和下游水深 h_t；二是几何边界条件，即堰高 P_1 和堰的剖面形状。下面首先讨论曲线型实用堰的剖面形状。

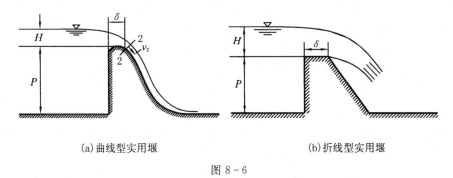

(a) 曲线型实用堰　　　　　　　(b) 折线型实用堰

图 8-6

一、曲线型实用堰的剖面形状

图 8-7 为曲线型实用堰的剖面，它由上游直线段 AB、堰顶曲线段 BC、下游斜坡段 CD 和反弧段 DE 4 部分组成。AB 段常常做成垂直或倾斜的两种型式，主要根据坝体的稳定性和强度来选定。CD 段做成直线，其坡度也是根据坝体的稳定性和强度来选定，一般采用 1:0.7～1:0.6。DE 段做成反弧形，其作用是平滑连接 CD 段与下游河床，反弧半径 R 的选择应考虑下游的消能型式，一般可取反弧段最低点处最大水深的 3～6 倍。BC 曲线段是曲线型实用堰剖面型式中最为关键的部分，它对堰的过水能力影响最大，国内外对曲线实用堰的剖面形状有许多设计方法，主要区别在于曲线段 BC 如何确定。下面主要就 BC 段的设计进行分析讨论。

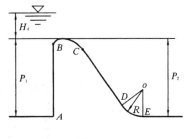

图 8-7

1. BC 段形状对过流的影响

1888 年由法国的巴赞（Bazin）首先提出，BC 段应按矩形薄壁堰自由出流时溢流水舌的下缘曲线形状来确定，其依据为如果 BC 段曲线形状与同样条件下的矩形薄壁堰自由出流时溢流水舌下缘曲线吻合 [图 8-8 (a)]，则水舌将紧贴堰面下泄，水舌不受堰面形状的影响，此时堰面压强 $p' = p_a$。

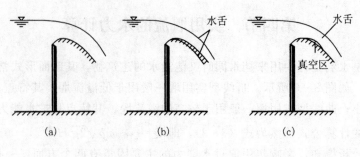

(a)   (b)   (c)

图 8 - 8

如果堰面曲线突入水舌下缘面［图 8 - 8（b）］，水流将受到堰面的顶托，使水舌不能保持原有形状，堰面压强 $p' > p_a$，即当水流通过堰顶时堰前总水头 H_0 中有一部分势能转换成压能，从而使转换成水舌动能的有效水头减小，过水能力降低。

如果堰面低于水舌下缘面［图 8 - 8（c）］，则水舌脱离堰面，在脱离处空气被水舌带走，使堰面形成局部负压。负压区的存在，等于加大了过堰水流的作用水头，使过水能力增大。但负压的存在易形成空蚀破坏和水舌颤动，不利于坝体的安全。

由以上分析可见，从水力学角度考虑，理想的堰面剖面形状应是第一种情况，即堰面曲线 BC 段与薄壁堰水舌下缘面吻合，这样既不产生负压和形成空蚀，又有较大的过水能力。但在实际运用中，由于堰上水头的变化和堰面粗糙产生的影响，堰面上很容易产生负压。为了防止堰面上产生负压引起空蚀破坏，同时又使堰具有较大的过水能力，堰的剖面往往设计成使堰面曲线稍稍突入水舌下缘面内。因此，实际采用的剖面形状是按矩形薄壁堰自由出流时溢流水舌的下缘曲线稍加修改而成的。

按前两种情况设计的堰，由于堰面不出现负压，称为非真空堰；后者称为真空堰。

2. 薄壁堰水舌下缘曲线特性

由以上分析得知，曲线型实用堰剖面形状的设计原则是按矩形薄壁堰自由出流时溢流水舌的下缘曲线稍加修改而成的，为此，下面讨论该曲线的方程。

图 8 - 9 为矩形薄壁堰自由出流情况，取坐标系 xOy 如图，则 B 点处的水流质点的速度分量为

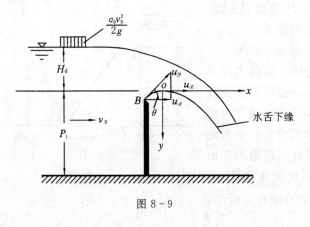

图 8 - 9

$$\begin{cases} u_x = u\cos\theta \\ u_y = u\sin\theta \end{cases}$$

设在水质点运动过程中只受重力作用，并且 u_x 为常数，则当质点运动至 O 点时（水舌下缘最高点），$u_y = 0$，$u_x = u\cos\theta$。将该点作为初始位置，则经 t 时

段后，有

$$\begin{cases} x = u_x t = ut\cos\theta \\ y = \dfrac{1}{2}gt^2 \end{cases}$$

在上式中消去 t，并且两边同除以 H_d（设计水头），得

$$\frac{y}{H_d} = k\left(\frac{x}{H_d}\right)^n \tag{8-11}$$

式中：$k = \dfrac{H_d}{4\cos^2\theta\dfrac{u^2}{2g}}$；$n=2$。

由于上式中的 u、θ 均是未知数，所以 k 值不易确定。另外，上式是按一般质点自由抛射运动推导得出的，而水流运动与其有一定的出入，所以上式还不能直接用来计算堰顶曲线。工程中一般是根据实验研究求得不同条件下的 k 及 n 值，然后按上式表示出堰顶曲线；或是直接量取矩形薄壁堰自由出流时溢流水舌的下缘曲线坐标，经修改后得出堰顶曲线。下面介绍一种目前国内外广泛采用的堰型——WES 堰的剖面设计。

3. WES 剖面堰的设计

WES 堰是美国陆军工程兵团水道试验站（waterways experiment station）根据试验得出的一种剖面堰，简称为 WES 堰。WES 标准剖面形式如图 8-10 所示，其堰顶曲线分为两部分考虑，一部分是堰顶 O 点以下的曲线部分，由式（8-11）控制。式中 x、y 是以堰顶 O 为原点的坐标值；H_d 为堰的设计水头；系数 k 和指数 n 决定于堰的上游面坡度。由美国陆军工程兵团水道试验站根据试验获得，当堰的上游面与来流垂直时，$k=0.5$，$n=1.85$，则式（8-11）为

$$\frac{y}{H_d} = 0.5\left(\frac{x}{H_d}\right)^{1.85} \quad \text{或} \quad x^{1.85} = 2.0 H_d^{0.85} y \tag{8-12}$$

对于不同斜度的上游堰面，有不同的 k 和 n 值，可查有关手册。

另一部分是堰顶 O 点以上的曲线，它是由 3 段复合曲线组成。3 段圆弧的半径及坐标值如图 8-10 所示。

4. H_d 的选取

由式（8-12）可知，WES 剖面的堰顶曲线形状与设计水头 H_d 有关。实际工程中，堰顶水头是在某一范围内变化的。由 BC 段形状对过流的影响分析可知选定多大的堰上水头作为设计水头是非常重要的。若选择最大堰顶水头作为设计水头，即 $H_d = H_{max}$，则溢流堰会经常在 $H < H_d$ 的条件下工作，此时虽然堰面不出现负压，但泄流能力小。同时由此设计的剖面偏肥，不经济。反之，若选取 $H_d = H_{min}$，虽然可得经济剖面，并且泄流量大，但溢流堰会经常在 $H > H_d$ 的条件下运行，堰面容易产生较大负压而危及堰的安全。所以一般工程设计中，采用的设计水头为 $H_d = (0.75 \sim 0.95)H_{max}$，$H_{max}$ 为校核洪水位时的堰上水头，由水文水利计算确定。

二、曲线型实用堰的流量系数 m

一个合理的曲线型实用堰剖面形状，应当具有过水能力大、堰面不出现过大负

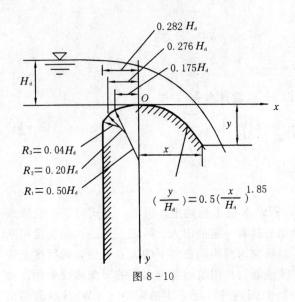

图 8-10

压，而且结构稳定、经济等优点。
由堰流基本公式可知，反映堰的过水能力大小的主要指标就是流量系数 m，并且 m 越大，流量 Q 越大；反之，m 越小，流量 Q 越小。因此，分析流量系数 m 的影响因素有着十分重要的意义。

由第二节讨论得知，堰的流量系数主要取决于堰型、堰高、堰的进口型式及堰上水头等因素。由式（8-12）可知，曲线型实用堰流量系数还与堰的设计水头 H_d 有关。因此，影响曲线型实用堰流量系数 m 的主要因素可表示为

$$m = f\left(\frac{P_1}{H_d}, \frac{H_0}{H_d}, \alpha\right) \tag{8-13}$$

式中：α 为曲线型实用堰上游面坡角。

实验表明，对于上游堰面垂直的 WES 堰，当 $P_1 \geqslant 1.33 H_d$ 时，堰前水流收缩充分，过堰水舌的轨迹不再随堰高 P_1 的增高而发生明显变化。此时，流量系数 m 只与 H_0 / H_d 有关，而与 P_1 / H_d 无关，该情况下的堰称为高堰。对于高堰，由于堰高 P_1 较大，堰前行近流速 v_0 很小，则认为 $\frac{\alpha_0 v_0^2}{2g} \approx 0$，因此 $H_0 \approx H$。对于 WES 剖面的高堰，由实验测得当 $H_0 = H_d$ 时，$m = m_d = 0.502$，m_d 称为设计流量系数，当 $H_0 < H_d$ 时，$m < m_d$；当 $H_0 > H_d$ 时，$m > m_d$；当 $H_0 \neq H_d$ 时，m 与 H_0 / H_d 有关，可由表 8-2 确定。

表 8-2　　　　　WES 剖面型实用堰的流量系数 m 值

H_0 / H_d	P_1 / H_d				
	0.2	0.4	0.6	1.0	≥1.33
0.4	0.425	0.430	0.431	0.433	0.436
0.5	0.438	0.442	0.445	0.448	0.451
0.6	0.450	0.455	0.458	0.460	0.464
0.7	0.458	0.463	0.468	0.472	0.476
0.8	0.467	0.474	0.477	0.482	0.486
0.9	0.473	0.480	0.485	0.491	0.494
1.0	0.479	0.486	0.491	0.496	0.501
1.1	0.482	0.491	0.496	0.502	0.507
1.2	0.485	0.495	0.499	0.506	0.510
1.3	0.496	0.498	0.500	0.508	0.513

当上游堰面为斜坡时，可将由表 8 - 2 查得的 m 值乘以上游堰面坡度影响系数 c，c 值可查表 8 - 3。

表 8 - 3　　　　　　　　　上游堰面坡度影响系数 c 值

上游堰面坡度	P/H						
	0.3	0.4	0.6	0.8	1.0	1.2	1.3
3∶1	1.009	1.007	1.004	1.002	1.000	0.998	0.997
3∶2	1.015	1.011	1.005	1.002	0.999	0.996	0.993
3∶3	1.021	1.014	1.007	1.002	0.998	0.993	0.988

当 $P < 1.33 H_d$ 时，称为低堰。由于堰高 P_1 较小，堰前行近流速 v_0 较大，因此 $H_0 \neq H$。对于低堰，由于堰前水流收缩不充分，堰顶压强增大，过水能力降低，流量系数减小，因此流量系数不仅与 H_0/H_d 有关，还与 P_1/H_d 有关。对于 WES 堰可用以下公式计算：

$$m_d = 0.4988\left(\frac{P_1}{H_d}\right)^{0.0241} \tag{8-14}$$

也可查表 8 - 2 确定。

三、曲线型实用堰的侧收缩系数

实际工程中堰的泄水宽度一般总小于引水宽度，并且溢流堰顶上多设置闸墩和边墩，用以安装闸门控制流量。由于水流流经堰顶进口时，断面突然缩小，在边壁处发生脱离（边界层分离），减小了有效过流宽度，增大了局部水头损失，从而降低了堰的过水能力，这种现象就是侧收缩现象。由侧收缩产生的影响，在水力学中用侧收缩系数 ε_1 反映，此时公式仍然为式 (8 - 3)。对于 WES 堰可用下面经验公式确定侧收缩系数：

$$\varepsilon_1 = 1 - 0.2[\zeta_k + (n-1)\zeta_0]\frac{H_0}{nb} \tag{8-15}$$

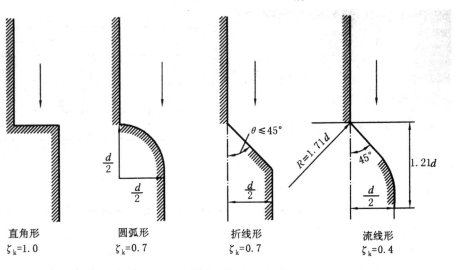

直角形　　　　　圆弧形　　　　　折线形　　　　　流线形
$\zeta_k = 1.0$　　　$\zeta_k = 0.7$　　　$\zeta_k = 0.7$　　　$\zeta_k = 0.4$

图 8 - 11

其中 ζ_k 为边墩形状系数，与边墩头部形式及行近水流的来流方向有关。对于正堰可按图 8-11 选取，对于侧堰 ζ_k 应加大，可查有关手册；n 为闸孔数目；b 为单孔净宽；ζ_0 为闸墩形状系数，取决于闸墩头部形式、行近水流的来流方向及闸墩头部与上游面的相对位置。对于头部与堰的上游面齐平的高堰，可查图 8-12 给出的各种墩头形状的 ζ_0 值。

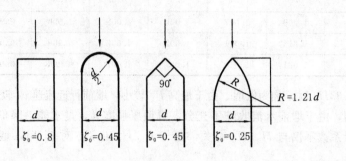

图 8-12

四、曲线型实用堰的淹没系数

当下游水位的变化影响堰的过流能力时，称为淹没出流，否则为自由出流。当下游水位高过堰顶至某一范围时，过堰水流受到下游水位的顶托，使堰的过水能力降低，形成淹没出流。实验表明：对于 WES 堰，当 $h_s/H_0 > 0.15$ 时，形成淹没出流。h_s 是指从堰顶算起的下游水深。实验还表明：当堰的下游护坦高程较高（对 WES 堰，$P_2/H_0 \leqslant 2$）时，也将影响堰的过流能力，形成淹没出流。淹没出流的影响，用淹没系数 σ_s 反映。WES 堰的淹没系数可以查图 8-13 得到。其他堰型，可查有关手册。

五、实用低堰水力设计简介

上一节介绍的曲线型实用高堰一般用于大中型水利工程中。中小型水利工程一般多采用低堰。低堰的剖面

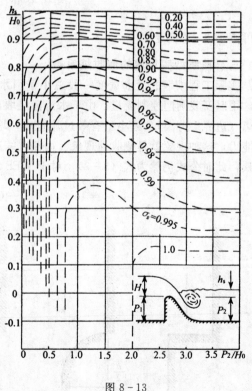

图 8-13

形状较多，主要有各种梯形剖面堰、WES 型低堰、Ogee 低堰和驼峰堰。下面介绍折线型实用堰和驼峰堰的水力设计。

1. 折线型实用堰

折线型实用堰的剖面形状大多为梯形，如图 8-14 所示。实验表明，折线型实用

堰的流量系数 m 与相对堰高 P_1/H、堰顶相对厚度 δ/H_0 以及上下游坡度（$\cot\theta$）有关，见表 8 - 4。

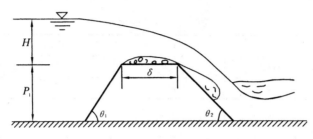

图 8 - 14

表 8 - 4 　　　　　　　　　　　折线型实用堰流量系数 m 值

P_1/H	堰上游坡度 $\cot\theta_1$	堰下游坡度 $\cot\theta_2$	流 量 系 数	
			$\delta/H=0.5\sim1.0$	$\delta/H=1\sim2$
3～5	0.5	0.5	0.40～0.38	0.36～0.35
	1.0	0	0.42	0.40
	2.0	0	0.41	0.39
2～3	0	1	0.40	0.38
	0	2	0.38	0.36
	3	0	0.40	0.38
	4	0	0.39	0.37
	5	0	0.38	0.36
1～2	10	0	0.36	0.35
	0	3	0.37	0.35
	0	5	0.35	0.34
	0	10	0.34	0.33

2. 驼峰堰

驼峰堰是一种较好的低堰型式，适用于修建在软基上。近年来，我国许多中小型溢洪道进口采用这种堰型，用以取代过去常用的宽顶堰。驼峰堰堰型具有流量系数较大（最大值可达 0.45 左右）、工程造价低、有利于过沙等特点。驼峰堰的主要型式（图 8 - 15）及设计参数见表 8 - 5。

实验表明：在水头（或流量）较小时，驼峰堰的流量系数只稍大于宽顶堰，在水头（或流量）较大时，其流量系数

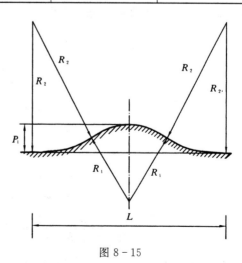

图 8 - 15

与实用堰接近。当驼峰堰堰高 $P_1 < 0.5$m 时，其流量系数与宽顶堰接近。因此，在实际应用中，应使驼峰堰堰高 $P_1 > 0.5$m。否则，驼峰堰的过流量将大大减少。

表 8-5　　　　　　　　　　　　驼峰堰剖面体型参数

类型	上游堰高 P_1	中圆弧半径 R_1	上、下圆弧半径 R_2	总长度
a 型	$0.24H_d$	$2.5P_1$	$6P_1$	$8P_1$
b 型	$0.34H_d$	$1.05P_1$	$4P_1$	$6P_1$

驼峰堰的流量系数可按下列公式计算：

a 型：当 $P_1/H_0 \leqslant 0.24$ 时，$m = 0.385 + 0.171(P_1/H_0)^{0.657}$

当 $P_1/H_0 > 0.24$ 时，$m = 0.452(P_1/H_0)^{-0.0652}$ 　　　　(8-16a)

b 型：当 $P_1/H_0 \leqslant 0.34$ 时，$m = 0.385 + 0.224(P_1/H_0)^{0.934}$

当 $P_1/H_0 > 0.34$ 时，$m = 0.452(P_1/H_0)^{-0.032}$ 　　　　(8-16b)

例 8-1　某水库溢洪道定型水头对应的流量 $Q_d = 2000$m^3/s，进口采用 WES 剖面实用堰。已知定型水头对应的水位为 170.0m，相应的下游水位为 110.0m，上、下游堰高相同，坝址处河床高程为 100.0m，堰上设置 6 孔闸门，每孔净宽 $b' = 10$m，闸墩头部为半圆形，边墩头部为圆弧形。试确定（1）堰顶高程；（2）当上游水位为 171.5m、下游水位为 113.0m 时，计算所通过的流量。

解：

（1）确定堰顶高程。因为堰顶高程等于上游水位减去堰上水头，为此先求出堰剖面定型设计水头 H_d。由堰流基本公式（8-3）得

$$H_{0d} = \left(\frac{Q_d}{\sigma_s \varepsilon_1 m_d n b' \sqrt{2g}} \right)^{2/3} \tag{a}$$

对于 WES 堰，先假定 $P_1/H_d > 1.33$，则 $\frac{\alpha_0 v_0^2}{2g} \approx 0$，$H_0 \approx H = H_d$。又假设堰为自由出流，即 $\sigma_s = 1$。查图 8-11 得边墩形状系数 $\zeta_k = 0.7$，查图 8-12 得，$\zeta_0 = 0.45$。则按式（8-15）计算侧收缩系数为

$$\varepsilon_1 = 1 - 0.2[\zeta_k + (n-1)\zeta_0] \frac{H_0}{nb'}$$

$$= 1 - 0.2[0.7 + (6-1) \times 0.45] \times \frac{H_d}{6 \times 10}$$

$$= 1 - 0.00983H_d$$

当 $H_0 = H_d$ 时，$m = m_d = 0.502$。

将以上值代入式（a），得

$$H_d = \left[\frac{2000}{1 \times (1 - 0.00983H_d) \times 0.502 \times 6 \times 10\sqrt{2g}} \right]^{2/3}$$

$$= \frac{6.082}{(1 - 0.00983H_d)^{2/3}}$$

取初始值 $H_{d0} = 0$，代入上式迭代计算得 $H_d = 6.35$m。

堰顶高程为 $170-6.35=163.65$ (m)。

上游堰高为 $P_1=163.65-100=63.65$ (m)，下游堰高为 $P_1=P_2=63.65$ (m)。

校核：$P_1/H_d=\dfrac{63.65}{6.35}=10.02>1.33$，为高堰。又因为下游水位低于堰顶高程，为自由出流，$\sigma_s=1$，故以上假设是正确的。

（2）计算所通过的流量。当上游水位为 171.5m 时，$H=171.5-163.65=7.85$（m）。因为是高堰，所以 $H_0\approx H=7.85$m；下游水位 113.0m，低于堰顶高程，是自由出流，$\sigma_s=1$。侧收缩系数为

$$\varepsilon_1=1-0.2[0.7+(6-1)\times0.45]\times\frac{7.85}{60}=0.923$$

由 $H_0/H_d=\dfrac{7.85}{6.35}=1.24$，$P_1/H_d>1.33$，查表 8-2 得 $m=0.511$，代入堰流基本公式（8-3）得

$$Q=1\times0.923\times0.510\times6\times10\sqrt{2g}\times7.85^{3/2}=2750.15(\mathrm{m}^3/\mathrm{s})$$

第五节　宽顶堰流的水力计算

已知当堰顶水平，且 $2.5\leqslant\delta/H<10$ 时，为宽顶堰。宽顶堰流的主要特征是：首先在堰的进口处形成水面跌落，然后在堰顶产生一段流线近似平行于堰顶的渐变流动。如果堰下游水位较低，将在出口后产生第二次跌落，如图 8-17（a）所示。

出现以上特征的原因是：当水流流经堰坎进口后，因受到堰坎垂直方向的约束，堰顶上的过水断面小于堰前引水渠过水断面，故堰顶上水流速度增大，动能增大，同时堰坎前后产生局部水头损失。因此，堰顶上的水流势能必然减小，从而产生进口水面跌落，至断面 1-1 处发生最大跌落，该处称收缩断面。由实验表明，一般情况下 $h_c<h_K$，此后堰顶水流保持急流状态。

对各种形式的宽顶堰，若考虑淹没和侧收缩的影响，其基本公式仍然为式（8-3）：

$$Q=\sigma_s\varepsilon_1mb\sqrt{2g}H_0^{3/2}$$

下面讨论影响宽顶堰流量的各因素的经验公式。

一、流量系数 m

宽顶堰的流量系数取决于堰顶进口形式和堰的相对高度 P_1/H。

对于堰顶头部为圆角形的宽顶堰 [图 8-16（a）]，流量系数 m 可查表 8-6，或按下式计算：

$$m=0.36+0.01\frac{3-P_1/H}{1.2+1.5P_1/H} \tag{8-17a}$$

上式的适用范围：$r\geqslant0.2H$，$0\leqslant P_1/H\leqslant3$。当 $P_1/H>3$ 时，由堰高所引起的垂向收缩达最大限度，流量系数不再受 P_1/H 的影响，此时按 $P_1/H=3$ 计算，即 $m=0.36$。

对于堰顶头部为直角形（$\theta=90°$）和斜面形（$0°<\theta<90°$）的宽顶堰 [图 8-16（b）]，流量系数 m 可查表 8-7 或按下式计算：

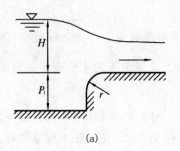
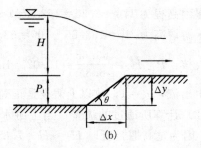

图 8－16

$$m = 0.32 + 0.01 \frac{3 - P_1/H}{0.46 + 0.75 P_1/H} \qquad (8-17b)$$

上式的适用范围：$0 \leqslant P_1/H \leqslant 3$。当 $P_1/H > 3$ 时，按 $P_1/H = 3$ 计算，即 $m = 0.32$。

表 8－6　　　　　堰顶头部为圆角形的宽顶堰的流量系数 m 值

P_1/H ＼ r/H	0.025	0.050	0.100	0.200	0.400	0.600	0.800	$\geqslant 1.0$
≈ 0	0.385	0.385	0.385	0.385	0.385	0.385	0.385	0.385
0.2	0.372	0.374	0.375	0.377	0.379	0.380	0.381	0.382
0.4	0.365	0.368	0.370	0.374	0.376	0.377	0.379	0.381
0.6	0.361	0.364	0.367	0.370	0.374	0.376	0.378	0.380
0.8	0.357	0.361	0.364	0.368	0.372	0.375	0.377	0.379
1.0	0.355	0.359	0.362	0.366	0.371	0.374	0.376	0.378
2.0	0.349	0.354	0.358	0.363	0.368	0.371	0.375	0.377
4.0	0.345	0.350	0.355	0.360	0.366	0.370	0.373	0.376
6.0	0.344	0.349	0.354	0.359	0.366	0.369	0.373	0.376
$\approx \infty$	0.340	0.346	0.351	0.357	0.364	0.368	0.372	0.375

表 8－7　　　　　堰顶头部为直角形和斜面形的宽顶堰的流量系数 m 值

P_1/H	$\cot(\Delta x : \Delta y)$					
	0	0.5	1.0	1.5	2.0	$\geqslant 2.5$
≈ 0	0.385	0.385	0.385	0.385	0.385	0.385
0.2	0.366	0.372	0.377	0.380	0.382	0.382
0.4	0.356	0.365	0.373	0.377	0.380	0.381
0.6	0.350	0.361	0.370	0.376	0.379	0.380
0.8	0.345	0.357	0.368	0.375	0.378	0.379
1.0	0.342	0.355	0.367	0.374	0.377	0.378
2.0	0.333	0.349	0.363	0.371	0.375	0.377
4.0	0.327	0.345	0.361	0.370	0.374	0.376
6.0	0.325	0.344	0.360	0.369	0.374	0.376
8.0	0.324	0.343	0.360	0.369	0.374	0.376
$\approx \infty$	0.320	0.340	0.358	0.368	0.373	0.375

由表 8-6、表 8-7 可知，当堰高 $P_1 \approx 0$ 时，宽顶堰的流量系数 m 值最大，最大值为 0.385。对于堰高 $P_1 > 0$ 的宽顶堰，如果忽略水头损失，通过最大流量时，可以证明，流量系数也为 0.385。因此，0.385 为宽顶堰理论上的最大流量系数值。

二、侧收缩系数 ε_1

影响侧收缩系数 ε_1 的主要因素是闸墩和边墩的头部形状、数目及闸墩在堰上的相对位置和堰前水头 H 等。

（1）对于单孔宽顶堰，可用下面经验公式计算：

$$\varepsilon_1 = 1 - \frac{\alpha}{\sqrt[3]{0.2 + P_1/H}} \times \sqrt[4]{\frac{b}{B}} \left(1 - \frac{b}{B}\right) \tag{8-18}$$

式中：α 为闸墩头部及堰顶头部的形状系数，对矩形墩头、堰顶进口为直角的宽顶堰，取 $\alpha = 0.19$，对圆弧形墩头、堰顶进口为圆弧或直角的宽顶堰，取 $\alpha = 0.10$；b 为堰顶溢流净宽；B 为上游河渠宽度。

上式的适用范围：$b/B > 0.2$，$P_1/H < 3$；若 $b/B < 0.2$，则取 $b/B = 0.2$；若 $P_1/H > 3$，则取 $P_1/H = 3$。

（2）对于多孔宽顶堰，侧收缩系数可取边孔和中孔的加权平均值，即

$$\bar{\varepsilon}_1 = \frac{\varepsilon_1' + (n-1)\varepsilon_1''}{n} \tag{8-19}$$

式中：n 为闸孔孔数；ε_1' 为边孔的侧收缩系数，设边孔净宽为 b'，边墩计算厚度为 Δ，取 $b = b'$，$B = b' + 2\Delta$，按式（8-18）计算 ε_1'；ε_1'' 为中孔的侧收缩系数，设中孔净宽为 b'，闸墩厚度为 d，取 $b = b'$，$B = b' + d$，按式（8-18）计算 ε_1''。

宽顶堰的侧收缩系数也可用式（8-15）计算。

三、淹没条件及淹没系数 σ_s

首先分析一下宽顶堰流的淹没过程及淹没条件。如图 8-17 所示，设 h_s 为堰顶以上的下游水深，h_c 为堰顶收缩断面的收缩水深，h_c'' 为 h_c 的下游共轭水深。则

（1）当 $h_s < 0$（即堰下游水深低于堰顶）时，由于下游及堰顶水流均呈现急流状态，则下游水位的变化不会影响堰的过流量，故为自由出流。

（2）当 $h_s > 0$，但 $h_s < h_K$（即下游水面低于 $K-K$ 线）时，情况同（1）[图 8-17（a）]。

（3）当 $h_s > 0$，并且 $h_s > h_K$（即下游水面高于 $K-K$ 线）时，下游呈现出缓流状态，此时下游将产生水跃。

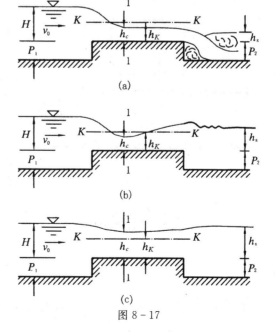

图 8-17

如果 h_s 稍大于 h_K，即为波状水跃［图 8-17（b）］，不会影响到 h_c 的变化，即 h_c $<h_K$，堰顶仍然为急流，此时下游水位的变化不会影响到堰的过流量，故还为自由出流。但是随着 h_s 的增加，并且 $h_s>h_c''$ 时，水跃向上游发展，直至收缩断面处，使 $h_c>h_K$，形成淹没式水跃［图 8-17（c）］。此时整个堰顶均呈现缓流状态，下游水位的变化将会影响到堰的过流量，由此形成了淹没出流。形成淹没出流后，堰顶中间段水面大致平行于堰顶，而堰的出口处出现反向落差，即堰下游水位高于堰顶水位。

由上述分析可知形成淹没出流的条件：首先 $h_s>0$，且 $h_s>h_c''$，这是形成淹没出流的首要条件；其次 $h_c>h_K$，这是形成淹没出流的必要条件。

以上分析是理论上的定性分析。但由于水流的复杂性，目前还不能从理论上给出判别淹没出流的定量关系。由实验得知当 $h_s \geqslant$（$0.75\sim0.85$）H_0 时，将形成淹没出流。工程中，一般认为满足下式时，形成淹没出流：

$$h_s \geqslant 0.8H_0 \qquad (8-20)$$

式中：$h_s=h_t-P_2$，h_t 为堰下游河渠中的水深。

宽顶堰的淹没系数 σ_s 随 h_s/H_0 的增大而减小，可按表 8-8 选用。

表 8-8　　　　　　　　　　　　　宽顶堰的淹没系数 σ_s 值

h_s/H_0	0.80	0.81	0.82	0.83	0.84	0.85	0.86	0.87	0.88	0.89
σ_s	1.00	0.995	0.99	0.98	0.97	0.96	0.95	0.93	0.90	0.87
h_s/H_0	0.90	0.91	0.92	0.93	0.94	0.95	0.96	0.97	0.98	
σ_s	0.84	0.82	0.78	0.74	0.70	0.65	0.59	0.50	0.40	

四、无坎宽顶堰的水力计算

无坎宽顶堰流是由于水流受到平面上的缩窄影响而形成的宽顶堰流，它与有坎宽顶堰流有类似的水流现象，如图 8-18 所示。无坎宽顶堰流的计算公式仍然为式（8-3）。但在计算中一般不单独考虑侧向收缩影响，而是将侧向收缩系数 ε_1 包含到流量系数 m 中一并考虑，即取 $m'=m\varepsilon_1$，则公式为

$$Q=\sigma_s m'b\sqrt{2g}H_0^{3/2} \qquad (8-21)$$

其中 m' 为包含侧收缩影响在内的流量系数。计算时 m' 分别按单孔和多孔两种情况确定。

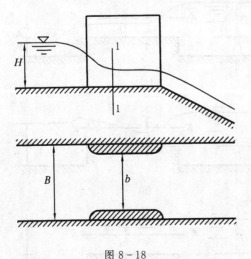

图 8-18

（1）对于单孔无坎宽顶堰流，m' 取决于进口两侧翼墙的形式和尺寸。一般常见的翼墙形式有如图 8-19 所示 3 种。m' 值可按表 8-9 选用。

在表 8-9 中，当 $b/B=1$ 时，相当于无坎、无侧收缩情况。因此，流量系数 m

为宽顶堰流最大流量系数值 0.385，这与表 8-6、表 8-7 给出的值是一致的。

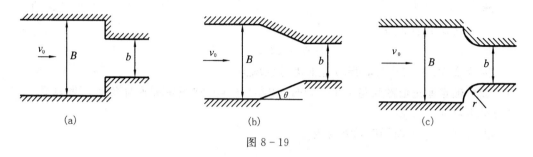

图 8-19

（2）对于多孔无坎宽顶堰流，流量系数取边孔 m'_1 与中孔 m'_2 的加权平均值，即

$$\overline{m}' = \frac{m'_1 + (n-1)m'_2}{n} \tag{8-22}$$

式中：m'_1 和 m'_2 分别根据边孔和中孔进口两侧翼墙的形式和尺寸由表 8-9 选用。

无坎宽顶堰流的淹没条件及淹没系数可近似按有坎宽顶堰流确定。

表 8-9   **无坎宽顶堰流的流量系数 m' 值**

b/B	直角形翼墙	八字形翼墙			圆角形翼墙			
		$\cot\theta$			r/b			
		0.5	1.0	2.0	0.2	0.3	0.4	$\geqslant 0.5$
0.1	0.322	0.344	0.351	0.354	0.350	0.355	0.358	0.361
0.2	0.324	0.346	0.352	0.355	0.351	0.356	0.359	0.362
0.3	0.327	0.348	0.354	0.357	0.353	0.357	0.360	0.363
0.4	0.330	0.350	0.356	0.358	0.355	0.359	0.362	0.364
0.5	0.334	0.352	0.358	0.360	0.357	0.361	0.363	0.366
0.6	0.340	0.356	0.361	0.363	0.360	0.363	0.365	0.368
0.7	0.346	0.360	0.364	0.366	0.363	0.366	0.368	0.370
0.8	0.355	0.365	0.369	0.370	0.368	0.371	0.372	0.373
0.9	0.367	0.373	0.375	0.376	0.375	0.376	0.377	0.378
1.0	0.385	0.385	0.385	0.385	0.385	0.385	0.385	0.385

例 8-2 图 8-20 所示的水平顶的堰，共 3 孔，每孔溢流宽度 $b' = 3\text{m}$，边墩和闸墩头部均为半圆形，闸墩厚度 $d = 1.0\text{m}$，边墩计算厚度 $\Delta = 1.5\text{m}$，堰顶头部为直角形，堰高 $P_1 = 2\text{m}$，堰顶厚度 $\delta = 13.5\text{m}$，上游渠道断面近似为矩形。当堰顶水头 $H = 5\text{m}$、下游水深 $h_s = 4.5\text{m}$ 时，试确定（1）

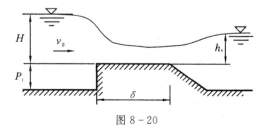

图 8-20

堰的类型；（2）通过堰的流量。

解：

（1）确定堰的类型。

$$\delta/H = 13.5/5 = 2.7$$

因为 $2.5 \leqslant \delta/H < 10$，所以此堰为宽顶堰流。

（2）确定通过堰的流量。由 $P_1/H = 2/5 = 0.4$，堰顶头部为直角形，查表 8-7，得流量系数 $m = 0.356$。

由式（8-19）计算侧收缩系数：

$$\overline{\varepsilon_1} = \frac{\varepsilon_1' + (n-1)\varepsilon_1''}{n}$$

对于边孔：$b = b' = 3$（m），$B = b' + 2\Delta = 3 + 2 \times 1.5 = 6$（m），代入式（8-18），得边孔的侧收缩系数为

$$\varepsilon_1' = 1 - \frac{\alpha}{\sqrt[3]{0.2 + P_1/H}} \times \sqrt[4]{\frac{b}{B}}\left(1 - \frac{b}{B}\right) = 1 - \frac{0.1}{\sqrt[3]{0.2 + 2/5}} \times \sqrt[4]{\frac{3}{6}}\left(1 - \frac{3}{6}\right) = 0.950$$

对于中孔：$b = b' = 3$（m），$B = b' + d = 3 + 1.0 = 4$（m），代入式（8-18），得中孔的侧收缩系数为

$$\varepsilon_1'' = 1 - \frac{0.1}{\sqrt[3]{0.2 + 2/5}} \times \sqrt[4]{\frac{3}{4}}\left(1 - \frac{3}{4}\right) = 0.972$$

则

$$\overline{\varepsilon_1} = \frac{0.950 + (3-1) \times 0.972}{3} = 0.965$$

因为流量未知，所以行近流速水头未知。可采用"逐步逼近法"计算。

第一次近似计算：设 $v_{01} \approx 0$，则 $H_{01} \approx H = 5\text{m}$，$h_s/H_{01} \approx 4.5/5 = 0.9$，则由表 8-8 查得淹没系数 $\sigma_s = 0.84$，于是

$$Q_1 = \sigma_s \overline{\varepsilon_1} n m b' \sqrt{2g} H_0^{3/2}$$

$$= 0.84 \times 0.965 \times 0.356 \times 3 \times 3 \times \sqrt{2g} \times 5^{3/2} = 128.55(\text{m}^3/\text{s})$$

第二次近似计算：由已求得的流量，计算行近流速 v_0 的近似值。

上游渠道断面面积为

$$A_0 = (H + P_1)(3b' + 2d + 2\Delta) = (5+2) \times (3 \times 3 + 2 \times 1 + 2 \times 1.5) = 98(\text{m}^2)$$

$$v_{02} = \frac{Q_1}{A_0} = \frac{128.55}{98} = 1.31(\text{m/s})$$

$$H_{02} = H + \frac{\alpha_0 v_{02}^2}{2g} = 5 + \frac{1.31^2}{2 \times 9.8} = 5.09(\text{m})$$

$$h_s/H_{02} = 4.5/5.09 = 0.884$$

由表 8-8 查得 $\sigma_s = 0.888$，于是

$$Q_2 = 0.888 \times 0.965 \times 0.356 \times 3 \times 3 \times \sqrt{2g} \times 5.09^{3/2} = 139.58(\text{m}^3/\text{s})$$

第三次近似计算：

$$v_{03} = \frac{139.58}{98} = 1.42(\text{m/s}), \quad H_{03} = 5 + \frac{1.42^2}{2 \times 9.8} = 5.10(\text{m}), \quad \frac{h_s}{H_{03}} = \frac{4.5}{5.10} = 0.882$$

由表 8-8 查得 $\sigma_s = 0.894$，于是

$$Q_3 = 0.894 \times 0.965 \times 0.356 \times 3 \times 3 \times \sqrt{2g} \times 5.10^{3/2} = 140.94 (\text{m}^3/\text{s})$$

第四次近似计算：

$$v_{04} = 1.44\text{m/s}, \quad H_{04} = 5.106\text{m}, \quad \frac{h_s}{H_{04}} = 0.881, \quad \sigma_s = 0.895$$

$$Q_4 = 0.895 \times 0.965 \times 0.356 \times 3 \times 3 \times \sqrt{2g} \times 5.106^{3/2} = 141.35 (\text{m}^3/\text{s})$$

因为 Q_4 与 Q_3 已经很接近 $\left(\dfrac{Q_4 - Q_3}{Q_4} = 0.30\%\right)$，可以认为所求流量为 $Q = 141.35\text{m}^3/\text{s}$。

例 8-3　某引水闸，底坎采用堰顶头部为直角形的宽顶堰，堰高 $P_1 = 0.5\text{m}$，闸宽与上下游引水渠宽均为 3m，闸前设计水位为 252.20m，下游水深为 1.65m，闸前行近流速水头忽略不计。闸门全开时的泄流量为 $6.0\text{m}^3/\text{s}$，此时堰流淹没系数为 0.9。试确定堰顶高程。

解：

堰顶高程▽＝闸前设计水位－堰上水头＝252.2－H。因此，只要求出堰上水头 H，即可确定堰顶高程。

由公式　$Q = \sigma_s \varepsilon_1 mb \sqrt{2g} H_0^{3/2}$　得

$$H \approx H_0 = \left(\frac{Q}{\sigma_s \varepsilon_1 mb \sqrt{2g}}\right)^{2/3}$$

由题意，式中 $b = 3\text{m}$，$\varepsilon_1 = 1.0$，$\sigma_s = 0.9$，$Q = 6.0\text{m}^3/\text{s}$，$P_1 = 0.5\text{m}$，所以

$$H = \left(\frac{6.0}{0.9 \times 1.0 \times 3m \sqrt{2 \times 9.8}}\right)^{2/3} = \left(\frac{0.502}{m}\right)^{2/3} \tag{a}$$

由于 m 值的大小取决于 P_1/H，由表 8-7 选取；而 H 值未知，所以需要用试算法进行求解。

先假设 $m = 0.36$，代入式（a），得 $H_1 = 1.25\text{m}$。由此算得 $P_1/H_1 = 0.5/1.25 = 0.4$，查表 8-7 得 $m = 0.356$〔或由式（8-17b）计算 m 值〕，将此值再代入式（a），求得 $H_2 = 1.26\text{m}$。因为 H_2 与 H_1 已经很接近 $\left(\dfrac{H_2 - H_1}{H_2} = 0.8\%\right)$，故可认为所求的水头为 $H_2 = 1.26\text{m}$。若 H_2 与 H_1 相差较大，可重复上述步骤再进行试算。

堰顶高程▽＝252.2－1.26＝250.94（m）。

例 8-4　某 4 孔泄洪排沙闸，每孔净宽 $b' = 14\text{m}$，闸墩头部为半圆形，墩厚 $d = 5\text{m}$，闸室上游翼墙为八字形，收缩角 $\theta = 30°$，翼墙计算厚度 $\Delta = 4\text{m}$，上游河道断面近似为矩形，河宽 $B = 79\text{m}$，闸下游连接一陡坡渠道，坡度 $i = 0.02$，闸底高程为 100m（图 8-21）。试计算闸门全开，上

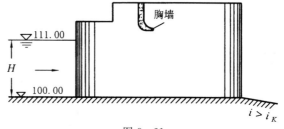

图 8-21

游水位高程为 111.0m 时的流量。

解：

由题意，闸下游为陡坡渠道，下游为急流，故闸门全开时通过闸室的水流应为多孔无坎宽顶堰自由出流，即 $\sigma_s = 1.0$。计算公式为

$$Q = \overline{m}' b \sqrt{2g} H_0^{3/2}$$

式中：$b = nb' = 4 \times 14 = 56$ （m）。

由式（8-22）计算流量系数：

$$\overline{m}' = \frac{m'_1 + (n-1)m'_2}{n}$$

对于边孔：根据 $\dfrac{b}{B} = \dfrac{b'}{b'+2\Delta} = \dfrac{14}{14+2\times4} = 0.637$，$\cot\theta = \cot30° = 1.732$，查表 8-9 得 $m'_1 = 0.363$。

对于中孔：根据 $\dfrac{r}{b'} = \dfrac{d/2}{b'} = \dfrac{2.5}{14} = 0.179$，$\dfrac{b}{B} = \dfrac{b'}{b'+d} = \dfrac{14}{14+5} = 0.737$，查表 8-9 得 $m'_2 = 0.363$。则平均流量系数 $\overline{m}'$ 为

$$\overline{m}' = \frac{m'_1 + (n-1)m'_2}{n} = \frac{0.363 + (4-1)0.363}{4} = 0.363$$

由于堰前过水断面不大，必须计入行近流速的影响。但流量未知，行近流速无法求出。可采用同例 8-2 的"逐步逼近法"计算。

第一次近似计算：设 $v_{01} \approx 0$，则 $H_{01} \approx H = 11$ （m），则

$$Q_1 = 0.363 \times 4 \times 14 \sqrt{2 \times 9.8} \times 11^{3/2} = 3283(\text{m}^3/\text{s})$$

第二次近似计算：由已求得的流量，计算行近流速的近似值。

$$v_{02} = \frac{Q_1}{B \times H} = \frac{3283}{79 \times 11} = 3.78(\text{m/s})$$

$$H_{02} = H + \frac{\alpha_0 v_{02}^2}{2g} = 11 + \frac{3.78^2}{2 \times 9.8} = 11.73(\text{m})$$

$$Q_2 = 0.363 \times 4 \times 14 \sqrt{2 \times 9.8} \times 11.73^{3/2} = 3616(\text{m}^3/\text{s})$$

第三次近似计算：

$$v_{03} = \frac{3616}{79 \times 11} = 4.16(\text{m/s})$$

$$H_{03} = 11 + \frac{4.16^2}{2 \times 9.8} = 11.88(\text{m})$$

$$Q_3 = 0.363 \times 4 \times 14 \sqrt{2 \times 9.8} \times 11.88^{3/2} = 3685(\text{m}^3/\text{s})$$

第四次近似计算：

$$v_{04} = 4.24(\text{m/s}), \quad H_{04} = 11.92(\text{m}), \quad Q_4 = 3706(\text{m}^3/\text{s})$$

因为 Q_4 与 Q_3 已经很接近 $\left(\dfrac{Q_4 - Q_3}{Q_4} = 0.43\%\right)$，故可认为所求的流量为 $Q = 3706\text{m}^3/\text{s}$。

第六节　闸孔出流的水力计算

在第三章曾讨论过小孔口出流的水力计算问题。水利工程中的闸孔出流是按大孔口出流处理的。

按闸前水头 H、闸门开度 e 是否随时间变化，闸孔出流分为恒定与非恒定出流；按下游水深是否影响过闸流量，分为闸孔自由出流和淹没出流；按闸门的型式可分为平板闸门和弧形闸门；按底坎形状又可分为宽顶堰和曲线型实用堰两类。本节讨论恒定出流情况下宽顶堰和曲线型实用堰底坎上的不同闸门型式的闸孔自由出流和淹没出流。所要解决的基本问题是：（1）在一定闸前水头作用下，计算不同开度时的过流能力。（2）根据已知流量，求所需的闸门宽度或开度。

一、底坎为宽顶堰型的闸孔出流

1. 水流特征

图 8-22 为水平底坎上平板闸门下的出流示意图。闸前水头为 H，闸门开度为 e，下游水深为 h_t。当水流在闸前水头 H 作用下行近闸孔时，在闸门的约束下，流线发生急剧弯曲。出闸后，在惯性作用下，流线继续收缩，并在闸门下游约（0.5～1.0）e 处出现收缩断面，即在此处流速达到最大值，此后由于阻力作用，动能减小，水深逐渐增大。

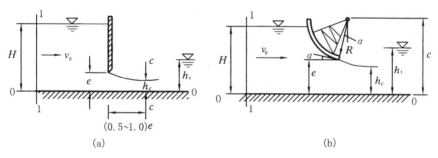

图 8-22

由实验表明，收缩断面处 $h_c < h_K$，呈急流状态。如果下游渠道水深 $h_t > h_K$（缓流状态），将在闸门下游发生水跃，并且随着下游水深 h_t 的变化，形成远离式水跃、临界式水跃和淹没式水跃 3 种形式（图 7-30）。

对于远离式水跃和临界式水跃，由于 $h_c < h_K$，闸后呈现急流状态，故下游水深 h_t 的变化不会影响闸的过流量，所以为自由出流。当发生淹没式水跃时，由于水跃已经淹没了收缩断面，使 $h_c > h_K$，闸后呈现缓流状态，故下游水深 h_t 的变化将影响闸的过流量，所以为淹没出流，并且闸的过流量 Q 随 h_t 的增大而减小。由此可知，判断闸孔自由出流或淹没出流，只需判断闸后发生的水跃形式。

2. 闸孔出流的基本公式

以图 8-22 所示的平底闸孔自由出流为例，以 0—0 为基准面，对闸前断面 1—1

与收缩断面 $c-c$ 应用能量方程,得

$$H + \frac{\alpha_0 v_0^2}{2g} = h_c + \frac{\alpha_c v_c^2}{2g} + h_{w1-c}$$

因两断面之间的距离较短,且为急变流,故只考虑局部水头损失,即 $h_w \approx h_j = \zeta \frac{v_c^2}{2g}$,$\zeta$ 为局部水头损失系数。

令 $H + \frac{\alpha_0 v_0^2}{2g} = H_0$,称闸前全水头。则上式可整理为

$$v_c = \frac{1}{\sqrt{\alpha_c + \zeta}} \sqrt{2g(H_0 - h_c)}$$

令 $\varphi = \frac{1}{\sqrt{\alpha_c + \zeta}}$,称 φ 为流速系数。则

$$v_c = \varphi \sqrt{2g(H_0 - h_c)}$$

所以闸孔出流的流量为

$$Q = v_c b h_c = \varphi b h_c \sqrt{2g(H_0 - h_c)}$$

令 $h_c = \varepsilon_2 e$,ε_2 称为闸孔出流的垂向收缩系数,其值取决于闸门型式、闸门相对开度 e/H 以及闸底坎形式,可查表 8-10 或表 8-11。将 $h_c = \varepsilon_2 e$ 代入上式,得

$$Q = \varphi \varepsilon_2 be \sqrt{2g(H_0 - \varepsilon_2 e)} = \varphi \varepsilon_2 \sqrt{1 - \varepsilon_2 e/H_0} be \sqrt{2gH_0}$$

令 $\mu = \varphi \varepsilon_2 \sqrt{1 - \varepsilon_2 e/H_0}$,称 μ 为闸孔出流的流量系数。则得

$$Q = \mu be \sqrt{2gH_0} \tag{8-23}$$

式(8-23)即为闸孔自由出流的基本公式。由上式可见,闸孔出流的流量 Q 与闸前全水头 H_0 的 $1/2$ 次方成正比,即 $Q \propto H_0^{1/2}$。

表 8-10 平板闸门垂向收缩系数

e/H	0.10	0.15	0.20	0.25	0.30	0.35	0.40
ε_2	0.615	0.618	0.620	0.622	0.625	0.628	0.630
e/H	0.45	0.50	0.55	0.60	0.65	0.70	0.75
ε_2	0.638	0.645	0.650	0.660	0.675	0.690	0.705

表 8-11 弧形闸门垂向收缩系数

α	35°	40°	45°	50°	55°	60°
ε_2	0.789	0.766	0.742	0.720	0.698	0.678
α	65°	70°	75°	80°	85°	90°
ε_2	0.662	0.646	0.635	0.627	0.622	0.620

(1)流量系数及其影响因素。由闸孔出流基本公式的推导过程可知,$\mu = f\left(\varphi, \varepsilon_2, \frac{e}{H}\right)$,其中 φ 反映闸孔前后的局部水头损失和收缩断面流速分布的影响,它取决于闸门入口的边界条件;ε_2 反映水流流经闸孔时流线的收缩程度,它与闸孔入口的边界条件及闸门的相对开度 e/H 有关,这里的边界条件是指闸门型式和底坎型

式。可见，闸门的型式、底坎的型式和闸孔的相对开度是影响流量系数 μ 的主要因素。

对于平板闸门的闸孔出流，流量系数 μ 可按下面的经验公式计算：

$$\mu = 0.60 - 0.176 \frac{e}{H} \tag{8-24}$$

也可由表 8-10 查出 ε_2，按式 $\mu = \varphi \varepsilon_2 \sqrt{1 - \varepsilon_2 e/H_0}$ 直接计算，式中流速系数 φ 对有坎宽顶堰取 $\varphi = 0.85 \sim 0.95$，对无坎宽顶堰取 $\varphi = 0.95 \sim 1.0$。

对弧形闸门的闸孔出流，流量系数 μ 可按下面的经验公式计算：

$$\mu = \left(0.97 - 0.81 \frac{\theta}{180°}\right) - \left(0.56 - 0.81 \frac{\theta}{180°}\right) \frac{e}{H} \tag{8-25}$$

式中：θ 可按式 $\cos\theta = \dfrac{c-e}{R}$ 计算，其中各符号的意义如图 8-23 所示。

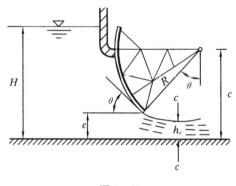

图 8-23

也可由表 8-11 查出 ε_2，按式 $\mu = \varphi \varepsilon_2 \sqrt{1 - \varepsilon_2 e/H_0}$ 直接计算 μ。

上式的适用范围：$25° < \theta < 90°$，$0 < \dfrac{e}{H} < 0.65$。

（2）淹没出流及淹没系数。由前面分析可知，当闸门下游发生淹没式水跃时，即形成了淹没出流。形成淹没出流时，可用淹没系数 σ_s 来反映对流量 Q 的影响，即

$$Q = \sigma_s \mu be \sqrt{2gH_0}$$

根据实验研究结果，淹没系数 σ_s 与潜流比 $\dfrac{h_t - h_c''}{H - h_c''}$ 有关，可由图 8-24 查得。

二、底坎为曲线型实用堰的闸孔出流

图 8-25 为曲线型实用堰上的闸孔出流。当闸前水流沿整个堰前水深向闸孔汇流时，水流的收缩比平底闸孔要充分完善得多。过闸水股紧贴实用堰面下泄，堰上水流为急变流动。由于受重力作用，下泄水股的厚度越向下游水深越薄，不像平底闸孔那样具有明显的收缩断面。所以，曲线型实用堰上闸孔出流的流量系数不同于平底闸孔的流量系数。

曲线型实用堰上闸孔出流的流量公式与宽顶堰上闸孔出流的流量公式（8-23）

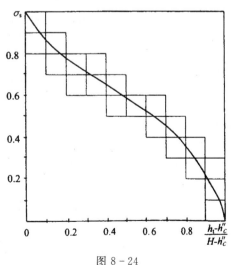

图 8-24

相同，即

$$Q = \mu b e \sqrt{2gH_0}$$

式中：H_0 为从实用堰顶算起的闸前总水头，$H_0 = H + \dfrac{\alpha_0 v_0^2}{2g}$。

曲线型实用堰上的闸孔出流流量系数 μ 与闸门相对开度 e/H、实用堰剖面形状、闸门型式、闸门底缘的外形、闸门在堰顶的位置及弧形闸门的开度角 θ 有关，重要的工程设计需要通过专门的模型试验来确定。

对于平板闸门的闸孔出流，流量系数 μ 可按下面的经验公式计算：

$$\mu = 0.65 - 0.186\,\frac{e}{H} + \left(0.25 - 0.357\,\frac{e}{H}\right)\cos\theta \qquad (8-26)$$

式中 θ 值如图 8-26 所示。

对于弧形闸门的闸孔出流，流量系数 μ 近似按下式计算：

$$\mu = 0.685 - 0.19\,\frac{e}{H} \qquad (8-27)$$

上式的适用范围：$0.1 < \dfrac{e}{H} < 0.75$。流量系数 μ 值也可查表 8-12。

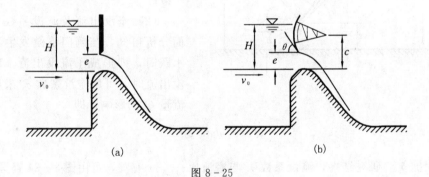

图 8-25

表 8-12　　　　　　　　　曲线型实用堰上弧形闸门的流量系数

e/H	0.05	0.10	0.15	0.20	0.25	0.30	0.35	0.40	0.50	0.60	0.70
μ	0.721	0.700	0.683	0.667	0.652	0.638	0.625	0.610	0.584	0.559	0.535

工程实践中，往往大型水利工程才采用曲线型实用堰，堰比较高，下游水位使堰顶闸孔形成淹没出流的情况十分少见。因此，对底坎为曲线型实用堰的闸孔出流只讨论自由出流情况。

例 8-5　某无底坎泄洪闸（图 8-23），闸孔宽 $b=14$m，采用弧形闸门，弧门半径 $R=22$m，门轴高 $c=14$m。试计算上游水头 $H=16$m，闸门开度 $e=4$m 时，通过闸孔的流量 Q（闸孔为自由出流，不计行近流速的影响）。

解：

由 $e/H = 4/16 = 0.25 < 0.65$，可判断为闸孔出流。

由于 $\cos\theta = \dfrac{c-e}{R} = \dfrac{14-4}{22} = 0.455$， $\theta = 63°$，

代入式（8-25）：

$$\mu = \left(0.97 - 0.81 \times \frac{63°}{180°}\right) - \left(0.56 - 0.81 \times \frac{63°}{180°}\right) \times \frac{4}{16}$$

$$= 0.617$$

由题意，闸孔为自由出流，故 $\sigma_s = 1.0$；又不计行近流速的影响，所以 $H \approx H_0$。则通过闸孔的流量为

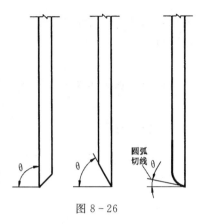

图 8-26

$$Q = \mu be\sqrt{2gH}$$
$$= 0.617 \times 14 \times 4 \times \sqrt{2 \times 9.8 \times 16}$$
$$= 612(\text{m}^3/\text{s})$$

例 8-6 某矩形渠道中修建一座两孔水闸，每孔净宽 $b=3\text{m}$，闸门为平板闸门，且闸底板与渠底平齐，闸前水深 $H=6\text{m}$，闸门开度 $e=1.5\text{m}$。试求当下游水深 $h_t = 4.0\text{m}$ 时闸孔的出流量（不计行近流速水头）。

解：

由 $e/H = 1.5/6 = 0.25 < 0.65$，可判断为闸孔出流。

由于流量未知，所以收缩水深 h_c 的共轭水深 h_c'' 不能确定，故无法判别出流性质。先假设为自由出流，则

$$Q = \mu be\sqrt{2gH_0} \qquad\qquad\qquad\text{(a)}$$

其中 $\mu = 0.60 - 0.176\dfrac{e}{H} = 0.60 - 0.176 \times \dfrac{1.5}{6} = 0.556$

代入式（a），得

$$Q = 0.556 \times 2 \times 3 \times 1.5\sqrt{2 \times 9.8 \times 6} = 54.265(\text{m}^3/\text{s})$$

判别出流形式：由表 8-10 查得，当 $e/H = 0.25$ 时，$\varepsilon_2 = 0.622$，则收缩水深为

$$h_c = \varepsilon_2 e = 0.622 \times 1.5 = 0.933(\text{m})$$

得

$$v_c = \frac{Q}{bh_c} = \frac{54.265}{2 \times 3 \times 0.933} = 9.694(\text{m/s})$$

$$h_c'' = \frac{h_c}{2}\left(\sqrt{1 + 8\frac{v_c^2}{gh_c}} - 1\right) = \frac{0.933}{2}\left(\sqrt{1 + 8 \times \frac{9.694^2}{9.8 \times 0.933}} - 1\right) = 3.789(\text{m})$$

由于 $h_c'' < h_t = 4.0$（m），所以为淹没出流。

潜流比 $\dfrac{h_t - h_c''}{H - h_c''} = \dfrac{4.0 - 3.789}{6 - 3.789} = 0.095$，查图 8-24 得淹没系数 $\sigma_s = 0.877$，所以闸孔出流量为

$$Q = \sigma_s \mu be\sqrt{2gH_0} = 0.877 \times 54.265 = 47.59(\text{m}^3/\text{s})$$

例 8-7 某水库底坎为曲线型实用堰溢流坝共 5 孔，每孔净宽 $b=7\text{m}$，坝顶弧形

闸门，已知设计流量 $Q_d=231\text{m}^3/\text{s}$，闸前水头 $H=5\text{m}$。试确定通过设计流量时的闸门开度。

解：

由于底坎为曲线型实用堰溢流坝，所以闸门下游为自由出流情况，则计算公式为

$$Q_d = \mu be\sqrt{2gH_0} \tag{a}$$

式中：$H \approx H_0$。

利用式（8-27）计算流量系数，即

$$\mu = 0.685 - 0.19\frac{e}{H}$$

代入式（a），得

$$Q_d = \left(0.685 - 0.19\frac{e}{H}\right)be\sqrt{2gH_0}$$

将已知量代入上式并整理得

$$e^2 - 18.02e + 17.54 = 0$$

解得 $\qquad\qquad e_1 = 1.03\text{m} \qquad e_2 = 17\text{m}（舍去）$

所以，闸门的开启度为 $e=1.03\text{m}$。

第七节　无压隧洞的水力计算

一、概述

隧洞是常见的泄水建筑物，在水利工程中有着广泛的应用，例如，发电和灌溉引水隧洞、泄洪隧洞、排沙放空隧洞、施工导流隧洞等。对于埋设在土石坝坝基上的泄水涵洞（管）以及渠槽与道路交叉处的涵管等，其水力特性与隧洞是一样的，所以有关隧洞的水力计算方法也同样适用。

隧洞过流时可能是有压流，也可能是无压流或半有压流。半有压流是指隧洞内的水流处于有压流与无压流交替状态，时而有压，时而无压。这种流态将会使洞内水流的动水压强、流速、流量等发生周期性的变化，从而对隧洞结构的受力状态、泄流能力以及出口消能等都会产生一系列不利的影响。因此，在隧洞的设计中应尽量避免出现半有压流流态。

半有压流转换为明流的条件，一般与隧洞进口两侧边墙的型式、尺寸、隧洞断面的形状、尺寸、隧洞的底坡以及泄流量有关。实验证明，一般曲线形隧洞进口由半有压流转换为明流的条件为

$$\frac{H}{a} < 1.1 \sim 1.3$$

式中：H 为从进口底板算起的上游水深；a 为洞高；为保证洞内发生有压流，一般使 $\frac{H}{a} > 1.5$。

有压流的水力计算在第六章中已经讨论过，这里重点介绍无压隧洞的水力计算。

二、无压隧洞过流的水力特征

无压隧洞的水流流态随涵洞底坡和长度的不同而不同。下面分析当下游为自由出流时各类隧洞的水力特征。

(1) 当隧洞为缓坡 ($i < i_K$) 时，如果隧洞长度 L 较小，则在断面 $c-c$ 处的水深 $h_c < h_K$（隧洞中的临界水深）。之后产生 c_1 型水面曲线，全洞水流呈现急流状态，如图 8-27 (a) 所示；如果隧洞长度 L 较长，c_1 型水面曲线沿程壅高，然后以波状水跃过渡到缓流，又以 b_1 型降水曲线衔接并经 h_K 流出洞外 [图 8-27 (b)]。这两种情况的洞长 L 对过流能力均无影响，过流特性与宽顶堰流相似。如果隧洞长度 L 很长，水流阻力随之增大。当断面 $c-c$ 的能量不能满足过长距离产生水头损失的需要时，断面 $c-c$ 下游的急流段缩短、水跃上移、缓流段向上延长，直至断面 $c-c$ 被淹没，$h_c > h_K$，全洞呈缓流状态。水面曲线呈 b_1 型降水曲线衔接并经临界水深流出洞外 [图 8-27 (c)]，或中间出现一段均匀流。此时，洞长对过水能力有影响，水流特性与明渠恒定非均匀流相似。

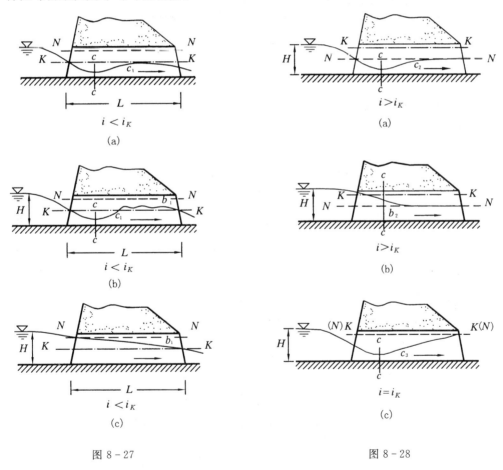

图 8-27

图 8-28

(2) 当隧洞为陡坡 ($i > i_K$) 和临界坡 ($i = i_K$) 时，收缩断面处水深 $h_c < h_K$，即为急流状态。对于陡坡隧洞，如果 $h_c < h_0 < h_K$，将产生 c_2 型壅水曲线 [图 8-28

（a）］，如果 $h_0 < h_c < h_K$，则出现 b_2 型降水曲线［图 8 - 28（b）］。对于临界底坡隧洞，产生 c_3 型壅水曲线［图 8 - 28（c）］。由此可见，这两类隧洞的收缩断面之后，水流均为急流，洞长对过流能力无影响。因此，过流特性与宽顶堰相似。

（3）当隧洞为平坡（$i = 0$）时，水流现象与缓坡隧洞相似。如果洞长 L 较短，可能出现两种情况：一是断面 $c - c$ 后，全洞为急流，呈 c_0 型壅水曲线；另一种情况是，断面 $c - c$ 后先出现 c_0 型壅水曲线，后以波状水跃向缓流过渡，最后以 b_0 型降水曲线经 h_K 流出洞外［图 8 - 29（a）］。这两种情况下的隧洞长度对过流能力均无影响，过流特性与宽顶堰流相似。如果洞长 L 较长，全洞呈现 b_0 型降水曲线，并经 h_K 流出洞外［图 8 - 29（b）］。隧洞本身的长度即可以造成淹没出流，洞长对过流能力有影响，水流特性与明渠恒定非均匀流相似。

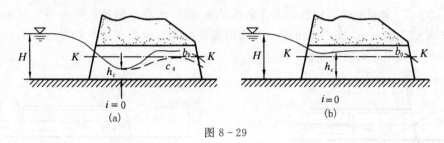

图 8 - 29

三、无压隧洞的分类及淹没条件

1. 无压隧洞的洞长

无压隧洞的全长可分为进口段 l_1、中间段 l_2 和出口段 l_3 3 部分，如图 8 - 30 所示。进口段长度 l_1 和出口段长度 l_3 可由以下经验公式确定：

当 $i \approx 0$ 时， $l_1 = 12.32(1 - \varepsilon_1)H$ 　　　　　　(8 - 28)

当 $i \gg 0$ 时， $l_1 = (161.7i + 12.32)(1 + 1.64i - \varepsilon_1)H$ 　　(8 - 29)

自由出流，且 $0 \approx i < i_K$ 时， $l_3 \approx 1.2H$ 　　　　(8 - 30)

自由出流，且 $0 < i < i_K$ 时， $l_3 \approx (0 \sim 8)H$ 　　　(8 - 31)

淹没出流时， $l_3 \approx 2H$ 　　　　　　(8 - 32)

其中，i 为底坡；ε_1 为隧洞进口的侧收缩系数，按表 8 - 13 选用。

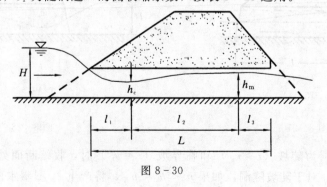

图 8 - 30

中间段 l_2 长度等于隧洞总长度 L 减去进、出口段长度，即

$$l_2 = L - l_1 - l_3 \tag{8-33}$$

表 8-13　　　　　　　　**涵洞及桥孔的侧收缩系数 ε_1 值**

进口及桥台形状	侧收缩系数 ε_1
单孔、有锥体填土（锥体护坡）	0.90
单孔、有八字翼墙	0.85
多孔或无锥体填土，或桥台伸出锥体之外	0.80
拱脚浸水的拱桥	0.75

2. 无压隧洞的分类

根据隧洞中间段长度 l_2 是否影响过流能力，将无压隧洞分为短涵洞和长涵洞两类，简称为短涵和长涵。当洞长不影响过流能力时，称为短涵；当洞长影响过流能力时，称为长涵。由实验表明：当底坡 i 较小时，长涵与短涵的临界长度 l_K 约为

$$l_K = (64 - 62.755\varepsilon_1)H \tag{8-34}$$

即当 $l_2 < l_K$ 时，为短涵；当 $l_2 > l_K$ 时，为长涵。

当 $i < i_K$，但 $i \approx i_K$ 时，l_K 应增大 30%。当 $i \geqslant i_K$ 时，由前面分析过流特性可知，无论 l_2 为多长，均可视为短涵。

3. 无压隧洞淹没条件

以上仅考虑了涵洞的长短对过流的影响。实际上，隧洞的出流性质也将影响隧洞的过流能力。

对于短涵，当下游水深 $h_t < h_K$ 时为自由出流；当 $h_t > h_K$ 时，若 $h_c < h_K$，为自由出流，若 $h_c > h_K$，为淹没出流。

对于长涵，无论下游水深 h_t 大于 h_K 或者小于 h_K，均为淹没出流。所不同的是，当 $h_t < h_K$ 时，淹没程度只取决于涵洞的长度，而当 $h_t > h_K$ 时，淹没程度由涵洞长度和下游水深二者共同决定。

四、无压隧洞的过流能力计算

无压隧洞的过流能力可按宽顶堰流公式计算，对于矩形断面涵洞，公式为

$$Q = \sigma_s \varepsilon_1 mb \sqrt{2g} H_0^{3/2}$$

式中：m 为涵洞进口的流量系数，可按表 8-6 或表 8-7 选用；ε_1 为涵洞进口的侧收缩系数，按表 8-13 选用；σ_s 为涵洞过流的淹没系数，可由图 8-31 查得；b 为矩形断面涵洞的宽度，当为非矩形断面时，取 $b = \dfrac{A_K}{h_K}$，A_K、h_K 分别为洞中为临界流时的过水断面面积和水深。

当涵洞进口底部与上游河渠底部高程相同时，按无坎宽顶堰流计算，即

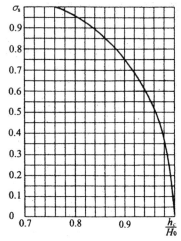

图 8-31

$$Q = \sigma_s m' b \sqrt{2g} H_0^{3/2}$$

式中：$m' = m\varepsilon_1$，可由表 8 - 9 选用。

五、无压隧洞的断面尺寸

矩形断面无压隧洞的断面尺寸是指洞宽 b 及洞高 a。下面以矩形断面涵洞为例，讨论涵洞断面尺寸的计算。

1. 洞宽 b 的确定

前以述及，无压隧洞水流可视为宽顶堰流。因此，无压隧洞的洞宽可由宽顶堰流公式确定，即

$$b = \frac{Q}{\sigma_s \varepsilon_1 m \sqrt{2g} H_0^{3/2}} \qquad (8-35)$$

自由出流时，$\sigma_s = 1.0$；淹没出流时，σ_s 与洞宽 b 有关，因此须试算求解上式。

2. 洞高 a 的确定

为了保证洞内为无压流，给洞中急流可能发生的冲击波留有余地，并避免洞内因水面波动产生真空现象而导致破坏涵洞结构或影响过水能力，在设计洞高时，必须留有一定的净空。净空面积应不小于涵洞面积的 $10\% \sim 20\%$，净空高度应不小于 $30 \sim 40\text{cm}$，即

自由出流时，$\qquad\qquad a \geqslant (1.10 \sim 1.20) h_m \qquad (8-36)$

淹没出流时，$\qquad\qquad a \geqslant (1.10 \sim 1.20) h_c \qquad (8-37)$

其中，h_m 为中间段末端水深；h_c 为淹没后断面 $c-c$ 水深。

例 8 - 8　一矩形涵洞，长 $L = 140\text{m}$，底坡 $i = 0.002$，糙率 $n = 0.014$，进口有坡度为 1∶1.5 的圆锥体翼墙，底部与上游渠底平齐。涵洞前水深 $H = 2.8\text{m}$，该处过水断面面积 $A_0 = 14.3\text{m}^2$，设计流量 $Q = 10\text{m}^3/\text{s}$。下游水位较低，出口水流为跌水。试确定此无压隧洞的断面尺寸。

解：

(1) 判别涵洞类型：由表 8 - 13 查得 $\varepsilon_1 = 0.9$，则

$l_1 = 12.32(1 - \varepsilon_1)H = 12.32 \times (1 - 0.9) \times 2.8 = 3.45\text{(m)}$

$l_3 = 1.2H = 1.2 \times 2.8 = 3.36\text{(m)}$

$l_2 = L - l_1 - l_3 = 140 - 3.45 - 3.36 = 133.19\text{(m)}$

$l_K = (64 - 62.755\varepsilon_1)H = (64 - 62.755 \times 0.9) \times 2.8 = 21.06\text{(m)}$

由于 $l_2 > l_K$，故为长涵。由题意，涵洞出口为跌水，所以此涵洞的过流形式属于单纯由长度影响的淹没出流。

(2) 确定洞宽 b。

$$v_0 = \frac{Q}{A_0} = \frac{10}{14.3} = 0.7\text{(m/s)}$$

$$H_0 = H + \frac{\alpha_0 v_0^2}{2g} = 2.8 + \frac{1 \times 0.7^2}{2 \times 9.8} = 2.83\text{(m)}$$

查表 8 - 7 得 $m = 0.385$，设 $\sigma_{s1} = 0.9$，则由式 (8 - 35) 得

$$b_1 = \frac{Q}{\sigma_s \varepsilon_1 m \sqrt{2g} H_0^{3/2}} = \frac{10}{0.9 \times 0.9 \times 0.385 \times \sqrt{2 \times 9.8} \times 2.83^{3/2}} = 1.52 \text{(m)}$$

校核 σ_{s1}：先判别水面曲线类型。为此计算临界水深：

$$h_K = \sqrt[3]{\frac{Q^2}{b^2 g}} = \sqrt[3]{\frac{10^2}{1.52^2 \times 9.8}} = 1.64 \text{(m)}$$

由明渠恒定均匀流公式 $Q = AC\sqrt{Ri}$ 求得均匀流水深 $h_0 = 1.737$m。可见 $h_0 > h_K$，故洞中水面曲线为 b_1 型降水曲线。下游控制断面水深 $h = h_K = 1.64$m，由此向上游推算水面曲线（过程略），推得中间段 l_2 的首端水深 $h_c = 2.53$m。

由 $\dfrac{h_c}{H_0} = \dfrac{2.53}{2.83} = 0.894$，查图 8-31 得 $\sigma_{s2} = 0.775 \neq 0.9$，故应重新假设 σ_s 值。

设 $\sigma_{s2} = 0.86$，重复上述计算，得 $b = 1.60$m，$h_K = 1.59$m，$h_c = 2.43$m。

由 $\dfrac{h_c}{H_0} = \dfrac{2.43}{2.83} = 0.859$，查图 8-31 得 $\sigma_{s3} = 0.86 = \sigma_{s2}$，假设正确，故涵洞宽度 $b = 1.60$m。

（3）确定洞高 a。按式（8-37）计算，则

$$a = (1.10 \sim 1.20)h_c = (1.10 \sim 1.20) \times 2.43 = 2.67 \sim 2.92 \text{(m)}$$

取 $a = 2.80$m，则洞高为 2.80m。

思 考 题

8-1 如图所示两实用堰剖面，除下游底坡 i 不同外其他条件均相同。试问随堰的下游渠道长度 l 的增加，堰的泄流量会不会受到影响？为什么？

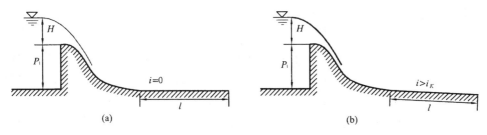

(a)　　　　　　　　　　　　(b)

思考题 8-1 图

8-2 如图所示，一高为 d，底坡 i 为 0，宽为 b 及长为 l 的泄水廊道，上游水深为 H，下游水深为 h_t。试分析（1）在什么情况下（指 H、l、d、h_t 的相对大小）廊道应作为堰流问题计算？（2）在什么情况下作为管流问题计算？（3）在什么情况下作为渠道计算？

8-3 试分析在同样水头作用下，为什么实用堰的过水能力比宽顶堰过水能力大？

思考题 8-2 图

习　题

8-1　有一无侧收缩矩形薄壁堰，上游堰高 $P_1=0.8$m，下游堰高 $P_2=1.2$m，堰宽 $b=1$m，堰上水头 $H=0.4$m。试求下游水深为 $h_t=1$m 时通过薄壁堰的流量。

8-2　在矩形断面平底明渠中设计一无侧收缩矩形薄壁堰。已知薄壁堰最大流量 $Q=250$L/s，当通过最大流量时，堰的下游水深 $h_t=0.45$m，为保证堰流为自由出流，堰顶高于下游水面不应小于 0.1m。明渠边墙高度为 1m，边墙墙顶高于上游水面不应小于 0.1m。试设计薄壁堰的高度和宽度。

8-3　有一三角形薄壁堰，堰口夹角 $\theta=90°$，夹角顶点高程为 0.6m，溢流时上游水位为 0.82m，下游水位为 0.4m，求流量。

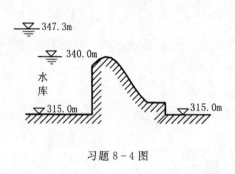

习题 8-4 图

8-4　某水库的溢洪道采用上游为三圆弧的 WES 型实用堰剖面，如图所示。堰顶高程 340m，上、下游河床均为 315m，溢洪道共设 5 孔。每孔宽度 $b=10$m，堰的设计水头 $H_d=10$m，闸墩墩头为半圆形，翼墙为圆弧形，上游水库断面面积很大，行近流速 $v_0\approx0$。当水库水位为 347.3m，下游水位为 342.5m 时，试求通过溢洪道的流量。

8-5　为灌溉需要，在某河修建拦河溢洪坝一座。如图所示，溢流坝采用堰顶上游为三圆弧段的 WES 型实用堰剖面（单孔边墩为圆弧形）。坝的设计洪水流量为 540m³/s，相应的上、下游设计洪水位分别为 50.7m 和 48.1m，坝址处河床高程为 38.5m。坝前河道过水断面面积为 524m²。根据灌溉水位要求，已确定坝顶高程水位 48.0m。试求坝的溢洪道宽度 b。

8-6　某水利枢纽中的溢洪道采用 WES 剖面，上游堰墙为垂直面。堰的设计水头 $H_d=8$m，溢洪道共 5 孔，每孔宽 $b=12$m，边墩和中墩的墩头都为半圆形。坝前断面近似为矩形，宽度为 $B_0=150$m，剖面如图所示。试求（1）当上游水位为 63.4m 时的溢洪道泄流量；（2）当要求渲泄流量 $Q=2000$m³/s 时，坝上游水位（设下游水位不变）。

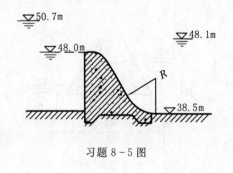

习题 8-5 图

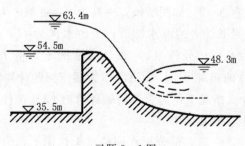

习题 8-6 图

8-7　某砌石拦河溢流坝采用梯形实用堰剖面，已知堰宽与河宽均为 30m，上下游堰高 $P_1 = P_2 = 4m$，堰顶厚度 $\delta = 2.5m$。堰的上游面为铅直面，下游面坡度为 1:1，堰上水头 $H = 2m$，下游水面在堰顶 0.5m 以下。试求通过溢流坝的流量。

8-8　某宽顶堰式水闸共 6 孔，每孔宽度 $b = 6m$，具有尖圆形闸墩墩头和圆弧形边墩，其他尺寸如图所示。已知水闸上游水位 4.5m，下游水位 3.4m，不计行近流速。试求通过水闸的流量 Q。

8-9　从河道引入灌溉的某干渠引水闸，如图所示，具有半圆形闸墩墩头和八字形翼墙。为了防止河中泥沙进入渠道，水闸进口（宽顶堰）设直角形闸坎，坎顶高程为 31.0m，并高于河床 1.8m。已知水闸设计流量 $Q = 61.8m^3/s$，相应的河道水位和渠道水位分别为 34.25m 和 33.8m。忽略上游行近流速，并限制水闸每孔宽度不大于 4m。试求水闸宽度 B 和闸孔数 n。

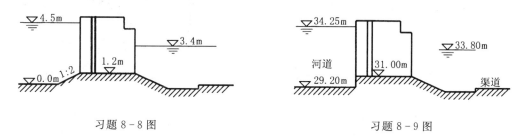

习题 8-8 图　　　　　　　　　　　　　习题 8-9 图

8-10　如图所示一缓坡宽河道，在施工期间通过的最大流量 $Q = 1600m^3/s$，相应于该流量的河道正常水深 $h_0 = 2.5m$，河宽 $B = 400m$，筑围堰后过流的净宽 $b = 250m$，上游围堰与岸边夹角 $\theta = 45°$，假设围堰安全超高为 0.35m。试求该围堰应修筑的最低高度。

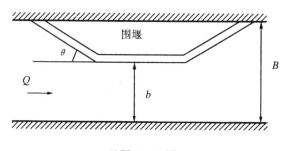

习题 8-10 图

8-11　有一平底闸，共 5 孔，每孔宽度 $b = 3m$，闸上设锐缘平面闸门。已知闸上水头 $H = 3.5m$，闸门开启高度 $e = 1.2m$，自由出流，不计行近流速。试求通过水闸的流量 Q。

8-12　某实用堰共 7 孔，每孔宽度 $b = 5m$，在实用堰堰顶最高点设平面闸门，已知闸上水头 $H = 5.6m$，闸门开启高度 $e = 1.5m$，下游水位在堰顶以下。试求通过闸孔的流量 Q（不计行近流速）。

8-13 实用堰顶部设平面闸门以调节上游水位，闸门底缘的斜面朝上游倾斜角为 $60°$。试求所需的闸孔开度 e。已知流量 Q 为 $30\text{m}^3/\text{s}$，堰顶水头 H 为 3.6m。闸孔净宽 b 为 5m（下游水位低于堰顶，不计行近流速）。

8-14 一单孔弧形闸门，闸下游与一陡坡渠道相接，已知上游水深 $H=3\text{m}$，弧形闸门轴高 $c=4\text{m}$，闸门半径 $R=5\text{m}$，闸门开度 $e=1\text{m}$ 时，下泄流量 $Q=19.2\text{m}^3/\text{s}$。试求闸孔宽度 b。

8-15 一曲线型实用堰，堰顶设有弧形闸门，如图所示。已知堰顶宽度 $b=15\text{m}$，堰顶水头 $H=6\text{m}$，闸门开度 $e=2.0\text{m}$，不计行近流速，闸下游为自由出流。试求闸孔泄流量 Q。

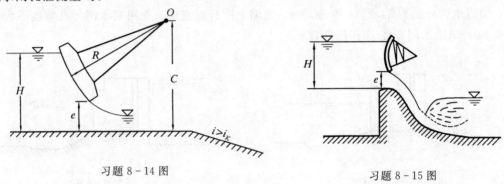

习题 8-14 图

习题 8-15 图

8-16 一梯形断面渠道采用无压流方形涵洞横穿公路，其过水流量 $Q=14.8\text{m}^3/\text{s}$，下游水深 $h_t=1.9\text{m}$，涵洞上、下游水位差 $\Delta z=0.2\text{m}$，渠道底宽 $b'=7\text{m}$，边坡系数 $m=1.5$，洞长 $l=10\text{m}$。试求涵洞宽度 b。

提示：按无底坎单孔宽顶堰计算，取 $B \approx b' + 2m\dfrac{H}{2}$。

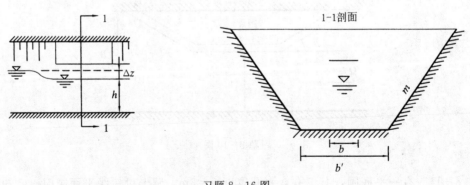

习题 8-16 图

8-17 有一方形平底无压流涵洞，已知洞高 $h=1.5\text{m}$，宽度 $b=1.5\text{m}$，长度 $l=10.5\text{m}$，进口为圆弧形翼墙，圆弧半径 $r=1.75\text{m}$，上、下游为矩形断面长渠道，底宽 $B=5\text{m}$，底坡 $i=0.00026$，糙率 $n=0.017$。试求（1）保持涵洞为无压流状态的最大允许流量 Q_{max}；（2）此时的上、下游渠中水深 H 和 h_t。

提示：保持无压流状态上游最大水深 $H = 1.15h$。

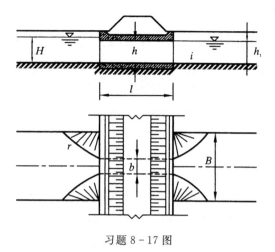

习题 8-17 图

第九章 泄水建筑物下游水流消能与衔接

基本要求：(1) 了解泄水建筑物下游水流的衔接方式和主要消能方式。
(2) 掌握泄水建筑物下游收缩断面的水力计算。
(3) 熟练地进行底流消能和挑流消能的水力计算，掌握消力池深度和长度的设计流量的选择方法。
本章重点：(1) 泄水建筑物下游收缩断面的水力计算。
(2) 泄水建筑物下游水流的衔接和消力池的水力计算。

第一节 概 述

一、问题的提出

在河道上修建堰、闸等水工建筑物之后，往往会改变原河道水流的特性。如修建了挡水建筑物，将会抬高上游水位，这样由建筑物泄出的水流就具有流速高、动能大的特点。同时，为了节省工程造价，常要求建筑物的泄水宽度小于原河宽，这样就使泄出的水流集中，单宽流量增大。而下游河道中的水流一般多为缓流，水深大、流速低，这样就存在两种不同流态水流的衔接问题。如果对水流的衔接不加控制，或者控制措施不当，往往会造成严重后果，这类事故在国内外大大小小的水利工程中并不少见。如奥地利的列伯令（Lebring）坝，上下游水位差为 11.35m，而下游冲刷坑深度就达 12m 之多；瑞士的波兹谱（Botzpou）坝，上下游水位差仅 5m，运用 18 年之后，河床冲刷深度达 12.7m，约为水位差的 2.6 倍。这就从水力学角度提出了两个任务：一是如何衔接上下游两种不同流态水流的问题；二是如何消除或减小下泄水流的巨大动能问题。

本章的主要任务就是通过水力计算，选择适当的消能措施，使在建筑物下游较短的距离内消除余能，并使下泄的高速水流安全地转变为下游正常缓流，从而保证建筑物的安全。

二、衔接与消能的主要方式

怎样才能消除下泄高速水流的巨大动能呢？由物理学知道，摩擦和碰撞是动能转化为分子能（热能）的两种形式，比如水流因沿程克服摩擦阻力而做功，将一部分能量转换为热能而损耗掉；在一些局部水力现象中，能量的转换比较剧烈，能量损耗也较多。由此可见，可以通过水质点之间、水质点与空气及固壁之间产生摩擦和碰撞的局部水力现象来消耗水流的能量。从这个原理出发，目前常采用以下 3 种消能和衔接方式。

资源 9-1
底流消能

1. 底流式衔接与消能

第七章曾经阐明，水跃能够消除大量的能量。底流消能就是在建筑物下游采取一定的工程措施，控制水跃发生的位置，利用水跃能够消能的特点来达到消除下泄水流中多余动能的目的，从而将下泄的急流与下游的缓流衔接起来，如图 9-1（a）所示。由于水跃段高流速的主流在底部，故称为底流式衔接与消能。

2. 挑流式衔接与消能

在建筑物的出流部位修建挑流鼻坎，利用下泄水流的高流速，因势利导，把水流抛入空中，然后落在距离建筑物较远的下游，这样不致于影响建筑物的安全，如图 9-1（b）所示。下泄水流的能量一部分在空中与空气产生摩擦消散，大部分则在水股跌入下游水垫时产生摩擦和碰撞而消除。因为主流是被挑向下游而与下游水流进行衔接的，故称为挑流式衔接与消能。

资源 9-2
挑流式衔接
与消能

3. 面流式衔接与消能

对于建筑物下游水深较大并且比较稳定的情况，在建筑物出流部位采用低于下游水位的跌坎，将下泄的急流射入下游水流的表层，如图 9-1（c）所示。在主流与河床之间用一巨大的旋滚隔开，从而避免或减轻主流对河床的冲刷。其能量的消除是在底部旋滚和主流扩散的过程中实现的。由于在衔接段中，高流速的主流位于表层，故称为面流式衔接与消能。

资源 9-3
面流式
衔接与消能

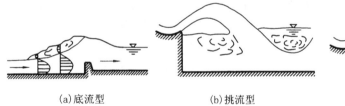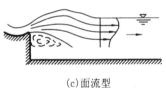

(a)底流型　　　　　　　(b)挑流型　　　　　　　(c)面流型

图 9-1

实际工程中，采用的衔接消能方式除上述 3 种基本形式外，还有戽流式消能、孔板式消能、阶梯式消能、竖井涡流消能和对流式消能等形式。这些消能形式一般是基本消能方式的结合或者是在工程具体条件下的发展和应用，例如戽流式就是底流和面流相结合的消能方式。消能方式的选择是比较复杂的问题，需要根据每个工程的泄流条件、工程运用要求以及下游河道的地形、地质条件等，进行综合分析研究。

重要的水利工程往往需要进行水工模型试验来确定消能方式。本章主要介绍最常用的底流式消能和挑流式消能的水力计算，其他消能方式只作简单介绍。

第二节　建筑物下游水流的自然衔接形式
及其对消能的影响

一、建筑物下游水流的自然衔接形式

所谓水流的自然衔接是指建筑物下游没有采取上述任何消能措施之前的水流衔接

形式。根据下泄水流的特性与下游河道水流的流态不同，建筑物下游水流有以下几种自然衔接形式。

1. 下泄水流从急流到急流的衔接形式

当下游河渠中水深 h_t 比相应流量下的临界水深小时，即 $h_t < h_K$，收缩断面处及下游水流都是急流，则水流在衔接过程中不会发生水跃。如在底坡较大的山区河流或溢洪道下接的陡坡段中常有此种情况发生。根据收缩断面水深 h_c 与下游水深 h_t 的关系，有以下 3 种形式：

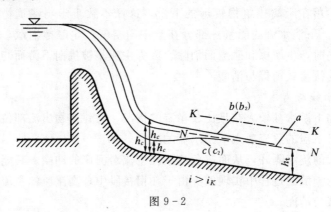

图 9-2

（1）当 $h_c = h_t$ 时，收缩断面水面与下游水面直接相连，呈均匀流直线衔接，如图 9-2 中 a 线所示。

（2）当 $h_c > h_t$ 时，水面线以 b_2 型曲线衔接，如图 9-2 中 b 线所示。

（3）当 $h_c < h_t$ 时，水面线呈 c_2 型壅水曲线衔接，如图 9-2 中 c 线所示。

2. 下泄水流从急流到缓流的衔接形式

若下游河道水流处于缓流状态，说明河道中水深比下泄相应流量下的临界水深大，即 $h_t > h_K$，这是一般河道中经常出现的水力现象。在这种情况下，水流将从急流向缓流过渡，必定通过水跃与下游衔接。根据第七章的讨论可知，水跃的位置与下游水深 h_t 有关，可有以下 3 种形式（图 9-3）：

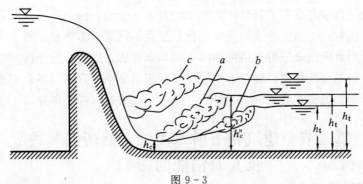

图 9-3

（1）当 $h_c'' = h_t$ 时，即 $\sigma_j = 1$，发生临界式水跃，如图 9-3 中的 a 线所示的形式。

（2）当 $h_c'' > h_t$ 时，即 $\sigma_j < 1$，发生远离式水跃，如图 9-3 中的 b 线所示的形式。

（3）当 $h''_c < h_t$ 时，即 $\sigma_j > 1$，发生淹没式水跃，如图9-3中的 c 线所示的形式。

远离式水跃和临界式水跃统称为自由水跃。

以上分析中的 h''_c 为收缩水深 h_c 的共轭水深，可用式（7-54）计算；$\sigma_j = \dfrac{h_t}{h''_c}$，$\sigma_j$ 称为水跃淹没度。

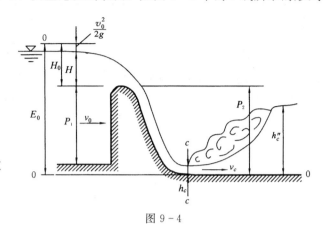

图 9-4

二、收缩断面水深的计算

由以上分析可知，无论哪种衔接形式都与收缩水深 h_c 有关，即下泄水流的特性可用建筑物下游收缩断面的水深 h_c 来反映。下面讨论收缩水深的计算。

以图9-4所示溢流坝为例，选通过下游收缩断面底部的水平面为基准面，列堰上游断面0-0及下游收缩断面 $c-c$ 的能量方程，得

$$P_2 + H + \frac{\alpha_0 v_0^2}{2g} = h_c + \frac{\alpha_c v_c^2}{2g} + \zeta \frac{v_c^2}{2g}$$

令

$$E_0 = P_2 + H + \frac{\alpha_0 v_0^2}{2g}$$

则

$$E_0 = h_c + (\alpha_c + \zeta) \frac{v_c^2}{2g} = h_c + \frac{v_c^2}{2g\varphi^2}$$

式中：$\varphi = \dfrac{1}{\sqrt{\alpha_c + \zeta}}$，称流速系数，与建筑物的形式及尺寸有关，可查表9-1。

表 9-1　　　　　　　　泄水建筑物的流速系数 φ 值

序号	建筑物泄流方式		图形	φ
1	堰顶有闸门的曲线型实用堰			$0.85\sim0.95$
2	无闸门的曲线实用堰	（1）溢流面长度较短		1.00
		（2）溢流面长度中等		0.95
		（3）溢流面较长		0.90

续表

序号	建筑物泄流方式	图形	φ
3	平板闸下底孔出流		0.97～1.00
4	折线实用断面（多边形断面）堰		0.80～0.90
5	宽顶堰		0.85～0.95
6	跌水		1.00
7	末端设闸门的跌水		0.97～1.00

以 $v_c = \dfrac{Q}{A_c}$ 代入上式，得

$$E_0 = h_c + \frac{Q^2}{2gA_c^{\,2}\varphi^2} \tag{9-1}$$

对矩形断面：$A_c = bh_c$，$Q = qb$，则式（9-1）可写为

$$E_0 = h_c + \frac{q^2}{2g\varphi^2 h_c^{\,2}} \tag{9-2}$$

上式即为收缩水深的计算公式，虽然该式是针对溢流坝推导的，但对闸下出流也完全适用。

当断面形状、尺寸、流量 Q 和流速系数 φ 已知时，式（9-2）在理论上是可解得，但为三次方程，可采用迭代法计算：

$$h_{ci+1} = \frac{q}{\varphi\sqrt{2g(E_0 - h_{ci})}} \tag{9-3}$$

三、水跃形式对消能的影响

前已述及，水跃可以消能，但其形式不同，消能效果以及对工程的影响也不同。下面对其进行分析。

就消能率来说，对于自由水跃，由式（7-63）可知，消能率 $K_j = f(Fr_1)$，并且 Fr_1 越大，消能率就越高。$Fr_1 = \dfrac{v_1}{\sqrt{gh_1}}$，即 Fr_1 与 $\sqrt{h_1}$ 呈反比，其中 h_1 为水跃的跃前水深。临界式水跃时，$h_1 = h_c$；远离式水跃时，$h_1 > h_c$。因此，临界水跃时的 Fr_1 最大。所以，仅从消能效果来说，临界式水跃的消能率是最大的。从工程造价方面来说，远离式水跃和建筑物之间存在一定距离的急流段，在急流段中，流速大，对河床的冲刷力强，则要求保护的范围也就很长。因此，工程造价相对来说较高。故工程中一般不采用远离式水跃衔接。那么，淹没式水跃如何呢？有理论和实验研究表明，当淹没系数 $\sigma_j > 1.2$ 时，消能率 K_j 小于 Fr_1 相同的自由水跃，并且消能率 K_j 随 σ_j 的增大而减小。究其原因是 σ_j 越大，水跃旋滚将被水流压向底部，则水流的紊动程度越弱。同时，随着 σ_j 的增大，水跃长度也越长，因此，需要保护的长度亦随之增加，工程造价也增大。所以，无论从消能效果方面还是工程造价方面看，临界式水跃都是最为有利的。但临界式水跃不稳定，当流量稍有增大或下游水深 h_t 稍有减小时，就可能变为远离式水跃。所以，工程中常采用稍有淹没的淹没式水跃，一般取 $\sigma_j = 1.05 \sim 1.10$，这种水跃使建筑物下游护坦长度较短，工程造价低，消能效果较好。

例 9-1　有一溢流堰，坝顶高出下游河床 $P = 15\text{m}$，当下泄单宽流量 $q = 15\text{m}^3/(\text{m} \cdot \text{s})$ 时，$m = 0.49$，下游矩形断面河槽的水深 $h_t = 5.5\text{m}$，如坝趾与河槽底齐平，试判别坝下水流的衔接形式。

解：

（1）确定收缩水深 h_c。收缩水深 h_c 的迭代公式（9-3）为

$$h_{ci+1} = \frac{q}{\varphi \sqrt{2g(E_0 - h_{ci})}}$$

式中：$E_0 = P_2 + H_0$，H_0 为堰顶水头，可由堰流公式 $q = m\sqrt{2g}H_0^{3/2}$ 确定。

即
$$H_0 = \left(\frac{q}{m\sqrt{2g}}\right)^{2/3} = \left(\frac{15}{0.49 \times \sqrt{2 \times 9.8}}\right)^{2/3} = 3.63(\text{m})$$

于是
$$E_0 = 15 + 3.63 = 18.63(\text{m})$$

由表 9-1 查得流速系数 $\varphi = 0.95$，将 q、φ、E_0 等值代入式（9-3）进行迭代计算：

$$h_c = \frac{q}{\varphi \sqrt{2g(E_0 - h_c)}} = \frac{15}{0.95 \times \sqrt{2 \times 9.8 \times (18.63 - h_c)}}$$

$$= \frac{3.566}{\sqrt{18.63 - h_c}}$$

得
$$h_c = 0.846(\text{m})$$

（2）计算临界水深。

$$h_K = \sqrt[3]{\frac{q^2}{g}} = \sqrt[3]{\frac{15^2}{9.8}} = 2.84 (\text{m})$$

即 $h_c < h_K < h_t$，故收缩断面处为急流，下游河槽中为缓流，必然产生水跃。

（3）计算收缩水深 h_c 的共轭水深 h''_c。矩形断面明渠水跃公式为

$$h''_c = \frac{h_c}{2}\left(\sqrt{1 + 8\left(\frac{h_K}{h'_c}\right)^3} - 1\right)$$

则

$$h''_c = \frac{0.846}{2} \times \left(\sqrt{1 + 8 \times \left(\frac{2.84}{0.846}\right)^3} - 1\right) = 6.95 (\text{m})$$

可见 $h''_c > h_t$，故产生远离式水跃。

第三节　底流消能的水力计算

上一节从工程造价、消能效果等方面综合分析了水跃形式对消能的影响。由分析得知，工程中常采用淹没度 $\sigma_j = 1.05 \sim 1.10$ 的淹没式水跃来进行消能，这种水跃护坦长度较短，工程造价低，消能效果较好。那么工程中如何将水跃控制为稍有淹没的淹没式水跃呢？由对水跃形式的分析可知，设法增加下游渠道水深 h_t，可使水跃向上游移动而形成淹没式水跃。工程中采用以下措施来增加下游河道水深 h_t：

（1）降低护坦高程，使在下游形成消力池。

（2）在护坦末端设置消能坎使水位壅高，而形成消力池。

下面分别讨论宽度不变的矩形断面消力池的水力计算。

一、降低护坦高程所形成的消力池（或称挖深式消力池）

挖深式消力池的水力计算包括消力池的深度和长度的确定。

1. 消力池深度 d 的计算

如图 9-5 所示，当水流由消力池进入下游河道时，由于垂向收缩，过水断面减小，动能增加，相当于宽顶堰流，水面有一跌落 Δz。又设消力池末端水深为 h_T，下游渠道水深为 h_t，则由图 9-5 所示的几何关系可得

$$d = h_T - (h_t + \Delta z) \tag{9-4}$$

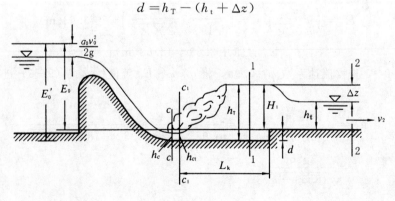

图 9-5

为使池内形成稍有淹没的水跃，池末水深 h_T 应为

$$h_T = \sigma_j h''_{c1}$$

式中：一般取 $\sigma_j = 1.05$；h''_{c1} 为护坦高程降低了池深 d 后所形成的收缩水深 h_{c1} 的共轭水深，可由水跃方程求得，即

$$h''_{c1} = \frac{h_{c1}}{2}\left(\sqrt{1 + 8\frac{q^2}{gh_{c1}^3}} - 1\right) \qquad (9-5)$$

以挖深后池底为基准面，对堰上游断面 0—0 和挖深后收缩断面 c_1—c_1 列能量方程可求出 h_{c1}，即

$$E_0 + d = h_{c1} + \frac{q^2}{2g\varphi^2 h_{c1}^2} \qquad (9-6)$$

Δz 可以下游渠底为基准面，由池末断面 1—1 和下游渠道断面 2—2 列能量方程求得，即

$$\Delta z = \frac{q^2}{2g}\left[\frac{1}{(\varphi' h_t)^2} - \frac{1}{(\sigma_j h''_{c1})^2}\right] \qquad (9-7)$$

式中：$\varphi' = \dfrac{1}{\sqrt{\alpha_2 + \zeta}}$，称为消力池出口的流速系数，它取决于消力池的出口形式，一般取 $\varphi' = 0.95$。

当 E_0、h_t、q 及 φ 已知时，联立求解式（9-4）～式（9-7），可求得池深 d。但由于关系复杂，求解时可用试算法，请参考例 9-2。

对于中小型工程 [当 $q < 25\text{m}^3/(\text{m} \cdot \text{s})$，$E_0 < 35\text{m}$ 时]，可用下式估算：

$$d = 1.05h''_c - h_t \qquad (9-8)$$

式中：h''_c 为挖深之前下游收缩水深 h_c 所对应的共轭水深，其值在判断水跃衔接方式时已经求出。

2. 消力池长度 L_k 的计算

消力池长度的设计原则是使水跃不能跃出池外。如果消力池长度不够，水跃一旦跃出池外，便会冲刷下游河床；消力池过长，又会增加工程费用。消力池长度可按下式计算：

$$L_k = (0.7 \sim 0.8)L_j \qquad (9-9)$$

式中：L_j 为自由水跃长度，按第七章水跃长度公式计算。

对闸孔出流下的消力池，池长可按下式计算：

$$L_k = (0.5 \sim 1.0)e + (0.7 \sim 0.8)L_j \qquad (9-10)$$

式中：$(0.5 \sim 1.0)e$ 为闸门至收缩断面 c—c 之间的距离。

二、护坦末端修建消能坎所形成的消力池

当河床不易开挖或开挖太深而使造价太高时，可在护坦末端修建消能坎以壅高水位，在池内形成具有一定淹没度的淹没式水跃。消能坎式消力池水力计算的主要内容为确定消能坎的高度 c 和池长 L_k。池长 L_k 的计算与降低护坦式消力池相同，这里不

再重复。下面讨论消能坎高度 c 的计算。

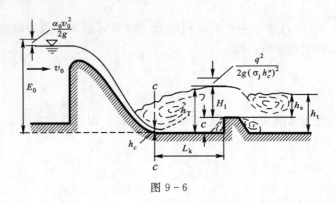

图 9 - 6

如图 9-6 所示，修建消能坎后，由于水流受到消能坎的壅阻，使池末水深 h_T 大于下游水深 h_t，若使池内形成具有一定淹没度的淹没式水跃，则池末水深应为

$$h_T = \sigma_j h''_c$$

式中：h''_c 为收缩水深 h_c 所对应的共轭水深；一般取 $\sigma_j = 1.05$。

由图 9-6 所示的几何关系可得

$$c = h_T - H_1 = \sigma_j h''_c - H_1 \tag{9-11}$$

式中：c 为坎高；H_1 为不包括流速水头在内的坎上水头，可按堰流公式计算，即

$$H_1 = H_{10} - \frac{v_1^2}{2g} = \left(\frac{q}{\sigma_s m \sqrt{2g}}\right)^{2/3} - \frac{q^2}{2g h_T^2}$$

$$= \left(\frac{q}{\sigma_s m \sqrt{2g}}\right)^{2/3} - \frac{q^2}{2g(\sigma_j h''_c)^2} \tag{9-12}$$

式中：m 为消能坎的流量系数，消能坎一般做成折线形，估算时可取 $m = 0.42$；σ_s 为消能坎淹没出流时的淹没系数，因消能坎前为水跃，不同于一般堰前的水流状态，所以淹没条件及淹没系数与一般堰流有所不同，淹没系数 $\sigma_s = f\left(\dfrac{h_s}{H_{10}}\right)$。实验表明：当 $\dfrac{h_s}{H_{10}} \leqslant 0.45$ 时，消能坎后为自由出流，$\sigma_s = 1.0$；当 $\dfrac{h_s}{H_{10}} \geqslant 0.45$ 时为淹没出流，σ_s 可按表 9-2 选用。

联立求解式（9-11）、式（9-12），可以确定消能坎的高度 c。但在计算过程中应注意以下几点：

（1）在开始计算时，由于坎高尚未确定，无法判别过坎水流是否为淹没出流。因此，需试算求解坎高 c。具体计算过程见例 9-3。

（2）确定坎高为 c_1 后，若求得 $\dfrac{h_t - c_1}{H_{10}} \leqslant 0.45$，即坎后为自由出流时，还应校核消能坎下游水流的衔接形式。如果为淹没式水跃，则无需设置第二道坎。如果为远离式水跃或临界式水跃，应设置第二道消能坎，并校核第二道消能坎的水流

衔接形式,直到坎后产生淹没式水跃衔接为止(实际工程中,一般不超过三级消力池)。

表 9 - 2 　　　　　　　　　　　　消能坎的淹没系数 σ_s

h_s/H_{10}	≤0.45	0.50	0.55	0.60	0.65	0.70	0.72	0.74	0.76	0.78
σ_s	1.00	0.990	0.985	0.975	0.960	0.940	0.930	0.915	0.900	0.885
h_s/H_{10}	0.80	0.82	0.84	0.86	0.88	0.90	0.92	0.95	1.00	
σ_s	0.865	0.845	0.815	0.785	0.750	0.710	0.651	0.535	0.00	

三、消力池设计流量的选择

前面讨论的消力池池深与池长的计算,都是在给定一个流量和相应的下游水深下进行的。但消力池建成后,是在不同的流量下工作的,而每级下泄流量均有与它相应的下游水深。那么选择什么样的流量来设计消力池才能保证消力池在各级流量下都能安全的工作呢?即所设计的消力池在各级流量下都能保证池中形成淹没式水跃,并且不跃出池外。下面对此进行分析。

1. 池深 d 设计流量的选择

显然,要使消力池在各级流量下都能保证池中形成淹没式水跃,并且不跃出池外,消力池的池深越深越好。但是消力池越深,工程量越大,造价越高。如何确定合适的池深,由池深估算公式 $d=1.05h_c''-h_t$ 可知,池深 d 随 $(h_c''-h_t)$ 的增大而增大。所以,可以认为相应于 $(h_c''-h_t)$ 最大时的流量即为池深的设计流量,据此求出的池深是各级流量下所需消力池池深的最大值。实践证明,池深的设计流量并不一定是建筑物所通过的最大流量。

$(h_c''-h_t)$ 最大时所对应的流量可按下面方法计算:

在给定的流量范围 $(q_{min} \sim q_{max})$ 内,对不同的流量分别计算出 h_c 及 h_c'' (挖深前下游收缩断面的水深及其共轭水深),绘制 $h_c''-q$ 关系曲线和 h_t-q 关系曲线,并将 $h_c''-q$ 与 h_t-q 关系曲线置于同一张图中,如图 9 - 7 所示。从图上即可找到 $(h_c''-h_t)$ 最大时所对应的池深设计流量。

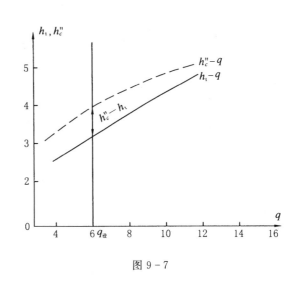

图 9 - 7

2. 池长 L_k 设计流量的选择

池长的设计流量是指要求池长为最大值时所对应的流量。由式 (9 - 9) 可见,池长与完全水跃长度 L_j 成正比,而一般情况下水跃长度随着流量的增大而增大。所以,池长 L_k 的设计流量应选择建筑物通过的最大流量。

例 9-2　某 WES 剖面溢流坝，坝顶设闸门控制（图 9-8）。今保持坝上水头为设计水头，$H_d=3.2m$，调节闸门开度，使单宽流量 q 在 $3\sim12m^3/(m\cdot s)$ 范围内变化，相应的下游水深 h_t-q 的关系曲线如图 9-7 所示。已知 $P_1=P_2=10m$。试问溢流坝下游是否需要设计消力池？若需要，试设计降低护坦式消力池。

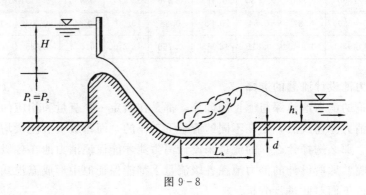

图 9-8

解：

（1）判别坝下游水流衔接形式。由于 $P_1=10m>1.33H_d=4.3m$，属高坝，故可不计行近流速水头，即

$$H_0=H_d=3.2(m)$$

则

$$E_0=P_2+H_d=10+3.2=13.2(m)$$

查表 9-1 取 $\varphi=0.9$。

由式（9-3）可迭代计算各级流量下的收缩水深 h_c，由式 $h_K=\sqrt[3]{\dfrac{q^2}{g}}$ 计算各级流量下的临界水深 h_K，再由式 $h_c''=\dfrac{h_c}{2}\left[\sqrt{1+8\left(\dfrac{h_K}{h_c}\right)^3}-1\right]$ 计算所对应的共轭水深 h_c''，列于下表：

$q/[m^3/(m\cdot s)]$	h_K/m	h_c/m	h_c''/m
3	0.972	0.209	2.861
6	1.540	0.421	3.962
9	2.020	0.637	4.786
12	2.450	0.875	5.443

将上表中的 h_c'' 与 q 的对应值绘入图 9-7 中，得 $h_c''-q$ 关系曲线。由图 9-7 可以看出，在所讨论的流量变化范围内，h_c'' 均大于 h_t，故下游均为远离式水跃衔接形式。因此，需要设置消能工。由题意，要求设计降低护坦式消力池。

（2）消力池深度 d 的水力计算。由图 9-7 可查得 $(h_c''-h_t)$ 最大时对应的流量 $q=6m^3/(m\cdot s)$，故消力池 d 的设计流量为 $q_d=6m^3/(m\cdot s)$，对应的 $h_K=1.54m$，$h_c=0.42m$，$h_c''=3.96m$，$h_t=3.05m$。

取淹没系数 $\sigma_j = 1.05$，由式（9-8）估算池深 d 为

$$d = 1.05 h''_c - h_t = 1.05 \times 3.96 - 3.05 = 1.11 (\text{m})$$

设 $d = 1.10\text{m}$，则

$$E_{01} = E_0 + d = 13.2 + 1.10 = 14.30 (\text{m})$$

由式（9-3）迭代计算挖深后的收缩断面水深，即

$$h_{c1} = \frac{q}{\varphi \sqrt{2g(E_{01} - h_{c1})}} = \frac{6}{0.9 \times \sqrt{2 \times 9.8 \times (14.30 - h_{c1})}}$$

$$= \frac{1.506}{\sqrt{14.30 - h_{c1}}}$$

求解上式，得 $h_{c1} = 0.404\text{m}$。

由式 $h''_{c1} = \dfrac{h_{c1}}{2}\left[\sqrt{1 + 8\left(\dfrac{h_K}{h_{c1}}\right)^3} - 1 \right]$ 求得 $h''_{c1} = 4.05\text{m}$。

由式（9-7）计算 Δz：

$$\Delta z = \frac{q^2}{2g}\left[\frac{1}{(\varphi' h_t)^2} - \frac{1}{(\sigma_j h''_{c1})^2} \right]$$

$$= \frac{6^2}{2 \times 9.8}\left[\frac{1}{(0.95 \times 3.05)^2} - \frac{1}{(1.05 \times 4.05)^2} \right] = 0.12 (\text{m})$$

由式（9-4）得

$$d = h_T - (h_t + \Delta z) = 1.05 \times 4.05 - (3.05 + 0.12) = 1.08 (\text{m})$$

计算值与原假设值基本相符，故所求消力池池深 d 为 1.10m。

（3）消力池长度 L_k 的水力计算。消力池长度 L_k 的设计流量应为 $q_d = q_{max} = 12\text{m}^3/(\text{m} \cdot \text{s})$。此时可由式（9-3）迭代计算挖深后的收缩断面水深，即

$$h_{c1} = \frac{q}{\varphi \sqrt{2g(E_{01} - h_{c1})}} = \frac{12}{0.9 \times \sqrt{2 \times 9.8(14.30 - h_{c1})}}$$

$$= \frac{3.012}{\sqrt{14.30 - h_{c1}}}$$

求解上式得 $h_{c1} = 0.82\text{m}$。

由式（7-57）计算水跃长度，即

$$L_j = 10.8 h_{c1}(Fr_c - 1)^{0.93} = 10.8 \times 0.82 \left(\sqrt{\frac{12^2}{9.8 \times 0.82^3}} - 1 \right)^{0.93} = 33.36 (\text{m})$$

由式（9-9）得

$$L_k = (0.7 \sim 0.8) L_j = (0.7 \sim 0.8) \times 33.36 = 23.4 \sim 26.7 (\text{m})$$

取消力池长度为 25m。

例 9-3　某隧洞出口接扩散段，下接矩形消力池（图 9-9），已知护坦面以上总水头 $E_0 = 11.6\text{m}$，下游水深 $h_t = 3.5\text{m}$，护坦段单宽流量 $q = 6.0\text{m}^3/(\text{m} \cdot \text{s})$。（1）判别下游水流衔接形式，是否需要修建消能工；（2）如需修建消能工，试设计消能坎式消力池，并取出口至消力池的流速系数 $\varphi = 0.95$。

解:

(1) 判别水流衔接形式。由式(9-3)迭代计算收缩水深 h_c:

$$h_c = \frac{q}{\varphi\sqrt{2g(E_0 - h_c)}} = \frac{6}{0.95 \times \sqrt{2 \times 9.8(11.6 - h_c)}} = \frac{1.426}{\sqrt{11.6 - h_c}}$$

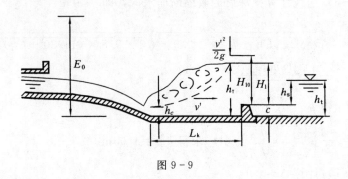

图 9-9

得 $h_c = 0.427\text{m}$。

由式 $h''_c = \dfrac{h_c}{2}\left(\sqrt{1 + 8\dfrac{q^2}{gh_c^3}} - 1\right)$ 计算共轭水深 h''_c,即

$$h''_c = \frac{h_c}{2}\left(\sqrt{1 + 8\frac{q^2}{gh_c^3}} - 1\right) = \frac{0.427}{2}\left(\sqrt{1 + 8 \times \frac{6.0^2}{9.8 \times 0.427^3}} - 1\right) = 3.94(\text{m})$$

可见 $h''_c > h_t = 3.5\text{m}$,发生远离式水跃衔接,故需要修建消能工。由题意,要求设计消能坎式消力池。

(2) 计算消能坎坎高 c。设坎上为自由出流,即 $\sigma_s = 1.0$,取 $m = 0.42$,则由堰流公式 $q = m\sqrt{2g}\,H_{10}^{3/2}$ 得

$$H_{10} = \left(\frac{q}{m\sqrt{2g}}\right)^{2/3} = \left(\frac{6.0}{0.42 \times \sqrt{2 \times 9.8}}\right)^{2/3} = 2.18(\text{m})$$

坎前流速水头为

$$\frac{v'^2}{2g} = \frac{q^2}{2gh_T^2} = \frac{q^2}{2g(\sigma_j h''_c)^2} = \frac{6.0^2}{2 \times 9.8 \times (1.05 \times 3.94)^2} = 0.107(\text{m})$$

则

$$H_1 = H_{10} - \frac{v'^2}{2g} = 2.18 - 0.107 = 2.07(\text{m})$$

所以坎高

$$c = \sigma_j h''_c - H_1 = 1.05 \times 3.94 - 2.07 = 2.07(\text{m})$$

校核:

$$\frac{h_s}{H_{10}} = \frac{h_t - c}{H_{10}} = \frac{3.5 - 2.07}{2.18} = 0.656 > 0.45$$

为淹没出流,与假设不符,所以应按淹没堰设计坎高。

现考虑堰的淹没影响,设坎高 $c = 2.0\text{m}$(应低于自由出流时的坎高),则 $H_1 = \sigma_j h''_c - c = 1.05 \times 3.94 - 2.0 = 2.137$ (m)

$$H_{10} = H_1 + \frac{v'^2}{2g} = 2.137 + 0.107 = 2.244(\text{m})$$

$$\frac{h_s}{H_{10}} = \frac{h_t - c}{H_{10}} = \frac{3.5 - 2.0}{2.244} = 0.668$$

查表 9-2 得淹没系数 $\sigma_s = 0.953$，则消能坎上的单宽流量：

$$q = \sigma_s m \sqrt{2g} H_{10}^{3/2} = 0.953 \times 0.42 \times \sqrt{2 \times 9.8} \times 2.244^{3/2}$$

$$= 5.96 \text{m}^3/(\text{m} \cdot \text{s}) \approx 6.0 \text{m}^3/(\text{m} \cdot \text{s})$$

与已知流量基本相符，故坎高 $c = 2.0$m。

因是淹没出流，故不需再校核下游衔接状态。

（3）计算消力池池长。

水跃长度　　　　$L_j = 6.9(h_c'' - h_c) = 6.9 \times (3.94 - 0.427) = 24.24(\text{m})$

则消力池长度为 $L_k = (0.7 \sim 0.8)L_j = (0.7 \sim 0.8) \times 24.24 = 16.97 \sim 19.39(\text{m})$

实际当中可取整数，则池长为 19.0m。

四、综合式消力池的水力计算

有时，若单纯采取降低护坦方式的消力池，开挖量太大；而单纯采取消能坎式消力池，坎又太高，坎后容易出现远离式水跃衔接。因此，实际工程中常将二者结合起来，即既降低一部分护坦高程又加筑消能坎，称为综合式消力池，如图 9-10 所示。

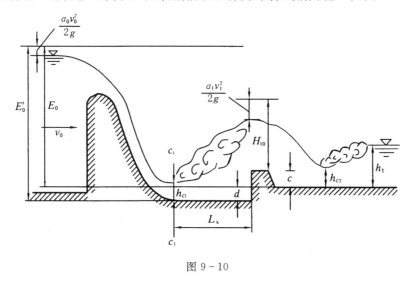

图 9-10

综合式消力池水力计算的步骤是先按坎后及池内产生临界式水跃衔接的条件求得一坎高 c 和池深 d，然后将坎高和池深统一降一高度，使池内和坎后均能产生稍有淹没的淹没式水跃衔接。即可先计算消能坎坎高 c，然后再计算消力池池深 d。

1. 坎高 c 的确定

如图 9-10 所示，设坎后水流为稍有淹没的水跃衔接，即 $h_{c2}'' = \dfrac{h_t}{\sigma_j}$，取 $\sigma_j = 1.05$。依次应用如下公式可求得坎高 c：

$$h_{c2} = \frac{h_{c2}''}{2}\left(\sqrt{1 + 8\frac{q^2}{gh_{c2}''^3}} - 1\right)$$

即
$$h_{c2}=\frac{h_t}{2\sigma_j}\left(\sqrt{1+8\frac{q^2\sigma_j^3}{gh_t^3}}-1\right)\qquad(9-13)$$

消能坎可按堰流计算，坎上全水头可由堰流公式计算，即
$$H_{10}=\left(\frac{q}{m_1\sqrt{2g}}\right)^{2/3}\qquad(9-14)$$

再由式（9-2）得
$$E_{10}=H_{10}+c=h_{c2}+\frac{q^2}{2g\varphi^2h_{c2}^2}\qquad(9-15)$$

于是得坎高为
$$c=h_{c2}+\frac{q^2}{2g\varphi^2h_{c2}^2}-H_{10}\qquad(9-16)$$

式中：h_{c2}、h_{c2}'' 分别为坎后收缩水深和其对应的跃后共轭水深；H_{10} 为消能坎上全水头；m_1 为消能坎流量系数，一般取 0.42；φ_1 为消能坎流速系数，一般可取 0.85。联立求解式（9-13）、式（9-14）和式（9-16），可解得消能坎高度 c。

2. 池深 d 的确定

在已确定坎高 c 的基础上，消力池内也按产生稍有淹没的水跃衔接计算，由图 9-10 可见，存在以下几何关系：
$$d+c+H_1=\sigma_jh_{c1}''\qquad(9-17)$$
即
$$d=\sigma_jh_{c1}''-(c+H_1)\qquad(9-18)$$
式中 H_1 为消能坎坎上水头，按下式计算：
$$H_1=\left(\frac{q}{m_1\sqrt{2g}}\right)^{2/3}-\frac{q^2}{2g(\sigma_jh_{c1}'')^2}\qquad(9-19)$$

式（9-18）即为池深的计算公式。计算过程与单纯降低护坦式消力池一样，由于与池深 d 有关，所以，计算时也需要用试算法。

综合式消力池往往比单纯降低护坦或单纯修建消能坎形成的消力池更经济合理，而且结构形式上也不复杂。

如果上述所需池深 d 较大，致使开挖量太大，也可以先给定池深 d，再求解坎高 c。其计算原理与上述类似，读者不难自行分析。

综合式消力池池长可按式（9-9）和式（9-10）计算。

五、辅助消能工

为了提高消能效果，常在消力池中设置趾墩、消力墩、尾坎等辅助消能工，如图 9-11 所示。现取几种常见的消能工说明其作用。

1. 趾墩

布置在消力池入口处，如图 9-11 所示。它的作用是分散入池水股，以加剧紊动混掺作用来提高消能效率。

资源9-4 趾墩

资源9-5 消力墩

资源9-6 尾坎

资源9-7 护坦后的冲刷

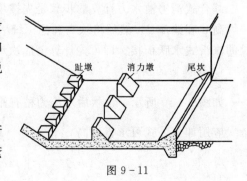
图 9-11

2. 消力墩

布置在消力池的护坦上（图9-11），其作用除分散水流增大紊动强度外，还能迎拒水流、对水流的冲击产生反作用力，从而增加消能效果，降低跃后水深，减少消力池开挖深度，缩短长度，节省工程量和投资。

3. 尾坎

它的作用是把池末流速的底部水流挑起，改变下游的流速分布，使面层流速较大，底部流速减小，从而减轻对池后河床或海漫的冲刷作用（图9-11）。

4. 护坦后的冲刷与河床加固

由第七章可知，跃后段的底流流速仍然较大，紊动强度也较强烈，对河床仍具有较大的冲刷力，所以消力池或护坦下游的河床，除岩质较好足以抵抗冲刷以外，一般都要建造海漫加以保护。海漫的水力设计包括确定海漫长度和布置海漫末端的防冲墙，这一部分内容将在有关专业课程中介绍。

以上介绍的底流消能衔接方式，具有不受地质条件限制，软基岩基都能使用的优点。如果设计运用得当，其消能效果较好，而且稳定可靠。所以至今仍然是一种不易取代的、使用普遍的消能方式。但因消力池需挖深或建消能坎、池底建护坦、两侧建边墙、池后作翼墙、下游尚需设海漫和防冲槽，故相对而言，底流消能是一种耗费较大的消能措施。有时还会牵涉到水下开挖，给施工带来困难，且消力池属于水下隐蔽工程，难于经常检修，如设计运用不当，一旦发生气蚀磨损破坏不易发觉，从而影响坝的安全，故大型工程不常采用。

第四节　挑流消能的水力计算

挑流式衔接消能是通过泄水建筑物末端的鼻坎将下泄的高速水流挑向空中，然后跌入离建筑物较远的下游河道的衔接消能方式。它是利用水流在空中的扩散、掺气和混掺以及跌入冲坑时在水股两侧形成巨大旋滚产生强烈紊动而消耗大量余能的，如图9-12所示。由于水股下落时能量集中，在水舌下落曲线与河床面交界处形成冲坑，其冲坑深度以冲坑中水深足以消除余能而达到冲淤平衡状态时为止。所以挑流消能需要河床基岩有较高的抗冲能力，一般要求挑距应大于最大冲坑深度的3～4倍才能确保工程的安全。故挑流消能设计的一个重要原则是获得最大的挑距和最小的冲坑。

挑流消能结构简单，施工方便，不需修建下游河床护坦，投资省，能适应下游水位的较大变幅，并且便于检修。其缺点是下游水流波动大、挑流鼻坎易气蚀破坏及雾化严重；当河床基岩破碎或河床狭窄岸坡陡峻时，可能造成河床严重冲刷或岸坡塌滑。

挑流消能的水力计算包括以下内容：选定鼻坎形式，确定反弧半径、坎顶高程和挑射角，估算水股挑距、冲坑深度以及对建筑物的影响等。

一、挑流射程的计算

挑流射程是指挑流鼻坎下游壁面至冲刷坑最低点的水平距离。如图9-12所示，挑流射程 L 应包括空中射程 L_0 和水下射程 L_1，即

$$L = L_0 + L_1 - L'$$

式中：各个符号意义如图 9-12 所示。

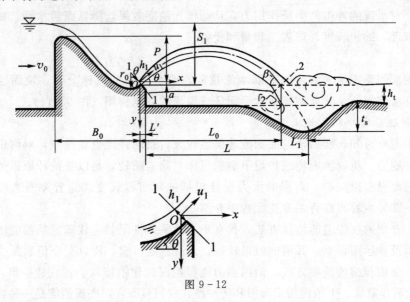

图 9-12

由于挑坎出口断面 1—1 中心点到挑坎下游壁面的水平距离 L' 一般很小，可略去不计，则

$$L = L_0 + L_1 \tag{9-20}$$

1. 空中射程 L_0 的计算

建立如图 9-12 所示的坐标系，假定水股在出口断面 1—1 的流速分布，流速方向与鼻坎出口仰角 θ 一致，并忽略水股在空中运动过程中所受空气阻力、掺气、扩散的影响，则可按自由抛射运动理论估算射程。设位于坐标原点处水质点的速度为 u_1，经过时间 t 后，该质点的坐标为

$$x = t u_1 \cos\theta$$
$$y = \frac{1}{2} g t^2 - t u_1 \sin\theta$$

联立求解上述两式，得水股的轴线方程：

$$x = \frac{u_1^2 \sin\theta \cos\theta}{g}\left(1 + \sqrt{1 + \frac{2gy}{u_1^2 \sin^2\theta}}\right) \tag{9-21}$$

上式即为挑流水质点的运动轨迹方程。如图 9-12 所示，当 $y = a - h_t + \dfrac{h_1}{2}\cos\theta$ 时，$x = L_0$。代入上式，得

$$L_0 = \frac{u_1^2 \sin\theta \cos\theta}{g}\left[1 + \sqrt{1 + \frac{2g\left(a - h_t + \dfrac{h_1}{2}\cos\theta\right)}{u_1^2 \sin^2\theta}}\right] \tag{9-22}$$

式中：a 为鼻坎高度，即下游河床到坎顶的高度；h_t 为冲坑后的下游水深；h_1 为 1—1 断面水深。

式中的 u_1 可认为均匀分布，即 $u_1 = v_1$，v_1 可通过对断面 $0-0$ 与断面 $1-1$ 列能量方程求得，即

$$s_1 = h_1 \cos\theta + \frac{\alpha_1 v_1^2}{2g} + \zeta \frac{v_1^2}{2g}$$

整理上式，得

$$v_1 = \frac{1}{\sqrt{\alpha_1 + \zeta}} \sqrt{2g(s_1 - h_1 \cos\theta)} = \varphi \sqrt{2g(s_1 - h_1 \cos\theta)}$$

式中：s_1 为上游水面至挑坎顶部的高差。

代入式（9-22），得

$$L_0 = \varphi^2 \sin 2\theta (s_1 - h_1 \cos\theta) \left[1 + \sqrt{1 + \frac{\left(a - h_t + \frac{h_1}{2}\cos\theta\right)}{\varphi^2 \sin^2\theta (s_1 - h_1 \cos\theta)}} \right] \qquad (9-23)$$

对于高坝，$s_1 \gg h_1$，则可略去 h_1，上式得

$$L_0 = \varphi^2 s_1 \sin 2\theta \left(1 + \sqrt{1 + \frac{a - h_t}{\varphi^2 s_1 \sin^2\theta}} \right) \qquad (9-24)$$

以上公式是在假定流速方向与鼻坎出口仰角 θ 一致，并忽略水股在空中运动过程中所受空气阻力、掺气、扩散的影响情况下推导出来的。实际上，一方面由于水股在空气裂散掺气与阻力作用下，会使实际射程略小于理想射程，另一方面由于重力的影响，坎顶水股射出的方向不完全与坎角一致，也使实际射程不同于理想射程，特别是当 $v_1 > 15\text{m/s}$ 时，这些误差尤为明显。目前解决这一问题的办法，是根据原型观测得到的数据，代入式（9-24）反求流速系数 φ 值，由此得出的 φ 值包含了以上因素，但由于影响因素较多，且各个工程差别很大，所以以上方法也只能作为估算之用。

我国长江水利科学研究院在分析模型试验和原型观测资料的基础上，得出了如下经验公式：

$$\varphi = \sqrt[3]{1 - \frac{0.055}{K^{0.5}}} \qquad (9-25)$$

式中：$K = \dfrac{q}{\sqrt{g}\, s_1^{1.5}}$，称为流能比。

式（9-25）的适用范围：$K = 0.004 \sim 0.15$，当 $K > 0.15$ 时，φ 值按 0.95 计算。

水电部东北勘测设计院科研所整理了国内 9 个工程的原型观测资料得

$$\varphi = 1 - \frac{0.0077}{(q^{2/3}/s_0)^{1.15}} \qquad (9-26)$$

式中：s_0 为坝面流程，可近似按 $s_0 = \sqrt{P^2 + B_0^2}$ 计算；P 为挑坎顶部以上的坝高；B_0 为溢流坝顺水流方向的水平投影长度。式（9-26）的适用范围：$\dfrac{q^{2/3}}{s_0} = 0.025 \sim 0.25$，若 $\dfrac{q^{2/3}}{s_0} > 0.25$，可取 $\varphi = 0.96$。

2. 水下射程 L_1 的计算

水股潜入下游水体后，属于射流的潜没扩散运动，不符合自由抛射体运动规律，

一般认为沿入射角 β 方向作直线运动，并指向冲刷坑的最低点，即

$$L_1 = \frac{t_s + h_t}{\tan\beta} \qquad (9-27)$$

式中：t_s 为冲刷坑深度。

对式 (9-21) 求一阶导数，并整理得

$$\frac{dy}{dx} = \frac{gx}{u_1^2\cos^2\theta} - \tan\theta$$

当 $x = L_0$ 时，$\frac{dy}{dx} = \tan\beta$。将 L_0 的表达式 (9-24) 代入上式整理，得

$$\tan\beta = \sqrt{\tan^2\theta + \frac{a - h_t}{\varphi^2 s_1\cos^2\theta}} \qquad (9-28)$$

代入式 (9-27)，得

$$L_1 = \frac{t_s + h_t}{\sqrt{\tan^2\theta + \dfrac{\alpha - h_t}{\varphi^2 s_1\cos^2\theta}}} \qquad (9-29)$$

根据式 (9-24) 和式 (9-29) 可分别求出空中射程和水下射程，二者之和即为挑流总射程。

二、冲刷坑深度的估算

水股落入下游河床，仍具有很大的冲刷能力，在下游河床上形成冲坑。冲坑深度决定于水流的冲刷能力和河床的抗冲能力两方面因素。当水流的冲刷能力大于河床的抗冲能力时，河床将被破坏而形成冲坑，随着冲坑深度的加深，水股扩散途径增长，其动能逐渐减小，冲刷能力也逐渐减弱，直到水股的冲刷能力与河床的抗冲能力平衡时，冲刷坑的深度不再加深，基本上达到稳定。

由于影响冲刷坑深度的因素较为复杂，工程上一般采用经验公式进行估算。我国制定的 SL 319—2018《混凝土重力坝设计规范》中规定，冲刷坑深度按下式估算：

$$t_s = Kq^{1/2}z^{1/4} - h_t \qquad (9-30)$$

式中：t_s 为冲刷坑深度，m；z 为上下游水位差，m；q 为单宽流量，$m^3/(s \cdot m)$；K 为冲刷坑系数，与岩石性质有关，根据我国经验列出表 9-3 以供选用。

冲刷坑对坝身的影响，一般用挑坎末端至冲刷坑最深点的平均坡度表示，即

$$i = \frac{t_s}{L_0 + L_1} \qquad (9-31)$$

按照上式计算出的 i 值越大，坝身越不安全。由工程实践知，允许的最大临界坡 i_K 值，一般取 $i_K = 1/4 \sim 1/3$。当 $i < i_K$ 时，就认为冲刷坑不会危及坝身的安全。

在进行挑流消能的水力计算时，应首先应用式 (9-30) 确定冲刷坑深度 t_s，再分别求出空中射程 L_0 和水下射程 L_1，最后用式 (9-31) 求出挑坎末端至冲刷坑最深点的平均坡度 i，判断冲刷坑深度对坝身的影响。

表 9-3 挑 流 冲 刷 系 数 K

岩基分类	冲刷坑部位岩基构造特征	K 范围	K 平均值	备注
I (难冲)	巨块状，节理不发育，密闭	0.8~0.9	0.85	K 值适用范围：$30° < \beta < 70°$，β 为水舌入水角度
II (较易冲)	大块状，节理较发育，多密闭，部分微张，稍有充填	0.9~1.2	1.10	
III (易冲)	碎块状，节理发育，大部分微张，部分充填	1.2~1.5	1.35	
IV (很易冲)	碎块状，节理很发育，裂隙微张或张开，部分为黏土充填	1.5~2.0	1.80	

三、挑坎型式及尺寸的选择

常用的挑坎型式有连续式和差动式两种，如图 9-13 所示。连续式施工简便、射程远；差动式可使通过挑坎的水流分成上、下两层，在垂直方向上有较大的扩散，这样可减轻对下游河床的冲刷，但当流速较大时，坎顶易气蚀。

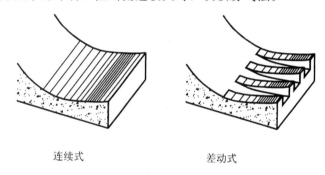

连续式　　　　　　　　　　差动式

图 9-13

挑坎尺寸主要包括坎高 a、挑角 θ 和反弧半径 r_0。挑坎尺寸选择得如何，将直接影响到射程和冲坑的大小。下面分析挑坎尺寸对水流的影响。

(1) 坎高 a：挑坎高程越低，出口断面流速 v 越大，射程也越远。同时工程量小，造价低。但是挑坎高程过低，一方面可能会使水股下缘通气不充分，形成真空，这样在水舌外缘大气压力的作用下减小射程，降低挑流效果；另一方面，当下游水位超过鼻坎高程到一定程度时使水流挑不出去，达不到挑流消能的目的。所以，工程中一般取坎高等于或略高于下游水位的 1~2m，即 $a = h_t + (1~2)$ m。

(2) 挑射角 θ：由质点抛射运动规律可知，当射角 $\theta < 45°$ 时，射角 θ 越大，射程越远，当 $\theta = 45°$ 时，射程达最大值。但是，随着 θ 的增大，起挑流量亦增大。当实际流量小于起挑流量时，由于动能不足水流挑不出去，则在反弧段内形成旋滚，然后沿挑坎溢流而下，在紧靠挑坎下游形成冲坑，这样对建筑物威胁很大。另外，θ 角越大，由式 (9-28) 可知，入水角 β 越大，则水下射程减小，并且水流对河床的冲刷力越强。根据实验，鼻坎的适宜挑角为 15°~35°，对于重要工程应通过实验确定。

(3) 反弧半径 r_0：水流在反弧段内的运动将产生离心力，因此反弧段内压强加大。且反弧半径 r_0 越小，压力越大，则动能越小，因此射程也就越小。根据经验，一般取 $r_0 > 4h_c$（反弧段最低点的水深）。设计中，多采用 $r_0 = (6\sim10)h_c$。

例9-4　某溢流坝坝顶高程 161.0m，下游河床是坚硬但节理、裂隙均较发育的岩石，其高程为 120.0m。拟采用挑流消能，初拟挑角 $\theta = 25°$，挑坎高程为 138.0m。当上游水位为 170.15m，下游水位为 132.5m，单宽流量为 $49.0\text{m}^3/(\text{m}\cdot\text{s})$ 时，试计算下泄水流的射程和冲刷坑深度，并检验冲刷坑是否危及坝身安全。

解：

根据已知数据求得

上下游水位差　　　$z = 170.15 - 132.5 = 37.65\text{(m)}$

上游水位与坎顶高差　$s_1 = 170.15 - 138.0 = 32.15\text{(m)}$

坎高　　　　　　　$a = 138.0 - 120.0 = 18\text{(m)}$

下游水深　　　　　$145h_t = 132.5 - 120.0 = 12.5\text{(m)}$

（1）估算冲刷坑深度 t_s。因岩基坚硬、完整性差，选 $K = 1.25$，则由式（9-30）得

$$t_s = Kq^{1/2}z^{1/4} - h_t = 1.25 \times 49^{0.5} \times 37.65^{0.25} - 12.5 = 9.17\text{(m)}$$

（2）计算空中挑距 L_0。

流能比　　　$K = \dfrac{q}{\sqrt{g}\,s_1^{1.5}} = \dfrac{49}{\sqrt{9.8} \times 32.15^{1.5}} = 0.086$

流速系数　　$\varphi = \sqrt[3]{1 - \dfrac{0.055}{K^{0.5}}} = \sqrt[3]{1 - \dfrac{0.055}{0.086^{0.5}}} = 0.933$

所以，空中挑距为

$$L_0 = \varphi^2 s_1 \sin 2\theta \left(1 + \sqrt{1 + \dfrac{a - h_t}{\varphi^2 s_1 \sin^2\theta}}\right)$$

$$= 0.933^2 \times 32.15 \times \sin(2 \times 25°) \times \left(1 + \sqrt{1 + \dfrac{18 - 12.5}{0.933^2 \times 32.15 \times \sin^2 25°}}\right)$$

$$= 52.49\text{(m)}$$

（3）计算水下挑距 L_1。

$$\tan\beta = \sqrt{\tan^2\theta + \dfrac{a - h_t}{\varphi^2 s_1 \cos^2\theta}}$$

$$= \sqrt{\tan^2 25° + \dfrac{18 - 12.5}{0.933^2 \times 32.15 \times \cos^2 25°}} = 0.676$$

$$L_1 = \dfrac{t_s + h_t}{\tan\beta} = \dfrac{9.17 + 12.5}{0.676} = 32.06\text{(m)}$$

总挑距为　　$L = L_0 + L_1 = 52.49 + 32.06 = 84.55\text{(m)}$

（4）校核冲刷坑对坝身的影响。

$$i = \dfrac{t_s}{L} = \dfrac{9.17}{84.55} = 0.11 < \dfrac{1}{4}$$

故可以认为冲刷坑不会危及坝身的安全。

第五节　面流及消能戽消能简介

一、面流式衔接与消能

面流消能是在溢流堰的出流部位设置低于下游水位和小挑角的鼻坎，将下泄高速水流的主流导至下游水流表层，通过面层主流的扩散、紊动和坎下游形成的底部旋滚而消能。由于在一定距离内主流位于面层，底部旋滚将主流与河床隔开，而旋滚下部为反向水流，且流速不高，从而大大减轻了对下游河床的冲刷。

面流流态随鼻坎型式、单宽流量、下游水深及冲淤后下游河床的变化情况而变。对于确定的鼻坎型式和固定的单宽流量，面流流态随下游水位的升高而变化，其变化过程如图9－14所示。欲使面流衔接控制在某种流态，必须严格控制下游水深，并根据坝高及上下游水流条件，正确选择坎高、挑角及反弧半径。有关面流的水力设计，可参考有关书籍。

面流消能具有工程结构简单，对河床冲刷作用较轻，易于施工和适宜排泄漂浮物等优点。但面流流态多变，水面波动大并延续较远，对航运和水电站运行会有不良影响，并且还有可能冲刷岸坡。面流消能一般适用于下游水深较深而且变幅小、单宽流量变化不大、河床及岸坡的抗冲能力较强的中、低水头溢流建筑物。

从防止冲刷河床的角度看，淹没面流和自由面流优于其他情况，自由混合流及回复底流对河床的冲刷最为严重。总之，面流消能影响因素多，流态复杂多变，因此重要的工程设计必须经过水工模型试验进行论证。

二、消能戽衔接与消能

消能戽是在泄水建筑物末端建造一个具有一定反弧半径和较大挑角的挑坎，形成凹面戽勺（亦称戽斗），称为消能戽，如图9－15所示。当下游水深在某一范围时，从溢流堰下泄的高速水流由于受到下游水位的顶托，在戽斗内形成剧烈的表面旋滚，主流沿戽底射出，在戽后水面形成

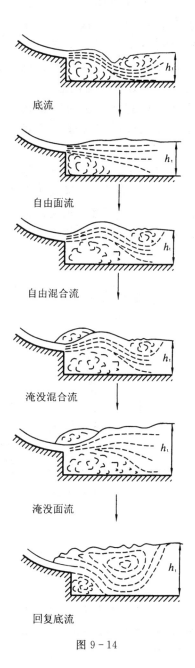

底流

自由面流

自由混合流

淹没混合流

淹没面流

回复底流

图 9 - 14

涌浪，然后沿下游水面逐渐扩散，在戽后主流下面产生一个反向旋滚；有时涌浪后的水面还产生一个微弱的表面旋滚。这就是"三滚一浪"的消能戽典型流态。水流的能量消除主要是在戽内表面旋滚、戽后底部旋滚及涌浪后的水股扩散、混掺过程中。

消能戽是底流和面流相结合的一种消能方式。由于戽后主流位于上层，底部流速较小，下游一般不需要建造护坦，故比底流消能节省工程量。形成消能戽流态虽然也需要有较大的下游水深，但消能戽比面流能适应的下游水深变化范围广，流态也比较稳定。它的主要缺点是戽面及戽端容易被戽后底部旋滚卷入的河床质磨损。同时，像面流一样，下游水面波动较大，易冲刷岸坡。

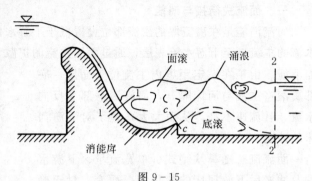

图 9-15

消能戽的水力计算主要是根据给定的水力条件（如单宽流量、堰顶水位、堰高、下游水深等）和地形地质与泄水建筑物布置条件，确定消能戽的反弧半径、挑角、戽底高程和戽坎等尺寸。目前尚无成熟的计算方法，一般根据已建消能戽的经验定出初步尺寸，然后通过水工模型试验验证选定。

思 考 题

9-1　底流消能的水跃淹没系数 σ_j 是根据什么原则确定的？是否淹没系数 σ_j 越大消能效果越好？

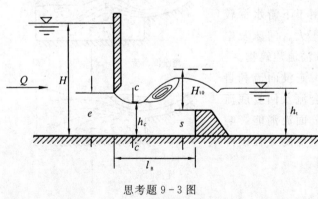

思考题 9-3 图

9-2　(1) 消能坎为自由溢流时，坎后是否一定产生远离式水跃？为什么？(2) 消能坎为淹没溢流时，坎后是否一定产生淹没式水跃？为什么？

9-3　如图所示消能坎的位置是按 $l_B = e + 0.8 l_j$ 设计的。试问 (1) 如果 l_B 小于上述设计值，池中将出现什么样的水力现象？能否达到预期的消能目的？(2) 如果 l_B 大于上述设计值，池中又将怎样？水跃能否随墙后移？

习 题

9-1　在矩形断面河道上建一滚水坝，已知 $E_0 = 20\text{m}$，坝的流速系数 $\varphi = 0.95$，单宽流量 $q = 4.0\text{m}^3/(\text{m} \cdot \text{s})$。试求坝下游的 h_c 及 h_c''。

9-2　在矩形断面河道上筑滚水坝，坝顶宽 b 等于河宽 B。已知坝上水头 $H =$

3.0m，坝高 $P_1 = P_2 = 10m$，流速系数 $\varphi = 0.95$，流量系数 $m = 0.49$，下游水深 $h_t = 4.0m$。试判别下游发生何种水跃？（不计坝前行近流速）

9-3　一矩形断面的陡槽，宽度 $b = 5m$，下接一同样宽度的缓坡渠槽。当流量 $Q = 20m^3/s$ 时，陡槽末端水深 $h_1 = 0.5m$；下游均匀流水深 $h_t = 1.8m$。试判别水跃的衔接形式；如果水跃从断面 1-1 开始发生，所需的下游水深应是多少？

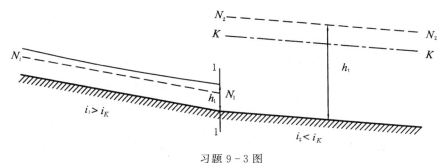

习题 9-3 图

9-4　在矩形断面河渠中，筑一曲线形溢流堰，已知溢流坝共 10 孔，每孔宽 6m，闸墩厚 $d = 2m$，下游坝高 $P_2 = 12.5m$，流量系数 $m = 0.485$，侧收缩系数 $\varepsilon = 0.95$，溢流坝坝顶水头 $H = 2.8m$，流速系数 $\varphi = 0.95$，下游水深 $h_t = 4m$，判别是否要做消能工，如需要，试设计消力池的深度和长度。（不计坝前行近流速）

9-5　一 5 孔克奥Ⅱ型剖面溢流坝，每孔净宽 $b = 6m$，闸墩厚度 $d = 1.5m$，头部为半圆形，下游坝高 $P_2 = 20m$，消力池设计流量 $Q = 300m^3/s$，下游水深 $h_t = 3.5m$，收缩断面处河宽 $B = nb + nd$，流量系数 $m = 0.485$。试求（1）判别下游水流衔接形式；（2）若为远离式水跃衔接，试设计一消能坎式消力池。

注：流速系数按式 $\varphi = \sqrt{1 - 0.1 \dfrac{E_0^{1/2}}{q^{1/3}}}$ 计算。

9-6　某电站溢流坝为 3 孔，每孔宽 $b = 16m$，闸墩厚 $d = 4m$，设计流量 $Q = 6480m^3/s$，相应的上下游水位高程及河底高程如图所示。今在坝末端设一挑坎，采用挑流消能。已知挑坎末端高程为 218.5m，挑坎挑角 $\theta = 25°$，反弧半径 $R = 24.5m$。试计算挑流射程和冲刷坑深度，下游河床为Ⅲ类岩基。

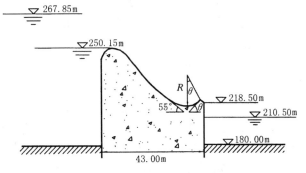

习题 9-6 图

第十章 流场理论基础

基本要求：(1) 了解液体微团运动的基本形式，正确理解有涡流与无涡流的概念，掌握有势流的概念和性质。

(2) 记住不可压缩连续性微分方程、理想液体运动微分方程、实际液体的运动微分方程的表达式，掌握不可压缩连续性微分方程、实际流体的运动微分方程（N—S方程）的物理意义和适用条件。

(3) 正确理解流速势函数、等势线、流函数和等流函数线的概念，掌握流速势函数和流函数的存在条件、等势线和等流函数线的性质。熟练地求出流速势函数和流函数。

(4) 了解流网的概念及其绘制方法。

本章重点：(1) 无涡流与有涡流的定义及其判别，无涡流的性质。

(2) 不可压缩连续性微分方程、实际流体的运动微分方程的物理意义和适用条件。

(3) 流速势函数、流函数的存在条件，等势线和等流函数线的性质，流速势函数和流函数的求解方法。

第一节 概　　述

第三章应用一元总流的分析方法建立了渐变流过水断面上的平均流速、压强及液体作用于固壁边界上的作用力之间关系的三大方程。之后，各章运用这三大方程和第五章的水头损失规律分析和解决了大量生产实际问题。但由于一元总流的分析方法只是考虑沿流动主流方向的运动，而忽略液体其他方向的运动。因此，一元总流的分析方法是建立在简化模型上的近似分析方法。在工程实际中，还有很多问题单靠这种方法是不能够解决的，如港湾中水流流态与冲淤变化问题，高速水流的掺气、气蚀和脉动问题等。所以，用一元总流分析方法得到的理论不是液体运动的普遍理论，在应用上具有一定的局限性。因此，本章将从三元流理论出发，研究整个流场中各个运动要素的变化规律，这种方法叫三元分析方法，也称流场理论。

流场理论是将运动液体视为一个场（所谓场，即为每一点都对应着某个物理量的确定值的空间）。在不同时间内，场内不同的空间位置有不同的运动要素，这些运动要素在 x、y、z 3个坐标方向均有变化，这是液体运动最为普遍的形式。然而用三元流分析方法所得到的方程是一组非线性的微分方程，求解这些方程非常复杂，遇到许多数学上的困难。但由于目前电子计算机的迅速发展，一些复杂水流问题已经可以采用数值方法进行求解。因而，学习和掌握流场理论基本知识是十分必要的。

本章将从分析液体质点运动出发，建立反映液体运动的各个普遍规律的微分方程，并介绍一些简单的典型解，以此作为研究解决流场问题的基础。

第二节　液体微团运动的基本形式

由理论力学知，刚体的运动可以分为平动和转动两种形式。流体由于具有流动性而极易变形。因此，任一流体微团在运动过程中不仅会发生平动和转动，还会发生变形运动，这是液体运动与刚体运动的最大区别。

设想在运动的液体中取一微分平行六面体 $ABCDEFJH$。由于此微团上各点的速度不同，当经历微分时段 dt 后运动至新的位置时，该微团的形状和大小都将发生变化，变为 $A'B'C'D'E'F'J'H'$，如图 $10-1$ 所示。若对运动进行分解，以上这一变化过程可以看成是在 dt 微分时段内经历以下 4 种基本运动的结果，即平移、线变形、角变形和旋转，如图 $10-2$ 所示。下面分别讨论这 4 种基本运动形式的数学表达式，即运动形式与速度变化之间的关系。

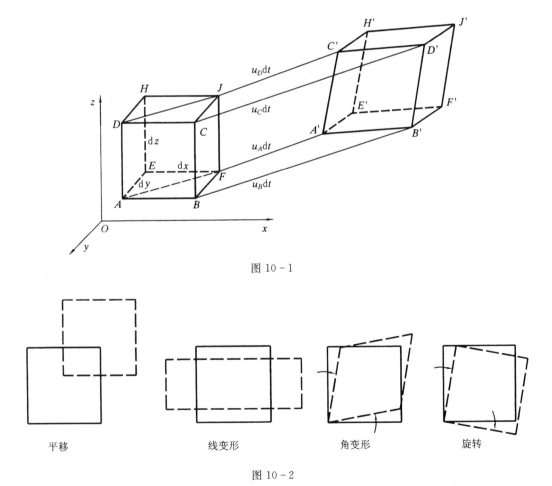

图 10-1

图 10-2

平移　　　　线变形　　　　角变形　　　　旋转

1. 平移和平移速度

为方便起见，现讨论微团的平面运动。以图 10-1 中的 $ABCD$ 面为例，取边长分别为 dx 和 dz。设 A 点的流速分量为 u_x 和 u_z，则 B、C、D 各点的流速分量可由泰勒级数展开并忽略二阶以上微分量得到，如图 10-3 所示。由图可知，A、B、C、D 点的速度中都包含有速度 u_x 和 u_z，如果先不考虑 B、C、D 点流速分量中的速度增量，即认为 A、B、C、D 4 点的速度相等，则经 dt 后，$ABCD$ 向右移动 $u_x dt$ 距离，再向上移动 $u_z dt$ 距离，到达 $A'B_1C_1D_1$ 位置，其形状和大小均没有改变。这种运动称为平移运动，平移速度为 u_x、u_y 和 u_z。

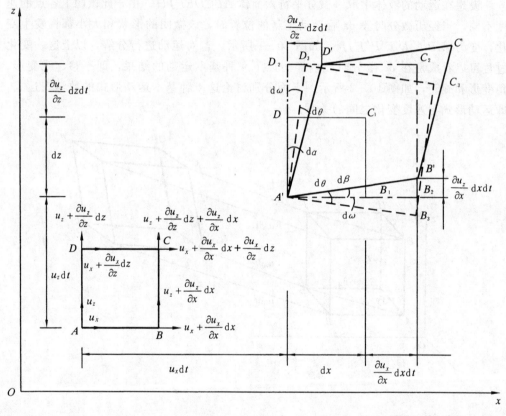

图 10-3

2. 线变形和线变形率（速度）

由图 10-3 可知，B、C 两点分别比 A、D 两点在 x 方向的流速快了 $\dfrac{\partial u_x}{\partial x}dx$，所以在 dt 时段内边线 AB、DC 在 x 方向上伸长 $\dfrac{\partial u_x}{\partial x}dx dt$。同理，$D$、$C$ 两点分别比 A、B 两点在 z 方向的流速快了 $\dfrac{\partial u_z}{\partial z}dz$，所以在 dt 时段内边线 AD、BC 在 z 方向上伸长 $\dfrac{\partial u_z}{\partial z}dz dt$。因此，经 dt 时间后，矩形 $ABCD$ 因位置平移和边线伸长运动到 A'

$B_2 C_2 D_2$ 位置。这个变化过程仅仅是微团的边线伸长（或缩短），而角度没有变化，称为线变形。定义单位时间内、单位长度上的线变形为线变形率，以 ε 表示，则沿 x，y，z 方向的线变形率分别为

$$\varepsilon_{xx} = \frac{\partial u_x}{\partial x}, \quad \varepsilon_{yy} = \frac{\partial u_y}{\partial y} \quad \varepsilon_{zz} = \frac{\partial u_z}{\partial z} \qquad (10-1)$$

3. 角变形和旋转运动

由图 10-3 可知，B、C 两点比 A、D 两点在 z 方向的流速快了 $\frac{\partial u_z}{\partial x} \mathrm{d}x$，所以经 $\mathrm{d}t$ 时间后，BC 边在 z 方向比 AD 边多移动 $\frac{\partial u_z}{\partial x} \mathrm{d}x \mathrm{d}t$ 距离，使 AB 边逆时针偏转了 $\mathrm{d}\beta$ 角。同理 D、C 两点在 x 方向比 A、B 的流速快 $\frac{\partial u_x}{\partial z} \mathrm{d}z$，这样经 $\mathrm{d}t$ 时间后，DC 边在 x 方向比 AB 边多移动 $\frac{\partial u_x}{\partial z} \mathrm{d}z \mathrm{d}t$ 距离，使 AD 边顺时针偏转了 $\mathrm{d}\alpha$ 角。因此，经 $\mathrm{d}t$ 时间后，矩形 $ABCD$ 因平移、线变形和边线偏转后，变成了平行四边形 $A'B'C'D'$。

如果规定边线偏转角顺时针方向为正，逆时针方向为负，由于在 $\mathrm{d}t$ 时段内，$\mathrm{d}\alpha$、$\mathrm{d}\beta$ 均为微分量，则由图 10-3 所示的几何关系得

$$\mathrm{d}\alpha = \tan(\mathrm{d}\alpha) = \frac{\dfrac{\partial u_x}{\partial z} \mathrm{d}z \mathrm{d}t}{\mathrm{d}z + \dfrac{\partial u_z}{\partial z} \mathrm{d}z \mathrm{d}t}$$

略去分母中的高阶微分量 $\dfrac{\partial u_z}{\partial z} \mathrm{d}z \mathrm{d}t$，上式为

$$\mathrm{d}\alpha = \frac{\partial u_x}{\partial z} \mathrm{d}t \qquad (10-2)$$

同理，
$$\mathrm{d}\beta = -\frac{\partial u_z}{\partial x} \mathrm{d}t \qquad (10-3)$$

以上边线偏转运动的过程（即从 $A'B_2 C_2 D_2$ 变为 $A'B'C'D'$），可以分解为两部分：首先让 $A'B_2$ 和 $A'D_2$ 同时顺时针转动一角度 $\mathrm{d}\omega$，使 $A'B_2 C_2 D_2$ 变为 $A'B_3 C_3 D_3$，这一过程实际上是 $A'B_2 C_2 D_2$ 像刚体一样绕 A' 点转动了一个角度 $\mathrm{d}\omega$，其大小和形状都没有变化，这一过程称为旋转；然后让边线 $A'D_3$ 顺时针方向转动 $\mathrm{d}\theta$ 角度到达位置 $A'D'$，边线 $A'B_3$ 逆时针转动 $\mathrm{d}\theta$ 角度，到达 $A'B'$ 的位置，则矩形 $A'B_3 C_3 D_3$ 变为平行四边形 $A'B'C'D'$，这一过程称为纯角变形。由图可以看出，转角 $\mathrm{d}\omega$ 和角变形量 $\mathrm{d}\theta$ 与边线偏转角 $\mathrm{d}\alpha$、$\mathrm{d}\beta$ 之间存在以下关系：

$$\mathrm{d}\alpha = \mathrm{d}\omega + \mathrm{d}\theta$$
$$\mathrm{d}\beta = \mathrm{d}\omega - \mathrm{d}\theta$$

解上式得

$$\mathrm{d}\theta = \frac{1}{2}(\mathrm{d}\alpha - \mathrm{d}\beta) \qquad (10-4)$$

$$d\omega = \frac{1}{2}(d\alpha + d\beta) \tag{10-5}$$

将式（10-2）、式（10-3）代入式（10-4），可得单位时间内绕 y 轴的角变形速度，即绕 y 轴的角变形率 θ_y，同理可得 θ_x 与 θ_z：

$$\begin{cases} \theta_y = \dfrac{d\theta}{dt} = \dfrac{1}{2}\left(\dfrac{\partial u_x}{\partial z} + \dfrac{\partial u_z}{\partial x}\right) \\[2mm] \theta_x = \dfrac{1}{2}\left(\dfrac{\partial u_z}{\partial y} + \dfrac{\partial u_y}{\partial z}\right) \\[2mm] \theta_z = \dfrac{1}{2}\left(\dfrac{\partial u_y}{\partial x} + \dfrac{\partial u_x}{\partial y}\right) \end{cases} \tag{10-6}$$

将式（10-2）、式（10-3）代入式（10-5），可得单位时间内绕 y 轴的转角，即绕 y 轴的旋转角速度 ω_y，同理可得 w_x 与 w_z：

$$\begin{cases} \omega_y = \dfrac{1}{2}\left(\dfrac{\partial u_x}{\partial z} - \dfrac{\partial u_z}{\partial x}\right) \\[2mm] \omega_x = \dfrac{1}{2}\left(\dfrac{\partial u_z}{\partial y} - \dfrac{\partial u_y}{\partial z}\right) \\[2mm] \omega_z = \dfrac{1}{2}\left(\dfrac{\partial u_y}{\partial x} - \dfrac{\partial u_x}{\partial y}\right) \end{cases} \tag{10-7}$$

应当指出，旋转角速度是一个向量，其方向可按右手法则确定。上式中的 ω_x、ω_y、ω_z 分别为其 3 个分量，即

$$\boldsymbol{\omega} = \omega_x \boldsymbol{i} + \omega_y \boldsymbol{j} + \omega_z \boldsymbol{k} \tag{10-8}$$

第三节　有涡流与无涡流

一、有涡流与无涡流的定义及其判别

由上述分析得知，液体微团运动的基本形式为平移、线变形、角变形和旋转运动。流体力学中根据液体微团本身有无旋转运动，将流动分为有涡流和无涡流两大类：当流体微团存在绕自身轴旋转的运动，称为有涡流；当流体微团不存在绕自身轴旋转的运动，称为无涡流。显然，对于无涡流 $\boldsymbol{\omega} = 0$，即 $\omega_x = \omega_y = \omega_z = 0$。

应注意，有涡流与无涡流主要区别在于液体质点本身是否旋转，而与质点的运动轨迹无关。如图 10-4（a）所示，液体质点的运动轨迹虽然是圆形，但图中质点本身无绕自身轴的旋转运动，所以是无涡流。图 10-4（b）中

资源 10-1
有涡流

资源 10-2
无涡流

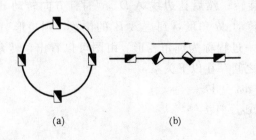

(a)　　　　　(b)

图 10-4

的液体质点虽然作直线运动，但它们不断地在绕自身轴作旋转运动，所以是有涡流。

二、无涡流的性质

由无涡流的定义，无涡流应满足下列条件：

$$\omega_x = \omega_y = \omega_z = 0 \tag{10-9}$$

根据式（10-7），得

$$\begin{cases} \dfrac{\partial u_x}{\partial z} = \dfrac{\partial u_z}{\partial x} \\[2mm] \dfrac{\partial u_z}{\partial y} = \dfrac{\partial u_y}{\partial z} \\[2mm] \dfrac{\partial u_y}{\partial x} = \dfrac{\partial u_x}{\partial y} \end{cases} \tag{10-10}$$

由高等数学可知，式（10-10）是使 $u_x \mathrm{d}x + u_y \mathrm{d}y + u_z \mathrm{d}z$ 成为某函数 φ 全微分的必要和充分条件，也就是说，如果 u_x、u_y、u_z 之间满足式（10-10），则下式成立：

$$\mathrm{d}\varphi = u_x \mathrm{d}x + u_y \mathrm{d}y + u_z \mathrm{d}z \tag{10-11}$$

又

$$\mathrm{d}\varphi = \frac{\partial \varphi}{\partial x}\mathrm{d}x + \frac{\partial \varphi}{\partial y}\mathrm{d}y + \frac{\partial \varphi}{\partial z}\mathrm{d}z \tag{10-12}$$

比较式（10-11）和式（10-12），得

$$u_x = \frac{\partial \varphi}{\partial x}, \quad u_y = \frac{\partial \varphi}{\partial y}, \quad u_z = \frac{\partial \varphi}{\partial z} \tag{10-13}$$

由上式可以看出，流场中任一点流速的速度分量 u_x、u_y、u_z 可以用函数 $\varphi(x, y, z)$ 对应坐标的偏导数表示。流体力学中称函数 $\varphi(x, y, z)$ 为流速势函数，简称为流速势，并且把存在流速势函数 $\varphi(x, y, z)$ 的流动称为有势流。

由于无涡流必定存在流速势函数。若将存在势函数 φ 的流动称为有势流，则无涡流必定为有势流，反之，有势流必须为无涡流。

由式（10-13）可知，对于无涡流，只要确定出流速势 $\varphi(x, y, z)$，便可方便地求出速度分量 u_x、u_y、u_z；反之，若已知流速场，也可求出流场的流速势 $\varphi(x, y, z)$。

例 10-1　水桶中的水从桶底中心处的小孔流出时，可观察到桶中的水以通过底孔中间的铅垂轴为中心作近似地圆周运动，各质点的速度与该质点距铅垂轴的距离成反比，即 $u = \dfrac{k}{r}$，k 为一常数。试分析水流运动特征。

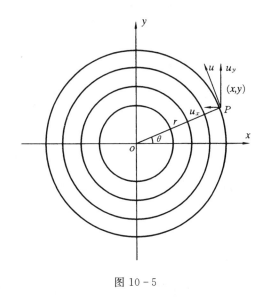

图 10-5

解:

由已知条件 $u=\dfrac{k}{r}$，可求得桶中任一水质点 $P(x，y)$（图 10-5）的速度分量为

$$u_x = u\sin\theta = -\frac{k}{r}\frac{y}{r} = -\frac{ky}{r^2} = -\frac{ky}{x^2+y^2}$$

$$u_y = u\cos\theta = \frac{k}{r}\frac{x}{r} = \frac{kx}{r^2} = \frac{kx}{x^2+y^2}$$

$$u_z = 0$$

（1）由上式可知，流速与时间 t 无关，故为恒定流；又由 $u_z=0$ 得知，该流动为平面流动。

（2）由 $u_z=0$ 及 u_x、u_y 与 z 无关，得 $\dfrac{\partial u_x}{\partial z}=\dfrac{\partial u_y}{\partial z}=\dfrac{\partial u_z}{\partial x}=\dfrac{\partial u_z}{\partial y}=0$；又 $\dfrac{\partial u_x}{\partial y}=$ $\dfrac{k(y^2-x^2)}{(x^2+y^2)^2}$，$\dfrac{\partial u_y}{\partial x}=\dfrac{k(y^2-x^2)}{(x^2+y^2)^2}$，可见 $\dfrac{\partial u_x}{\partial y}=\dfrac{\partial u_y}{\partial x}$。

将以上关系代入式（10-7）得

$$\omega_x = \omega_y = \omega_z = 0$$

所以该流动为无涡流。

（3）将以上关系代入式（10-6）可得

$$\begin{cases} \theta_x = \dfrac{1}{2}\left(\dfrac{\partial u_z}{\partial y}+\dfrac{\partial u_y}{\partial z}\right)=0 \\[2mm] \theta_y = \dfrac{1}{2}\left(\dfrac{\partial u_x}{\partial z}+\dfrac{\partial u_z}{\partial x}\right)=0 \\[2mm] \theta_z = \dfrac{1}{2}\left(\dfrac{\partial u_y}{\partial x}+\dfrac{\partial u_x}{\partial y}\right)=\dfrac{k(y^2-x^2)}{(x^2+y^2)}\neq 0 \end{cases}$$

所以该流动有角变形运动。

（4）由式（10-1）知线变形率为

$$\varepsilon_{xx} = \frac{\partial u_x}{\partial x} = \frac{2kxy}{(x^2+y^2)^2}\neq 0,$$

$$\varepsilon_{yy} = \frac{\partial u_y}{\partial y} = -\frac{2kxy}{(x^2+y^2)^2}\neq 0,$$

$$\varepsilon_{zz} = \frac{\partial u_z}{\partial z} = 0$$

所以该流动有线变形运动。

例 10-2 如图 10-6 所示的圆管恒定均匀流动，其速度场为

$$u_x = \frac{\rho g J}{4\mu}(r_0^2 - r^2)$$

$$u_y = 0$$

$$u_z = 0$$

式中：r_0 为管道半径，J 为水力坡度。试分析液体质点的运动状况。

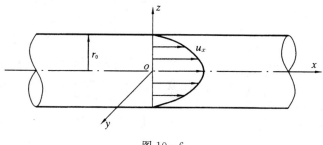

图 10 - 6

解：

由图可知，$r^2 = y^2 + z^2$，则

$$u_x = \frac{\rho g J}{4\mu}\left[r_0^2 - (y^2 + z^2)\right]$$

由此得液体质点的线变形率为

$$\varepsilon_{xx} = \frac{\partial u_x}{\partial x} = 0, \quad \varepsilon_{yy} = \frac{\partial u_y}{\partial y} = 0, \quad \varepsilon_{zz} = \frac{\partial u_z}{\partial z} = 0$$

由上式可知，液体质点无线变形运动。

液体质点的角变形率为

$$\theta_x = \frac{1}{2}\left(\frac{\partial u_z}{\partial y} + \frac{\partial u_y}{\partial z}\right) = 0$$

$$\theta_y = \frac{1}{2}\left(\frac{\partial u_x}{\partial z} + \frac{\partial u_z}{\partial x}\right) = -\frac{\rho g J}{4\mu}\, z$$

$$\theta_z = \frac{1}{2}\left(\frac{\partial u_y}{\partial x} + \frac{\partial u_x}{\partial y}\right) = -\frac{\rho g J}{4\mu}\, y$$

即液体质点有角变形运动。

液体质点的旋转角速度为

$$\omega_x = \frac{1}{2}\left(\frac{\partial u_z}{\partial y} - \frac{\partial u_y}{\partial z}\right) = 0$$

$$\omega_y = \frac{1}{2}\left(\frac{\partial u_x}{\partial z} - \frac{\partial u_z}{\partial x}\right) = -\frac{\rho g J}{4\mu}\, z$$

$$\omega_z = \frac{1}{2}\left(\frac{\partial u_y}{\partial x} - \frac{\partial u_x}{\partial y}\right) = \frac{\rho g J}{4\mu}\, y$$

所以液体质点有旋转运动。

关于有涡流的特征本书不作讨论，将在流体力学中进行讨论。

第四节　液体运动的连续性方程

在第三章讨论了一元流动的连续性方程，本节讨论三元流动的连续性方程。

在流场中取微小六面体如图 10 - 7 所示，其边长分别为 dx、dy、dz。设时刻 t 时六面体形心 $O'(x，y，z)$ 处的密度为 $\rho(x，y，z，t)$，流速为 $(u_x，u_y，u_z)$。经历微分时段 dt

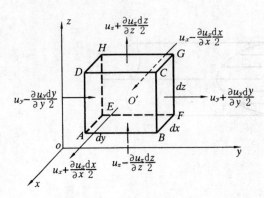

图 10-7

后，自六面体后侧面 *EFGH* 流入的质量为 $\left(\rho-\dfrac{\partial\rho}{\partial x}\dfrac{\mathrm{d}x}{2}\right)\left(u_x-\dfrac{\partial u_x}{\partial x}\dfrac{\mathrm{d}x}{2}\right)\mathrm{d}t\,\mathrm{d}y\,\mathrm{d}z$，自六面体前侧面 *ABCD* 流出的质量为 $\left(\rho+\dfrac{\partial\rho}{\partial x}\dfrac{\mathrm{d}x}{2}\right)\left(u_x+\dfrac{\partial u_x}{\partial x}\dfrac{\mathrm{d}x}{2}\right)\mathrm{d}t\,\mathrm{d}y\,\mathrm{d}z$。所以，在 $\mathrm{d}t$ 时段内沿 x 方向流入与流出的液体质量差为 $-\dfrac{\partial(\rho u_x)}{\partial x}\mathrm{d}x\,\mathrm{d}y\,\mathrm{d}z\,\mathrm{d}t$。

同理，在同一时段内分别沿 y 和 z 方向流入与流出的液体质量差为

$$-\frac{\partial(\rho u_y)}{\partial y}\mathrm{d}x\,\mathrm{d}y\,\mathrm{d}z\,\mathrm{d}t, \qquad -\frac{\partial(\rho u_z)}{\partial z}\mathrm{d}x\,\mathrm{d}y\,\mathrm{d}z\,\mathrm{d}t$$

因此，在 $\mathrm{d}t$ 时段内流入与流出六面体的液体质量差为

$$-\left[\frac{\partial(\rho u_x)}{\partial x}+\frac{\partial(\rho u_y)}{\partial y}+\frac{\partial(\rho u_z)}{\partial z}\right]\mathrm{d}x\,\mathrm{d}y\,\mathrm{d}z\,\mathrm{d}t$$

在经历同一微分时段 $\mathrm{d}t$ 后，六面体的质量变化为 $\dfrac{\partial\rho}{\partial t}\mathrm{d}x\,\mathrm{d}y\,\mathrm{d}z\,\mathrm{d}t$。

由质量守恒定理可得，在 $\mathrm{d}t$ 时段内流入与流出六面体的液体质量差应等于同一时段内该六面体的质量变化，即

$$-\left[\frac{\partial(\rho u_x)}{\partial x}+\frac{\partial(\rho u_y)}{\partial y}+\frac{\partial(\rho u_z)}{\partial z}\right]\mathrm{d}x\,\mathrm{d}y\,\mathrm{d}z\,\mathrm{d}t=\frac{\partial\rho}{\partial t}\mathrm{d}x\,\mathrm{d}y\,\mathrm{d}z\,\mathrm{d}t$$

整理上式得

$$\frac{\partial\rho}{\partial t}+\frac{\partial(\rho u_x)}{\partial x}+\frac{\partial(\rho u_y)}{\partial y}+\frac{\partial(\rho u_z)}{\partial z}=0 \qquad (10-14)$$

上式即为可压缩液体非恒定流的连续性方程。

对于不可压缩液体，因为密度 $\rho=$ 常数，则由上式可得

$$\frac{\partial u_x}{\partial x}+\frac{\partial u_y}{\partial y}+\frac{\partial u_z}{\partial z}=0 \qquad (10-15)$$

上式对不可压缩液体的恒定流与非恒定流都适用。由于方程不涉及到作用力，因此对理想液体与黏性液体均适用。

不可压缩液体连续性方程式表明：对于连续性液体，在运动过程中各个方向都可能伸长或缩短，即有线变形运动，但它的体积不会变化，也就是说体积膨胀率为 0。读者可自行证明。

例 10-3 已知一液体的流速场为 $\begin{cases}u_x=yz+t\\ u_y=xz+t\\ u_z=xy\end{cases}$。试验证该流动是否满足连续性条件。

解：

不可压缩液体的连续性条件为满足连续性方程式（10-15）。由已知流速可得

$$\frac{\partial u_x}{\partial x}=\frac{\partial}{\partial x}(yz+t)=0,\quad \frac{\partial u_y}{\partial y}=\frac{\partial}{\partial y}(xz+t)=0\quad \frac{\partial u_z}{\partial z}=\frac{\partial}{\partial z}(xy)=0$$

故 $\dfrac{\partial u_x}{\partial x}+\dfrac{\partial u_y}{\partial y}+\dfrac{\partial u_z}{\partial z}=0$，满足连续性条件。

第五节　不可压缩液体的运动微分方程

液体运动的连续性方程是从运动学角度得到的液体流动的基本规律，它只反映了流体各种运动的特点，没有涉及到引起流体运动的原因和条件。本节将从动力学角度来探讨流体运动的原理。

一、液体质点的应力状态

绪论中已经指出，所谓黏性，就是液体抵抗剪切变形的能力。而这个能力是以作用于液体上的正应力和切应力而表现出来的。在三维空间若取直角坐标系描述流场，则作用于任一液体质点上有 9 个应力，如图 10-8 所示。在任一点取一个垂直于 x 轴的平面，则在该平面上作用正应力 $-p_{xx}$、切应力 τ_{xy} 和 τ_{xz}（"$-$"号表示应力方向与 x 轴相反，第一个下标表示作用面的法线方向，第二个下标表示应力的作用面方向）。同样在垂直于 y 轴和 z 轴的平面上分别作用有 $-p_{yy}$、τ_{yx}、τ_{yz} 和 $-p_{zz}$、τ_{zx}、τ_{zy}。可以将这 9 个分量排成下列形式（称应力张量）：

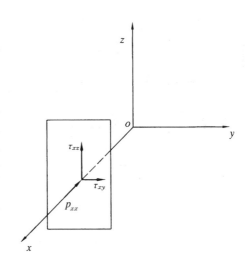

图 10-8

$$\begin{bmatrix} -p_{xx} & \tau_{xy} & \tau_{xz} \\ \tau_{yx} & -p_{yy} & \tau_{yz} \\ \tau_{zx} & \tau_{zy} & -p_{zz} \end{bmatrix}$$

下面分析这 9 个应力分量的性质及其与变形的关系。

1. *切应力的性质及其与变形率的关系*

由应力互等定理可以证明：

$$\tau_{xy}=\tau_{yx},\quad \tau_{xz}=\tau_{zx},\quad \tau_{zy}=\tau_{yz} \tag{10-16}$$

因此在 9 个分量中，实际上只有 6 个是独立的。

切应力与变形之间的关系可由牛顿内摩擦定律导出。第一章绪论中给出了一元流的牛顿内摩擦定律：

$$\tau = \mu \frac{\mathrm{d}u}{\mathrm{d}y} = \mu \frac{\mathrm{d}\theta}{\mathrm{d}t}$$

式中的$\frac{\mathrm{d}\theta}{\mathrm{d}t}$为角变形率，即剪切变形速度，如图 10-9（a）所示。在平面流动中，如

图 10-9（b）所示，角变形为 $\mathrm{d}\theta = \mathrm{d}\alpha + \mathrm{d}\beta$，所以$\frac{\mathrm{d}\theta}{\mathrm{d}t} = \frac{\mathrm{d}\alpha + \mathrm{d}\beta}{\mathrm{d}t}$。如图 10-9（b）所示：

$$\mathrm{d}\alpha \approx \tan(\mathrm{d}\alpha) = \frac{\frac{\partial u_x}{\partial y}\mathrm{d}y\,\mathrm{d}t}{\mathrm{d}y} = \frac{\partial u_x}{\partial y}\mathrm{d}t \quad \text{或} \quad \frac{\mathrm{d}\alpha}{\mathrm{d}t} = \frac{\partial u_x}{\partial y}$$

同理可得
$$\mathrm{d}\beta = \frac{\partial u_y}{\partial x}\mathrm{d}t \quad \text{或} \quad \frac{\mathrm{d}\beta}{\mathrm{d}t} = \frac{\partial u_y}{\partial x}$$

所以
$$\frac{\mathrm{d}\theta}{\mathrm{d}t} = \frac{\partial u_x}{\partial y} + \frac{\partial u_y}{\partial x}$$

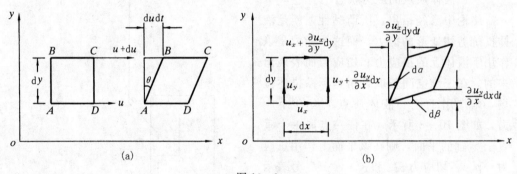

图 10-9

由此得
$$\tau_{yx} = \tau_{xy} = \mu \frac{\mathrm{d}\theta}{\mathrm{d}t} = \mu \left(\frac{\partial u_x}{\partial y} + \frac{\partial u_y}{\partial x} \right) = 2\mu\theta_z \tag{10-17a}$$

同理
$$\begin{cases} \tau_{yz} = \tau_{zy} = \mu \left(\frac{\partial u_z}{\partial y} + \frac{\partial u_y}{\partial z} \right) = 2\mu\theta_x \\ \tau_{zx} = \tau_{xz} = \mu \left(\frac{\partial u_x}{\partial z} + \frac{\partial u_z}{\partial x} \right) = 2\mu\theta_y \end{cases} \tag{10-17b}$$

上式即为黏性液体中切应力与角变形率之间的关系。它说明切应力与角变形率呈线性关系。

2. 正应力的性质及其与变形率的关系

第二章中已经指出，在静止液体中，任一点静水压强的大小与作用面的方向无关，即对于同一点来说，$p_{xx} = p_{yy} = p_{zz} = p$。在理想液体中，由于不考虑黏性，切应力为 0。因此，对于同一点而言，同样可得 $p_{xx} = p_{yy} = p_{zz} = p$。在黏性液体中，由于黏滞性的影响，一般情况下 $p_{xx} \neq p_{yy} \neq p_{zz}$，并且认为任一点的正应力等于理想液体的正应力 p 加上一个附加正应力，即

$$\begin{cases} p_{xx} = p + \Delta p_x \\ p_{yy} = p + \Delta p_y \\ p_{zz} = p + \Delta p_z \end{cases} \tag{10-18}$$

这些附加正应力可认为是由于液体黏滞性引起的，因而与液体变形有关。可以证明，对于不可压缩液体附加正应力与变形率的关系为

$$
\begin{cases}
\Delta p_x = -2\mu\varepsilon_{xx} = -2\mu\,\dfrac{\partial u_x}{\partial x} \\[2mm]
\Delta p_y = -2\mu\varepsilon_{yy} = -2\mu\,\dfrac{\partial u_y}{\partial y} \\[2mm]
\Delta p_z = -2\mu\varepsilon_{zz} = -2\mu\,\dfrac{\partial u_z}{\partial z}
\end{cases}
\tag{10-19}
$$

将式（10-19）代入式（10-18）得

$$
\begin{cases}
p_{xx} = p - 2\mu\,\dfrac{\partial u_x}{\partial x} \\[2mm]
p_{yy} = p - 2\mu\,\dfrac{\partial u_y}{\partial y} \\[2mm]
p_{zz} = p - 2\mu\,\dfrac{\partial u_z}{\partial z}
\end{cases}
\tag{10-20}
$$

上式即为黏性液体中正应力与角变形率之间的关系。将上式中 3 个方向的正应力相加，得

$$
p_{xx} + p_{yy} + p_{zz} = 3p - 2\mu\left(\frac{\partial u_x}{\partial x} + \frac{\partial u_y}{\partial y} + \frac{\partial u_z}{\partial z}\right)
$$

对于不可压缩液体，$\dfrac{\partial u_x}{\partial x} + \dfrac{\partial u_y}{\partial y} + \dfrac{\partial u_z}{\partial z} = 0$，所以：

$$
p_{xx} + p_{yy} + p_{zz} = 3p \quad \text{或} \quad p = \frac{1}{3}(p_{xx} + p_{yy} + p_{zz})
\tag{10-21}
$$

上式说明，理想液体中任一点动水压强等于实际液体中 3 个相互垂直平面上的正应力的平均值。

二、实际液体的运动微分方程

以上阐明了实际液体内部的应力特性，下面来建立液体运动的最基本动力学原理——运动微分方程，即找出液体运动和它受到的作用力之间关系的数学表达式。

1. 应力形式的运动微分方程

如图 10-10 所示，取液流中的微小六面体作为隔离体进行受力分析。设六面体的 3 个边长分别为 $\mathrm{d}x$、$\mathrm{d}y$、$\mathrm{d}z$，并认为液体是均质的，其密度为 ρ，单位质量力的 3 个分量分别为 f_x、f_y、f_z，则沿 x 方向作用于六面体的作用力为

质量力： $\qquad\qquad f_x\rho\,\mathrm{d}x\,\mathrm{d}y\,\mathrm{d}z$

表面力： $\quad +p_{xx}\,\mathrm{d}y\,\mathrm{d}z - \left(p_{xx} + \dfrac{\partial p_{xx}}{\partial x}\mathrm{d}x\right)\mathrm{d}y\,\mathrm{d}z - \tau_{yx}\,\mathrm{d}x\,\mathrm{d}z + \left(\tau_{yx} + \dfrac{\partial \tau_{yx}}{\partial y}\mathrm{d}y\right)\mathrm{d}x\,\mathrm{d}z$

$\qquad\qquad -\tau_{zx}\,\mathrm{d}x\,\mathrm{d}y + \left(\tau_{zx} + \dfrac{\partial \tau_{zx}}{\partial z}\mathrm{d}z\right)\mathrm{d}x\,\mathrm{d}y$

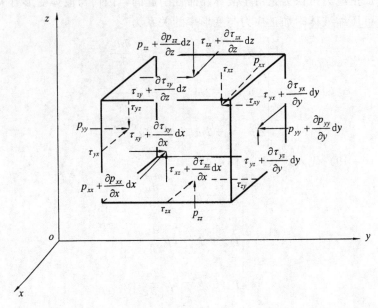

图 10-10

根据牛顿第二定律 $\sum \boldsymbol{F} = m\boldsymbol{a}$，可得沿 x 方向的关系式为

$$f_x \rho\,\mathrm{d}x\,\mathrm{d}y\,\mathrm{d}z - p_{xx}\,\mathrm{d}y\,\mathrm{d}z + \left(p_{xx} + \frac{\partial p_{xx}}{\partial x}\mathrm{d}x\right)\mathrm{d}y\,\mathrm{d}z - \tau_{yx}\,\mathrm{d}x\,\mathrm{d}z$$

$$+ \left(\tau_{yx} + \frac{\partial \tau_{yx}}{\partial y}\mathrm{d}y\right)\mathrm{d}x\,\mathrm{d}z - \tau_{zx}\,\mathrm{d}x\,\mathrm{d}y + \left(\tau_{zx} + \frac{\partial \tau_{zx}}{\partial z}\mathrm{d}z\right)\mathrm{d}x\,\mathrm{d}y$$

$$= \rho\,\mathrm{d}x\,\mathrm{d}y\,\mathrm{d}z\,\frac{\mathrm{d}u_x}{\mathrm{d}t}$$

整理上式得
$$f_x + \frac{1}{\rho}\left(-\frac{\partial p_{xx}}{\partial x} + \frac{\partial \tau_{yx}}{\partial y} + \frac{\partial \tau_{zx}}{\partial z}\right) = \frac{\mathrm{d}u_x}{\mathrm{d}t} \tag{10-22a}$$

同理可得 y 和 z 方向的关系式为

$$\begin{cases} f_y + \dfrac{1}{\rho}\left(-\dfrac{\partial p_{yy}}{\partial y} + \dfrac{\partial \tau_{xy}}{\partial x} + \dfrac{\partial \tau_{zy}}{\partial z}\right) = \dfrac{\mathrm{d}u_y}{\mathrm{d}t} \\[3mm] f_z + \dfrac{1}{\rho}\left(-\dfrac{\partial p_{zz}}{\partial z} + \dfrac{\partial \tau_{xz}}{\partial x} + \dfrac{\partial \tau_{yz}}{\partial y}\right) = \dfrac{\mathrm{d}u_z}{\mathrm{d}t} \end{cases} \tag{10-22b}$$

上式即为以应力形式表示的运动微分方程。

2. 纳维尔-斯托克斯（Navier-Stokes）方程

方程式（10-22）中除质量力 f_x、f_y、f_z 及 ρ 一般为已知外，式中尚有 9 个应力（独立的只有 6 个）及 3 个速度分量为未知量。方程式（10-22）和连续性方程式（10-15）仅有 4 个方程式，因此无法求解。若将应力与变形率之间的关系式及连续性方程式（10-15）代入式（10-22），并整理，得

$$\begin{cases} f_x - \dfrac{1}{\rho}\dfrac{\partial p}{\partial x} + \nu\left(\dfrac{\partial^2 u_x}{\partial x^2} + \dfrac{\partial^2 u_x}{\partial y^2} + \dfrac{\partial^2 u_x}{\partial z^2}\right) = \dfrac{\mathrm{d}u_x}{\mathrm{d}t} \\[3mm] f_y - \dfrac{1}{\rho}\dfrac{\partial p}{\partial y} + \nu\left(\dfrac{\partial^2 u_y}{\partial x^2} + \dfrac{\partial^2 u_y}{\partial y^2} + \dfrac{\partial^2 u_y}{\partial z^2}\right) = \dfrac{\mathrm{d}u_y}{\mathrm{d}t} \\[3mm] f_z - \dfrac{1}{\rho}\dfrac{\partial p}{\partial z} + \nu\left(\dfrac{\partial^2 u_z}{\partial x^2} + \dfrac{\partial^2 u_z}{\partial y^2} + \dfrac{\partial^2 u_z}{\partial z^2}\right) = \dfrac{\mathrm{d}u_z}{\mathrm{d}t} \end{cases} \quad (10-23)$$

上式即为纳维尔-斯托克斯（Navier - Stokes）方程，简称 N - S 方程。由推导过程可以看出，N - S 方程适用于不可压缩的牛顿流体。

式中第一项表示作用于液体上的单位质量力，第二项表示作用于液体上的正压力，第 3 项表示作用于液体上的黏滞力，方程右端项表示作用于液体上的惯性力。

N - S 方程中含有 4 个未知量，即 p，u_x，u_y，u_z，加上不可压缩液体的连续性微分方程共 4 个方程。因此，从理论上来说是可以求解的，但由于数学上的困难，N - S 方程至今还不能求出普遍解。

例 10 - 4　试用纳维尔-斯托克斯方程求直圆管恒定层流运动的流速及流量表达式。

解：

取坐标系如图 10 - 11 所示，设 x 轴与水流方向重合。

现取 x 方向的纳维尔-斯托克斯方程进行分析：

$$f_x - \frac{1}{\rho}\frac{\partial p}{\partial x} + \nu\left(\frac{\partial^2 u_x}{\partial x^2} + \frac{\partial^2 u_x}{\partial y^2} + \frac{\partial^2 u_x}{\partial z^2}\right) = \frac{\partial u_x}{\partial t} + u_x\frac{\partial u_x}{\partial x} + u_y\frac{\partial u_x}{\partial y} + u_z\frac{\partial u_x}{\partial z} \quad (\text{a})$$

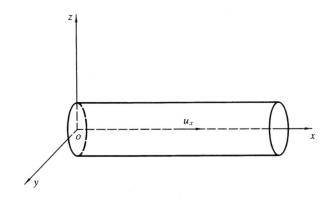

图 10 - 11

分析题目所给的流动特征，由直圆管中的层流运动，得

$$u_y = u_z = 0, \quad u_x \neq 0$$

由恒定流，得 $\dfrac{\partial}{\partial t} = 0$。

由直圆管且水平放置可知，质量力只有重力，即 $f_x = f_y = 0$，$f_z = -g$。

由 $u_y = u_z = 0$，得 $\dfrac{\partial u_y}{\partial y} = \dfrac{\partial u_z}{\partial z} = 0$。将其代入不可压缩液体的连续性方程，得 $\dfrac{\partial u_x}{\partial x} =$

0，由此得$\dfrac{\partial^2 u_x}{\partial x^2}=0$。

将以上分析结果代入式（a）可得

$$\frac{1}{\rho}\frac{\partial p}{\partial x}=\nu\left(\frac{\partial^2 u_x}{\partial y^2}+\frac{\partial^2 u_x}{\partial z^2}\right) \quad \text{或} \quad \frac{\partial p}{\partial x}=\mu\left(\frac{\partial^2 u_x}{\partial y^2}+\frac{\partial^2 u_x}{\partial z^2}\right) \tag{b}$$

由$\dfrac{\partial u_x}{\partial x}=0$知，$u_x$ 与 x 无关，说明式（b）的右端项仅仅是 y 和 z 的函数，故 $\dfrac{\partial p}{\partial x}$ 与 x 无关，即 p 沿 x 方向的变化率为常数。可写为

$$\frac{\partial p}{\partial x}=\text{常数}=-\frac{\Delta p}{L} \tag{c}$$

式中：Δp 为沿 x 方向长度为 L 的管段上的压强降落值，而 p 总是沿水流方向下降的，故在 Δp 前面冠"一"号。

由于管流的对称性，$\dfrac{\partial^2 u_x}{\partial y^2}=\dfrac{\partial^2 u_x}{\partial z^2}$。用极坐标表示可写为

$$\frac{\partial^2 u_x}{\partial y^2}=\frac{\partial^2 u_x}{\partial z^2}=\frac{\partial^2 u_x}{\partial r^2}=\frac{\mathrm{d}^2 u_x}{\mathrm{d} r^2} \tag{d}$$

将式（c）和式（d）代入式（b）得

$$-\frac{\Delta p}{L}=2\mu\frac{\mathrm{d}^2 u_x}{\mathrm{d} r^2} \quad \text{或} \quad \frac{\mathrm{d}^2 u_x}{\mathrm{d} r^2}=-\frac{\Delta p}{2\mu L} \tag{e}$$

积分上式得

$$\frac{\mathrm{d} u_x}{\mathrm{d} r}=-\frac{\Delta p}{2\mu L}r+c_1$$

当 $r=0$ 时，$u_x=u_{\max}$，所以 $\dfrac{\mathrm{d} u_x}{\mathrm{d} r}=0$，由此得 $c_1=0$。再积分上式得

$$u_x=-\frac{\Delta p}{4\mu L}r^2+c_2$$

当 $r=r_0$ 时，$u_x=0$，得 $c_2=\dfrac{\Delta p}{4\mu L}r_0^2$。

于是得

$$u_x=\frac{\Delta p}{4\mu L}(r_0^2-r^2) \tag{10-24}$$

上式表明，圆管中为恒定层流运动时，过水断面上的速度按抛物线规律分布。

由连续方程知，$\mathrm{d}Q=u_x\mathrm{d}A$。因圆管面积为 $A=\pi r^2$，则 $\mathrm{d}A=2\pi r\mathrm{d}r$，所以

$$\mathrm{d}Q=u_x 2\pi r\mathrm{d}r$$

积分上式得

$$Q=2\pi\int_0^{r_0}u_x r\mathrm{d}r=2\pi\int_0^{r_0}\frac{\Delta p}{4\mu L}(r_0^2-r^2)r\mathrm{d}r$$

$$=\frac{\pi\Delta p}{2\mu L}\int_0^{r_0}(r_0^2-r^2)r\mathrm{d}r=\frac{\Delta p\pi}{8\mu L}r_0^4 \tag{10-25}$$

由此可得断面平均流速为

$$v = \frac{Q}{A} = \frac{\Delta p}{8\mu L} r_0^2 \qquad (10-26)$$

三、理想液体的运动微分方程

在理想液体中，因为黏滞系数 $\mu = 0$，所以 N - S 方程式（10 - 23）中的黏滞力项为 0，由此得

$$\begin{cases} f_x - \dfrac{1}{\rho} \dfrac{\partial p}{\partial x} = \dfrac{\mathrm{d}u_x}{\mathrm{d}t} \\[2mm] f_y - \dfrac{1}{\rho} \dfrac{\partial p}{\partial y} = \dfrac{\mathrm{d}u_y}{\mathrm{d}t} \\[2mm] f_z - \dfrac{1}{\rho} \dfrac{\partial p}{\partial z} = \dfrac{\mathrm{d}u_z}{\mathrm{d}t} \end{cases} \qquad (10-27)$$

上式即为理想液体的运动微分方程，是欧拉于 1775 年首先推导得出的，因此称为欧拉运动微分方程。

对于静止液体或相对平衡液体，因 $u_x = u_y = u_z = 0$ 或 $\dfrac{\mathrm{d}u_x}{\mathrm{d}t} = \dfrac{\mathrm{d}u_y}{\mathrm{d}t} = \dfrac{\mathrm{d}u_z}{\mathrm{d}t} = 0$，则式（10 - 27）为

$$\begin{cases} f_x - \dfrac{1}{\rho} \dfrac{\partial p}{\partial x} = 0 \\[2mm] f_y - \dfrac{1}{\rho} \dfrac{\partial p}{\partial y} = 0 \\[2mm] f_z - \dfrac{1}{\rho} \dfrac{\partial p}{\partial z} = 0 \end{cases}$$

上式即为第二章中推导出的欧拉平衡微分方程式（2 - 9）。

第六节 恒定平面势流

前面已经提出，按照液体质点有无旋转运动，将流动分为有涡流和无涡流，无涡流即为有势流。实际上，有势流只可能在理想液体中形成，实际液体均为有涡流。但在某些情况下，黏滞力对流动的作用很小以至于可以忽略时，可以将实际液体视为有势流。例如第五章讨论过，当雷诺数 Re 很大时，液体的黏性仅限于边界层内，边界层外的流动区域可视为理想液体，按有势流处理。因此讨论平面有势流是有实际意义的。

一、恒定平面势流及其流速势函数与流函数

1. 平面流动的概念

在任一时刻，流场中各点的流速都平行于某一固定平面，并且各物理量在此平面的垂直方向上没有变化，称这种流动为平面流动。若取 z 轴垂直于某一固定平面，则平面流动的任一物理量 B 都应满足 $\dfrac{\partial B}{\partial z} = 0$，并且 $u_z = 0$。

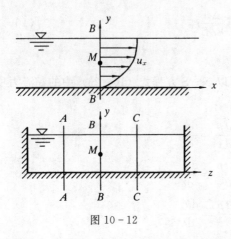

图 10－12

自然界中，并不存在严格的平面流动，但是当流动的物理量在某一方向上的变化相对于其他方向上的变化很小时，且在此方向上的速度近似于 0，则可将此流动简化为平面流动问题。如宽浅式明渠中的水流，可以忽略两侧边壁的影响作为平面流动来分析，此时的平面为沿流动方向的铅垂面。如图 10－12 所示，忽略运动要素在 z 方向的变化，则任一点 M 处的流速 $u_x = f(x, y)$，$u_z = 0$，$\dfrac{\partial B}{\partial z} = 0$。在恒定流条件下，所有运动要素仅仅是 x、y 的函数，所以平面流动又是二维流动。

2. 流速势及等势线

在本章第三节中已经讨论过，有势流必然存在流速势函数 $\varphi(x, y, z)$。对于恒定平面势流，其流速势函数 $\varphi(x, y)$ 与流速的关系为

$$\mathrm{d}\varphi = \frac{\partial \varphi}{\partial x}\mathrm{d}x + \frac{\partial \varphi}{\partial y}\mathrm{d}y = u_x \mathrm{d}x + u_y \mathrm{d}y \tag{10－28}$$

及

$$u_x = \frac{\partial \varphi}{\partial x}, \qquad u_y = \frac{\partial \varphi}{\partial y} \tag{10－29}$$

在平面有势流场中，每一点 (x, y) 都有一个确定的 u_x、u_y 与之对应，由式 (10－29) 可知，流场中每一点也必定有一确定的流速势函数 $\varphi(x, y)$ 值与之对应。把 φ 值相等的点连接起来所得到的曲线，称为等势线。由此定义可得等势线方程为

$$\begin{cases} \varphi(x, y) = c \\ \mathrm{d}\varphi = 0 \end{cases} \quad \text{或} \quad u_x \mathrm{d}x + u_y \mathrm{d}y = 0 \tag{10－30}$$

式中：不同的 c 值代表不同的等势线。

对于平面流动，不可压缩液体的连续方程为

$$\frac{\partial u_x}{\partial x} + \frac{\partial u_y}{\partial y} = 0$$

将式 (10－29) 代入上式可得

$$\frac{\partial^2 \varphi}{\partial x^2} + \frac{\partial^2 \varphi}{\partial y^2} = 0 \tag{10－31}$$

数学中，上式称为拉普拉斯（Laplace）方程，并且把满足拉普拉斯方程的函数叫作调和函数。由此可知，在平面不可压缩有势流中，流速势函数 φ 满足拉普拉斯方程。因此，平面势流问题可归结为求解拉普拉斯方程的问题。

3. 流函数及其性质

对于不可压缩平面流动，由连续方程 $\dfrac{\partial u_x}{\partial x} + \dfrac{\partial u_y}{\partial y} = 0$ 可得

$$\frac{\partial u_x}{\partial x} = \frac{\partial(-u_y)}{\partial y} \tag{10-32}$$

由高等数学可知，式（10-32）是使 $u_x \mathrm{d}y - u_y \mathrm{d}x$ 成为函数 ψ 全微分的必要和充分条件，也就是说，如果 u_x、u_y 之间满足式（10-32），则下式成立：

$$\mathrm{d}\psi = u_x \mathrm{d}y - u_y \mathrm{d}x \tag{10-33}$$

又

$$\mathrm{d}\psi = \frac{\partial \psi}{\partial x}\mathrm{d}x + \frac{\partial \psi}{\partial y}\mathrm{d}y \tag{10-34}$$

比较式（10-33）和式（10-34），得

$$u_x = \frac{\partial \psi}{\partial y}, \quad u_y = -\frac{\partial \psi}{\partial x}, \tag{10-35}$$

称函数 ψ 为流函数。

类似于等势线，在平面不可压缩流场中，也存在等流函数线。即把 ψ 值相等的点连接起来所得到的曲线，称为等流函数线。等流函数线方程为

$$\begin{cases} \psi(x, y) = c \\ \mathrm{d}\psi = 0 \end{cases} \quad \text{或} \quad u_x \mathrm{d}y - u_y \mathrm{d}x = 0 \tag{10-36}$$

式中：不同的 c 值代表不同的等流函数线。

等流函数线具有以下性质：

（1）同一条流线上各点的流函数为常数，即等流函数线就是流线。这是因为流线方程为 $\dfrac{\mathrm{d}x}{u_x} = \dfrac{\mathrm{d}y}{u_y}$，由此得 $u_x \mathrm{d}y - u_y \mathrm{d}x = 0$，与等流函数线方程式（10-36）相同。所以，等流函数线就是流线。

（2）同一时刻任何两条流线之间通过的单宽流量等于该两条流线的流函数值之差。可证明如下：

如图 10-13 所示，在平面流动中的任意两条相邻流线 ψ 与 $\psi + \mathrm{d}\psi$ 上取 a、b 两点，那么通过该两条流线之间的单宽流量为

$$\mathrm{d}q = u \cdot \overline{ab}$$

设流速 u 的两个分量分别为 u_x 和 u_y，断面 ab 在水平和铅垂平面上的投影为 cb 和 ac，则单宽流量可表示为

$$\mathrm{d}q = u \cdot \overline{ab} = u_x \overline{ac} + u_y \overline{cb}$$

由图中的几何关系可知 $\overline{ac} = \mathrm{d}y$，$\overline{cb} = -\mathrm{d}x$，故上式又可写为

$$\mathrm{d}q = u \cdot \overline{ab} = u_x \mathrm{d}y - u_y \mathrm{d}x$$

将式（10-35）代入上式得

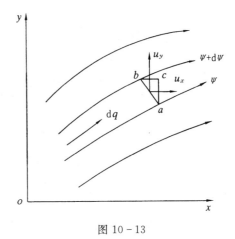

图 10-13

$$dq = \frac{\partial \psi}{\partial y}dy + \frac{\partial \psi}{\partial x}dx = d\psi \qquad (10-37)$$

积分上式得

$$q = \int_a^b d\psi = \psi_b - \psi_a \qquad (10-38)$$

（3）流函数满足拉普拉斯方程。对于平面势流，应是无旋流动，即

$$\omega_z = \frac{1}{2}\left(\frac{\partial u_y}{\partial x} - \frac{\partial u_x}{\partial y}\right) = 0$$

即

$$\frac{\partial u_y}{\partial x} - \frac{\partial u_x}{\partial y} = 0$$

将式（10-35）代入上式得

$$\frac{\partial^2 \psi}{\partial x^2} + \frac{\partial^2 \psi}{\partial y^2} = 0 \qquad (10-39)$$

由此可知，在平面不可压缩有势流中，流函数 ψ 也满足拉普拉斯方程。

4. 流函数与流速势的关系

（1）流函数 ψ 与势函数 φ 是一对共轭函数。由前面分析可知，不可压缩平面势流中任何一点都有一个流函数 ψ 与势函数 φ 与之对应，并且有如下关系：

$$u_x = \frac{\partial \varphi}{\partial x} = \frac{\partial \psi}{\partial y}, \quad u_y = \frac{\partial \varphi}{\partial y} = -\frac{\partial \psi}{\partial x} \qquad (10-40)$$

由高等数学知，满足上述关系的函数称为共轭函数。因此，在流函数 ψ 与势函数 φ 中间，知道其中的任何一个，就可以求出另外一个。

（2）等势线与流线（即等流函数线）相互正交。已知流线方程为

$$\frac{dx}{u_x} = \frac{dy}{u_y} \quad \text{或} \quad u_x dy - u_y dx = 0$$

则该线上任一点的斜率为

$$m_1 = \frac{dy}{dx} = \frac{u_y}{u_x}$$

由等势线方程 $u_x dx + u_y dy = 0$，得该线上任一点的斜率为

$$m_2 = \frac{dy}{dx} = -\frac{u_x}{u_y}$$

则

$$m_1 m_2 = \frac{u_y}{u_x}\left(-\frac{u_x}{u_y}\right) = -1$$

上述结果说明，平面势流流场中流线与等势线相互正交。

例 10-5 已知平面流速场为 $\begin{cases} u_x = 4x \\ u_y = -4y \end{cases}$，试问该流动是否存在势函数 φ 和流函数 ψ？如果存在，试求出势函数 φ 和流函数 ψ。

解：

（1）判别是否存在势函数 φ 和流函数 ψ。由已知流速场可求得

$$\frac{\partial u_x}{\partial y} = 0, \quad \frac{\partial u_y}{\partial x} = 0, \quad \frac{\partial u_x}{\partial x} = 4, \quad \frac{\partial u_y}{\partial y} = -4$$

所以
$$\omega_z = \frac{1}{2}\left(\frac{\partial u_y}{\partial x} - \frac{\partial u_x}{\partial y}\right) = 0$$

为有势流，故必定存在流速势函数 φ。

代入不可压缩平面流动连续性方程得
$$\frac{\partial u_x}{\partial x} + \frac{\partial u_y}{\partial y} = 4 - 4 = 0$$

满足不可压缩平面流动连续性方程，故存在流函数 ψ。

（2）求势函数 φ 和流函数 ψ 的表达式。

求势函数 φ：

由
$$\frac{\partial \varphi}{\partial x} = u_x = 4x$$

得
$$\varphi = \int \frac{\partial \varphi}{\partial x} \mathrm{d}x + c(y) = \int 4x \mathrm{d}x + c(y) = 2x^2 + c(y)$$

将上式对 y 求导
$$\frac{\partial \varphi}{\partial y} = c'(y)$$

又
$$\frac{\partial \varphi}{\partial y} = u_y$$

所以
$$c'(y) = u_y = -4y$$

积分上式得
$$c(y) = -2y^2 + c_1$$

所以
$$\varphi = 2x^2 + c(y) = 2x^2 - 2y^2 + c_1 = 2(x^2 - y^2) + c_1$$

求流函数 ψ：

由
$$\frac{\partial \psi}{\partial x} = -u_y = 4y$$

得
$$\psi = \int \frac{\partial \psi}{\partial x} \mathrm{d}x + c(y) = \int 4y \mathrm{d}x + c(y) = 4xy + c(y)$$

将上式对 y 求导
$$\frac{\partial \psi}{\partial y} = 4x + c'(y)$$

又
$$\frac{\partial \psi}{\partial y} = u_x$$

所以
$$4x + c'(y) = u_x = 4x$$

积分上式得
$$c(y) = c_2$$

所以
$$\psi = 4xy + c(y) = 4xy + c_2$$

二、流网

1. 流网及其特征

从前面分析可知，不可压缩恒定平面势流中同时存在势函数 φ 和流函数 ψ，并且同时存在 $\varphi = c_1$ 和 $\psi = c_2$ 两组曲线，即等势线和等流函数线（流线）。水力学中将等

资源 10-3
流网

势线和流线两簇曲线构成的网格称为流网。
流网具有以下性质：

（1）流网中每一个网格是正交的。这由
等势线与流线相互正交的性质很容易证明。

（2）流网中每一个网格的边长之比，等
于流速势函数 φ 和流函数 ψ 的增值之比。

图（10-14）所示为流场中某一点 A，
其流速为 u，现过 A 点作一条流线 ψ 和等势
线 φ，并同时绘制出与之相邻的流线 $\psi+\mathrm{d}\psi$
和等势线 $\varphi+\mathrm{d}\varphi$。设等势线间的距离为 $\mathrm{d}n$，
流线之间的距离为 $\mathrm{d}m$，则

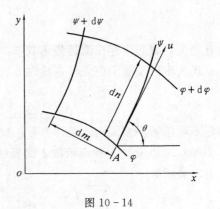

图 10-14

$$\begin{aligned}
\mathrm{d}\varphi &= u_x\mathrm{d}x + u_y\mathrm{d}y \\
&= u\cos\theta \cdot \mathrm{d}n\cos\theta + u\sin\theta \cdot \mathrm{d}n\sin\theta \\
&= u\mathrm{d}n(\cos^2\theta + \sin^2\theta) = u\mathrm{d}n
\end{aligned} \tag{10-41}$$

又根据流线的性质：

$$\mathrm{d}\psi = \mathrm{d}q = u\mathrm{d}m \tag{10-42}$$

由式（10-41）和式（10-42）两式得

$$\frac{\mathrm{d}\varphi}{\mathrm{d}\psi} = \frac{\mathrm{d}n}{\mathrm{d}m} \tag{10-43a}$$

在实用上绘制流网时，不可能绘制无数条流线和等势线，因此将上式写成差分
形式：

$$\frac{\Delta\varphi}{\Delta\psi} = \frac{\Delta n}{\Delta m} \tag{10-43b}$$

在绘制流网时，若取所有的 $\Delta\varphi=\Delta\psi=$ 常数，则 $\Delta n=\Delta m$，即每个网格将成为等
边正交曲线方格。由此知，流网中尽管每个网格大小不一，但每个网格的边长之比均
为 1，即每个网格都为曲边正方形。

由式（10-41）和式（10-42）两式还可以求得

$$\frac{\Delta\varphi}{\Delta n} = \frac{\Delta\psi}{\Delta m} = u \tag{10-44}$$

上式说明，流速与网格的尺寸成反
比，即网格越大的地方流速越小；反之，
网格越小的地方流速越大。流网图可以
清晰地表示出流速分布的情况，如图 10-
15 所示。

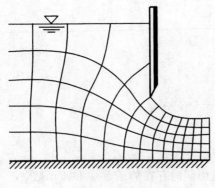

图 10-15

2. 流网的绘制

绘制流网一般有徒手法和实验法，
实验法在第十一章介绍，这里只介绍徒
手法。

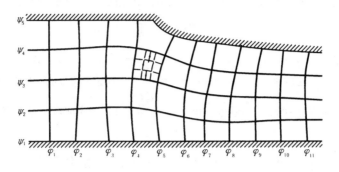

图 10 - 16

（1）按比例绘制流场边界。绘制流网时，先要确定流场边界（图 10 - 16）。流场边界一般由固体边界、自由面边界、入流边界和出流边界等组成。流场的边界条件由流体力学的运动学条件和动力学条件确定。如，在固体边界的法线方向上流速 $u_n = 0$，所以固体边界是一条流线；自由面边界也是一条流线，与固体边界不同的是自由面上的压强一般是大气压强；入流边界和出流边界可根据已知条件确定断面上流线的位置。

（2）按液流的流动趋势试绘流线。

（3）根据流网的正交性质绘制等势线，若取 $\Delta\varphi = \Delta\psi =$ 常数，则每个网格应绘制成曲边正方形，由此可初步绘制出流网图。

（4）检验流网每一个网格的曲边正方性。当流网图初步绘出后，根据流网每一个网格应为曲边正方形的性质修改流网图。检验流网的曲边正方性，可绘出每一个网格的对角线，如对角线正交且相等，则绘出的网格为曲边正方形，否则应对网格进行修改，直至每一个网格都为曲边正方形。

（5）对于具有自由面边界的液流，还需根据能量方程调整自由面位置，使自由面上每一点满足相对压强为 0 的边界条件，详细方法可参考有关书籍。

思 考 题

10 - 1　从质点变形的观点看，不可压缩液体连续方程的物理意义是什么？

10 - 2　有势流的特点是什么？研究平面势流有何实际意义？

10 - 3　做圆周运动的液体质点一定是有涡流吗？

10 - 4　连续方程 $\dfrac{\partial u_x}{\partial x} + \dfrac{\partial u_y}{\partial y} + \dfrac{\partial u_z}{\partial z} = 0$ 能否应用于可压缩液体和非恒定流情况？为什么？

10 - 5　写出 N - S 方程并说明它的物理意义和适用条件。

10 - 6　写出欧拉方程式并说明物理意义是什么？适用条件是什么？

10 - 7　流速势函数和流函数各有什么特性？它们之间存在什么关系？

10 - 8　流速势函数 φ 和流函数 ψ 存在的充分必要条件是什么？

10 - 9　平面运动中存在流函数，那么空间运动是否也存在流函数？为什么？

10 - 10　流函数 ψ 和流速势函数 φ 的量纲是什么？

10-11 何谓流网？流网有哪些特性？绘制流网的原理是什么？

习 题

10-1 已知一流速为 $u_x = yz + t$，$u_y = xz + t$，$u_z = xy$，式中 t 为时间。试求：(1) 流场中任意质点的线变形率及角变形率；(2) 判定该流动是否为有涡流。

10-2 当圆管中断面上流速分布为 $u_x = u_m\left(1 - \dfrac{r^2}{r_0^2}\right)$ 时，求旋转角速度 ω_x、ω_y、ω_z 和角变形率 θ_z、θ_x、θ_y，并问该流动是否为有势流？

10-3 在明渠恒定均匀流中，流速按某一抛物线规律分布，即 $u_x = \dfrac{u_0}{h}\left(2y - \dfrac{y^2}{h}\right)$，$u_y = 0$。式中 h，u_0 为常量。试问该流动是否为有涡流？如果有涡，为什么流线为平行直线，二者有无矛盾？

10-4 指出下列流动中符合不可压缩连续方程的流动（即可能实现的流动），并画出其流场示意图，标明流动方向。(1) $u_x = 4$，$u_y = 3$；(2) $u_x = 4$，$u_y = 3x$；(3) $u_x = 4y$，$u_y = 0$；(4) $u_x = 4y$，$u_y = -4x$；(5) $u_x = 4x$，$u_y = 0$；(6) $u_x = 4xy$，$u_y = 0$；(7) $u_r = \dfrac{c}{r}$，$u_\theta = 0$；(8) $u_r = 0$，$u_\theta = \dfrac{c}{r}$。

10-5 已知空间流动的两个流速分量为 $u_x = 8x$，$u_y = -4y$。试求第 3 个流速分量 u_z（假设 $z = 0$ 时，$u_z = 0$）。

10-6 试应用纳维尔-斯托克斯方程证明液体渐变流在同一过水断面上的动水压强是按静水压强的规律分布的。

10-7 对如图所示的二元均匀层流，已知自由表面上的切应力为 0，利用 N-S 方程导出下列公式：(1) 过水断面上的液体压强分布公式；(2) 斜面上切应力的表达式；(3) 过水断面上流速的分布公式；(4) 单宽流量公式；

10-8 两块平行平板间有黏性液体，下平板固定不动，上平板以均匀速度 U 向右运动。假设两平板间的距离为 h，液体的流动平行于平板，试求两平板间液体在平板移动方向无压强变化时的速度分布。

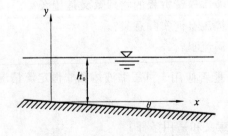
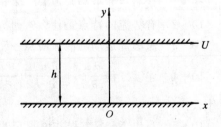

习题 10-7 图　　　　　　　　　　习题 10-8 图

10-9 已知下列流场的速度为

$$(1)\ \begin{cases} u_x = y \\ u_y = -x \end{cases};\qquad (2)\ \begin{cases} u_x = x - y \\ u_y = -x - y \end{cases};\qquad (3)\ \begin{cases} u_x = x^2 - y^2 + x \\ u_y = -(2xy + y) \end{cases}$$

试判别各流场是否存在流速势函数 φ 和流函数 ψ，若存在，求出 φ 和 ψ 的表达式。

　　10-10　已知流函数 $\psi = 2\ (x^2 - y^2)$，试求流速势函数。

　　10-11　已知二元恒定势流的流速势函数 $\varphi = x\ (2y - 1)$，试计算点（2m，5m）处的流速及流函数。

　　10-12　已知流场的流函数 $\psi = a\ (x^2 - y^2)$：（1）证明此流动是无涡的；（2）求出相应的速度势函数；（3）证明流线与等势线正交。

第十一章　渗　　流

基本要求： (1) 熟练地掌握渗流模型的概念和达西定律，并了解其使用范围及渗透系数的确定方法。

(2) 掌握地下河槽的均匀渗流和非均匀渗流的基本方程（杜比公式），能进行浸润曲线的分析计算。

(3) 弄清渗流场的边界条件。

(4) 掌握利用流网进行渗流量、渗透速度和渗透压强的计算方法。

本章重点： (1) 渗流模型、达西定律、杜比公式、渗透系数及渗流场的边界条件。

(2) 地下河槽的均匀渗流和非均匀渗流的计算。

(3) 渗流场的边界条件。

(4) 利用流网法求解渗流量、渗透速度和渗透压强。

渗流是指流体在孔隙介质中的流动。这里所讲的流体包括水、石油及气体等各种流体；孔隙介质包括土壤、岩层和堆石体等各种多孔和裂隙介质。在水利工程中，渗流则是指水在土壤或岩层中的流动，又称地下水运动，它是水力学的一个重要组成部分。

渗流理论在许多领域都有着广泛的应用，例如，石油开采工业中油井的布设、出油量的确定和开采方式以及水文地质方面对于地下水的探测、开采等都需要应用渗流理论。在水利工程中，渗流理论有着更重要的意义，常见的渗流问题主要有以下几个方面。

1. 经过挡水建筑物的渗流

当河道中修建挡水建筑物（如围堰、土坝等）时，建筑物上游的水流在一定水头作用下就会经坝体渗入下游河道［图 11-1 (a)］。如果入渗的流量较多，则会造成水量损失，使建筑物失去挡水作用；如果渗流流速过大，还可能造成土体颗粒流失，使建筑物失去稳定。

2. 水工建筑物地基中的渗流

如果水工建筑物的地基是可以透水的，建筑物上游水流在一定水头作用下也会通过地基渗入到下游河道［图 11-1 (b)］，不仅引起水量损失，也可以使地基失去稳定。

3. 集水建筑物的渗流

在灌溉或工业与民用给水中，常用井或廊道等集水建筑物汇集地下水源［图 11-1 (c)］。在土壤改良及建筑施工中，也常用集水井或集水廊道将地下水集中排走，使地下水位降低。那么，选择集水建筑物的位置、尺寸及计算集水建筑物的供水能力，都将需要渗流理论知识。

4. 水库及河渠的渗流

当水库建成蓄水之后，由于库水位抬高，库中水流在水压力作用下向库区周围渗流 [图 11-1 (d)]，这样就会改变库区原有的地下水运动状态，从而使库区周围的农田或建筑物受到影响，也使河流中的水量发生改变。同时，库区本身的透水层也使水库发生渗漏。河流和渠道过水之后，都可以通过其床面的透水边界发生渗透，从而使渠道的输水流量减少。

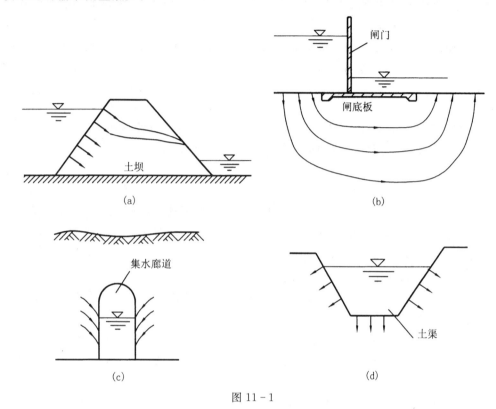

图 11-1

上述渗流问题，就其水力学内容来说，主要解决以下几个问题：

（1）确定渗流量 q。

（2）确定渗流水面线（浸润线）位置。

（3）确定渗流压力 P。

（4）计算渗透流速。

本章的任务就是研究渗流的运动规律，讨论如何应用渗流理论解决上述实际问题。

第一节　渗流的基本概念

渗流既然是水在土壤孔隙中的运动，那么它的运动规律必然与土壤和水的性质有关。因此，在讨论渗流运动规律之前，先对土壤的渗透特性及水在土壤中的存在形式作简要说明。

一、土的渗透特性及其分类

土的渗透特性是指土壤允许水透过的性能，也称透水性，它是衡量土壤透水能力的重要指标。土壤的透水性不仅与土壤孔隙的大小、多少、形状和分布有关，还与土壤颗粒的粒径、形状、均匀程度和排列方式有关。比如疏松的、颗粒均匀的土壤，其透水能力比密实的、颗粒不均匀的土壤相对较大。渗流理论中，将以上影响土壤透水性的因素用土壤的孔隙率 n 和不均匀系数 η 来反映。

土壤的孔隙率 n 是反映土壤密实程度的一个指标，它表示一定体积的土壤中，孔隙的体积 ω 与土体总体积 W（包括孔隙体积在内）的比值，即

$$n = \frac{\omega}{W} \qquad\qquad (11-1)$$

显然，孔隙率 $n<1$，并且 n 值越大，土壤的透水性能也就越好。

不均匀系数 η 是反映土体颗粒均匀程度的一个指标，即

$$\eta = \frac{d_{60}}{d_{10}}$$

式中：d_{60} 表示在筛分土体时，占 60% 重量的土粒所能通过的筛孔直径；d_{10} 表示占 10% 重量的土粒所能通过的筛孔直径。显然，$d_{60}>d_{10}$，即 $\eta>1.0$，并且 η 值越大，土粒越不均匀。若土体由均匀颗粒组成，则 $\eta=1.0$。

按土的渗透特性不同，将土体分成不同类型。

根据土体中各点的透水性是否相同，将土壤分成均质土壤和非均质土壤。所谓均质土壤是指土体中各点的透水性相同，反之为非均质土壤。

根据土体中同一点各个方向的透水性是否相同，将土壤分成各向同性土与各向异性土。各向同性土是指同一点各个方向的透水性能都相同的土壤，反之为各向异性土。

显然，均质土可以是各向同性的，也可以是各向异性的。均质各向同性土就其透水性能而言，是一种最为简单的土壤。但严格地说，只有当土壤由直径相同的球形颗粒有规则地排列时，才能符合均质各向同性的条件。因此，这种土壤是不存在的。为讨论问题的方便，先研究均质各向同性土体中的渗流，当把这些规律应用于解决实际问题时，再考虑实际土体的渗流特性。

二、水在土壤中的存在形式

水在土壤中的存在形式有汽态水、吸着水、薄膜水、毛细水和重力水。

汽态水：这部分水是以水蒸气的形式存在于土壤孔隙中，由于这部分水数量很少，因此研究中一般不予考虑。

吸着水和薄膜水：这部分水呈现为固态水的形式，是受分子力作用而吸附在土壤颗粒四周，同样这部分水的数量也很少，故不予考虑。

毛细水：这部分水是受表面张力作用存在于土壤的孔隙中。除特殊情况外，一般不予考虑。

重力水：这部分水是受重力作用在土壤孔隙中运动的水，这是渗流运动中的主要研究对象。

三、渗流模型

由于渗流是研究水在土壤孔隙中的运动，而土壤孔隙的形状、大小及分布情况是极为复杂的，因而要弄清液体在土壤孔隙中的流动，无论是从理论分析还是实验手段上都难以做到。而从工程角度来看，也是没有必要的。实际工程中关心的是某一范围内渗流的宏观平均效果。因此，为了研究问题的方便，渗流理论中引入简化的渗流模型来代替实际的渗流运动。

渗流模型认为渗流是充满了整个孔隙介质区域的连续水流，包括土粒骨架所占据的空间在内，均由水所充满着。

为使渗流模型能正确反映真实渗流的水力特性，以渗流模型代替真实渗流应满足以下原则：

（1）对某一断面来说，通过渗流模型的流量必须和实际渗流的流量相等。

（2）对某一确定的作用面来说，渗流的动水压力必须与真实渗流的动水压力相等。

（3）渗流模型的阻力必须与实际渗流的阻力相等，即水头损失相等。

但必须注意，渗流模型的流速与实际渗流的流速是不相等的，这是因为渗流模型中任一断面的平均流速为

$$u = \frac{\Delta Q}{\Delta A}$$

真实渗流任一断面的平均流速为

$$u_0 = \frac{\Delta Q}{\Delta A_0}$$

式中：ΔA 为包括土粒骨架所占据面积在内的假想过水断面面积；ΔA_0 为土壤中孔隙的过水断面面积。显然，真实渗流的过水断面面积 $\Delta A_0 < \Delta A$，并且 $\Delta A_0 = n \Delta A$，

即

$$u_0 = \frac{\Delta Q}{\Delta A_0} = \frac{\Delta Q}{n \Delta A} \tag{11-2}$$

由于孔隙率 $n < 1$，所以 $u_0 > u$，即渗流模型的流速小于实际渗流的流速。

由以上的渗流模型可以看出，渗流模型的实质在于把本来并不是充满整个空间的液体运动看作是连续空间内的连续介质运动，这样做既可以避开渗流中液体质点路径的迂回曲折问题，又可以把一般水力学的概念和方法引用到渗流中来，如过水断面、流线、断面平均流速和测压管水头等。这样，渗流也有恒定渗流和非恒定渗流、均匀渗流和非均匀渗流、渐变渗流和急变渗流、有压渗流和无压渗流之分。

第二节　渗流的基本定律——达西定律

为了探讨渗流的基本规律，早在 1852—1855 年法国工程师达西（H. Darcy）通

过大量实验研究总结了渗流能量损失与渗流速度之间的基本关系，后人称之为达西定律。

一、达西实验和达西定律

达西实验装置如图 11-2 所示。在上端开口的直立圆筒侧壁上装有两支相距为 L 的测压管，在筒底以上一定距离处安装一块滤水网 C，在滤水网上装入颗粒均一的砂土，水由进水管 K 注入圆筒，并以溢水管 B 保持筒内为一恒定水位，渗透过砂土的水从管 T 流入容器 V 中，并由此来计算渗流量 Q。实验中，达西观察到两测压管中水面高度不同，且测压管 2 中水面低于测压管 1。此现象说明，液体在渗透过砂土时有水头损失。

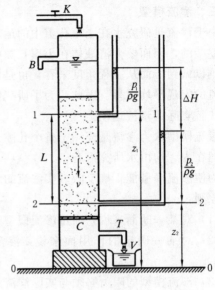

图 11-2

由于渗流流速很小，流速水头可以忽略不计。因此，渗流中的总水头 H 可用测压管水头表示（这是渗流区别于一般水流运动的一个特征），即

$$H = z + \frac{p}{\rho g} \tag{11-3}$$

所以水头损失 h_w 应等于两测压管液面差 ΔH，即 $h_w = \Delta H$。水力坡度 J 等于测压管水头坡度：

$$J = \frac{h_w}{L} = \frac{\Delta H}{L}$$

通过分析大量实验资料，达西还发现渗流流量 Q 与圆筒尺寸、土壤的类型及水力坡度 J 有关，即

$$Q_0 \propto AJ$$

引入比例系数 k，于是

$$Q = kAJ \quad \text{或} \quad v = kJ \tag{11-4}$$

式中：k 为反映土壤透水性质的一个综合系数，称渗透系数，具有流速的量纲。

上式即为著名的渗流达西定律，它表明在均匀渗流中，渗流流速与水力坡度的一次方成正比，并与土的性质有关。

达西渗流实验中采用的是均质砂土，属于均匀渗流，因此可以认为断面上各点的流动状态是相同的，则任一点的渗流流速 u 等于断面平均流速 v，故达西定律也可用于断面上任一点，即

$$u = kJ \tag{11-5}$$

将达西定律推广到非均匀渗流中去，式（11-5）可写为

$$u = -k\frac{\mathrm{d}H}{\mathrm{d}s} \tag{11-6}$$

二、达西定律的适用范围

由达西定律可知，渗流的水头损失与流速的一次方成正比。但后来很多学者的大量实验证明，随着渗流流速的加大，水头损失与流速的 1～2 次方成比例，当流速大到一定数值之后，水头损失与流速的平方成正比。由此说明，达西定律有其一定的适用范围。由第五章液流形态可知，水头损失与流速成线性比例关系乃是层流运动规律，故此认为达西定律仅适用于层流渗流。与地表水流运动规律所不同的是，除了堆石坝、堆石排水体的大孔隙介质中渗流属紊流外，大部分渗流属层流渗流范围。因此，达西定律有较大的适用范围。

由于渗流中孔隙的大小、形状和分布非常复杂，因此渗流中的层流和紊流至今还没有一个确切的判别方法。但大多数学者仍然用雷诺数来判别，不过雷诺数的表达式与一般水力学中的雷诺数不同，其表达式为

$$Re = \frac{1}{(0.75n + 0.23)}\frac{ud}{v} \tag{11-7}$$

式中：n 为土壤的孔隙率；d 为土壤的有效粒径，以 cm 为单位，一般用 d_{10} 来代替。实验表明，临界雷诺数为

$$Re_k = 7 \sim 9 \tag{11-8}$$

即当 $Re < Re_k$ 时为层流；当 $Re > Re_k$ 时为紊流。对紊流渗流的流动规律可表示为

$$v = kJ^{1/m}$$

式中：$m = 1$ 时为层流渗流；$m = 2$ 时为紊流渗流；$1 < m < 2$ 时为层流向紊流的过渡区。

应当指出，以上讨论的渗流规律，都是对没有渗流变形的情况而言。当土壤颗粒因渗流作用发生变形运动，或土壤结构因渗流而失去稳定时，渗流的水头损失将服从另外的规律，这将在其他课程中介绍。本章只在符合达西定律范围内讨论渗流运动。

三、渗透系数

渗透系数 k 是综合反映土壤渗流特性的一个指标，其大小一方面取决于孔隙介质的特性，另一方面也和流体的物理性质、温度有关。由于影响因素较多，要准确确定 k 值的大小仍然是比较困难的，目前常用以下几种方法来确定 k 值。

1. 经验法

在进行初步估算时，如果缺乏可靠的实际资料，可以参照有关规范选取渗透系数 k 值，或者参考已建工程的资料及有关经验公式来确定 k 值。这种方法可靠性较差，仅作为估算之用。表 11-1 给出了各类土壤渗透系数的参考值。

2. 室内测定法

取若干天然土作为土样，在实验室内测定其 k 值。通常使用的实验装置就是达西实验装置。在测得水头损失 h_w 和流量 Q 之后，可按下式求得渗透系数 k 值：

$$k = \frac{QL}{Ah_w}$$

这种方法对被测定的土壤来说是可靠的，但和实际土壤还是有差别的。为使被测定的土壤能够正确反映现场土壤的天然情况，应尽量选取非扰动土样，并选取足够多数量的有代表性的土样进行实验。

表 11 - 1　　　　　　　　　　　土壤渗透系数的参考值

土壤	渗透系数 k		土壤	渗透系数 k	
	m/d	cm/s		m/d	cm/s
黏　　土	<0.005	$<6\times10^{-6}$	粗　　砂	20～50	$2\times10^{-2}\sim6\times10^{-2}$
亚黏土	0.005～0.1	$6\times10^{-6}\sim1\times10^{-4}$	均质粗砂	60～75	$7\times10^{-2}\sim8\times10^{-2}$
轻亚黏土	0.1～0.5	$1\times10^{-4}\sim6\times10^{-4}$	圆　　砾	50～100	$6\times10^{-2}\sim1\times10^{-1}$
黄　　土	0.25～0.5	$3\times10^{-6}\sim6\times10^{-4}$	卵　　石	100～500	$1\times10^{-1}\sim6\times10^{-1}$
粉　　砂	0.5～0.1	$6\times10^{-4}\sim1\times10^{-3}$	无填充物卵石	500～1000	$6\times10^{-1}\sim1\times10$
细　　砂	1.0～5.0	$1\times10^{-3}\sim6\times10^{-3}$	稍有裂隙岩石	20～60	$2\times10^{-2}\sim7\times10^{-2}$
中　　砂	5.0～20.0	$6\times10^{-3}\sim2\times10^{-2}$	裂隙多的岩石	>60	$>7\times10^{-2}$
均质中砂	35～50	$4\times10^{-2}\sim6\times10^{-2}$			

3. 现场测定法

这种方法是在所研究的渗流区现场进行实测。它是通过钻井或挖试坑，然后向其中注水或从其中抽水来测定流量及水头等值，再根据相应的理论公式反算 k 值。具体做法这里不再详述，可参考有关书籍。

现场测定法是一种较为可靠的方法。其主要优点是不用选取土样，使土壤结构保持原状，可以获得大面积的平均渗透系数值。但因规模大、费用高，一般多用于重要的大型工程。

第三节　　地下河槽中的恒定渗流

在讨论地表水的运动规律时，将其分成有压流和无压流、均匀流和非均匀流、渐变流和急变流。对于地下水运动，在渗流模型基础上，也可作同样的分类，即有压渗流（位于不透水层以下的渗流）和无压渗流（位于地表以下，不透水层以上，且具有自由表面的渗流）、均匀渗流和非均匀渗流、渐变渗流和急变渗流。本节主要讨论无压渗流，内容包括渗透流量和浸润线（无压渗流的自由表面与纵剖面的交线）的计算。

地下河槽不像地面上的河道有明显的河岸，它是一个广阔的地下透水层，并且不透水地基很不规则。为方便起见，将地下河槽视为一维流动，过水断面视为矩形断面，并且将不透水地基基底视为平面，以 i 表示槽底的坡度。

一、地下河槽的均匀渗流

地下河槽的均匀渗流与明渠恒定均匀流一样，具有水深沿程不变、断面平均流速沿程不变、水力坡度 J 与底坡 i 相等的性质。由达西定律可知：

$$v = kJ$$

于是

$$v = ki \qquad (11-9)$$

则通过过水断面的流量为

$$Q = vA_0 = kiA_0 \qquad (11-10)$$

式中：A_0 表示均匀渗流时地下河槽的过水断面面积，若视为矩形，则 $A_0 = bh_0$，b 为槽宽，h_0 为均匀渗流的正常水深。所以，式（11-10）可写为

$$Q = kiA_0 = kibh_0 \quad \text{或} \quad q = kih_0 \qquad (11-11)$$

上式即为地下河槽均匀渗流时渗透流量的计算公式。式中 q 为地下河槽均匀渗流的单宽渗透流量。

二、地下河槽中非均匀渐变渗流的基本公式

式（11-4）和式（11-5）只适用于均匀渗流情况下的断面平均流速和渗流区域内任意点上的渗流流速，下面推导地下河槽中非均匀渐变渗流的基本公式。

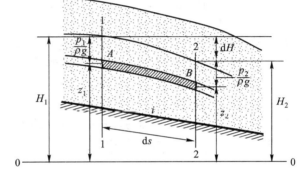

图 11-3

图 11-3 所示为一非均匀渐变渗流，现在相距为 $\mathrm{d}s$ 的过水断面 1—1 和断面 2—2 之间取一条流线 AB，则由式（11-6）知，A 点处的渗透流速 u 可表示为

$$u = -k \frac{\mathrm{d}H}{\mathrm{d}s}$$

断面 1—1 的平均流速：

$$V = \frac{1}{A}\int_A u\,\mathrm{d}A = \frac{1}{A}\int_A -k\frac{\mathrm{d}H}{\mathrm{d}s}\mathrm{d}A \qquad (11-12)$$

同一过水断面上各点的水力坡度：

$$J = -\frac{\mathrm{d}H}{\mathrm{d}s} = \text{常数}$$

所以各点的渗透流速为

$$v = -k\frac{\mathrm{d}H}{\mathrm{d}s} = -kJ = u \qquad (11-13)$$

上式即为渐变渗流的基本公式，是法国学者杜比（J. Dupuit）于 1857 年首先推导出来的，故又称为杜比公式。它表明在非均匀渐变渗流中，同一过水断面上各点流速相等，并等于断面平均流速，流速分布图为矩形，如图 11-4 所示。

由式（11-6）、式（11-12）和式（11-13）可见，达西定律和杜比公式在形式上完全相同，但二者的含义不同。达西定律表明在均匀渗流区域中，各点流速都相等；而杜比公式则表明，在非均匀渐变渗流中同一过水断面上各点的流速相等。

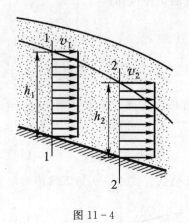

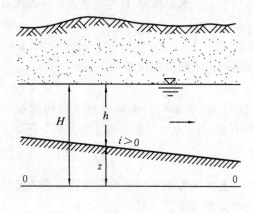

图 11-4
图 11-5

三、地下河槽非均匀渐变渗流的浸润线

地下河槽的自由表面称为浸润面，浸润面与纵剖面的交线称为浸润线。同明渠流一样，地下河槽浸润线的分析与计算也是渗流计算中的一个很重要的任务，如土坝浸润线位置的高低直接影响土坝的稳定性，井的出水量也与浸润线位置的形状有关。

1. 棱柱体地下河槽恒定非均匀渐变渗流的基本微分方程

图 11-5 所示为一非均匀渐变渗流的地下河槽，底坡为 i。对于其中任一过水断面的总水头 H 可表示为

$$H = z + h$$

于是

$$\frac{\mathrm{d}H}{\mathrm{d}s} = \frac{\mathrm{d}z}{\mathrm{d}s} + \frac{\mathrm{d}h}{\mathrm{d}s} = -i + \frac{\mathrm{d}h}{\mathrm{d}s}$$

代入杜比公式（11-13），得

$$v = -k \frac{\mathrm{d}H}{\mathrm{d}s} = k\left(i - \frac{\mathrm{d}h}{\mathrm{d}s}\right) \tag{11-14}$$

通过过水断面 A 的流量为

$$Q = Av = kA\left(i - \frac{\mathrm{d}h}{\mathrm{d}s}\right) \tag{11-15}$$

上式就是棱柱体地下河槽恒定非均匀渐变渗流的基本微分方程。利用该方程可以分析和计算地下河槽非均匀渐变渗流的浸润线。

2. 地下河槽浸润线的分析与计算

非均匀渐变渗流中的浸润线与地表水的水面线类似，也将因底坡不同而有不同的形式。但由于渗流是水流在孔隙介质中的流动，因此浸润线与水面线也存在着差别。

在渗流研究中，由于可以忽略流速水头 $\frac{\alpha v^2}{2g}$，则断面比能 $E_s = h$，明渠中 $E_s = h + \frac{\alpha v^2}{2g}$。即断面比能 E_s 与水深 h 呈直线关系，不存在最小值，因此不存在临界水深 h_K 或临界底坡 i_K，从而底坡也就无陡缓之分。所以，在地下河槽中只有正坡、平坡和逆坡 3 种底坡，浸润线也只有 4 种形式。

（1）正坡（$i>0$）地下河槽中的浸润线。正底坡地下河槽中可以形成均匀流。如果通过某一流量 Q 时形成了均匀渗流，则满足式（11-10）：

$$Q = kiA_0$$

若在该流量 Q 下形成非均匀渐变渗流，则应满足式（11-15）：

$$Q = kA\left(i - \frac{\mathrm{d}h}{\mathrm{d}s}\right)$$

于是

$$kiA_0 = kA\left(i - \frac{\mathrm{d}h}{\mathrm{d}s}\right)$$

整理上式，得

$$\frac{\mathrm{d}h}{\mathrm{d}s} = i\left(1 - \frac{A_0}{A}\right) \quad 或 \quad \frac{\mathrm{d}h}{\mathrm{d}s} = i\left(1 - \frac{h_0}{h}\right) \tag{11-16}$$

绘出地下河槽中的正常水深线 $N-N$，则可将正底坡渗流划分为 a、b 两个区域，即 $h>h_0$ 为 a 区，$h<h_0$ 为 b 区。

a 区：因为 $h>h_0$，由式（11-16）得 $\frac{\mathrm{d}h}{\mathrm{d}s}>0$，说明水深沿程增加，故浸润线为壅水曲线。在曲线上游端，当 $h\to h_0$ 时，$\frac{\mathrm{d}h}{\mathrm{d}s}\to0$，说明浸润线的上游端以 $N-N$ 线为渐近线；在曲线的下游端，当 $h\to\infty$ 时，$\frac{\mathrm{d}h}{\mathrm{d}s}\to i$，说明浸润线的下游端以水平线为渐近线。

b 区：因为 $h<h_0$，由式（11-16）得 $\frac{\mathrm{d}h}{\mathrm{d}s}<0$，说明水深沿程减小，故浸润线为降水曲线。在曲线上游端，当 $h\to h_0$ 时，$\frac{\mathrm{d}h}{\mathrm{d}s}\to0$，说明浸润线的上游端以 $N-N$ 线为渐近线；在曲线的下游端，当 $h\to0$ 时，$\frac{\mathrm{d}h}{\mathrm{d}s}\to-\infty$，说明浸润线的下游端与槽底正交，但这种情况实际上是不存

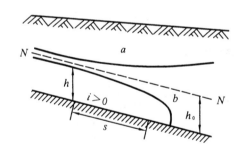

图 11-6

在的，因为此时已经不再是渐变渗流了，故不能用上式分析。

a 区和 b 区的浸润线形状如图 11-6 所示。

正坡地下河槽中浸润线的计算公式可对式（11-16）积分求得。

令 $\eta = \frac{h}{h_0}$，则 $\mathrm{d}h = h_0\mathrm{d}\eta$，代入式（11-16），并整理得

$$\frac{h_0\mathrm{d}\eta}{\mathrm{d}s} = i\left(1 - \frac{1}{\eta}\right)$$

或

$$\mathrm{d}s = \frac{h_0}{i}\left(1 + \frac{1}{\eta-1}\right)\mathrm{d}\eta$$

对上式积分，得

$$s = \frac{h_0}{i}\left(\eta_2 - \eta_1 + \ln\frac{\eta_2 - 1}{\eta_1 - 1}\right) \qquad (11-17a)$$

化成常用对数形式：
$$s = \frac{h_0}{i}\left(\eta_2 - \eta_1 + 2.3\lg\frac{\eta_2 - 1}{\eta_1 - 1}\right) \qquad (11-17b)$$

式中：$\eta_1 = \dfrac{h_1}{h_0}$；$\eta_2 = \dfrac{h_2}{h_0}$；$h_1$、$h_2$ 分别为两个计算断面处的水深。

故上式也可写为

$$is = h_2 - h_1 + 2.3 h_0 \lg\frac{h_2 - h_0}{h_1 - h_0} \qquad (11-17c)$$

利用上式即可进行正坡矩形断面地下河槽中的浸润线及其他有关计算。

（2）平坡（$i=0$）地下河槽中的浸润线。由于水平底坡地下河槽中不可能发生均匀渗流，不存在正常水深，因此只有一个渗流区和一种形式的浸润线。将 $i=0$ 代入式（11-15），得

$$Q = Av = -kA\frac{\mathrm{d}h}{\mathrm{d}s} \quad 或 \quad \frac{\mathrm{d}h}{\mathrm{d}s} = -\frac{Q}{kA} \qquad (11-18)$$

上式中因 Q、k 和 A 均为正值，则 $\dfrac{\mathrm{d}h}{\mathrm{d}s}<0$，即浸润线为 b 型降水曲线，如图 11-7 所示。该浸润线的上游端需视实际边界条件而定，在极限情况下，$h\to+\infty$，$\dfrac{\mathrm{d}h}{\mathrm{d}s}\to 0$，即以水平线为渐近线；在下游端，$h\to 0$ 时，$\dfrac{\mathrm{d}h}{\mathrm{d}s}\to-\infty$，即浸润线在靠近槽底处有正交趋势，与正坡地下河槽中的 b 型浸润线一样，是不可能存在的。

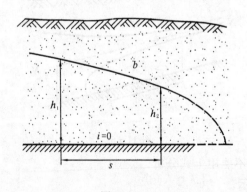

图 11-7

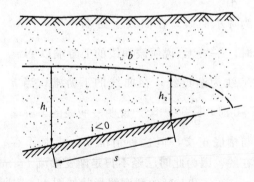

图 11-8

平坡地下河槽中浸润线的计算公式可对式（11-18）积分求得。

若地下河槽为矩形断面，$A = bh$，代入式（11-18），得

$$\frac{\mathrm{d}h}{\mathrm{d}s} = -\frac{Q}{kbh}$$

分离变量，得
$$\frac{q}{k}\mathrm{d}s = -h\,\mathrm{d}h$$

积分上式，得 $$s = \frac{k}{2q}(h_1^2 - h_2^2) \tag{11-19}$$

利用上式即可进行平坡矩形断面地下河槽中的浸润线及其他有关计算。

（3）逆坡（$i<0$）地下河槽中的浸润线。与平坡地下河槽一样，逆坡地下河槽中也不会发生均匀渗流，不存在正常水深。因此，只有一个渗流区和一种形式的浸润线。

为便于分析和计算，假想有一正坡 i'，且令 $i' = -i$ 并代入式（11-15），得

$$Q = -kA\left(i' + \frac{\mathrm{d}h}{\mathrm{d}s}\right) = -kbh\left(i' + \frac{\mathrm{d}h}{\mathrm{d}s}\right)$$

先设想在正坡 i' 上形成均匀渗流，通过的流量为 Q，其过水断面为 $A_0' = bh_0'$，于是 $Q = ki'bh_0'$，代入上式，得

$$\frac{\mathrm{d}h}{\mathrm{d}s} = -i'\left(1 + \frac{h_0'}{h}\right) \tag{11-20}$$

上式中，因 i'、h_0' 和 h 均为正值，故 $\frac{\mathrm{d}h}{\mathrm{d}s} < 0$，即在逆坡地下河槽中的浸润线为 b 型降水曲线，如图 11-8 所示。与平坡地下河槽的浸润线分析相似，该浸润线的上游端以水平线为渐近线；下游端趋近于与不透水地基垂直。

逆坡地下河槽中浸润线的计算公式可对式（11-20）积分求得。

令 $\eta' = \dfrac{h}{h_0'}$，则 $\mathrm{d}h = h_0'\,\mathrm{d}\eta'$，代入式（11-20），并整理得

$$\mathrm{d}s = -\frac{h_0'}{i'}\frac{\eta'}{\eta'+1}\mathrm{d}\eta'$$

对上式积分，得

$$s = \frac{h_0'}{i'}\left(\eta_1' - \eta_2' + 2.3\lg\frac{\eta_2'+1}{\eta_1'+1}\right) \tag{11-21a}$$

式中 $\eta_1' = \dfrac{h_1}{h_0'}$、$\eta_2' = \dfrac{h_2}{h_0'}$，故上式也可写为

$$i's = h_1 - h_2 + 2.3h_0'\lg\frac{h_2+h_0'}{h_1+h_0'} \tag{11-21b}$$

利用上式即可进行逆坡矩形断面地下河槽中的浸润线及其他有关计算。

例 11-1　如图 11-9 所示，在某河道与渠道之间有一透水土层，渗透系数 $k=0.005\mathrm{cm/s}$，不透水基底的底坡 $i=0.022$，河道与渠道之间的距离 $s=185\mathrm{m}$，从渠中渗出的地下水水深 $h_1=1.0\mathrm{m}$，渗入河道时地下水的水深 $h_2=2.0\mathrm{m}$。试求（1）每米长渠道渗入到河道的渗透流量 q；（2）计算并绘制浸润曲线。

解：

（1）计算渗透流量 q。由于 $i>0$，则可由均匀渗流公式（11-11）计算渗透流量，即

$$q = kih_0$$

在上式中，必须先求出正常水深 h_0，才可求出渗透流量 q。由题意，$h_1<h_2$，为壅水曲线，则可利用式（11-17）计算正常水深 h_0：

$$is = h_2 - h_1 + 2.3h_0 \lg \frac{h_2 - h_0}{h_1 - h_0}$$

将已知的 $h_1 =$
1.0m，$h_2 = 2.0$m，$s =$
185m，$i = 0.022$，$k =$
0.005cm/s 代入上式，并
整理得

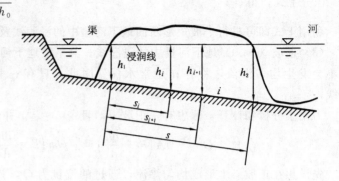

图 11-9

$$h_0 \lg \frac{2 - h_0}{1 - h_0} = 1.335$$

上式为一隐函数方
程，不能直接求出 h_0，
需用试算法求解。

由上式经试算求得 $h_0 = 0.958$m。所以每米长渠道的渗透流量为

$$q = kih_0 = 0.005 \times 10^{-2} \times 0.022 \times 0.958$$
$$= 1.054 \times 10^{-6} [\mathrm{m^3/(m \cdot s)}]$$

（2）计算浸润曲线。已知浸润曲线为壅水曲线，并且起始水深 $h_1 = 1.0$m，假定一系列 h_2 值，按式（11-17b）计算相应的 s 值，计算过程见表 11-2。

表 11-2

h_2/m	$\eta_1 = \dfrac{h_1}{h_0}$	$\eta_2 = \dfrac{h_2}{h_0}$	$s = \dfrac{h_0}{i}\left(h_2 - h_1 + 2.3\lg\dfrac{h_2 - 1}{h_1 - 1}\right)/\mathrm{m}$
1.1	1.044	1.148	57.3
1.3	1.044	1.357	104.7
1.5	1.044	1.566	133.8
1.7	1.044	1.775	156.6
1.9	1.044	1.983	176.0

根据表中计算出的 h_2 和 s 值绘出浸润曲线，如图 11-9 所示。

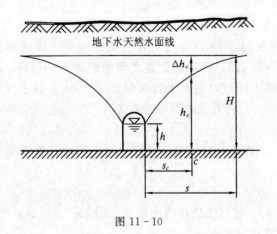

图 11-10

例 11-2 集水廊道可以用来取水或降低地下水位。图 11-10 所示为某工厂为了降低地下水位在水平不透水层上修建的一条集水廊道，廊道长 $L = 100$m，含水层原来水深 $H = 7.6$m，修建廊道后，在距廊道边缘 $s = 800$m 处，地下水位开始下降，廊道中水深 $h = 3.6$m，土壤渗透系数 $k = 0.04$cm/s。试求（1）集水廊道排出的总渗流量 Q；（2）距廊道

$s_c = 400m$ 处 c 点的地下水位降低值 Δh_c。

解：

（1）求排出的总渗流量 Q。由于廊道中所汇集的地下水是由两侧土层渗出的，因此每一侧的单宽渗流量为

$$q = \frac{Q}{2L}$$

利用平底河槽浸润曲线公式（11-19），得

$$s = \frac{k}{2q}(h_1^2 - h_2^2) = \frac{k}{2 \times \frac{Q}{2L}}(h_1^2 - h_2^2) = \frac{kL}{Q}(h_1^2 - h_2^2) \tag{a}$$

或

$$Q = \frac{kL}{s}(h_1^2 - h_2^2) \tag{b}$$

由题意，在 $s = 800m$ 处，$h_1 = H = 7.6m$，$h_2 = h = 3.6m$。代入式（b），得

$$Q = \frac{0.04 \times 10^{-2} \times 100}{800}(7.6^2 - 3.6^2)$$

$$= 2.24 \times 10^{-3}(\text{m}^3/\text{s}) = 2.24\text{L/s}$$

（2）计算 c 点的地下水位降低值 Δh_c。设 c 点处渗流水深为 h_c，则 $h_1 = h_c$，$s = s_c$，$h_2 = h = 3.6m$。代入式（a），得

$$s_c = \frac{kL}{Q}(h_c^2 - h^2) \quad \text{或} \quad h_c^2 = \frac{Qs_c}{kL} + h^2$$

将已知数据代入，解得

$$h_c^2 = \frac{2.24 \times 10^{-3} \times 400}{0.04 \times 10^{-2} \times 100} + 3.6^2 = 35.36$$

故

$$h_c = 5.95(\text{m})$$

c 点处的地下水位降低值 $\Delta h_c = H - h_c = 7.6 - 5.95 = 1.65$（m）

第四节 井 的 渗 流

井是一种用于吸取地下水或排水的集水建筑物，在农业灌溉、水文地质勘探和开发水资源中都有着广泛的应用。因此，研究井的渗流具有实际意义。

井的渗流主要解决两个问题，即确定渗流量和浸润曲线的位置。

根据水文地质条件，将井分为潜水井和承压井两种基本类型。潜水井指在地下无压透水层中开凿的井，也称无压井或普通井；承压井指在两个不透水层之间的含水层中开凿的井，也称自流井。对于以上两种类型的井，当井底坐落在不透水层上时称为完全井；若井底未达到不透水层则称为不完全井。

一般情况下，井的渗流属于非恒定流。但当地下水来源充沛，开采量远小于天然补给量的情况下，经一段时间抽水后，可按恒定流进行分析。

另一方面，严格地讲，井的渗流属于三维渗流，应按渗流运动的微分方程求解，

求解非常复杂。但若忽略运动要素沿 z 轴方向的变化，并采用轴对称假设，即可采用一维渐变渗流的杜比公式进行分析。

一、普通完全井

如图 11-11 所示为一普通完全井，井底为不透水层，含水层厚度为 H，井的半径为 r_0。抽水时地下水从四周径向对称地流入井内，形成关于井中心垂直轴线对称的漏斗形浸润曲面。设抽水量不变地连续抽水，且含水层体积很大，抽水过程中不致于使含水层厚度 H 有所改变，则可认为流向井的地下水渗流为恒定对称渗流，即浸润面的形状、位置不变，井中水深 h_0 也不变，各径向断面上的渗流情况相同。而且除井四周附近区域外，浸润线曲率很小，可近似为渐变渗流，运用杜比公式进行计算。

设 z 为距井轴 r 处的浸润线高度。则由杜比公式得 r 处流向井轴的断面平均流速为

$$v = kJ = k\frac{\mathrm{d}z}{\mathrm{d}r}$$

由于过水断面为圆柱面，面积 $A = 2\pi rz$，则渗透流量为

$$Q = Av = 2\pi rkz\frac{\mathrm{d}z}{\mathrm{d}r}$$

分离变量得

$$2z\mathrm{d}z = \frac{Q}{\pi k}\frac{\mathrm{d}r}{r}$$

对上式积分

$$\int_{h_0}^{z} 2z\mathrm{d}z = \int_{r_0}^{r} \frac{Q}{\pi k}\frac{\mathrm{d}r}{r}$$

得

$$z^2 - h_0^2 = \frac{Q}{\pi k}\ln\frac{r}{r_0} \tag{11-22a}$$

化为常用对数为

$$z^2 - h_0^2 = \frac{0.73Q}{k}\lg\frac{r}{r_0} \tag{11-22b}$$

式中：h_0 为井中的水深；r_0 为井的半径；Q 为抽水流量；k 为含水层的渗透系数。

利用式（11-22b）即可确定浸润线的位置。

设在半径 $r = R$ 处，浸润线趋近于原有的地下水位，即当 $r = R$ 时，$z = H$，R 称为井的影响半径。在 R 以外的区域，地下水位不受影响。则由式（11-22b）得

$$Q = 1.37k\frac{H^2 - h_0^2}{\lg\frac{R}{r_0}} \tag{11-23}$$

上式即为普通完全井的最大出水量公式。其中，影响半径 R 由抽水实验测定。在初步估算时，R 值可按经验酌情选取；对于粗颗粒土壤，$R = 700 \sim 1000\mathrm{m}$；中粗颗粒土壤，$R = 250 \sim 700\mathrm{m}$；

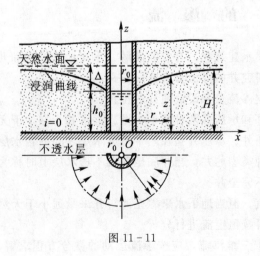

图 11-11

细颗粒土壤，$R = 100 \sim 200 m$。也可按下列经验公式计算：

$$R = 3000s\sqrt{k} \qquad (11-24)$$

式中：s 为井的抽水深度，$s = H - h_0$。

上式中 R、s 均以 m 计，k 以 m/s 计。

应当指出，影响半径 R 本身是近似的概念，所以用不同方法确定的数值是有很大差别的。但从式（11-24）可以看出，流量与影响半径的对数成反比，所以 R 的差别对 Q 的影响不大。但对重要的计算，应采用野外实测的方法确定 R 的大小。

对于普通不完全井的渗流情况比较复杂，因为水流不仅沿着井壁渗入水井，同时还从井底渗入井内，此时已经不能用一维杜比公式进行分析，通常采用完全井的计算公式乘以一个大于 1 的系数来计算普通不完全井的出水流量，其流动情况的具体分析和计算这里不再详述。

二、完全承压井

当含水层位于两个不透水层之间时，由于地质构造关系，含水层中的地下水处于承压状态。如图 11-12 所示，当开挖的井穿过不透水层时，井中水位在不抽水时将上升到 H 高度。H 为承压地下水的水头，该水头可能高出地面，此时地下水会自动流出井外；也可能低于地面，但总是大于含水层厚度 t。这里仅讨论完全承压井的情况。

设含水层厚度 t 沿程不变，并考虑恒定状态，此时和普通完全井一样，仍可按一维渐变渗流处理。由杜比公式可知过水断面上的平均流速为

$$v = k\frac{dz}{dr}$$

距井轴为 r 的过水断面面积 $A = 2\pi rt$，则

$$Q = 2\pi rkt\frac{dz}{dr}$$

对上式分离变量并积分得

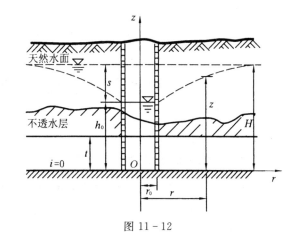

图 11-12

$$z = \frac{Q}{2\pi kt}\ln r + c$$

将边界条件 $r = r_0$ 时，$z = h_0$ 代入上式，得 $c = h_0 - \dfrac{Q}{2\pi kt}\ln r_0$

所以

$$z - h_0 = \frac{Q}{2\pi kt}\ln\frac{r}{r_0} = 0.37\frac{Q}{kt}\lg\frac{r}{r_0} \qquad (11-25)$$

引入影响半径的概念，设 $r = R$ 时，$z = H$，则出水量公式为

$$Q = 2.73\frac{kt(H - h_0)}{\lg\dfrac{R}{r_0}} = 2.73\frac{kts}{\lg\dfrac{R}{r_0}} \qquad (11-26)$$

式中：t、h、h_0 及 r_0 的含义如图 11-12 所示，$s=H-h_0$ 为水面降深。R 可按普通完全井的计算方法和公式确定。

三、井群

实际当中，经常采用井群的方式进行工作。井群是指多个井同时工作，而且井与井之间的距离小于一个井的影响半径的多个井的组合。对于井群，由于在抽水时，各井之间相互影响，使其浸润面的形状十分复杂。因此，井群的水力计算比单井要复杂得多。

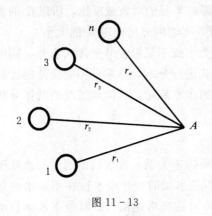

图 11-13

对于井群，需应用势流叠加原理进行分析计算。这里仅讨论一种最为简单的井群，即假定每个井均为完全井，且每个井的尺寸相同，抽水量相同，井与井之间的距离很小，如图 11-13 所示。对于这样的井群，根据势流叠加原理，当若干井同时工作时，渗流场中任意点 A 处的势函数为各井单独工作时在该点的势函数之和。由此可得普通完全井井群的总供水量为

$$Q_0 = 1.36k \frac{H^2 - h_0^2}{\lg R - \frac{1}{n}\lg(r_1 \cdot r_2 \cdots r_n)} \tag{11-27}$$

式中：h_0 为渗流区任意点 A 的含水层厚度（即地下水深度）；r_1，r_2，$\cdots$，r_n 为各水井至 A 点的距离；n 为井的数目；H 为原含水层的厚度；R 为井群的影响半径，可由抽水实验测定或按以下经验公式估算：

$$R = 575s\sqrt{kH} \tag{11-28}$$

上式为井群的总供水量的计算公式。单井的供水量为 $Q=\dfrac{Q_0}{n}$。

利用上式还可计算已知井群的总抽水量 Q_0 时，渗流区内任意点的地下水深度 h 值。

例 11-3 为了实测某区域土壤的渗透系数，在该区打一普通完全井，在距井 r_1 $=50\text{m}$ 和 $r_2=10\text{m}$ 处分别钻一观测孔，如图 11-14 所示。在抽水持续一段时间后，实测两个观测孔中水面的稳定降深 $s_1=0.7\text{m}$，$s_2=1.5\text{m}$。设含水层深度 $H=4.5\text{m}$，稳定抽水量 $Q=4.5\text{L/s}$，试求井区附近土壤的渗透系数 k 值。

解：

由题意可知，两观测孔中水深为
$$h_1 = H - s_1 = 4.5 - 0.7 = 3.8(\text{m})$$
$$h_2 = H - s_2 = 4.5 - 1.5 = 3.0(\text{m})$$

设井的半径为 r_0，井中水深为 h_0，则由普通完全井的浸润线方程式（11-22b）得

$$h_1^2 - h_0^2 = \frac{0.73Q}{k} \lg \frac{r_1}{r_0}$$

$$h_2^2 - h_0^2 = \frac{0.73Q}{k} \lg \frac{r_2}{r_0}$$

两式相减，得

$$h_1^2 - h_2^2 = \frac{0.73Q}{k} \lg \frac{r_1}{r_2}$$

故

$$k = \frac{0.73Q}{h_1^2 - h_2^2} \lg \frac{r_1}{r_2}$$

代入已知数据，得

$$k = \frac{0.73 \times 0.0045}{3.8^2 - 3.0^2} \times \lg \frac{50}{10} = 4.22 \times 10^{-4}(\text{m/s}) = 0.042\text{cm/s}$$

即井区附近土壤的渗透系数 k 为 0.042cm/s。

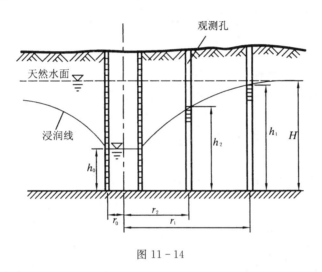

图 11-14

例 11-4 如图 11-15 所示，为降低某圆形基坑施工中的地下水水位，在半径为 $r=20$m 的圆周上均匀布置了 4 眼井，各井的半径 r_0 相同，含水层厚度 $H=15$m，渗透系数 $k=0.001$m/s，欲使基坑中心 O 点的水位降深 $s=3.0$m。试求：（1）各井的抽水量；（2）距井群中心点 $r_a=10$m 处的 a 点水位降深。

解：

（1）求各井的抽水量 Q。井群计算公式（11-27）：

$$Q_0 = 1.36k \frac{H^2 - h_0^2}{\lg R - \frac{1}{n} \lg(r_1 \cdot r_2 \cdots r_n)} \tag{a}$$

式中：影响半径 R 用式（11-28）计算。

$$R = 575s\sqrt{kH} = 575 \times 3.0 \times \sqrt{0.001 \times 15} = 211(\text{m})$$

基坑中心点的水位为

$$z = H - s = 15 - 3.0 = 12 \text{(m)}$$

由题意可知：$r_1 = r_2 = r_3 = r_4 = r = 20\text{m}$，代入式（a）得

$$Q_0 = 1.36 \times 0.001 \frac{15^2 - 12^2}{\lg 211 - \frac{1}{4}\lg(20^4)} = 0.108 \text{(m}^3\text{/s)}$$

每眼井的抽水量为 $Q = \dfrac{Q_0}{n} = \dfrac{0.108}{4} = 0.027 \text{(m}^3\text{/s)}$

（2）求 a 点水位降深。设 a 点处的水深为 h_0，则可根据式（11-27）得

$$h_0^2 = H^2 - 0.73 \frac{Q_0}{k}\left[\lg R - \frac{1}{n}\lg(r_1 r_2 r_3 r_4)\right]$$

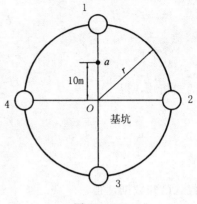

图 11-15

对于 a 点，$r_1 = 10\text{m}$，$r_2 = r_4 = \sqrt{10^2 + 20^2} = 22.36\text{m}$，$r_3 = 30\text{m}$，代入上式，得

$$h_0^2 = 15^2 - 0.73 \times \frac{0.108}{0.001}\left[\lg 211 - \frac{1}{4}\lg(10 \times 22.36 \times 30 \times 22.36)\right]$$

$$= 143.77$$

所以　　　　$h_0 = 11.99$（m）$\approx 12\text{m}$。

即 a 点的水位降深 $s_a = H - h_0 = 15 - 12 = 3.0$（m）。

第五节 土 坝 渗 流

土坝是水利工程中应用最广的挡水建筑物之一，而土坝的渗流问题是关系到土坝能否正常工作的一个重要因素。土坝的渗流分析和计算任务主要是确定浸润线的位置、经过坝体的渗流流速和渗透流量。前面二者关系到坝体的安全，后者关系到水库水量的损失。

土坝的型式及地基条件有多种情况，如图 11-16 所示，坝体有均质的、带心墙的、带斜墙的；地基有透水的和不透水的（凡是地基的渗透系数比坝体土壤的渗透系数小百倍以上的，均可认为是不透水地基）情况。其中最简单的是不透水水平地基上的均质土坝，它的渗流情况是研究其他型式土坝渗流的基础。这里仅讨论这种类型土坝渗流的情况，其他类型土坝的渗流问题可参考有关书籍。

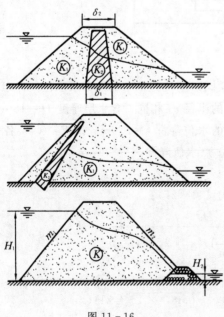

图 11-16

当坝体较长、断面形式一致时，除坝体两端外，可视为平面问题；当断面的形状和地基条件比较简单时，又可按一维渐变渗流处理。

图 11-17 所示为一水平不透水地基上的均质土坝剖面图。当上游水深 H_1 和下游水深 H_2 固定不变时，为恒定渗流。在上下游水位差的作用下，水流从上游坝面 AB 向坝体入渗，在坝体内形成无压渗流。在渗流过程中，由于克服阻力，渗流不断损失能量，水头不断地降低，直到下游坝坡，一部分渗流从 CD 渗出，C 点称为渗出点（或逸出点），渗出段的高度为 a_0；另一部分则从 DE 段渗入到下游河道。

上述土坝的渗流常采用分段法计算，分段法又分为三段法和两段法两种。三段法是由巴甫洛夫斯基提出的，他把渗流区划分为三段，即上游段三角体 ABG，中间段 $ACIG$，下游段三角体 CEI。对每一段按渐变渗流基本公式建立方程，然后通过三段联合求解，即可求出渗流量 q 和逸出点 h_c，并可绘出浸润线 AC。两段法是在三段法的基础上进行了修正和简化的方法。它把上游段三角体 ABG 用假想的等效矩形体 $A'B'GA$ 代替，然后与中间段 $ACIG$ 合并为一段，这样就把渗流区划分为上游段 $A'B'IC$ 和下游段 CEI 两段，如图 11-17 所示。

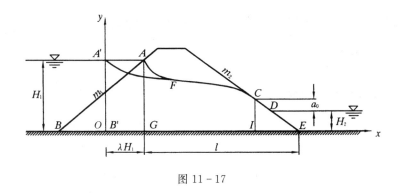

图 11-17

"等效"是认为用矩形体 $A'B'GA$ 取代三角体 ABG 后的渗流效果一样，即应使在相同的上游水深 H_1 和单宽流量 q 的情况下，通过该矩形体 $A'B'GA$ 到达 AG 断面的渗流损失应与通过原三角体 ABG 到达 AG 断面时的水头损失相等。设等效矩形体的宽度为 λH_1，根据实验，λ 值由下式确定：

$$\lambda = \frac{m_1}{1 + 2m_1} \tag{11-29}$$

式中：m_1 为坝的上游面边坡系数。

1. 上游段的计算

设水流从 $A'B'$ 面入渗至 CI 面，其水头差 $\Delta H = H_1 - (a_0 + H_2)$，两断面间的平均渗透路径 $\Delta s = l + \lambda H_1 - m_2 (a_0 + H_2)$，$m_2$ 为坝下游面的边坡系数。由此得出该段的平均渗透坡降为

$$J = \frac{\Delta H}{\Delta s} = \frac{H_1 - (a_0 + H_2)}{l + \lambda H_1 - m_2 (a_0 + H_2)}$$

由杜比公式得该段的平均渗流速度为

$$v = kJ = k \frac{H_1 - (a_0 + H_2)}{l + \lambda H_1 - m_2(a_0 + H_2)}$$

设上游段的单宽平均过水面积为

$$A = \frac{1}{2}(H_1 + a_0 + H_2)$$

则得到该段通过的单宽渗流量为

$$q = vA = k \frac{H_1^2 - (a_0 + H_2)^2}{2[l + \lambda H_1 - m_2(a_0 + H_2)]} \tag{11-30}$$

由于上式中的 a_0 未确定，故上式还不能求出 q_0。

2. 下游段的计算

如果坝下游有水，下游段应分为水面以上（无压流）和水面以下（有压流）两部分处理（图 11-18），同时把下游段内渗流的流线近似视为水平线。

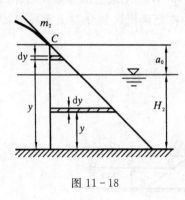

图 11-18

（1）对水面以上部分，在距坝底为 y 处任取一微小流束 dy，其长度为 $m_2(H_2 + a_0 - y)$，相应流段上水头损失为 $(H_2 + a_0 - y)$，水力坡度为 $\frac{1}{m_2}$，则该微小流束通过的单宽流量为

$$dq_1 = u\,dy = kJ\,dy = \frac{k}{m_2}dy$$

通过水面以上部分的单宽流量为

$$q_1 = \int dq_1 = \int_{H_2}^{H_2+a_0} \frac{k}{m_2}dy = \frac{k}{m_2}a_0 \tag{11-31}$$

（2）对水面以下部分，与水面以上部分相同，在距坝底为 y 处任取一微小流束 dy，其长度为 $m_2(H_2 + a_0 - y)$，相应流段上水头损失为 $(H_2 + a_0 - H_2) = a_0$，水力坡度为 $\frac{a_0}{m_2(H_2 + a_0 - y)}$，则该微小流束通过的单宽流量为

$$dq_2 = k \frac{a_0}{m_2(H_2 + a_0 - y)}dy$$

通过水面以下部分的单宽流量为

$$q_2 = \int dq_2 = \int_0^{H_2} \frac{ka_0}{m_2} \frac{1}{(H_2 + a_0 - y)}dy$$

$$= \frac{ka_0}{m_2}\ln\left(\frac{H_2 + a_0}{a_0}\right) = \frac{2.3ka_0}{m_2}\lg\left(\frac{H_2 + a_0}{a_0}\right) \tag{11-32}$$

由此可得通过下游段的单宽流量为

$$q = q_1 + q_2 = \frac{ka_0}{m_2}\left[1 + 2.3\lg\left(\frac{H_2 + a_0}{a_0}\right)\right] \tag{11-33}$$

根据连续性原理，通过上、下游段的流量应相等，所以联立求解方程式（11-30）和式（11-33），可求得土坝单宽渗流量 q 和逸出点高度 a_0，求解时可用试算法。

3. 浸润线

取 xOy 坐标如图 11-17 所示，则由平底矩形地下河槽的浸润线公式（11-19），得

$$x = \frac{k}{2q}(H_1^2 - y^2) \tag{11-34}$$

上式即为水平不透水层上均质土坝的浸润线方程。计算时可设一系列 y 值，由该式算得相应的 x 值，点绘成浸润线 $A'C$。但应注意，上述方程绘出的浸润线是从 A' 点开始的，而实际浸润线是从 A 点开始的，并在 A 点处与坝面 AB 垂直，故应对浸润线的起始端加以修正。具体方法可从 A 点绘制一条曲线，与 AB 相交，在交点处近似垂直，并且与 $A'C$ 在某点 F 相切，AFC 即为所求的浸润线。

第六节　渗流运动的微分方程

前面以达西定律为基础，用一维流动的分析方法，讨论了均匀渗流和非均匀渐变渗流的有关水力计算。但在实际工程中有许多渗流问题不能视为一元流或渐变渗流，如带有板桩的闸基渗流（图 11-19），由于闸基地下轮廓有局部突变，流线曲率很大，属于急变渗流。另外，由于生产实际需要，有时不仅要了解渗流的宏观效果（如渗流量、断面平均渗透流速等），还需要弄清渗流场中各点的渗透流速和渗透压强，所以渗流场的求解也是十分重要的。为此，下面首先讨论渗流运动的基本微分方程。

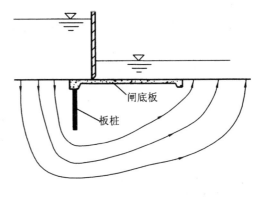

图 11-19

一、渗流场的连续方程

根据渗流模型的概念，视渗流为连续介质运动。若假定液体不可压缩、土体骨架不变形，则可用第十章中推导三元流连续性方程的方法，导出不可压缩恒定渗流的连续方程：

$$\frac{\partial u_x}{\partial x} + \frac{\partial u_y}{\partial y} + \frac{\partial u_z}{\partial z} = 0 \tag{11-35}$$

上式与地表水的连续方程式（10-15）完全相同，只是这里的 u_x、u_y、u_z 是指渗流模型中某点的流速。

二、渗流的运动方程

由于渗流的运动方程涉及引起渗流运动的原因和条件，即作用力的问题，因此在讨论渗流运动方程之前，先介绍渗流阻力的概念。

1. 渗流阻力

渗流是指液体在孔隙介质中的流动，而渗流阻力是指液体在孔隙中流动时，孔隙

周界对液体的阻力。因此，在渗流模型中可以设想不存在土壤骨架，但是土壤骨架对渗流运动所产生的阻力必须得到反映，那么如何在渗流模型中反映该渗流阻力呢？

由于土壤颗粒直径与渗流区的尺度相比是非常微小的，在分析液流作用力时，可以认为所取的隔离体中包含着足够多的土壤颗粒，这样就可以认为颗粒对流动的阻力是分布在整个空间上，而渗流阻力是作用在渗流模型中的一个体积力。这就是渗流阻力的一个重要特点。

设 $\boldsymbol{F}$ 为渗流模型中单位质量液体所受的阻力，其投影为 F_x、F_y、F_z，方向与流向相反，故单位质量液体沿流向移动 $\mathrm{d}s$ 距离时，$\boldsymbol{F}$ 所作的功为 $-\boldsymbol{F}\mathrm{d}s$，对单位质量液体而言，所作的功为 $-\dfrac{\boldsymbol{F}\mathrm{d}s}{g}$。由于阻力作的功应该等于单位质量液体所提供的能量 $\mathrm{d}H$，所以有

$$-\frac{\boldsymbol{F}\mathrm{d}s}{g} = \mathrm{d}H \quad \text{或} \quad \boldsymbol{F} = -g\,\frac{\mathrm{d}H}{\mathrm{d}s} = gJ \tag{11-36}$$

若所研究的渗流在达西定律范围之内，则由达西定律知

$$\boldsymbol{u} = -k\,\frac{\mathrm{d}H}{\mathrm{d}s} \quad \text{或} \quad -\frac{\mathrm{d}H}{\mathrm{d}s} = \frac{\boldsymbol{u}}{k}$$

代入式（11-36）得

$$\boldsymbol{F} = \boldsymbol{u}\,\frac{g}{k} \tag{11-37a}$$

写成分量式：

$$\begin{cases} F_x = u_x\,\dfrac{g}{k} \\[2mm] F_y = u_y\,\dfrac{g}{k} \\[2mm] F_z = u_z\,\dfrac{g}{k} \end{cases} \tag{11-37b}$$

上式即为渗流阻力的表达式。

2. 渗流运动方程

参照第十章中欧拉运动微分方程式（10-27），渗流运动方程可写为

$$\begin{cases} f_x - \dfrac{1}{\rho}\,\dfrac{\partial p}{\partial x} - F_x = \dfrac{\mathrm{d}u_x}{\mathrm{d}t} \\[2mm] f_y - \dfrac{1}{\rho}\,\dfrac{\partial p}{\partial y} - F_y = \dfrac{\mathrm{d}u_y}{\mathrm{d}t} \\[2mm] f_z - \dfrac{1}{\rho}\,\dfrac{\partial p}{\partial z} - F_z = \dfrac{\mathrm{d}u_z}{\mathrm{d}t} \end{cases} \tag{11-38}$$

由于在渗流中速度 u 很小，故惯性力与阻力相比可忽略不计，则上式为

$$\begin{cases} f_x - \dfrac{1}{\rho}\,\dfrac{\partial p}{\partial x} - F_x = 0 \\[2mm] f_y - \dfrac{1}{\rho}\,\dfrac{\partial p}{\partial y} - F_y = 0 \\[2mm] f_z - \dfrac{1}{\rho}\,\dfrac{\partial p}{\partial z} - F_z = 0 \end{cases} \quad \text{或} \quad \begin{cases} f_x - \dfrac{1}{\rho}\,\dfrac{\partial p}{\partial x} - \dfrac{g}{k}u_x = 0 \\[2mm] f_y - \dfrac{1}{\rho}\,\dfrac{\partial p}{\partial y} - \dfrac{g}{k}u_y = 0 \\[2mm] f_z - \dfrac{1}{\rho}\,\dfrac{\partial p}{\partial z} - \dfrac{g}{k}u_z = 0 \end{cases} \tag{11-39}$$

若质量力只有重力，即 $f_x = 0$，$f_y = 0$，$f_z = -g$，且 $H = z + \dfrac{p}{\rho g}$ 时，代入上式，得

$$\begin{cases} u_x = -k \dfrac{\partial H}{\partial x} \\[2mm] u_y = -k \dfrac{\partial H}{\partial y} \\[2mm] u_z = -k \dfrac{\partial H}{\partial z} \end{cases} \tag{11-40}$$

上式即为重力作用下均质各向同性土中恒定渗流的运动方程。

连续方程和运动方程所组成的渗流微分方程组中，共有 4 个微分方程，其中包含有 u_x、u_y、u_z 和 H 4 个未知量。因此，从理论上来说微分方程组是可解的，由此可解出渗流的流速场和压强场。

三、恒定渗流的流速势

根据有势流的定义，由渗流运动方程式（11-40）可以证明，渗流场中液体的旋转角速度 $\boldsymbol{\omega} = 0$，即渗流为有势流（可自行证明），因而一定存在流速势函数 φ，并且满足下式：

$$\begin{cases} u_x = \dfrac{\partial \varphi}{\partial x} \\[2mm] u_y = \dfrac{\partial \varphi}{\partial y} \\[2mm] u_z = \dfrac{\partial \varphi}{\partial z} \end{cases} \tag{11-41}$$

比较式（11-40）和式（11-41），得

$$\varphi = -kH \tag{11-42}$$

由上式可见，渗流场中等势线也是等水头线。将式（11-41）代入渗流的连续方程（11-35），得

$$\frac{\partial^2 \varphi}{\partial x^2} + \frac{\partial^2 \varphi}{\partial y^2} + \frac{\partial^2 \varphi}{\partial z^2} = 0 \quad \text{或} \quad \frac{\partial^2 H}{\partial x^2} + \frac{\partial^2 H}{\partial y^2} + \frac{\partial^2 H}{\partial z^2} = 0 \tag{11-43}$$

由此可知，不可压缩恒定渗流满足拉普拉斯方程。因此，渗流问题可以归结为求解拉普拉斯方程的问题。根据式（11-43）求出 φ 或 H 后，即可由式（11-41）求得渗流的速度场和压强场。若为平面渗流，则渗流场中还存在流函数，这样第十章中讨论过的求解平面势流的方法就可以应用于求解平面渗流问题了。

四、渗流场的边界条件

在应用上述微分方程求解渗流场时，必须给出渗流场的边界条件。不同的渗流场，其边界条件也不同。下面以如图 11-20 所示的均质土坝恒定渗流为例，说明渗流场的边界条件。

1. 不透水边界

不透水边界是指不透水层或不透水的建筑物轮廓，图 11-20 中的 2-5 即为不透

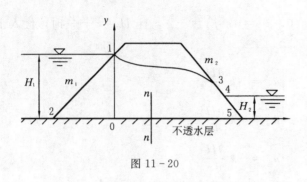

图 11-20

水边界。由于不透水，所以垂直于边界的流速分量等于 0，即 $u_n = 0$，或 $\frac{\partial \varphi}{\partial n} = \frac{\partial H}{\partial n} = 0$，$n$ 为不透水边界的法线方向。由于液体在不透水边界上只能沿着边界流动，即速度方向始终与边界相切，所以不透水边界为一条流线，即流函数 $\psi =$ 常数。

2. 透水边界

透水边界是指上游入渗和下游渗出的边界，图 11-20 中的 1—2 和 4—5 均为透水边界。不难看出，在边界 1—2 上 $H = H_1$，在边界 4—5 上 $H = H_2$。所以在透水边界上各点的水头相等，即 $H = c$，或 $\varphi = c$。由此得知，透水边界为等势线，也是等水头线。

3. 浸润边界

浸润边界就是土坝内的潜水面（坝体内渗流的自由表面），如图 11-20 中的 1—3。在恒定渗流中，浸润线的位置不随时间改变。在该浸润边界上，流速方向与边界相切，垂向流速 $u_n = 0$，或 $\frac{\partial \varphi}{\partial n} = \frac{\partial H}{\partial n} = 0$，故浸润边界为流线，即 $\psi =$ 常数。由于浸润边界为渗流的自由表面，所以在该边界上各点的压强均等于大气压强，即相对压强 $p = 0$。由式 $H = z + \frac{p}{\rho g}$ 得，浸润边界上 $H = z$，即浸润边界不是等水头线。

4. 逸出边界

当渗流逸出点（如图 11-20 中的 3 点）的位置高于下游水面时，即形成了逸出边界，如图 11-20 中的 3—4。该边界上的每一个点都是坝体内某一流线的终点，液体由此渗出而顺坝面下流，它不再具有渗流的性质。在该边界上，大气的相对压强 $p = 0$，故 $H = z$，所以逸出边界既不是流线也不是等势线。

五、渗流问题的求解方法简介

渗流的求解方法大致可以分为以下 4 类：

（1）解析法。即结合具体的边界条件和初始条件，直接求解渗流的基本方程组，求得 φ 或 H 的解析解，从而求得渗流场的速度分布和压强分布。但由于实际渗流问题的复杂性，用解析法所能求解的空间有限，目前只能求解一些边界条件非常简单的渗流问题。对于平面渗流问题，解析法常用复变函数理论来求解。

（2）数值解法。数值解法就是利用特定的计算方法来求其数学方程的近似解，其中最常用的是有限差分法和有限元法。这些方法随着电子计算机的发展，计算结果达到了相当高的精度。现在，数值解法已经成为求解各种复杂渗流问题的主要方法。

（3）图解法。图解法也是一种近似方法。由于渗流问题满足拉普拉斯方程，而拉普拉斯方程的一种近似解法就是流网法，因此利用流网法求解渗流场中各点的流速、流量和压强。对于一般的渗流问题，该方法可得到较满意的结果，但该方法只能适用于服从达西定律的恒定渗流的平面问题。

（4）实验方法。实验法是将渗流场按一定比例缩制成模型，用实验手段测定模型中的渗流要素，然后再换算到真实渗流场中去。实验方法有沙模拟法、热比拟法和水电比拟法等，本章将介绍水电比拟法。

第七节　用流网法求解平面渗流

前已述及，平面渗流问题属于平面势流，因此，第十章中介绍的平面势流的流网法可用于求解平面渗流。

流网的原理及绘制方法在第十章中已经作了介绍，这里不再重复。下面主要针对渗流的特点，结合图 11-21 对流网的绘制（徒手法）作进一步介绍。

一、渗流流网的绘制

（1）根据渗流的边界条件，确定边界流线与边界等势线。图 11-21 所示为一坝下透水地基。由边界条件知，建筑物的地下轮廓线 $B-1-2-3-4-5-6-7-8-C$ 和底部 $E-F$ 为两条边界流线，透水边界 $A-B$ 与 $C-D$ 为两条边界等势线。

（2）根据流网的特性，初步绘制流网。第十章中已经作了介绍，这里不再重复。

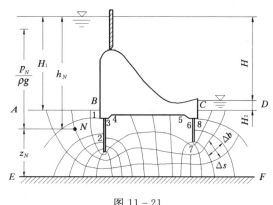

图 11-21

（3）根据流网的性质，对流网进行修改，即检验流网每一个网格的曲边正方性，具体的检验方法见第十章中介绍的流网绘制方法。但应指出，由于边界形状不规则，在边界突变处的个别网格不可避免地会出现三角形或五边形等不规则形状，这是由于所画的流线和等势线有限，从整个流网图来看，只要绝大多数网格满足流网的性质即可，不会影响到整个流网的精度。

在对流网进行修改的时候，常常改变一个网格可能牵动全局，因此通过多次反复修改，才能达到足够的精度。

二、利用流网进行渗流计算

按上述步骤绘制出正确的流网之后，即可利用流网进行有关的渗流计算。以如图 11-21 所示的流网图为例，分析渗流的计算公式。

1. 渗流流速的计算

由达西定律知，网格中任意一点的渗透流速为

$$u = kJ = k\frac{\Delta H}{\Delta s} \tag{11-44}$$

式中：Δs 为任意一点所在网格的平均流线长度；ΔH 为渗流在网格内的水头差。由流网的性质可知，任意两条相邻等势线间的水头差均相等，若上下游水位差 $H_1 - H_2 = H$，而流网中有 m 条等势线，则任意两条相邻等势线间的水头差为

$$\Delta H = \frac{H}{m-1}$$

代入式 (11-44)，得

$$u = \frac{kH}{(m-1)\Delta s} \tag{11-45}$$

上式即为流网中任意一点渗流流速的计算公式。

2. 渗流流量的计算

若某两条相邻流线间的宽度为 Δb，则由连续方程可得该两条流线间通过的流量为 $\Delta q = u \Delta b$。由流网的性质知，任意两条相邻流线间通过的流量相等，即 $\Delta q =$ 常数，则通过整个坝基的总渗透流量为

$$q = (n-1)\Delta q = (n-1)u\Delta b$$

将式 (11-45) 代入上式，得

$$q = kH\frac{(n-1)}{(m-1)\Delta s}\Delta b \tag{11-46a}$$

由上式可见，只要在流网中任意选择一个网格，量出该网格的平均流线长度 Δs 及等势线平均长度 Δb，并数出流线和等势线的条数，即可计算出渗流流量。

如果流网的网格是曲边正方形，即 $\Delta s = \Delta b$，则式 (11-46a) 可写为

$$q = kH\frac{n-1}{m-1} \tag{11-46b}$$

3. 渗透压强的计算

渗流对于坝基的压力是建筑物设计的重要依据之一。因此，渗透压强的计算具有重要意义。

以图 11-21 中 N 点压强计算为例，取 EF 为基准面，则 N 点的渗流总水头为

$$H_N = z_N + \frac{p_N}{\rho g}$$

故 N 点的动水压强为

$$\frac{p_N}{\rho g} = H_N - z_N \quad 或 \quad p_N = \rho g(H_N - z_N) \tag{11-47}$$

N 点的渗流总水头又可写为

$$H_N = H_{AB} - h_{fAB-N} \tag{11-48}$$

式中：h_{fAB-N} 为上游入渗边界 AB 至 N 点间的水头损失；H_{AB} 为上游入渗边界 AB 上的水头。由于入渗边界为一等势线，即等水头线，所以，在该边界上各点水头为

$$H_{AB} = z_{AB} + \frac{p_{AB}}{\rho g} = z_{AB} + H_1$$

将上式代入式（11-48），得

$$H_N = z_{AB} + H_1 - h_{fAB-N}$$

所以式（11-47）又可写为

$$\frac{p_N}{\rho g} = z_{AB} + H_1 - z_N - h_{fAB-N}$$

令 $z_{AB} + H_1 - z_N = h_N$，如图 11-21 所示，h_N 为 N 点在上游液面下的深度。则

$$\frac{p_N}{\rho g} = h_N - h_{fAB-N} \tag{11-49}$$

因为任意两条相邻等势线间的水头差相等，即 $\Delta H = $ 常数，则

第二条等势线（从入渗边界向渗出边界算起）上，$h_{f2} = 1\Delta H$；

第三条等势线上，$h_{f3} = 2\Delta H$；

第四条等势线上，$h_{f4} = 3\Delta H$；

…

第 i 条等势线上，$h_{fi} = (i-1)\Delta H$。

所以式（11-49）可写为

$$\frac{p_N}{\rho g} = h_N - (i-1)\Delta H = h_N - (i-1)\frac{H}{m-1} \tag{11-50}$$

式中：i 为从上游入渗边界算起的等势线的序号，H 为上下游水头差，即 $H = h_1 - h_2$。

由上式可见，只要知道 N 点在上游液面下的深度 h_N 及其所在等势线的序号 i，即可计算出该点的压强 p_N。

例 11-5　某溢流坝筑于透水地基上，其基础轮廓及流网如图 11-22 所示，上游水深 $h_1 = 22$m，下游水深 $h_2 = 3$m，渗透系数 $k = 5 \times 10^{-5}$m/s，坝轴线总长 $l = 150$m，其余尺寸如图所示，高程的单位为 m。试求（1）C 点的渗透流速；（2）坝基的总渗透流量；（3）B 点的渗透压强；（4）标注 A 点的测压管水面。

解：

由如图 11-22 所示的流网图可知，等势线条数 $m = 19$，流线条数 $n = 5$。上下游水头差 $H = h_1 - h_2 = 22 - 3 = 19$（m）。

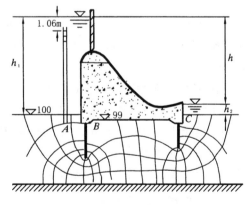

图 11-22

（1）求 C 点的渗透流速。

由流网图量得 C 点所在网格的平均流线长度 $\Delta s = 3.2$m，于是根据式（11-45）得 C 点渗透流速为

$$u_c = \frac{kH}{(m-1)\Delta s} = \frac{5 \times 10^{-5} \times 19}{(19-1) \times 3.2} = 1.65 \times 10^{-3} (\text{cm/s})$$

（2）确定坝基的总渗透流量。

根据已知条件，由式（11-46b）可计算单位长度坝基的渗流量为

$$q = kH \frac{n-1}{(m-1)} = 5 \times 10^{-5} \times 19 \times \frac{5-1}{19-1} = 2.1 \times 10^{-4} [\text{m}^3/(\text{m} \cdot \text{s})]$$

故坝基的总渗透流量为

$$Q = ql = 2.1 \times 10^{-4} \times 150 = 0.032 (\text{m}^3/\text{s})$$

（3）求 B 点的渗透压强。由流网图可量得 B 点在上游水面以下的深度：

$$h_B = h_1 + (100 - 99) = 22 + 1 = 23 (\text{m})$$

B 点位于第 9 条和第 10 条等势线中间，取 $i = 9.5$，于是由式（11-50）求得

$$\frac{p_B}{\rho g} = h_B - \frac{i-1}{m-1} H = 23 - \frac{9.5-1}{19-1} \times 19 = 14.03 (\text{m})$$

或

$$p_B = 9.8 \times 14.03 = 137.49 (\text{kN/m}^2)$$

（4）标注 A 点的测压管水面。

由于 A 点位于第 2 条等势线上，则该点的测压管水头 $H_A = h_1 - \Delta H = h_1 - \dfrac{H}{m-1} =$

$22 - \dfrac{19}{19-1} = 20.94$（m），故 A 点的测压管液面比上游水面低 1.06m，如图 11-22 所示。

第八节 水 电 比 拟 法

在用徒手法绘制流网时，往往需要多次的反复修改才能得到满意的结果。试设想，如果流线和等势线二者之一是确定的，则流网的绘制就容易多了。水电比拟法就解决了这个问题。

渗流场和电场都服从拉普拉斯方程，这表明二者之间存在着相似关系，而且渗流要素和电流要素在数学和物理上也存在着类比关系，因此可以用电场来模拟渗流场。通过测量电场中的有关物理量来解答渗流问题，这种方法称为水电比拟法，简称电拟法。电拟法是苏联水力学专家 H. H. 巴甫洛夫斯基于 1922 年首先应用于渗流问题研究的，该方法解决了复杂边界的渗流问题，目前仍然有着广泛的应用。

一、水电比拟法原理

渗流场中的各渗流要素与电场中的各电流要素之间的对比关系见表 11-3。由此可见，渗流场中的物理量和电场中的物理量存在着一一对应关系。由相似原理可知，只要两种运动的边界条件相似，其解即相同。根据这一原理，如果制作一个与渗流场几何相似、导电性质与渗透性质相似、边界条件相似的电流场，然后测绘出电场中的等电位线，由相似原理得知，该等电位线就是渗流场中的等势线，再依据流网的性质绘制出流线，即可得流网，从而求得渗流场。

表 11-3　　　　　　　　渗流场与电流场的物理量对应关系

渗　流　场	电　流　场
水头 H	电位 V
渗流流速 u	电流密度 i
渗透系数 k	导电系数 σ
等水头线（等势线）$H=$常数	等电位线 $V=$常数
达西定律 $u=-k\dfrac{\mathrm{d}H}{\mathrm{d}s}$	欧姆定律 $i=-\sigma\dfrac{\mathrm{d}V}{\mathrm{d}s}$
水头函数的拉普拉斯方程 $$\frac{\partial^2 H}{\partial x^2}+\frac{\partial^2 H}{\partial y^2}+\frac{\partial^2 H}{\partial z^2}=0$$	电位函数的拉普拉斯方程 $$\frac{\partial^2 V}{\partial x^2}+\frac{\partial^2 V}{\partial y^2}+\frac{\partial^2 V}{\partial z^2}=0$$
连续性方程 $\dfrac{\partial u_x}{\partial x}+\dfrac{\partial u_y}{\partial y}+\dfrac{\partial u_z}{\partial z}=0$	克希荷夫定律 $\dfrac{\partial i_x}{\partial x}+\dfrac{\partial i_y}{\partial y}+\dfrac{\partial i_z}{\partial z}=0$
在不透水边界上 $\dfrac{\partial H}{\partial n}=0$ （n 为不透水边界的法线）	在绝缘边界上 $\dfrac{\partial V}{\partial n}=0$ （n 为绝缘边界的法线）

二、模型制作

图 11-23（a）所示为一坝基渗流，渗流区域为均质各向同性土壤。因渗流为平面有压渗流，现将渗流区域按一定比例做成一个几何相似的平面模型，如图 11-23（b）所示。为保证电场与渗流场的边界条件相似，图 11-23（a）中上下游透水边界（c_1、c_2）在模型中用极良导体铜板做成，以保持在同一段边界上的电位相等。坝基地下轮廓和不透水边界用绝缘材料有机玻璃或橡皮泥做成。模型内盛以均匀的导电溶液食盐水。这样就形成了一个与图 11-23（a）所示的坝基渗流几何相似、边界相似、导电性质与渗透性质相似的电流场模型。

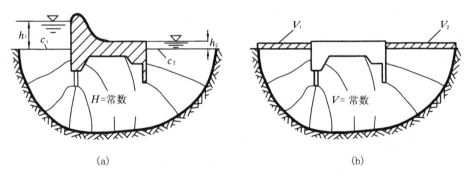

（a）　　　　　　　　　　　　　　　　（b）

图 11-23

三、实验设备与测试

模型中的量测电路是基于惠斯顿电桥原理设计的，如图 11-24 所示。由交流电源通过音频振荡器或变压器使交流电的频率控制在 $200\sim600\mathrm{Hz}$，电压降至 10V 左右，将电源连接在导电板上。在导电板 V_b、V_d 之间再联结一个可变电阻，接点分别为 b、d。可变电阻上的滑块 a 将可变电阻分为电阻 R_1 和 R_2。移动滑块可以改变 R_1 和 R_2 的比值。滑块 a 与电流指示器 I 连接，由电流指示器再连接一测针 N，可与导电液中的任一点接触（如点 c），这样 b 点和 c 点间形成电阻 R_3；d 点与 c 点间形成电阻 R_4，整个电路就成为一个电桥（图 11-24）。根据惠斯顿电桥原理，当 a 点、c 点的电位相等时，电流指示器的指针为 0，电路中无电流通过。存在以下关系：

$$\frac{R_1}{R_2} = \frac{R_3}{R_4}$$

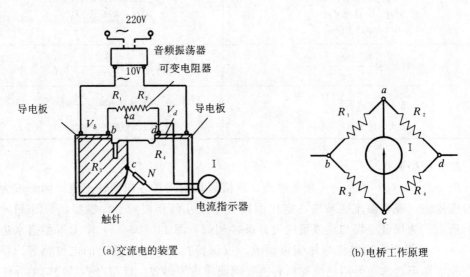

(a)交流电的装置　　　　　　　　　　(b)电桥工作原理

图 11-24

当 R_1/R_2 的比值一定时，a 点的电位一定，将测针在导电溶液中移动，在电桥平衡的条件下（电流指示器中没有电流通过），可以测出一系列电位相同的点，连接这些点即可得到一根等电位线。在实验过程中改变滑块的位置可以得到不同的 R_1/R_2 的数值，按上述方法可以得到不同的等电位线。这些等电位线和渗流场中的等势线是相互对应的。

等势线的密度取决于实验过程中 R_1/R_2 比值的变化幅度，应当根据精度要求而定。

有了渗流场中的等势线之后，再绘制流网就比较容易了。

最后需要指出，利用流网法不仅可用于求解有压渗流问题，还可以求解无压平面渗流问题，但必须要知道自由水面的边界位置，所以要比有压渗流问题复杂得多。

思 考 题

11-1　试比较达西定律与杜比公式的异同点和应用条件。

11-2　棱柱体正坡渠道中水面线有 12 条，而地下河槽中水面线只有 4 条，为什么？

11-3 （1）有下面几种地下棱柱形河槽的浸润线，试指出其错误之处，并说明原因；

（2）画出各种底坡上正确的浸润线。

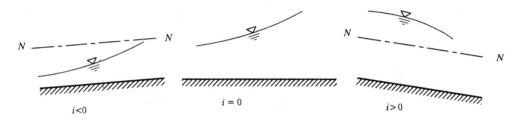

$i<0$ $\qquad$ $i=0$ $\qquad$ $i>0$

思考题 11-3 图

11-4 现有两个建在不透水地基上的尺寸完全相同的均质土坝，试问（1）二者的上下游水位相同，但渗流系数不同，二者的浸润线是否相同？为什么？（2）如果两坝的上下游水位不同，而其他条件相同，浸润线是否相同？为什么？（3）浸润线是流线还是等势线？为什么？

11-5 在什么条件下流网成曲边正方形？

11-6 （1）两水闸的地下轮廓线相同，渗流系数也相同，但作用水头不同，流网是否相同？为什么？（2）两水闸的地下轮廓线相同，作用水头也相同，但渗流系数不同，流网是否相同？为什么？（3）两水闸的作用水头和渗流系数相同，但地下轮廓线形状不同，流网是否相同？为什么？

习   题

11-1 为测定某土样的渗流系数 k 值，进行达西实验。圆筒直径 $d=0.2\mathrm{m}$，现测得长 $l=0.40\mathrm{m}$ 距离内的测压管水面高差 $\Delta H=0.12\mathrm{m}$，流量 $Q=1.63\mathrm{cm}^3/\mathrm{s}$。试计算参流系数 k 值。

11-2 已知不透水层坡度 $i=0.0025$，土壤渗流系数 $k=4.3\times10^{-4}\mathrm{cm/s}$，均匀渗流水深 $h_0=12.0\mathrm{m}$，求单宽渗流量 q。

11-3 一不透水层底坡 $i=0.0025$，土壤渗流系数 $k=5\times10^{-3}\mathrm{cm/s}$。在相距550m 的两个钻孔中，水深分别为 $h_1=3.0\mathrm{m}$ 及 $h_2=4.0\mathrm{m}$。试求单宽渗流量并绘制浸润线。

11-4 某河道左岸为一透水层，其渗透系数 $k=2\times10^{-3}\mathrm{cm/s}$，不透水层的底坡 $i=0.001$，修建水库之前距河道 2000m 处的断面 1—1 的水深为 5m，河中水深为 2m，这时地下水补给河道；修建水库后将河中水位抬高了 18m，测得断面 1—1 处水深为 10m，这时水库补给地下水，试求（1）建库前地下水补给河道的单宽流量 q 及浸润曲线；（2）建库后水库补给地下水的单宽流量 q。

11-5 在水平不透水层以上的土层中凿一到底的普通井，直径为 $d=0.30\mathrm{m}$，地下水深 $H=14.0\mathrm{m}$，土壤渗流系数 $k=0.001\mathrm{m/s}$。今用抽水机抽水，井水位 s 下降

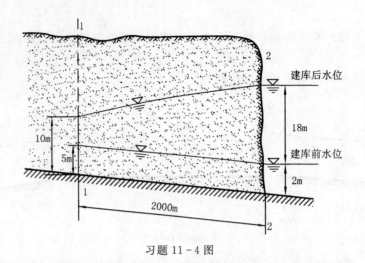

习题 11-4 图

4.0m 后达到稳定，影响半径 $R=250$m。试求抽水机出水流量 Q。

11-6 为实测某区域内土壤的渗流系数 k 值，今打一到底的普通井进行抽水实验，如图所示，在井的附近（影响半径范围内）设一钻孔，距井中心半径 $r=80$m，井半径 $r_0=0.2$m，测得抽水稳定后的流量 $Q=2.5\times10^{-3}$ m³/s，井中水深 $h_0=2.0$m，钻孔水深 $h=2.8$m。求土壤的渗流系数 k。

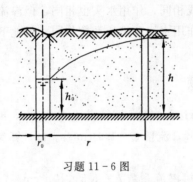

习题 11-6 图

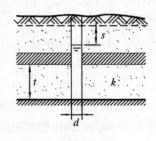

习题 11-7 图

11-7 在厚 $t=9.8$m 的粗沙有压含水层中打一直径 $d=152$cm 的井，渗流系数 $k=4.2$m/d，影响半径 $R=150$m，今从井中抽水，如图所示，井水位下降 $s=4.0$m，求抽水流量 Q。

11-8 为降低基坑地下水位，在基坑周围，沿矩形边界排列布设 8 个普通完全井，如图所示。井的半径 $r_0=0.15$m，地下水含水层厚度 $H=15$m，渗流系数 $k=0.001$cm/s，各井抽水流量相等，总流量 $Q_0=0.02$m³/s，设井群的影响半径 $R=500$m，求井群中心点 O 处地下水位降落值 Δh。

11-9 井群由 6 个普通完全井构成，分布于半径 $r=25$m 的圆周上，如图所示。每个井抽水量 $Q=15$L/s，影响半径 $R=700$m，含水层厚度 $H=10$m，渗流系数 $k=0.001$m/s。试求井群中心 O 点及位于 x 轴上距 O 点为 40m 的 a 点的地下水位 z_1 和 z_2。

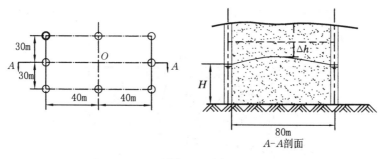

习题 11-8 图

11-10　水平不透水层上建一均质土坝，上、下游坝坡 $m_1=3.0$、$m_2=2.5$，上、下游水深分别为 $H_1=15.6m$、$H_2=1.1m$，坝顶超高 $d=1.4m$，坝顶宽 $b=10.0m$，坝体渗流系数 $k=5×10^{-6}cm/s$。试计算土坝渗流量并绘制浸润线。

11-11　有一如图所示水闸，已知土壤的渗流系数 $k=5×10^{-3}cm/s$，各已知高程如图所注，图中比例尺为 $1:200$，即 $1cm=2m$。试求（1）图中阴影线所示闸底板所受的单宽扬压力 P；（2）坝身单宽流量 q；（3）下游出口处流速分布。

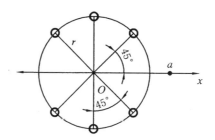

习题 11-9 图

11-12　有一水闸闸基的流网如图所示，闸底板各部分尺寸见右下脚附图（单位为 m）。上、下游水位分别为 $h_1=12.0m$、$h_2=2.0m$，渗流系数 $k=2.5×10^{-3}cm/s$。试求闸底板所受的单宽渗流压力 P。

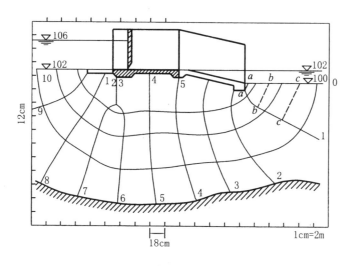

习题 11-11 图

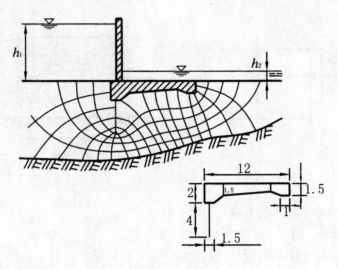

习题 11-12 图

第十二章 河流动力学基础

基本要求：（1）了解河流泥沙的基本特性、泥沙的沉速和起动、推移质运动和悬移质运动规律等河流动力学基本原理。

（2）掌握影响泥沙沉速的主要因素、泥沙起动判断标准。

（3）熟练进行泥沙沉速和起动流速计算。

本章重点：（1）正确理解沉降粒径、泥沙沉速、泥沙起动条件的概念。

（2）泥沙的沉速计算、泥沙的起动流速计算。

第一节 概　　述

河流是在自然因素及人类影响下水流与河床以泥沙为中介相互作用的产物，有其自身发展变化的客观规律。水流作用于河床，使河床发生变化；河床反过来作用于水流，影响水流结构，二者构成了矛盾的统一体，相互依存、相互影响、相互制约，永远处于变化与发展的过程中。水流与河床的交互作用，是通过泥沙运动的纽带作用来体现的。挟带泥沙的水流在某种情况下，通过泥沙的淤积使河床抬高，而在某种情况下，通过泥沙的冲刷使河床降低。泥沙有时悬浮在河水中随波逐流，成为水流的组成部分，有时又沉降下来淤积在河床上，成为河床的组成部分。例如冲积平原中的蜿蜒型河段，由于河身具有弯曲外形，迫使水流作曲线运动，表层流速较大的水体所承受的离心力较底层流速较小的水体要大一些。这种离心力差异，使表层水流流向凹岸，而底层水流流向凸岸。由于表层水流含沙量较小，底层水流含沙量较大，这样就使凹岸发生冲刷，凸岸发生淤积，使河道进一步向弯曲发展。水流和河床以泥沙运动为纽带的相互作用，使河道的弯曲愈演愈烈，最后形成河环。在条件适合时，出现自然裁直，继而又转化为弯曲河道，再重演上述过程。因此，要掌握河流运动发展的规律，必须先掌握河流水流泥沙运动的规律，这两部分是紧密联系、相互渗透、不可分割的。阐述这两方面基本规律的学科是河流动力学。

第二节　泥沙的基本特性

一、河流泥沙的分类

河流泥沙从不同研究角度有不同的分类方法，有按泥沙在河流中的运动方式分类的，也有按泥沙的矿物成分分类的等。一般采用按泥沙不同粒径进行分类的方法。

分析表明，泥沙的颗粒大小与泥沙的水力学特性和物理化学特性有着密切关系：

（1）不同粒径级的颗粒所形成的土壤具有不同的力学性质。如大于 2mm 的颗粒形成的土壤无毛细力，颗粒间不相连续；0.05～2mm 的颗粒之间具有毛细力，但无黏结性；0.005～0.05mm 的颗粒含水时具有黏结性；小于 0.005mm 的颗粒间不仅含水时具有黏结性，失水后黏结力反而增强。这种黏结性对泥沙的运动起着重要作用。

（2）不同粒径级的颗粒具有不同的矿物组成。粗颗粒通常带有母岩中原有的多矿物结构；沙粒与岩石中原生矿物颗粒尺度相近，它们往往由单矿物如石英、长石、云母等主要造岩矿物组成；较细的粉粒多由抗风化能力较强的石英等矿物或难溶的碳酸盐矿物组成；更细的黏粒则几乎都是由次生矿物及腐殖质组成。

（3）不同粒径级的颗粒具有不同的物理化学特性。如泥沙的比重、容重、颗粒形态、颗粒表面吸附水膜对泥沙运动的影响等，均与泥沙粒径大小直接有关。

河流泥沙粒径组成变化幅度很大，粗细之间相差可达千百万倍，只考虑单颗粒泥沙的性质意义不大，泥沙的分类主要取决于粒径分级平均值。粒径分类的原则是既要表示出不同粒径级泥沙某些性质上的显著差异和性质变化的规律性，又能得出分级粒径泥沙所占比例。2010 年，水利部颁发了 SL 42—2010《河流泥沙颗粒分析规程》，规定河流泥沙分类应符合表 12-1。

表 12-1   河 流 泥 沙 分 类 表

泥沙分类	黏粒	粉粒	沙粒	砾石	卵石	漂石
粒径/mm	<0.004	0.004～0.062	0.062～2.0	2.0～16.0	16.0～250.0	>250.0

二、河流泥沙的几何特性

水流中的泥沙运动不仅与水流条件有关，而且与泥沙特性有关，泥沙的特性包括静态和动态两种，静态特性主要是指泥沙的几何特性和重力特性，即泥沙颗粒的大小、形状和容重；动态特性指的是泥沙在水中的运动形式、沉降速度和起动流速。

1. 泥沙颗粒的形状

自然界中的泥沙因受矿物组成、磨蚀程度、搬运距离等方面的影响，其颗粒的形状是各式各样的。常见的砾石和卵石，外形比较圆滑，有圆球状、椭球状、片状，均无尖角和棱线。沙类和粉土类泥沙外形不规则，尖角和棱线都比较明显。黏土类泥沙一般都是棱角分明外形十分复杂。泥沙的不同形态与其在水中的运动状态密切相关。较粗的泥沙颗粒沿河底推移前进，碰撞的机会较多，碰撞时动量较大，容易磨损成圆滑的外形。较细的泥沙颗粒随水流悬浮前进，碰撞的机会较少，碰撞的动量较小，不易磨损，往往保持有棱角的外形。泥沙颗粒的形状，常用球度系数或形状系数表示。

2. 泥沙的粒径

泥沙颗粒的大小通常用泥沙颗粒的直径 d 表示，简称粒径。泥沙颗粒的形状不同、又极不规则，给确定泥沙粒径带来了困难。在实际应用中，根据泥沙颗粒形状的不同和颗粒大小相差悬殊的特点，通常采用如下 3 种方法来表示泥沙颗粒的大小。

（1）等容粒径。等容粒径是指与泥沙颗粒体积相等的球体直径，可用下式求得：

$$d = \left(\frac{6V}{\pi}\right)^{1/3} \qquad\qquad (12-1)$$

式中：d 为等容粒径；V 为泥沙颗粒体积。

利用式（12-1）求泥沙颗粒的等容粒径时，可以先称出泥沙颗粒的重量，再除以泥沙的容重得出泥沙颗粒的体积，然后按式（12-1）求得泥沙颗粒的等容粒径。

（2）筛孔粒径。对于粒径在 0.062～32.0mm 的泥沙，一般采用筛析法。即用一套标准筛来测量其颗粒的大小。我国采用公制标准筛，以泥沙颗粒刚能通过的筛孔大小作为粒径，也就是用筛分求得的粒径，称为筛孔粒径。不规则的泥沙具有长、中、短 3 轴，筛析法得到的是颗粒的中轴长度，等于长、中、短 3 轴乘积的三分之一次方，所以筛孔粒径与中轴粒径和等容粒径接近相等。

（3）沉降粒径。对于粉粒和黏粒，粒径在 0.062mm 以下，已不可能进一步筛分，只能用沉降速度的方法来测定。沉降粒径是指与泥沙的比重相同，在相同液体中沉降时具有相同沉速的圆球直径。

3. 泥沙的颗粒级配曲线及其特征

河流泥沙是由许多大小和形状不同的颗粒组成的，除了用粒径表示颗粒的大小，还需要表示粒径的分布情况。常用的方法是取一定重量的沙样，把大于 0.625mm 的泥沙进行筛分，求得通过各种筛号的泥沙重量与总沙样重量的比，小于 0.625mm 的泥沙用沉降法分析，将测定结果绘成如图 12-1 所示的级配曲线。级配曲线通常是画在半对

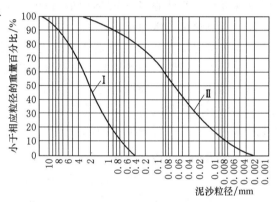

图 12-1

数纸上，横坐标表示泥沙的粒径，纵坐标表示在所取沙样中粒径小于横坐标上相应的某一粒径的泥沙在总沙样中所占的重量百分比。级配曲线的坡度越陡，说明沙样的组成越均匀。

三、河流泥沙的重力特性

河流泥沙重力特性的物理量主要包括泥沙的密度（容重）和干密度（干容重）。它们是研究泥沙运动的基本参数。泥沙密度（容重）是计算泥沙沉速的重要参数，泥沙干密度（干容重）是确定泥沙淤积体质量与体积关系的一个重要物理量。

1. 泥沙的密度（容重）

单位体积实泥沙（排除孔隙）的质量称为密度，用符号 ρ_s 表示。单位体积实泥沙的重量称为容重，用符号 γ_s 表示。密度常用单位有 t/m³、kg/m³、g/cm³。容重常用的单位有 kN/m³、N/m³。

泥沙在水中的运动状态既与泥沙的密度 ρ_s 有关，又与水的密度 ρ 有关。在分析计算时，常采用相对值 $(\rho_s - \rho)/\rho$，称为有效密度。

2. 泥沙的干密度（干容重）

从自然界中取得的原样泥沙，经过 100～105℃ 的温度烘干后，其质量与原泥沙整个体积的比值称为泥沙的干密度，用符号 ρ_s' 表示。相应重量与原泥沙整个体积的比值称为干容重，用符号 γ_s' 表示。由于泥沙颗粒之间存在孔隙，泥沙的干密度一般小于泥沙颗粒的密度。

河流中的泥沙淤积体在颗粒组成成分基本相同的情况下，其干密度主要受泥沙粒径、淤积厚度、淤积历时等因素的影响。

第三节 泥 沙 的 沉 速

一个物体在静止的无限液体中沉降的时候，最初受到重力的作用而加速，粒径越粗，所需加速时间越长，从加速到等速的时间为 1/20～1/10s，但加速以后，液体对物体的阻力增大，经过一段距离后，重力和阻力平衡，物体就作等速沉降，这时物体的运动速度称为物体在静止液体中的沉降速度，简称沉速。粒径越粗沉速越大，因此，泥沙的沉速又称水力粗度。

物体沉降时所受到的阻力是绕流阻力，它是由表面阻力和形状阻力两部分组成的。表面阻力是液体的黏滞性和流速梯度产生的切向作用力。形状阻力是因为边界层的分离，物体后部产生漩涡，使该区域内压力为负值，阻止物体向前运动，它的大小取决于物体的形状和流速。为了说明物体在静止液体中的运动状态，先讨论球体在静水中的沉速，然后再讨论泥沙的沉降速度。

一、球体在静水中的沉速

如图 12-2 所示，球体在静止液体中沉降时分 3 种状态，即层流沉降、过渡区沉降和紊流沉降。球体作层流沉降时，流线紧贴球体，只受表面阻力的作用；球体作紊流沉降时，边界层分离，球的后部产生漩涡，阻力主要是形状阻力；球体在作过渡区沉降时，表面阻力和形状阻力应同时考虑。实践证明，球体在静水中沉降的流态与沙粒雷诺数 $Re_d = \dfrac{\omega d}{\nu}$ 有关，ω 为沉降速度，d 为直径，ν 为液体的运动黏滞系数。当

(a) 层流沉降（$\frac{\omega d}{\nu} < 0.5$）　　(b) 过渡区沉降（$\frac{\omega d}{\nu} = 0.5 \sim 1000$）　　(c) 紊流沉降（$\frac{\omega d}{\nu} > 1000$）

图 12-2

$Re_d < 0.5$ 时，球体作层流沉降；当 $Re_d > 1000$ 时，球体作紊流沉降；当 $Re_d = 0.5 \sim 1000$ 时，球体作过渡区沉降。

球体在水中的重量用下式表示：

$$W = \frac{\pi d^3}{6}(\rho_球 - \rho)g \qquad (12-2)$$

球体下沉时所受到的阻力，可用下式表示：

$$F = C_d \rho \frac{\pi d^2}{4} \frac{\omega^2}{2} \qquad (12-3)$$

当球体作等速运动时，其重力和阻力相等，即

$$\frac{\pi d^3}{6}(\rho_球 - \rho)g = C_d \rho \frac{\pi d^2}{4} \frac{\omega^2}{2} \qquad (12-4)$$

由此得

$$\omega = \sqrt{\frac{4}{3} \frac{\rho_球 - \rho}{\rho} \frac{1}{C_d} gd} \qquad (12-5)$$

式中：$\rho_球$ 为球体的密度；ρ 为液体的密度；C_d 为阻力系数；d 为球的直径；g 为重力加速度。

式（12-5）是球体在静止液体中沉降的普通公式，阻力系数 C_d 随流态而变，因而不同流区有不同的沉降速度的表达式。

1. 层流沉速

斯托克斯曾将纳维尔-斯托克斯方程式积分，得到球体作层流沉降时所受到的阻力，进而求出阻力系数，代入式（12-5）中得到层流沉速公式：

$$\omega = \frac{1}{18} \frac{\rho_球 - \rho}{\rho} g \frac{d^2}{\nu} \qquad (12-6)$$

2. 紊流沉速

球体作紊流沉降时受到的阻力主要是形状阻力，阻力的大小不能用理论方法推求，只能根据实验得出紊流沉降时球体的阻力系数为 0.43，代入式（12-5）中得到紊流沉速公式：

$$\omega = \sqrt{3.1 \frac{\rho_球 - \rho}{\rho} gd} \qquad (12-7)$$

3. 过渡区沉速

球体在过渡区沉降时，表面阻力和形状阻力应同时考虑，力学结构比较复杂，只能依靠实验探求其数据，根据实验资料得到阻力系数公式，进一步得到过渡区沉速公式：

$$\omega = \frac{4}{3}\left(\frac{g}{\alpha} \frac{\rho_球 - \rho}{\rho}\right)^{2/3} \frac{d}{\nu^{1/3}} \qquad (12-8)$$

式中：ω 为沉速；ν 为水黏滞系数；α 为系数；$\rho_球$ 为球体的密度；ρ 为液体的密度；d 为泥沙粒径；g 为重力加速度。

二、泥沙的沉速公式及影响因素

1. 泥沙的沉速公式

球体的沉速公式不能直接运用到非球体的天然泥沙中去，主要是因为它们的形状

不同。天然泥沙虽然不是球体，作沉降运动时仍可分为层流沉降、过渡区沉降和紊流沉降 3 种状态。但各区分界的 Re_d 与球体不同，系数也不一样。根据 1972 年罗曼诺夫斯基的实验，在层流区，沉速与颗粒形状无关，仍可用球体公式进行计算。至于紊流区阻力系数 C_d 根据实验可定为 1.2，与球体的 0.43 区别较大，因此泥沙在静水中的沉降速度计算公式可归纳如下：

（1）层流沉降（$Re_d < 0.1$，$d < 0.05\text{mm}$）采用斯托克斯公式（12-6）。

（2）紊流沉降（$Re_d > 500$，$d > 1.8\text{mm}$）：

$$\omega = 1.052 \sqrt{\frac{\rho_s - \rho}{\rho} gd} \tag{12-9}$$

（3）过渡区沉降（$0.1 < Re_d < 500$，$0.05\text{mm} < d < 1.8\text{mm}$），根据河海大学分析得到：

$$Re_d > 12, \quad \omega = 26.5 \frac{d^{0.93}}{\nu^{0.29}} \tag{12-10}$$

$$Re_d < 12, \quad \omega = 32.2 \frac{d^{1.53}}{\nu^{0.687}} \tag{12-11}$$

式中：ω 为沉速；ν 为水黏滞系数；ρ_s 为泥沙的密度；ρ 为液体的密度；d 为泥沙粒径；g 为重力加速度。

关于泥沙的沉降速度，中外学者提出了很多计算公式，可以参考相关文献。

水利部发布的行业标准 SL 42—2010《河流泥沙颗粒分析规程》及 SL/T 269—2019《水利水电工程沉沙池设计规范》推荐的天然泥沙沉降速度计算公式如下：

（1）当粒径等于或小于 0.062mm 时，采用斯托克斯公式（12-6）。

（2）当粒径为 0.062～2.0mm 时，采用沙玉清的过渡区公式。

$$\begin{cases} (\lg S_a + 3.665)^2 + (\lg \varphi - 5.777)^2 = 39.00 \\ S_a = \dfrac{\omega}{g^{1/3} \left(\dfrac{\rho_s - \rho}{\rho}\right)^{1/3} \nu^{1/3}} \\ \varphi = \dfrac{g^{1/3} \left(\dfrac{\rho_s - \rho}{\rho}\right)^{1/3} d}{10 \nu^{2/3}} \end{cases} \tag{12-12}$$

式中：S_a 为沉速判数；φ 为粒径判数；ν 为水的运动黏滞系数。

2. 影响沉速的主要因素

影响泥沙沉降速度的因素较多，主要有泥沙形状、含沙量、絮凝、均匀性、紊动等。

第四节　泥 沙 的 起 动

床面泥沙颗粒由静止状态转为运动状态，这一临界过程称为泥沙的起动。当水流强度增大到一定程度时，某种性状的泥沙就可以起动。泥沙的起动标志着床面冲刷的开始，泥沙能否起动及起动条件直接影响到床面冲刷的变化状况。

泥沙的起动与水流条件密切相关。由于水流的脉动性以及泥沙颗粒在床面位置上的不同，床面上各处作用力不同，因此，床面泥沙起动具有随机性。泥沙的起动从力学角度讲，就是床面上的泥沙在一定水流条件下，破坏了原有受力平衡状态，由静止转为运动状态的力学过程。因此，把床面上的泥沙颗粒从静止状态变为运动状态的临界水流条件，称为泥沙起动条件。研究床面泥沙颗粒的起动条件，需要采用一个指标来表示。目前常用的指标有 3 种：①以泥沙起动时的水流流速作为指标，称为起动流速；②以泥沙起动时的床面切应力作为指标，称为起动切应力（拖曳力）；③以泥沙起动时水流所付出的功率作为指标，称为起动功率。由于起动功率在理论上和公式具体形式上还不完善，目前采用较少。

一、泥沙起动的随机性

当水流强度达到一定程度以后，河床上的泥沙颗粒开始脱离静止而运动。由于沙粒形状及沙粒在群体中的位置都是随机变量，即使是粒径相同的均匀沙，床面不同部位泥沙的瞬时起动流速或起动拖曳力也为随机变量。如果是粒径不同的非均匀沙，出现在床面不同部位的泥沙粒径也是随机变量，与之相应的瞬时起动流速或拖曳力更为随机变量。与此同时，由于流速或拖曳力脉动影响，瞬时起动流速或拖曳力本身也是随机变量。因此，当着眼于一颗特定泥沙的起动时，由于流速或拖曳力的脉动，起动将具有随机性；当着眼于特定床面多颗泥沙的起动时，则除流速或拖曳力的脉动之外，还受沙粒大小、形状及位置变异的影响，起动更具有随机性。

基于以上认识，可以将泥沙起动看成一种随机现象。对于特定组成的床沙（包括均匀沙）来说，不存在确定的水流条件（水深和时均流速或拖曳力）可以使床面泥沙在同一时刻全部由静止状态转入运动状态。在一般水力、泥沙条件下，床沙可能处于 3 种状态。第一种是流速或拖曳力较小，泥沙粒径较粗，床沙全部处于静止状态。第二种是流速或拖曳力较大，泥沙粒径较细，床沙（表层）全部处于运动状态。第三种是介于上述两种极限情况之间的状态。这就是床面上总是这里或那里有一些沙粒由运动转为静止，或继续处于运动状态，存在的差别只是运动或静止的沙粒在数量对比上不同。流速或拖曳力大而粒径细时，运动的泥沙较多，流速或拖曳力小而粒径粗时，静止的泥沙较多。

二、泥沙起动的判断标准

河床上的泥沙本来是静止的，当水力条件改变，如水深、比降或流速增加到一定程度时，一部分泥沙就开始颤动，继而离开原来的位置向下游移动。随着水深的改变、比降或流速的增大，脱离静止状态的沙粒数量逐渐多起来，当运动的沙粒已有一定数量时，作用在河底的水流推动力称为临界推移力，此时垂线平均流速称为起动流速。这里产生了究竟有多少沙粒运动才算起动的标准问题。尤其在混合沙中，颗粒有大有小，判定比较困难，这是迄今并未解决的问题。

目前在实验室广泛采用的是一种定性标准，并依起动临界条件的强弱定义为：

（1）弱动——河床上的局部地方，屈指可数的细颗粒泥沙处于运动状态。

（2）中动——河床上平均粒径的泥沙已运动到无法估计的程度，但尚未引起床面形态发生变化。

（3）普动——各种大小的泥沙都已投入运动，床面形态发生改变。

这种定性标准是难以明确判定的，即便是同一种标准具体操作时也会因人而异，因此观测标准本身也有随机性。

整理野外及室内观测资料时，常用方法是根据输沙率曲线进行确定。绘制单宽输沙率与床面拖拽力曲线图，输沙率趋近于 0 处即为相应的起动拖拽力。

三、均匀沙的起动条件

1. 均匀散粒体泥沙的起动流速

天然河流的床沙组成是非均匀的，但在很多情况下，例如冲积河流的沙质河床，泥沙颗粒级配范围较窄，其主体部分粒径差异很小，可近似地视为均匀沙。均匀沙的个别沙粒和整体床沙的起动条件是一致的，用特征粒径（如平均粒径）作为起动条件计算，处理起来较简单，因而研究得也比较充分。

泥沙的起动是各种外力综合作用的结果，作用于散粒体泥沙颗粒上的作用力主要有水流推移力、有效重力和水流的上举力，如图 12-3 所示。

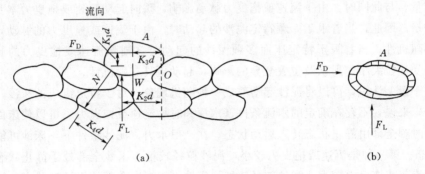

图 12-3

水流推移力表达式：

$$F_D = C_D \frac{\pi d^2}{4} \frac{\rho u_b^2}{2} \tag{12-13}$$

有效重力表达式：

$$W = (\rho_s - \rho) g \frac{\pi d^3}{6} \tag{12-14}$$

水流上举力表达式：

$$F_L = C_L \frac{\pi d^2}{4} \frac{\rho u_b^2}{2} \tag{12-15}$$

式中：F_D 为水流推移力；W 为泥沙有效重力；F_L 为水流上举力；C_D 为推移力系数；C_L 为上举力系数；u_b 为水流底速；ρ_s 为泥沙的密度；ρ 为液体的密度；d 为泥沙粒径；g 为重力加速度。

根据上述泥沙颗粒的受力状况可知，当水流绕过床面上的泥沙颗粒时，水流推移力和上举力是促使泥沙颗粒运动的力，而泥沙颗粒有效重力则是阻止泥沙运动的力。床面上均匀散粒体泥沙的运动，就是这两种力的作用结果。如果水流流速增大，则水流推移力和上举力也会随之而增大，当达到某个极限时，泥沙颗粒就会失去稳定，离开原来的位置进入运动状态。据实验资料，床面泥沙颗粒起动的方式主要有滑动和滚动两种形式。分别以滑动和滚动形式起动建立平衡方程，推导出起动流速，发现不论沙粒以滑动的形式起动，还是以滚动的形式起动，所得的起动底速公式具有相同的形式，不同的仅仅是构成系数的结构。

在实际工作中，由于作用于泥沙颗粒上的近底流速不易确定，为了运用方便，常用垂线平均流速来代替底速。以下为常用起动流速公式：

（1）沙莫夫公式（指数型分布公式，$d > 0.2$mm）：

$$U_c = 4.6 d^{1/3} h^{1/6} \tag{12-16}$$

（2）冈恰洛夫公式（对数型分布公式，$d > 0.5$mm）：

$$U_c = 1.06 \sqrt{agd} \lg \frac{8.8h}{d_{95}} \tag{12-17}$$

式中：U_c 为起动流速；h 为水深；d 为泥沙粒径；a 为系数；g 为重力加速度。

2. 黏性沙的起动流速

当泥沙粒径小于 $0.1 \sim 0.2$mm 时，泥沙颗粒的粒径越小，起动流速反而越大。这种现象表明黏性极细沙在床面上的受力情况不同于散粒体泥沙，黏性细泥沙还受到黏结力的作用。由于不同学者对黏结力的形成机理认识不同，故得到的黏性泥沙起动流速公式形式有一定差别。

（1）张瑞瑾公式。张瑞瑾认为，黏结力是由于颗粒间的结合水不传递静水压力，建立的起动流速公式为

$$U_c = \left(\frac{h}{d}\right)^{0.14} \left(17.6 \frac{\rho_s - \rho}{\rho} d + 0.000000605 \frac{10 + h}{d^{0.72}}\right)^{1/2} \tag{12-18}$$

式中：ρ_s 为泥沙密度；ρ 为水密度；h 为水深；d 为泥沙粒径。

（2）唐存本公式。唐存本认为，黏性细沙之间的黏结力是由于泥沙颗粒表面与结合水的分子引力作用成的。通过实验和推导，得出考虑黏结力作用时黏性细泥沙的起动流速公式：

$$U_c = 1.79 \frac{1}{1 + m} \left(\frac{h}{d}\right)^m \left[\frac{\rho_s - \rho}{\rho} gd + \left(\frac{\rho'}{\rho'_c}\right)^{10} \frac{C}{\rho d}\right]^{1/2} \tag{12-19}$$

式中：m 为指数；C 为黏结力系数；ρ_s 为泥沙密度；ρ 为水密度；h 为水深；d 为泥沙粒径；ρ' 为淤积泥沙实际干密度；ρ'_c 为淤积泥沙稳定干密度；g 为重力加速度。

（3）窦国仁公式。窦国仁采用交叉石英丝试验，通过变更石英丝所受的静水压力，证实了压力水头对黏结力的影响，并据此导出起动流速公式：

$$U_c = 0.74 \lg \left(11 \frac{h}{K_s}\right) \left(\frac{\rho_s - \rho}{\rho} gd + 0.19 \frac{gh\delta + \varepsilon_k}{d}\right)^{1/2} \tag{12-20}$$

式中：δ 为黏性底层厚度；ε_k 为黏结力参数；K_s 为河床糙度；ρ_s 为泥沙密度；ρ 为水密度；h 为水深；d 为泥沙粒径；g 为重力加速度。

3. 散体泥沙的起动拖曳力公式

起动拖曳力是指泥沙处于起动状态时的床面切应力，其值等于单位面积床面上的

水体重量在水流方向的分力。

采用起动拖曳力作为判断泥沙起动指标的是希尔兹起动拖曳力公式：

$$\frac{\tau_{0c}}{(\gamma_s - \gamma)d} = f\left(\frac{U_* d}{\nu}\right) \qquad (12-21)$$

式中：τ_{0c} 为起始拖曳力；U_* 为摩阻流速；ν 为水黏滞系数；γ_s 为泥沙容重；γ 为水容重；d 为泥沙粒径。

该式两边均为无因次数。公式表明当泥沙起动时作用在床面沙粒上的起动拖曳力与沙粒有效重量的比值是沙粒雷诺数的函数。

希尔兹根据自己的实验成果绘制了一条临界相对拖曳力与沙粒雷诺数的关系曲线，后人又在他的工作基础上进行了大量补充实验。图 12-4 为钱宁归纳以往成果绘制的关系曲线。

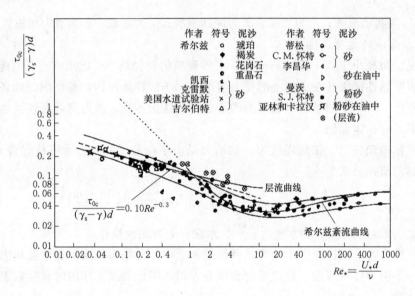

图 12-4

四、非均匀沙的起动条件

确定非均匀沙的起动条件，要比确定均匀沙的起动条件复杂得多，这是因为床面粗细颗粒的分布通过影响水流阻力来影响平均流速及床面剪切力（也就是对泥沙的拖曳力）。同时，还会影响近底水流结构，使某些较粗颗粒受到暴露作用，易于起动；而另一些较细颗粒则受到隐蔽作用，难于起动。使问题进一步复杂化的是，非均匀床沙从细颗粒到粗颗粒投入起动的过程往往是一个不恒定的过程，床面组成可能不断发生变化，与此相应，床面对水流的阻力也不断发生变化，要准确地跟踪这一过程是不易做到的。除此之外，和均匀沙相比，非均匀沙起动判别标准更难确定。

由于非均匀沙起动条件非常复杂，准确的实测资料不易取得，现阶段尚缺乏可靠的公式，不过中外学者也提出了一些计算公式，具体可参考相关文献。

第五节　河流动力学实际应用

一、河流泥沙引发问题

在河流系统中，泥沙作为一个重要的组成要素，其引发的问题是多种多样的，主要包括以下几方面：

（1）水库泥沙淤积。我国许多河流含沙量都比较大，水库淤积问题突出，严重影响水库综合效益的发挥。

（2）水利枢纽下游河床冲刷。在河道上修建水利枢纽后，运行初期，泥沙大量被水库拦蓄，下泄水流含沙量明显降低，下游河床发生冲刷，床沙粗化。

（3）引水工程中的泥沙问题。为满足工农业和生活用水，往往需要从天然河道中取水。取水口运行后，在上、下游一定范围内由于分水分沙的影响河势会发生相应的变化，主流线可能发生摆动。在规划设计阶段，必须认真分析取水口所在河段的河床演变、泥沙运动规律及其对取水口的影响。

（4）港口航道泥沙问题。港口航道因其海岸地貌、泥沙采源、泥沙运动规律、岸滩冲淤变化特征不相同，容易产生不同的泥沙回淤，造成危害。

（5）河道泥沙淤积问题。对于多沙河流，河道内泥沙淤积、床面高程抬高是其主要问题，我国的黄河是典型的多沙河流。

二、引水防沙排沙技术

1. 沉沙池

沉沙池是用以沉淀挟沙水流中颗粒大于设计沉降粒径的悬移质泥沙、降低水流中含沙量的建筑物。沉沙池按照平面形状可分为厢形沉沙池、曲线形沉沙池和条渠沉沙池。

厢形沉沙池是一种规则整齐的厢槽沉沙设施，按沉沙室的多少可分为单室、双室、多室及有侧渠等。单室沉沙池是最简单的一种，在沉沙池末端设冲沙底孔，用以冲洗沉淀在池中的泥沙。双室沉沙池设计一般有两种情况：①沉沙池中每个沉淀室都能通过总干渠全部流量，可以轮流冲洗，连续供水；②沉沙池每个沉淀室只通过总干渠流量的一半。当一个沉淀室冲洗时，另一个沉淀室则通过超额流量。多室沉沙池的每个沉淀室通过的流量可以平均分配。曲线形沉沙池是一个具有转角的弯曲渠段，利用弯道水流横向环流原理，连续不断地将推移质输向凸岸，通过凸岸一侧布置的冲沙设施将泥沙排出。条渠沉沙池是利用天然洼地、滩涂筑成的长度较长的宽浅土渠沉沙池，淤满后可还耕或清淤后重复利用，也可应用于堤防淤培。

2. 排沙漏斗

排沙漏斗是当前世界上排沙技术最先进的沉沙池，其耗水量低于其他类型沉沙池，沉沙效果优于其他类型沉沙池，具有占用场地小、造价低廉等优点。新疆农业大学周著教授团队在国外研究基础上于 20 世纪 90 年代研究排沙漏斗成功并获得专利，已在几十座实际工程应用。排沙漏斗对 0.5mm 以上的推移质泥沙全部排除，对

0.05mm 以上的悬移质泥沙的排除率一般在 90％以上，小于 0.05mm 的泥沙可以排除一部分。

排沙漏斗主要结构包括上游引水道的连接段、漏斗进流有压涵洞、漏斗室、排沙底孔、排沙廊道和漏斗溢流堰等。排沙漏斗水沙分离主要是充分利用三维立轴型螺旋流特性，含沙水流经漏斗入流涵洞沿漏斗圆周壁切向进入漏斗室后，受其边界约束产生强度较高的环流，环流又同时受制于漏斗室内的水平悬板和调流墩等装置作用而引发多种副流，同时在漏斗中心由于排沙底孔的存在而产生自由涡，上述环流、多种副流和中心自由涡的耦合，形成稳定的、具有中心空气漏斗的三维立轴螺旋流。三维螺旋流的切向、径向和轴向流速对泥沙的沉降、输移和排除起到了关键作用，方向向下的轴向流速促使泥沙下沉，指向漏斗中心的径向流速将泥沙输送至排沙底孔排出，切向流速是漏斗涡流的主流。

3. 排沙涡管

排沙涡管（或称涡管排沙、涡管式截沙槽等）是指在河床上或渠道底部利用螺旋流排除水流底部推移质泥沙的管道，管道截面一般为圆形（矩形或梯形）。当随水流进入渠道的泥沙运动至涡管处，部分泥沙便落入开口的涡管内，同时底层水流部分流入管内，被分解为平行于管轴线的纵向流速和垂直于管轴线的横向流速，横向流速将引起水流质点旋转，带动泥沙颗粒绕管轴线旋转，纵向流速又促使旋转水流呈螺旋式向前运动，形成螺旋流，泥沙便随螺旋水流排至渠道之外。

思 考 题

12-1 河流动力学是什么学科？主要研究内容是什么？

12-2 什么是泥沙干容重？影响干容重的因素有哪些？

12-3 推导泥沙颗粒沉速公式过程中，半经验半理论体现在什么地方？

12-4 非均匀沙和均匀沙相比哪个更容易起动？

第十三章　有压管道非恒定流

基本要求：（1）正确理解有压管道内水锤波发生及传播过程。

（2）掌握水锤波的相长、周期、波速的基本概念，牢固掌握直接水锤、间接水锤的判别方法。

（3）掌握直接水锤压强的计算，熟悉波速的计算方法及影响波速大小的条件。

（4）理解有压管道非恒定流基本方程的推导过程。

（5）能正确选择水锤防护措施，了解其作用及适用条件。

（6）了解常用的水锤计算软件。

本章重点：（1）水锤波的相长、周期、波速的基本概念。

（2）直接水锤及间接水锤的判别方法。

（3）直接水锤压强的计算。

（4）波速的计算。

（5）水锤波传播过程的定性分析。

第一节　概　　述

第六章讨论了有压管道恒定流，本章讨论有压管道的非恒定流问题。

在泵站或水电站的有压管道中，通常用阀门来调节流量，在阀门关闭或开启的过程中，有压管道中任一断面的水流运动要素随时间发生变化，因而形成管道的非恒定流动。管道非恒定流动在工程中经常遇到，如停电时水泵突然停止运行，又如水电站运行过程中电力系统负荷的改变使得导水叶或阀门迅速启闭等。这种管道阀门突然关闭或开启，使得有压管道中的流速发生急剧的变化，同时引起管内液体压强大幅度波动，产生迅速的交替升降现象，这种交替升降的压强作用在管壁、阀门或其他管路元件上，就像用锤子敲击一样，故称为水锤或水击。此时管道内的流速会产生急剧变化，流态从一种恒定状态过渡到另一种恒定状态，而这种状态的变化并非在某一瞬间完成，总会经历一个过程，这种过程称为水力过渡过程或过渡过程。水锤引起的压强升降可达管道正常工作压强的几十倍甚至几百倍，因而可能导致管道系统的强烈振动、噪声和空化，甚至使管道严重变形或爆裂。在发生水锤时，一方面液体质点的运动要素随空间位置和时间变化，即对于一维问题：$v=v(s,t)$，$p=p(s,t)$，由于增加了时间 t 这一独立变量，使得问题更加复杂；另一方面，由于水锤引起的有压管道中流速和压强的急剧变化，致使液体和管道边壁犹如弹簧似的压缩和膨胀，液体和管壁将受到很大的压力作用，因此必须考虑液体的压缩性和管壁的弹性。

在泵站和水电站的设计中，常常需要进行水锤压强的计算，以确定管道中的最大压强和最小压强，防止和减弱水锤对管道系统的破坏。最大压强值是压力管道、水轮机蜗壳和机组强度设计的依据，而最小压强则是布置引水管道、校核引水系统是否发生真空现象以及检查尾水管内真空度大小的依据。所以，必须进行水锤计算，以便确定可能出现的最大和最小的水锤压强，并研究防止和削弱水锤作用的适当措施。为削弱水锤影响的强度和范围，常在引水系统中设置调压井。对于压力引水管道较长的水电站，常在引水系统中修建调压室。

第二节 水锤现象及其传播过程

现以等直径的简单管道中的水锤波传播过程为例，来分析阀门突然关闭时所产生的水锤现象。

图 13-1 所示为一简单管路，上游从水库引水，末端安有一可调节流量的阀门，其管长为 L，管径为 d，截面积为 A。恒定流时管内流速为 v_0，压强为 p_0。为分析方便，忽略水头损失 h_w 和流速水头 $\dfrac{\alpha_0 v_0^2}{2g}$。此时管道的测压管水头线与静水头线 $M-M$ 重合。下面以阀门突然完全关闭为例，分析水锤波沿管道发展、传播和消失的过程。

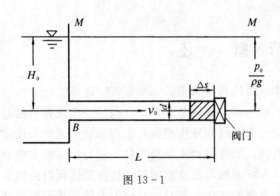

图 13-1

当 $t=0$ 时阀门完全关闭，此时紧邻阀门处 Δs 的微小水体首先停止流动，流速由 v_0 变为 0，由于是逆行波，由 $\Delta H = \dfrac{c}{g}(v_0 - v)$ 确定压强的增、减压趋势。此时初始速度为 v_0，终了速度 $v=0$，所以 ΔH 为正值，即增加了一个 ΔH。同时该微段水体受到压缩，密度增大，管壁膨胀。此微段上游流动未受到阀门关闭的影响，仍以 v_0 的速度继续向下游流动。接着紧靠 Δs 微小流段上游的另一微段水体重复 Δs 微小流段的过程，并依次一段一段地以波速 c 向上游传播。当 $t=\dfrac{L}{c}$ 时，这一水锤波传播到管道进口断面 B 处，此时全管道流速为 0，压强增加 Δp，密度增大，管壁膨胀。从 $t=0$ 到 $t=\dfrac{L}{c}$ 这一时段称为水锤波传播的第一阶段。这一阶段水锤波的特征是流速减小，压强增加，波的传播方向与恒定流时的方向相反，故称为增压逆波。这一阶段的特征如图 13-2（a）所示。

在第一阶段末，即 $t=\dfrac{L}{c}$ 时，水锤波传播到管道进口断面 B 处。这时断面 B 左侧因水库很大，水位不变，边界压强保持为 p_0；断面 B 右侧边界压强为 $p_0 + \Delta p$。在此压差作用下，首先使紧邻断面 B 右侧一微段静止水体以流速 v_0 向水库方向流动。由于产生的是顺行波，应由 $\Delta H = -\dfrac{c}{g}(v_0 - v)$ 确定压强的增、减压趋势。此时的初始速度为 $v_0 = 0$，终了速度 $v = -v_0$，所以 ΔH 为正值，即增加了一个 ΔH。此时整个管道的压强又恢复到恒定流时的压强 p_0，密度及管壁恢复原状。紧接着紧靠此微段下游的另一微段水体受此影响，重复刚才的过程。并依次一段一段地以波速 c 向阀门方向传播。当 $t = \dfrac{2L}{c}$ 时，水锤波传播到阀门 A 处，这时全管道水体以流速 v_0 向水库方向流动。压强恢复到恒定流时的压强 p_0，密度及管壁恢复原状。从 $t = \dfrac{L}{c}$ 到 $t = \dfrac{2L}{c}$ 这一时段称为水锤波传播的第二阶段。这一阶段水锤波的特征是流速减小为 $-v_0$，压强降低，波的传播方向与恒定流时的方向相同，故称为降压顺波。它就是第一阶段中增压逆波的反射波。这一阶段的特征如图 13 - 2（b）所示，在 $0 < t < \dfrac{2L}{c}$ 时段，称为水锤波的首相或第一相。从阀门开始关闭，水锤波在管道中传播一个来回的时间为 $2L/c$，称为"相"，用 T_r 表示，即

$$T_r = 2L/c \tag{13-1}$$

在第二阶段末，即 $t = \dfrac{2L}{c}$ 时，管中全部水流有一反向流速 v_0，在紧靠阀门处的液体，因阀门完全关闭，紧邻阀门 A 处的水体有脱离阀门的趋势。根据连续性原理知，这是不可能的。于是紧邻阀门 A 处一微段水体首先被迫停止下来，流速由 $-v_0$ 变为 0。压强的变化趋势由逆行波公式 $\Delta H = \dfrac{c}{g}(v_0 - v)$ 确定，此时的初始速度为 $-v_0$，终了速度 $v = 0$，所以 ΔH 为负值，即降低了一个 ΔH，并使管道中的水体膨胀，密度减小，管壁收缩。同前面两个阶段一样，向上游每一微段的水体传播此影响，重复刚才的过程，一直到水库进口断面 B 处。当 $t = \dfrac{3L}{c}$ 时，水锤波传播到水库进口 B 处，此时全管流速为 0，压强降低了 ΔH，密度减小，管壁收缩。从 $t = \dfrac{2L}{c}$ 到 $t = \dfrac{3L}{c}$ 这一阶段称为水锤波传播的第三阶段。在这一阶段中，水锤波使流速由 $-v_0$ 变为 0，压强减小，波的传播方向与恒定流时的方向相反，故称为降压逆波。它是第二阶段中降压顺波的反射波。这一阶段的特征如图 13 - 2（c）所示。

在第三阶段末，即 $t = \dfrac{3L}{c}$ 时，水锤波传播到管道进口断面 B 处。这时由于断面 B 左侧水库很大，水位不变，边界压强保持为 p_0；断面 B 右侧边界压强为 $p_0 - \Delta p$。在此压差作用下，首先使紧邻断面 B 右侧一微段静止水体以流速 v_0 向阀门方向流动。由于产生的是顺行波，水锤压强由 $\Delta H = -\dfrac{c}{g}(v_0 - v)$ 确定其增、减压趋势。此时的初始速度为 $v_0 = 0$，终了速度 $v = v_0$，所以 ΔH 为正值，即增加了一个 ΔH。此时水体的密度、管壁均得到了恢复。紧接着紧靠此微段下游的另一微段水体受此影响，重

复刚才的过程。并依次一段一段地以波速 c 向阀门方向传播。当 $t = \frac{4L}{c}$ 时，水锤波传播到阀门 A 处，这时全管道水体以流速 v_0 向阀门方向流动。压强恢复到恒定流时的压强 p_0，密度及管壁恢复原状。从 $t = \frac{3L}{c}$ 到 $t = \frac{4L}{c}$ 这一时段称为水锤波传播的第四阶段。这一阶段水锤波的特征是流速增加为 v_0，压强增加，波的传播方向与恒定流时的方向相同，故称为增压顺波。它是第三阶段中降压逆波的反射波。这一阶段的特征如图 13-2 (d) 所示。

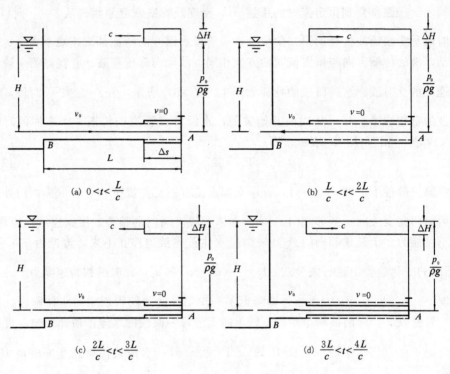

图 13-2

从 $t = \frac{2L}{c}$ 到 $t = \frac{4L}{c}$，水锤波由阀门 A 开始经水库进口反射后又返回阀门处，水锤波又经历了一相，此相称为末相或第二相。首相与末相之和称为水锤波的一个周期，这是因为 $t = \frac{4L}{c}$ 时全管道的水流状态与 $t = 0$ 时的水流状态完全一样，如果阀门还是关闭，则水锤波的传播将重复以上 4 个阶段。周而复始的继续进行下去。当然，实际上由于水流阻力的存在，水锤波不可能无休止地传播下去，而是逐渐衰弱，最后消失，形成新的恒定流状态，如图 13-3 所示。因此，水锤波运动过程只是在阀门关闭后的一段时间内的非恒定流流动，是一种暂时的过渡状态。所以，又将水锤过程称为水力暂态过程，或水力瞬变过程。水锤波传播的 4 个阶段的物理特性简要地总结于表 13-1 中，这样有助于深化理解水锤波的传播。

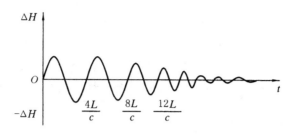

图 13-3

由上述讨论可以得出水锤波具有以下特征：

在阀门突然完全关闭的情况下，阀门断面处只产生一个单独的水锤波，这个波在水库断面发生等值异号反射，即入射波和反射波绝对值相等，符号相反。若入射波是增压波，反射波则为降压波，反之亦然；在阀门断面则发生等值同号反射，即，若入射波是增压波，反射波也是增压波，反之亦然。只有在水锤波传到之处，压强才会发生变化。水锤发展的整个过程就是该水锤波传播和反射的过程。管道任一断面在任一时刻的水锤压强值即为通过该断面的水锤顺波和逆波叠加的结果。

表 13-1　　　　　　　　　　　　水锤波传播的物理特性

阶段	时　段	流速变化	水流方向	压强变化	水锤波传播方向	运动状态	液体、管壁状态
1	$0 < t < \dfrac{L}{c}$	$v_0 \rightarrow 0$	水库→阀门	增高 Δp	阀门→水库	减速增压	液体压缩 管壁膨胀
2	$\dfrac{L}{c} < t < \dfrac{2L}{c}$	$0 \rightarrow v_0$	阀门→水库	恢复原状	水库→阀门	减速减压	恢复原状
3	$\dfrac{2L}{c} < t < \dfrac{3L}{c}$	$-v_0 \rightarrow 0$	阀门→水库	降低 Δp	阀门→水库	增速减压	液体膨胀 管壁收缩
4	$\dfrac{3L}{c} < t < \dfrac{4L}{c}$	$0 \rightarrow v_0$	水库→阀门	恢复原状	水库→阀门	增速增压	恢复原状

图 13-4（a）～（c）分别给出了阀门断面 A 处、管中某断面处和管道进口 B 处的水锤压强增量随时间的变化过程。如图所示，阀门断面压强最先升高和降低，持续时间最长，变幅最大。管道进口断面的压强升高或降低都只是发生在瞬间。至于管道的任一中间断面，其压强的变幅和持续的时间介于二者之间。可见阀门处的水锤最为严重，而且总是在每相之末变幅最大。

为分析问题的方便，上述讨论是在假定阀门突然完全关闭情况下进行的。实际上，阀门的关闭不可能在瞬间完成，总是需要一定的时间。因此，可把整个关闭过程看成是一系列微小瞬时关闭的总和。这时，每一个微小关闭都产生一个相应的水锤波，如图 13-5 所示，每一个水锤波又各自依次按上述 4 个阶段循环发展。因此，它和突然完全关闭情况不同。它不是一个水锤波，而是一系列发生在不同时间的水锤波传播和反射的过程。这样，管道中任意断面在任意时刻的流动情况是一系列水锤波在

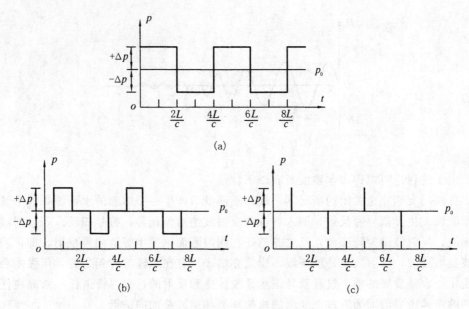

图 13 - 4

各自不同的发展阶段的叠加结果。

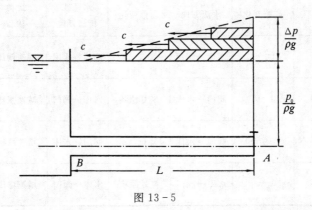

图 13 - 5

第三节　水锤压强的计算及水锤波的传播速度

当阀门的关闭时间 T_s 等于或小于一相时，即 $T_s \leqslant 2L/c$，也就是由水库处反射回来的水锤波尚未到达阀门之前，阀门已经关闭终止，这种水锤称为直接水锤。直接水锤所产生的压强升高值是相当巨大的。在水电站建筑物设计中，总是设法采取各种措施来防止或避免发生直接水锤。

当阀门关闭过程中，$T_s > 2L/c$，由水库反射回来的降压波已经到达阀门处，并可能在阀门处发生正反射，这样就会部分抵消了水锤增压，使阀门处的水锤压强不致达到直接水锤的增压值，这种水锤称为间接水锤。在工程设计中，总是力图合理地选择参数，并在可能条件下尽量延长阀门调节时间，或通过设置调压室缩短受水锤影响的管道长度，来降低水锤压强。

直接水锤和间接水锤没有本质的区别，流动中都是惯性和弹性起主要作用。但随着阀门调节时间 T_s 的延长，弹性作用将逐渐减小，黏滞性作用（表现为阻力）将相对增强。当 T_s 大到一定程度时，流动则主要受惯性和黏滞性的作用。其流动现象与弹性波的传播无关。

应该说明，当阀门由关到开时，所发生的水锤现象的性质是一样的，所不同的是初生的弹性波是增速的减压波。而由进口反射回来的则是增速增压顺波，此后的传播及反射过程在性质上与阀门突然关闭时完全相同。计算水锤压强的公式对阀门突然开启也完全适应，只不过阀门突然开启时 $v_0 < v$，Δp 应为负值。

一、直接水锤压强的计算

因为水锤波的传播速度 $c = \dfrac{\Delta l}{\Delta t}$，所以水锤压强增量为

$$\Delta p = \rho c (v_0 - v) \tag{13-2}$$

若用水柱高表示压强增量，则得

$$\Delta H = \frac{\Delta p}{\rho g} = \frac{c}{g}(v_0 - v) \tag{13-3}$$

当阀门突然完全关闭时 $v = 0$，则得相应的水头增量：

$$\Delta H = \frac{c}{g} v_0 \tag{13-4}$$

式（13-4）称为儒可夫斯基（Жуковский）公式，可用来计算阀门突然关闭或开启时的水锤压强。一般压力引水钢管内水锤波的传播速度 c 约为 1000m/s，设流速由 6m/s 减少到 0 时，由式（13-4）可求得阀门突然完全关闭时的水头增量为

$$\Delta H = \frac{1000}{9.8} \times 6 \approx 600\text{m}$$

这相当于 60 个大气压，是一个极大的压强，若设计中未加考虑，必将带来严重的后果。

实际工程中，一般不允许发生直接水锤。在工程设计中，总是力图合理地选择有关技术参数或采取其他适当的技术措施，控制水锤压强升高值，以保证有压引水系统正常稳定运行。常用的减小水锤压强的措施有：①设置调压井以减小压力管道长度；②增大管道直径以减小管道流速；③适当延长阀门关闭时间或选择合理的关闭规律；④条件允许时，通过设置调压井、水阻抗、减压阀、爆破膜等措施以减小水锤压强。

二、间接水锤压强的计算

间接水锤由于存在增压波和减压波的叠加作用，计算比较复杂，将在有关专业课中结合水电站设备及运行情况讲述。一般情况下，间接水锤压强可由下式近似计算：

资源 13-1
直接水锤
压强的推导

$$\Delta p = \rho c v_0 \frac{T_r}{T_s} \tag{13-5}$$

或

$$\Delta H = \frac{\Delta p}{\rho g} = \frac{cv_0}{g} \frac{T_r}{T_s} = \frac{v_0}{g} \frac{2l}{T_s} \tag{13-6}$$

式中：v_0 为水锤发生前断面平均流速；T_r 为水锤波相长，$T_r = 2l/c$；T_s 为阀门关闭时间；l 为管道长度；其余符号含义同前。

例 13 - 1 一水电站压力管道，管长 $l = 600\text{m}$，管径 $d = 1.2\text{m}$，管内流量 $Q_0 = 0.9\text{m}^3/\text{s}$，水锤波速 $c = 1000\text{m/s}$。试计算（1）瞬时关闭时阀门处的水锤压强；（2）关闭时间 $t = 4\text{s}$ 时，判断水锤的类型。

解：

（1）瞬时关闭时，$t \to 0$，属直接水锤，并且 $v = 0$，计算阀门处的水锤压强为

$$\Delta p = \rho c (v_0 - v) = 1000 \times 1000 \times \frac{4 \times 0.9}{3.14 \times 1.2^2} = 796 (\text{kPa})$$

（2）水锤的相长为 $T = \dfrac{2l}{c} = \dfrac{2 \times 600}{1000} = 1.2\text{s} < t = 4\text{s}$，属间接水锤。

三、水锤波速计算

由前面的分析可知，水锤波所到之处，液体的压强、密度、流速以及管壁状态均发生变化。但是，无论如何，液体的质量总是守恒的。因此，可用质量守恒原理来推导水锤波传播速度的计算公式，均质薄壁圆管中的水锤波传播速度的计算公式为

$$c = \frac{\sqrt{\dfrac{K}{\rho}}}{\sqrt{1 + \dfrac{K}{E} \cdot \dfrac{D}{\delta}}} \tag{13-7}$$

式中：K 为液体的体积弹性系数；D 为管径；E 为管壁材料的弹性模量；δ 为管壁厚度。表 13 - 2 给出了常用管壁材料的弹性模量。水的体积弹性系数 $K = 2.06 \times 10^9 \text{N/m}^2$。

若管壁为绝对刚性，即管壁材料的弹性模量 $E = \infty$ 时，水击波速 c_0 为最大值，即

$$c_0 = \sqrt{K/\rho} \tag{13-8}$$

c_0 即为不受管壁影响时水锤波的传播速度，也就是声波在液体中的传播速度。c_0 值与液体的压强及温度有关，当水温在 10℃ 左右，压强为 1～25 个大气压时，c_0 为 1435m/s。

表 13 - 2　常用管壁材料的弹性模量及 K/E 值

管壁材料	$E/(\text{N/m}^2)$	K/E
钢管	19.6×10^{10}	0.01
铸铁管	9.8×10^{10}	0.02
混凝土管	20.58×10^9	0.10
木管	9.8×10^9	0.21

将上文 c、c_0 以及 K/E 联系起来得到水锤波速计算公式：

$$c = \frac{c_0}{\sqrt{1 + \dfrac{KD}{E\delta}}} \tag{13-9}$$

由上式可见，水锤波速 c 随管径 D 的增大而减小，随管壁材料的弹性系数 E 和

管壁厚度 δ 的减小而减小。因此，为了减小水锤压强 Δp 值，可以在管壁材料强度允许的条件下，选择管径较大、管壁较薄的管道为好。水锤波的传播速度 c 与管道长度 L、阀门关闭时间 T_s 及关闭规律 [阀门相对开度 $\tau = f(t)$] 无关。

应当指出，如果认为水是不可压缩的刚体，即体积弹性系数 $K \to \infty$，由式（13-8）可得出 $c_0 \to \infty$。即不论管道有多长，整个管道中的水流将在瞬间同时减速或停下来。显然，这个结论是错误的，原因在于忽略了水的压缩性。

例 13-2 一水电站的引水钢管，长 $l = 700\text{m}$，直径 $D = 100\text{cm}$，管壁厚 $\delta = 1\text{cm}$，钢管的弹性模量 $E = 2.06 \times 10^{11}\,\text{N/m}^2$，水的弹性模量 $K = 2.06 \times 10^9\,\text{N/m}^2$。管中液体流速 $v_0 = 4\text{m/s}$，若完全关闭阀门的时间为 1s，试判断管中所产生的水击是直接水击还是间接水击？并求阀门前断面处的最大水击压强（水的密度 $\rho = 1000\text{kg/m}^3$）。

解：

水击波在该管段中的传播速度：

$$c = \frac{c_0}{\sqrt{1 + \dfrac{D}{\delta}\dfrac{K}{E}}} = \frac{\sqrt{\dfrac{2.06 \times 10^9}{1000}}}{\sqrt{1 + \dfrac{100}{1} \times \dfrac{2.06 \times 10^9}{2.06 \times 10^{11}}}} = 1015(\text{m/s})$$

判别水击类型：

相长：

$$T_r = \frac{2l}{c} = \frac{2 \times 700}{1015} = 1.38(\text{s}) > 1\text{s}$$

所以该水击属于直接水击。可计算出最大水击压强为

$$\Delta p = \rho c v_0 = (1000 \times 1015 \times 4) = 4.06 \times 10^6(\text{Pa})$$

例 13-3 铸铁有压输水管道长 $l = 1000\text{m}$，直径 $d = 300\text{mm}$，壁厚 $\delta = 9\text{mm}$，末端设一阀门。水的体积弹性系数 $K = 2.1 \times 10^9\,\text{N/m}^2$，管壁材料的弹性模量 $E = 9.8 \times 10^{10}\,\text{N/m}^2$。若管内水流速度 $v_0 = 1.5\text{m/s}$，试按下列两种情况，计算管道内阀门处的水击压强：（1）阀门关闭时间 $T_s = 0.9\text{s}$；（2）阀门关闭时间 $T_s = 7.5\text{s}$。

解：

首先计算相长 T_r 作为判别水击类型的依据，水击波速：

$$c = \frac{c_0}{\sqrt{1 + \dfrac{K}{E}\dfrac{D}{\delta}}} = \frac{\sqrt{\dfrac{2.06 \times 10^9}{1000}}}{\sqrt{1 + \dfrac{2.1 \times 10^9}{9.8 \times 10^{10}}\dfrac{300}{9}}} = 1096(\text{m/s})$$

相长 $$T_r = \frac{2l}{c} = \frac{2 \times 1000}{1096} = 1.82(\text{s})$$

（1）$T_s = 0.9\text{s} < T_r$ 发生直接水击。水击压强：

$$\Delta p = \rho c v_0 = 1000 \times 1096 \times 1.5 = 1.64 \times 10^6(\text{Pa})$$

（2）$T_s = 7.5\text{s} > T_r$ 发生间接水击。水击压强：

$$\Delta p = \rho c v_0 = \frac{T_r}{T_s} = 1000 \times 1096 \times 1.5 \times \frac{1.82}{7.5} = 3.99 \times 10^5 (\text{Pa})$$

同一管道，在相同水流条件下，间接水击的水击压强小于直接水击的水击压强。

第四节　非恒定流的控制方程

由于输水系统的水流状态包括有压流和无压流两种，所以研究输水系统的水力过渡过程，需要用到有压管道非恒定流的控制方程，它体现了水力过渡过程的基本原理，是研究水力过渡过程的理论基础。有压管道非恒定流的控制方程包括运动方程和连续方程，在对该控制方程推导之前先作如下假定：

（1）管道中水流为一元流，且在整个管道的横截面上流速分布是均匀的。

（2）管壁材料和管内液体均为线弹性体，即应力和应变成正比。

（3）恒定流摩阻损失计算公式在过渡流中仍然适用。

一、有压管道非恒定流的运动方程

从管道水体中选取控制体，应用牛顿第二定律可以推求有压管道非恒定流的运动方程。如图 13-6 所示，在管道水体中选取长度为 $\mathrm{d}x$ 的微小控制体，x 轴取与恒定流时的水流一致的方向，管轴线与水平线的夹角取为 α，则作用于微小控制体上的力为上下游断面的水压力 F_1、F_2，控制体周界面上的阻力 F_3，侧水压力 F_4 以及重力 mg。若上游断面 m—m 的密度为 ρ，过水断面的面积为 A，湿周为 χ，压强为 P，则下游断面 n—n 相应各量分别为 $\left(\rho + \frac{\partial \rho}{\partial x} \mathrm{d}x\right)$、$\left(A + \frac{\partial A}{\partial x} \mathrm{d}x\right)$、$\left(\chi + \frac{\partial \chi}{\partial x} \mathrm{d}x\right)$、$\left(P + \frac{\partial P}{\partial x} \mathrm{d}x\right)$。

作用于微小控制体上的外力在 x 轴上的分力为上下游断面的水压力之差：

$$F_1 - F_2 = PA - \left(P + \frac{\partial P}{\partial x} \mathrm{d}x\right)\left(A + \frac{\partial A}{\partial x} \mathrm{d}x\right)$$

控制体周界面上的阻力（设控制体周边平均阻力为 τ）：

$$F_3 \cos\theta = -\left[\tau\left(\chi + \frac{\partial \chi}{\partial x} \frac{\mathrm{d}x}{2}\right)\mathrm{d}x\right]\cos\theta$$

式中：θ 为控制体侧壁与管轴线夹角，一般很小，可取 $\cos\theta = 1$。

侧面水压力 F_4 沿 x 轴的分量为 $\left(P + \frac{\partial P}{\partial x} \frac{\mathrm{d}x}{2}\right)\frac{\partial A}{\partial x}\mathrm{d}x$。

重力分量为 $mg\sin\alpha = \left(\rho + \frac{\partial \rho}{\partial x} \frac{\mathrm{d}x}{2}\right)\left(A + \frac{\partial A}{\partial x} \frac{\mathrm{d}x}{2}\right)\mathrm{d}x\, g\sin\alpha$

设控制体沿 x 轴方向的流速为 v，则管道水体的加速度 $a = \frac{\mathrm{d}v}{\mathrm{d}t}$。

由牛顿第二定律可得，作用于 x 轴线方向所有外力的合力等于控制体的质量与沿 x 轴线方向的加速度的乘积，即

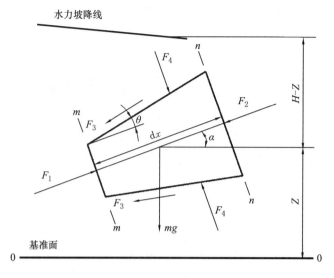

图 13-6

$$(F_1 - F_2) - F_3\cos\theta + \left(P + \frac{\partial P}{\partial x}\frac{\mathrm{d}x}{2}\right)\frac{\partial A}{\partial x}\mathrm{d}x + mg\sin\alpha = ma$$

因为 v 是时间 t 和坐标 x 的函数，所以可得

$$\frac{\mathrm{d}v}{\mathrm{d}t} = \frac{\partial v}{\partial t} + v\frac{\partial v}{\partial x}$$

取 $\sin\alpha = -\dfrac{\partial Z}{\partial x}$，经整理并略去高阶微量可得

$$\frac{1}{\rho g}\frac{\partial P}{\partial x} + \left(\frac{\partial v}{\partial t} + v\frac{\partial v}{\partial x}\right)\frac{1}{g} + \frac{\partial Z}{\partial x} - \frac{\tau\chi}{\rho g A} = 0$$

因为测压管水头线 $H = Z + \dfrac{P}{\rho g}$，而控制体周边平均阻力 τ 可由达西公式表示为 $\tau = \dfrac{\rho f\,|\,v\,|\,v}{8}$，$f$ 为恒定流时的沿程阻尼系数，可得一元非恒定总流的运动方程为

$$\frac{\partial H}{\partial x} + \frac{1}{g}\left(\frac{\partial v}{\partial t} + v\frac{\partial v}{\partial x}\right) + \frac{f\,|\,v\,|\,v\chi}{8gA} = 0$$

湿周 $\chi = \dfrac{A}{R}$，其中 R 为水力半径，所以上式可化为式（13-10）：

$$\frac{\partial H}{\partial x} + \frac{1}{g}\frac{\partial v}{\partial t} + \frac{v}{g}\frac{\partial v}{\partial x} + \frac{f\,|\,v\,|\,v}{8gR} = 0 \qquad (13-10)$$

式（13-7）即为有压管道非恒定流的运动方程。

二、有压管道非恒定流的连续方程

利用质量守恒原理可以直接推导出有压管道非恒定流的连续方程，在管路中选取两个非常接近的横截面 m—m 和 n—n，把两截面中间管段作为控制体，两截面的间距为 $\mathrm{d}x$，控制体如图 13-7 所示。

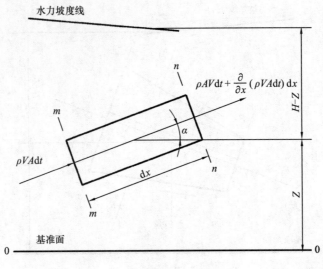

图 13 - 7

设断面 m—m 的面积为 A，流速为 v，流体的密度为 ρ，则 dt 时段内通过断面 m—m 流入的液体质量为 $\rho v A dt$，断面 n—n 在同一时段内流出的液体质量为 $\rho v A dt + \frac{\partial}{\partial x}(\rho v A dt) dx$，此控制体在 dt 时段内质量的增量为 $\frac{\partial}{\partial t}(\rho A dx) dt$。

根据质量守恒原理，在 dt 时段内流入和流出控制体的液体质量差应等于同时段内该控制体质量的增量，即

$$\rho v A dt - \left[\rho v A dt + \frac{\partial}{\partial x}(\rho v A dt) dx\right] = \frac{\partial}{\partial t}(\rho A dx) dt$$

整理并简化可得

$$\rho\left(v \frac{\partial A}{\partial x} + \frac{\partial A}{\partial t}\right) + A\left(v \frac{\partial \rho}{\partial x} + \frac{\partial \rho}{\partial t}\right) + \rho A \frac{\partial v}{\partial x} = 0$$

因为 $\frac{dA}{dx} = v \frac{\partial A}{\partial X} + \frac{\partial A}{\partial t}$，$\frac{d\rho}{dt} = v \frac{\partial \rho}{\partial x} + \frac{\partial \rho}{\partial t}$，所以上式可以化为

$$\rho \frac{dA}{dt} + A \frac{d\rho}{dt} + \rho A \frac{\partial v}{\partial x} = 0 \tag{13-11}$$

此方程由质量守恒定律而来，适用于任何形式的流体，适用于有压流也适用于明渠水流。

设 K 为水的体积弹性模量，那么管道的水锤波速公式可以表示成如下形式：

$$c = \frac{\sqrt{K/\rho}}{\sqrt{1 + K\left(\frac{dA}{A dp}\right)}} \tag{13-12}$$

根据流体的体积弹性模量的定义，确定了式（13-13）：

$$\frac{d\rho}{\rho} = \frac{dp}{K} \tag{13-13}$$

又由压力与测压管的关系 $P = (H - Z)\rho g$，可得

$$\frac{\mathrm{d}P}{\mathrm{d}t} = \rho g \left(\frac{\mathrm{d}H}{\mathrm{d}t} - \frac{\mathrm{d}Z}{\mathrm{d}t} \right) \qquad (13-14)$$

联立式（13-11）～式（13-14）并整理可得式（13-15）：

$$\rho g A \frac{\mathrm{d}H - \mathrm{d}Z}{a^2} = \rho \mathrm{d}A + A \mathrm{d}\rho \qquad (13-15)$$

联立式（13-15）、式（13-11）并整理可得

$$\frac{\partial H}{\partial t} + v \frac{\partial H}{\partial x} + \frac{a^2}{g} \frac{\partial v}{\partial x} + v \sin\alpha = 0 \qquad (13-16)$$

式（13-16）就是分析有压管道水力过渡过程的连续方程，式中的第二、四项与第一、三项相比较小，应用时往往省略，得到式（13-17）：

$$\frac{\partial H}{\partial t} + \frac{a^2}{g} \frac{\partial v}{\partial x} = 0 \qquad (13-17)$$

第五节　常见的水锤防护设备

随着大量长距离输水工程及水电站枢纽工程的兴建，越来越多的泵站、常规电站、抽水蓄能电站系统由于各类原因发生过渡过程而产生巨大水锤压力，对整个系统造成严重危害。事故的发生不但会影响到工程的正常运行，也会造成不可估量的经济损失，因此人们对瞬变过程越来越重视，深入探索和研究输水管道中水锤压力的变化，并建立相应的防护方案对有压输水管道的设计和安全运行具有非常重要的指导意义。下面介绍工程中的常见的水锤防护设备。

一、调压室（井）

压力引水道较长的水电站，为使电站运行安全，常在引水系统中修建调压室以减小水锤压强及缩小水锤的影响范围。调压室（井）通常是一个具有自由水面和一定容积的井式建筑物。当电站因负荷变化而产生的水锤波由阀门（或导叶）传至调压室时，具有自由表面并能存储一定水体的调压室将水锤波反射回下游压力管道，使调压室上游的引水管道很少承受水锤波的作用。这就大大缩短了水锤波的传播长度，削减了水锤压强。

在反射水锤波的同时，调压室中水面产生振荡现象。在恒定流的情况下，调压室中水位维持在比水库水位低一个 $\left(h_w + \frac{\alpha v^2}{2g} \right)$ 数值的高程（h_w 是水库与调压室间的水头损失，v 是上游引水管道中的断面平均流速）。当机组丢弃全部负荷，阀门完全关闭时，调压室下游压力管中的水流很快停止下来，而上游引水管中的水流则在惯性作用下继续向下游流动，遇到停止的水体后，被迫流入调压室，使室内水位上升，上游库水位与调压室间水位差逐渐减少，上游引水道中流速也随之减小。当调压室中水位上升至库水位时，水流仍在惯性作用下继续流入调压室，直至室中水位上升至高出库水位某一数值才停止。接着由于调压室中水位高于库水位，水体作反向流动即由调压室

流入水库，调压室水位开始下降，反向流速也逐渐减小，一直到调压室中水位降至某一最低水位时，反向流速才减小至0。此后，水流又加速流向调压室，室内水位又重新回升。就是这样，伴随着上游引水道内水体的往返运动，调压室内水面在某一静水位线上下振荡。只是由于摩阻损失的存在，运动水体的动能不断消耗，振荡幅度逐次减小，最后静止下来，达到新的恒定状态。

二、空气罐

资源 13-2
空气罐

空气罐是内部充满高压气体的金属密封容器，其上层为气体，下层为液体，通常为了方便安装、运行维护和安全管理，将其安装在泵房内。当水泵机组事故停机时，管道中压力降低，空气罐内上层气体迅速膨胀，下层液体在气体压力作用下，通过空气罐与主管道之间的连接管迅速补给到主管道，防止管道出现严重负压；反之，防止管道出现过大正压。

三、调压塔类

1. 单向调压塔

单向调压塔是旁路安装在管道上，蓄水后利用地势高差和止回阀，在管道水锤的低压工况下，可向管道自动补水的设施或开放罐设备，是防止产生负压和消减断流弥合水锤过高升压的水锤防护设备。可设置于输水干线上容易产生负压和水柱分离的主要特异点，如主要峰点、膝部折点、驼峰以及鱼背点等。

2. 双向调压塔

资源 13-3
防水锤型
空气阀

双向调压塔是旁路安装在管道上，具有既能利用液位补水防止水锤低压，又能泄放水锤高压的设施或开口罐设备。双向调压塔是一种兼具注水与泄水缓冲式的水锤防护设备，其典型特征是塔（井）与管道贯通连接。当输水管道中压力降低时，调压塔可迅速向管道补水，防止管道产生负压；当管道中水锤压力升高时，它允许高压水流进入调压塔中，起到缓冲水锤升压的作用；当发生突然事故停泵时，它能向管路中补充水，有效防止了水柱分离及断流再弥合水锤升压。双向调压塔装设于输水干管上易于发生水柱分离的高点或折点处。在泵站附近或管道的适当位置修建，双向调压塔的水面高度应高于输水管道终点接收水池的水面高度。

四、空气阀

1. 普通空气阀

空气阀是一种用于防止瞬变过程减压波使管内产生负压的特殊阀门。它通常装设在管道正常运行时动水压力较低，瞬变流动过程中，有可能产生液柱分离的高点位置。当管道内压力低于大气压时吸入空气，而当管道中压力上升高于大气压时排出空气。在排气过程中，当管内液体充满管道时阀门能够自动关闭，不允许液体泄入大气。

2. 防水锤空气阀

防水锤空气阀是复合式空气阀与缓冲组件机械结合的设备。缓冲组件一般为节流塞和限流板等构件，主要布置在水泵出水管、长距离输水管线的局部高点、长水平段、长上坡段、长下坡段、水平段末端等。管路开始充水时进行大量高速排气；当充水过快时进入节流排气阶段，以确保输水管线的安全；充水完成后，保持不间断微量排气；管道泄水放空时大量高速吸气，抑制管路负压的形成。其与普通空气阀最大的区别是它可以避免弥合水锤事故的发生。

五、止回阀

止回阀又叫逆止阀，是一种自动阀门，它依靠管道内流动介质的压力推动阀瓣来实现阀门的关闭和开启，一般安装在水泵出口。当介质停止流动时，止回阀阀瓣关闭，同时能防止管道内介质发生倒流，这对于保障管道的安全起到了很大的作用。

六、安全泄压阀

安全泄压阀又叫安全阀，其工作原理为借助进口水压力自行开启、关闭。在进口水压力的带动下，主阀板打开，当进口的压力超过设定压力时，安全泄压阀就发挥作用，对管路进行泄压，而当管路里的压力减弱至低于设定压力时，安全泄压阀就会自行关闭，确保管路中的压力能在控制范围内，保护管路与设备。

资源 13 - 4
止回阀

第六节 水 锤 计 算 方 法

水锤计算的方法有特征线法、解析法、图解法和波特性法等。解析法物理意义明确，应用简便但多用于不计阻力情况下的简单管道，并假定阀门出流现象类似于孔口或管嘴出流。对于复杂管道，尤其是复杂的边界条件则较难处理。下面对几种常用方法作介绍。

资源 13 - 5
安全泄压阀

一、特征线法

特征线法水锤计算是对整个输水管道系统进行计算分析，包括管道内点及与管道连接的水池、阀门及其他过流元件。在水锤计算中，对于管道系统内点的计算是求解水锤基本方程，即由运动方程和连续方程组成的双曲型偏微分方程组。为了便于计算机计算，将该偏微分方程组离散化，为此，在特征线方向将它转化为水锤全微分方程。

特征线法的基本思路是根据偏微分方程理论，双曲型偏微分方程组有两簇不同的实的特征线，沿特征线可将双曲型偏微分方程组化为常微分方程——特征方程。再将特征方程变为有限差分形式，根据给定的初始条件和边界条件求特征线网格各节点上的近似数值解，便得到不同瞬时管道不同断面上的水力要素值，其方程为

$$C^+: \qquad H_{pi} = C_p - BQ_{pi} \qquad (13-18)$$

式中：H_{pi} 为测压管水头；C_p 为正特征线方程系数；B 为计算常数；Q_{pi} 为流量。

$$C^-: \qquad H_{pi} = C_M + BQ_{pi} \qquad (13-19)$$

式中：C_M 为负特征线方程系数；其余符号含义同前。

二、解析法

解析法不考虑水流阻力的影响。但在长管和管径较小的管道系统中，特别是输送黏性较大的液体在阀门关闭时间较长的情况下，沿程水头损失的影响是不能忽略的。简化的基本微分方程组是一组典型的双曲型偏微分方程，解析法就是从此方程组出

发，先将其化为波动方程，求出其通解，再结合初始条件和边界条件逐步求得任意断面在任意时刻的水锤压强。其特点是物理意义明确，方法简单易行，但只适用于不计水头损失的简单管道。

三、图解法

图解法在 20 世纪 30—60 年代提出，之前的数解分析法是建立在阿列维连锁方程的基础上的，而图解法与其不同，该方法保留数解分析法优点的同时又发挥了本身的长处，在计算时，将整个时间段分为许多个微小时间段进行停泵水锤计算，然后再运用试算法列表计算。图解法曾经在工程上受到广泛应用。应用图解法进行停泵水锤的计算时，采用在不记管路水力摩阻情况下，反映停泵水锤共轭方程的水锤射线与某特定工况、特定转速下的水泵轮机四象限特性曲线相交而得解。此计算方法简单，容易出成果，能够初步拟出压力管道最高、最低压力包络线，判断产生水锤时的正压和负压情况，可根据压力包络线凭设计经验拟出相关水锤防护措施。缺点是计算精度相对较低，对拟出的水锤防护措施是否满足要求无法作出准确判断，对工程实际水锤防护设计的指导意义不大。

四、波特性法

波特性法是由美国肯塔基大学 Wood 教授以瞬态管流因为管道系统水力扰动引发的压力波的发生和传播这一物理概念为理论基础提出来的，数值求解方法采用的是拉格朗日法，是根据水锤波的发生、传播和反射来计算不同时间间隔内各个节点的瞬态压力值，它具有清晰直观的物理概念和边界条件，这使得它在计算编程中易于应用，并且还具备出色的计算效率。

思 考 题

13-1 什么是水锤，有压管道中的水锤现象是怎么产生的？

13-2 什么是水锤的相长？什么是水锤的周期？

13-3 试阐述阀门突然完全开启过程中水锤波传播的 4 个阶段。

习 题

13-1 某一压力钢管，上游与水库相连，下游接冲击式水轮机的控制闸门。管长 $L=600m$，管径 $D=2400mm$，管壁厚度 $\delta=20mm$，水头 $H_0=200m$，若在 0.01s 的时间完成了阀门从全开变成全关，流速从 3m/s 减小到 0m/s。试判断水锤的类型并计算阀门处的水头。

13-2 某水电站引水钢管的长度 $L=316m$，管径 $D=4.6m$，管壁厚度 $\delta=0.02m$，如作用水头 $H_0=38.8m$，通过的最大流量 $Q=40m^3/s$，水轮机全部关闭时间为 6s，试求水锤波传播的相长，并判断水锤发生的类型。

第十四章　水力学常用计算软件

基本要求：(1) 了解和掌握计算流体力学的基本理论和求解过程。
　　　　　　(2) 可独立完成数值模拟的所有步骤，包括建模、前处理、计算、后处理。
　　　　　　(3) 了解有压管道水力过渡过程数值模拟软件。
本章重点：(1) 掌握 ANSYS FLUENT 软件操作方法。
　　　　　　(2) 掌握 HEC - RAS 软件操作方法。
　　　　　　(3) 掌握 HAMMER 软件操作方法。

第一节　概　　述

第一章绪论讲过水力学研究问题的方法主要有理论分析方法、科学实验方法和数值计算方法，这 3 种方法已成为当前研究流体运动规律的 3 种基本方法。数值计算方法就是对水力学中完整的数学问题，通过特定的计算方法（如有限差分法、有限单元法、边界单元法等）和计算技巧来求其数学公式的近似解。数值模拟具有花费少、速度快、信息完整和模拟能力强等优点。任何流体运动的规律都是以质量守恒定律、动量守恒定律和能量守恒定律为基础的。这些基本定律可由数学方程组来描述，如欧拉方程、N-S 方程。采用数值计算方法，通过计算机在给定的物理条件下（即我们常说到的边界条件和初始条件）求解这些控制流体流动的数学方程，求出方程中对应的速度、压强、温度和浓度等，进而获得流体的运动规律，这样的学科就是计算流体力学。计算流体力学（computational fluid dynamics，CFD）是用电子计算机和离散化的数值方法对流体力学问题进行数值模拟和分析的一个分支。CFD 软件一般都能推出多种优化的物理模型，如定常和非定常流动、层流、紊流、不可压缩和可压缩流动、传热、化学反应等。

尽管流动规律仍然满足质量守恒定律、动量守恒定律和能量守恒定律，但流体力学不同于固体力学，一个根本原因就在于流体的流动过程中发生了巨大的形变，使问题求解变得异常复杂。其控制方程属于非线性的偏微分方程，除几个简单问题之外，一般来说很难求得解析解。为此，对具体问题进行数值求解就成为研究流体流动的一个重要的研究方向和方法，其基础就是计算流体力学。对于大多数人来说，不必掌握流体力学微分方程的求解以及进行计算流体力学的深入研究，但在工作中又需要对某些具体的流动过程进行分析、计算和研究，由此，计算准确、界面友好、使用简单、又能解决问题的大型商业计算机软件应运而生。目前，比较著名的有应用于紊流精细数值模拟的 ANSYS FLUENT 软件、CFX 软件、FLOW3D 软件以及应用于河道水力学计算的 HEC - RAS、CCHE、MIKE 等软件，本书将主要介绍 HEC - RAS 软件、ANSYS FLUENT 软件及 HAMMER 软件。

采用计算软件进行计算时，通常需要 4 个步骤，依次为定义问题、前处理、求解和后处理。其中，定义问题包括模拟目的和确定计算区域，以便为后续的模拟计算选择合适的模型参数以及算法；前处理包括创建几何模型、网格剖分、设置物理问题属性等；求解包括设置求解方式、收敛准则、数值格式等；后处理包括查看计算结果、绘制图形、修正模型参数等工作。

本章以 HEC - RAS 软件、ANSYS FLUENT 软件和 HAMMER 软件为例，向读者介绍软件的基本操作方法和流程，包括建模、前处理、添加边界条件、初始条件、计算、后处理。

第二节　CFD 求解流体力学问题过程

采用计算流体力学软件（CFD）进行计算时，求解过程如图 14 - 1 所示。

1. 建立控制方程

建立控制方程是求解任何问题前都必须首先进行的步骤。一般来讲，这一步是比较简单的。因为对于一般的流体流动而言，可直接写出其控制方程。假定没有热交换发生，则可直接将连续方程与动量方程作为控制方程使用。一般情况下，需要增加紊流模型。

2. 确定初始条件及边界条件

初始条件与边界条件是控制方程有确定解的前提，控制方程与相应的初始条件、边界条件的组合构成对一个物理过程完整的数学描述。初始条件是所研究对象在过程开始时刻各个求解变量的空间分布情况。对于瞬态问题，必须给定初始条件。对于稳态问题，不需要初始条件。边界条件是在求解区域的边界上所求解的变量或其导数随地点和时间的变化规律。对于任何问题，都需要给定边界条件。

3. 划分计算网格

采用数值方法求解控制方程时，都是想办法将控制方程在空间区域上进行离散，然后求解得到离散方程组。要想在空间域上离散控制方程，必须使用网格。现已发展出多种对各种区域进行离散以生成网格的方法，这些方法统称为网格生成技术。不同的问题采用不同数值解法时，所需要的网格形式是有一定区别的，但生成网格的方法基本是一致的。目前网格分结构网格和非结构网格两大类。简单地讲，结构网格在空间上比较规范，如对一个四边形区域，网格往往是成行成列分布的，行线和列线比较明显。而非结构网格在空间分布上没有明显的行线和列线。

对于二维问题，常用的网格单元有三角形和四边形等形式；对于三维问题，常用的网格单元有四面体、六面体、三棱体等形式。在整个计算域上，网格通过节点联系在一起。目前各种 CFD 软件都配有专用的网格生成工具，如 ANSYS FLUENT 使用 GAMBIT 作为前处理软件。多数 CFD 软件可接受采用其他 CAD 或 CFD/FEM 软件产生的网格模型。例如，FLUENT 可以接收 ANSYS 所生成的网格。

4. 建立离散方程

对于在求解域内所建立的偏微分方程，理论上是有真解（或称精确解或解析解）的。但由于所处理问题自身的复杂性，一般很难获得方程的真解。因此就需要通过数值方法把计算域内有限数量位置（网格节点或网格中心点）上的因变量值当作基本未知量来处理，从而建立一组关于这些未知量的代数方程组，然后通过求解代数方程组来得到这些节点值，而计算域内其他位置上的值则根据节点位置上的值来确定。

由于所引入的应变量在节点之间的分数假设及推导离散化方程的方法不同，所以形成了有限差分法、有限元法、有限体积法等不同类型的离散化方法。

对于瞬态问题，除了在空间域上的离散外，还要涉及在时间域上的离散。离散后，将要涉及使用何种时间积分方案的问题。

5. 离散初始条件和边界条件

商用 CFD 软件往往在前处理阶段完成网格划分后，直接在边界上指定初始条件和边界条件，然后由前处理软件自动将这些初始条件和边界条件按离散的方式分配到相应的节点上。

6. 给定求解控制参数

在离散空间上建立了离散化的代数方程组，并施加离散化的初始条件和边界条件后，还需要给定流体的物理参数和湍流模型的经验系数等。此外，还要给定迭代计算的控制精度、瞬态问题的时间步长和输出频率等。

7. 求解离散方程

进行上述设置后，生成了具有定解条件的代数方程组。对于这些方程组，数学上已有相应的解法，商用CFD 软件往往提供多种不同的解法，以适应不同类型的问题。如线性方程组可采用 Gauss 消去法或 Gauss - Seidel 迭代法求解，而对于非线性方程组，可采用 Newton - Raphson 方法。若解收敛，则显示和输出计算结果，若不收敛，则需要重新建立离散方程，给定求解控制参数，重新求解离散方程，直至获得收敛解结束迭代计算。

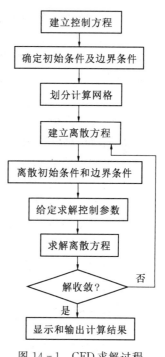

图 14 - 1 CFD 求解过程

8. 显示和输出计算结果

通过上述求解过程得出了各计算节点上的解后，需要通过适当的手段将整个计算域上的结果表示出来，这时可采用线值图、矢量图、等值线图、流线图、云图等方式来表示计算结果。

第三节 ANSYS FLUENT 软件介绍

一、ANSYS FLUENT 的主要功能和特点

ANSYS FLUENT 是全球排名领先的通用计算流体动力学（CFD）商业软件，是

当今全球应用范围广泛、功能强大的商业 CFD 软件。作为通用的 CFD 软件，AN-SYS FLUENT 可用于模拟从不可压缩到可压缩流体的复杂流动。软件包含 3 种算法：非耦合隐式算法、耦合显式算法、耦合隐式算法。它具有强大的网格支持能力，支持界面不连续的网格、混合网格、动/变形网格以及滑动网格等。值得强调的是，FLU-ENT 软件还拥有多种基于解的网格的自适应、动态自适应技术以及动网格与网格动态自适应相结合的技术。由于采用了多种求解方法和多重网格加速收敛技术，AN-SYS FLUENT 能够达到理想的收敛速度和求解精度；灵活的非结构化网格和基于解的自适应网格技术及丰富的物理模型，使 ANSYS FLUENT 在外流、内流、湍流与转换传热、传质、相变、辐射、化学反应与燃烧、多相流、旋转机械、动/变形网格、噪声、多物理场等方面有着广泛的应用。

二、ANSYS FLUENT 模拟步骤

1. 要点检查

在开始进行模拟前，需要在 FLUENT 内进行一系列的检查，以确保后续的模拟可以顺利进行，具体内容如下：

（1）检查网格的质量，包括两个操作内容：检查网格质量，确保最小单元体积不是负数；检查最大单元格偏度，根据经验偏度应该在 0.98 以下。

（2）缩放网格并检查长度单位，网格划分通常采用的单位是 mm，而 FLUENT 中通常采用的单位是 m。

（3）使用合适的物理模型。

（4）对于非结构化四面体网格使用基于节点的梯度相对于基于单元的方案更加准确，尤其是对于三角形和四面体网格。

（5）用残差历时监测收敛性，要注意在模拟后残差是否达到 10^{-3}。

（6）使用二阶离散化运行模型，以获得更好的精度，切忌只追求模拟速度。

（7）监控解决方案变量的值。

（8）验证是否满足质量守恒、动量守恒和能量守恒。

（9）检查网格无关性。

2. FLUENT 数值模拟的主要步骤

（1）打开操作界面，在设定中选定 solution 操作，读入已经划分好的网格，根据具体问题选择 2D 或 3D 求解器，为获取更高精度的计算结果采用二阶离散化运行模型。

（2）在操作页面中选定 general options，选择好文件的保存浏览路径。

（3）设置求解器和物理模型。

1）导入网格并检查。

2）定义材料属性（fluid、solid、mixture）。

3）确定流体的物理性质（define - materials）。

4）选择计算模型。

5）定义边界条件和初始条件。

6）定义操作环境（define - operation conditions）。

资源 14 - 1
启动界面
操作示意

7）初始化流场。

（4）迭代求解（solve – iterate）。

1）选择求解器。

2）设置最大迭代次数和迭代步数。

3）设置允许残差。

4）设置监控变量和相应窗口特性。

（5）检查和保存结果。

（6）后处理。

三、ANSYS FLUENT 边界条件

边界条件是在进行 ANSYS FLUENT 流动分析时最重要的设置参数，FLUENT 提供的边界条件可以分为 4 类，分别是进口边界（inlet）、出口边界（outlet）、壁面边界（wall）、内部边界（internal）。

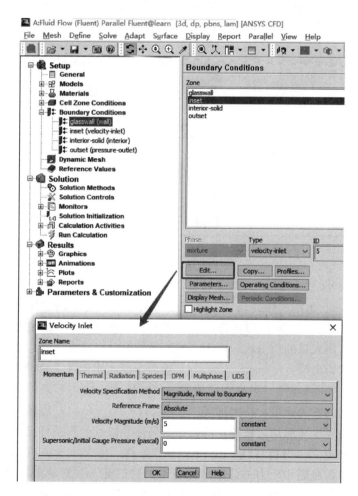

图 14 - 2

1. 进、出口边界条件

进口边界条件主要包括压力进口（pressure - inlet）、速度进口（velocity - inlet）、质量进口（mass - flow - inlet）、进风口（inlet - vent）、进气扇（intake - fan）。出口边界条件主要包括压力出口（pressure - outlet）、压力远场（pressure - far - field）、出风口（outlet - vent）、排气扇（exhaust - fan），自由出口（outflow）。进、出口边界设置如图 14 - 2、14 - 3 所示。

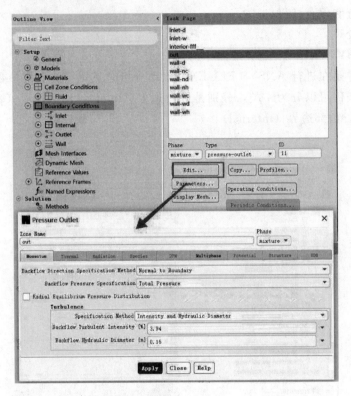

图 14 - 3

速度进口（velocity - inlet）边界条件，用于定义流动入口边界的速度和标量。压力进口（pressure - inlet）边界条件，用来定义流动入口边界的总压和其他标量。质量进口（mass - flow - inlet）边界条件，用于可压流规定入口的质量流速。在不可压缩流动中不必指定入口的质量流，因为当密度是常数时，速度进口边界条件就确定了质量流条件。压力出口（pressure - outlet）边界条件，用于定义流动出口的静压（在回流中还包括其他的标量）。当出现回流时，使用压力出口边界条件来代替质量出口条件常常有更好的收敛速度。压力远场（pressure - far - field）边界条件，用于模拟无穷远处的自由可压缩流动，该流动的自由流马赫数以及静态条件已知。这一边界类型只用于可压缩流。自由出口（outflow）边界条件，用于在解决流动问题之前，所模拟的流动出口的流速和压力的详细情况还未知的情况。在流动出口是完全发展时，这一条件是合适的，这是因为 outflow 边界条件假定除了压力之外的所有流动变量正法向梯度为 0。对于可压流计算，这一条件是不适合的。

2．壁面条件

壁面边界条件主要包括壁面边界（wall）、对称边界（symmetry）、周期边界（periodic）、轴（axis）。以 wall 边界为例，其相关设置内容如图 14 - 4 所示。

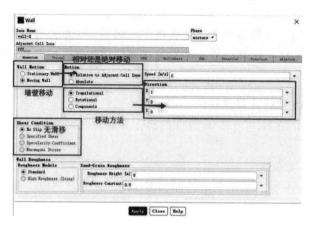

图 14 - 4

3．内部边界

内部边界又称为流体域，是一系列单元的集合，在其上求解所有的激活方程，材料可以分为气体和流体。流体域的设置内容如图 14 - 5 所示。

内部边界还包内部界面边界，如风扇（fan）、散热器（radiator）、多孔跳跃（porous - jump）、壁面（wall）、内部界面（interface/interior）、重叠边界（overset）等。

图 14 - 5

四、FLUENT 软件应用实例

FLUENT 模拟步骤及算例见资源 14 - 2。

第四节　HEC - RAS 软件介绍

一、HEC - RAS 的主要功能和特点

HEC - RAS 是美国陆军工程兵团河流分析系统的一种软件，可以完成一维恒定流和非恒定流的河道水力计算程序（river analysis system），是一个设计为多任务、

多用户网络环境交互式使用的完整软件系统，该系统由图形用户界面（GUI）、独立的水力分析模块、数据存储和管理、图形和报告工具组成。

HEC-RAS系统包含4个一维水力分析模块：①恒定流水面线计算；②非恒定流模拟；③运动边界的泥沙输送；④温度和水质的输运模型。这4个模块都使用共同的数据形式、公用的图形数据及水力计算程序。除了4个水力分析模块外，该系统还包含其他水力设计功能，一旦计算出基本的水面文件，就可以调用这些功能，例如查看断面流速等。

二、HEC-RAS执行计算流程

本节内容主要介绍HEC-RAS软件的操作界面及使用HEC-RAS建立水力模型的步骤。

1. 启动 HEC-RAS

启动HEC-RAS时，显示的主界面如图14-6所示。HEC-RAS主界面的菜单栏主要包含以下功能：

（1）file：文件管理菜单。"File"菜单下的选项包括新建项目、打开项目、保存项目、另存项目为、重命名项目、删除项目、项目简述、导入HEC-2数据、导入HEC-RAS数据、产生报表、导出GIS数据、导出到HEC-DSS、恢复数据和退出。另外，最近打开的项目列在菜单的最底端，用户可以快捷打开。

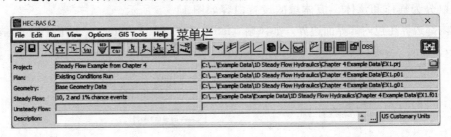

图 14-6

（2）edit：此选项用于输入和编辑数据。数据分为6种类型：几何数据、稳态流量数据、准不稳定流动、非定常流场数据、沉积物数据和水质数据。

（3）run：这个选项用于执行水力计算。该菜单项下的选项包括稳态流量分析、非定常流场分析、准不稳定泥沙分析、水质分析、水力设计功能、运行多个计划。

（4）view：此选项包含一组工具，提供模型输出的图形化和表格化显示。"View"菜单下包括横截面、水面剖面图、总体剖面图、额定曲线、三维透视图、阶段和流量曲线、水力特性图、输出明细表、概要汇总表、总线表格和误差、警告、注释汇总、DSS数据、非定常流场空间图、非定常流场时间序列图等。

（5）options：此菜单项允许用户更改程序设置选项。主要包括：设置默认参数、建立默认单位体系（U.S制或公制）、单位转换（U.S制到公制或公制到U.S制）、转换水平坐标系统（该选项允许用户将整个HEC-RAS项目从一个水平坐标系统转换为另一个）。

（6）GIStools：该菜单项允许用户进入HEC-RAS mapper工具。该工具中可以创建地形模型、显示淹没地图、进行淹水动态动画等。

（7）help：用户得到在线帮助同时显示 HEC - RAS 版本信息的菜单。

HEC - RAS 主界面菜单栏下方为工具栏（图 14 - 7）。工具栏是快捷进入 HEC - RAS 菜单条下最常用的菜单。图中不同数字序号代表不同工具，各工具对应的功能为：

1. 打开项目；2. 保存现有项目；3. 编辑/输入几何数据；4. 编辑/输入恒定流数据；5. 编辑/输入准恒定流数据；6. 编辑/输入非恒定流数据；7. 编辑/输入泥沙边界条件；8. 输入/编辑水质数据；9. 恒定流模拟计算；10. 非恒定流模拟计算；11. 泥沙输送分析；12. 水质分析；13. 水力设计计算；14. RAS - Mapper；15. 横断面视图；16. 水面剖面（纵剖面视图）；17. 沿程计算变量查看；18. 查看计算的评级曲线；19. 查看地形、水面三维图；20. 阶段和水流图绘制；21. 查看溃坝时间；22. 水力特性图和表；23. 查看横断面、桥梁、涵洞等的详细输出等；24. 按配置文件查看多个方案的汇总输出；25. 错误、警告和说明；26. 查看 DSS 中存储的数据；27. 显示项目名称；28. 显示计划名称；29. 显示河道几何数据名称；30. 显示恒定流水文数据文件名称；31. 显示非恒定流水文数据文件名称；32. 描述文字；33. 描述文字延展；34. 目前项目所使用单位。

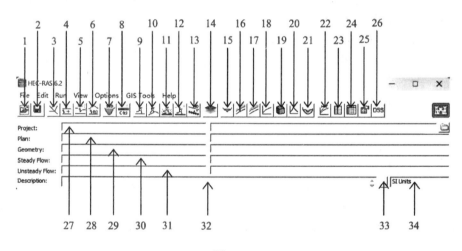

图 14 - 7

2. HEC - RAS 建立水力模型的步骤

用 HEC - RAS 创建水力模型的步骤如图 14 - 8 所示。

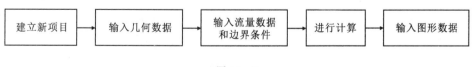

图 14 - 8

三、HEC - RAS 软件应用实例

HEC - RAS 模拟步骤及算例见资源 14 - 3。

资源 14 - 3
HEC - RAS
模拟步骤
及算例

第五节　HAMMER 软件介绍

HAMMER 软件是由美国的 Bentley 软件公司开发，该软件基于特征线法进行水锤瞬态分析，软件包含水力模型较多，可根据用户的需求进行自定义模拟水泵启停、开关阀、爆管等实际工程中所有可能产生的水锤工况以及防护措施，提供可靠的水锤计算结果，可以为采取合理的水锤防护提供科学指导。

一、HAMMER 的主要功能和特点

1. 计算方法

HAMMER 所采用的是特征线法数值解，这种方法是水锤动态分析中最精准和可靠的算法。其他方法如波特性法等只能计算汇流节点处的结果，因此会降低数值解的准确度。而特征线法则可以计算每个节点以及沿着管线的结果，从而精确地捕捉任何可能被忽略的重要变化。

2. 水力元件建立模式

HAMMER 内置多种水锤控制装置，用户可以从 20 多种控制装置中进行选择，并进行无限次的控制方案模拟与比较。通过这一过程，可以确定最适合的控制方案，以缓解水锤带来的冲击。

水锤防护装置包括排气阀、泄压阀、水锤压力预警阀、调压井（单向、双向、气孔、气囊、可变形状、简单和差动式）、气囊式空气罐、可控缓闭阀、机械或电子控制设备等。

控制方案包括水泵/水轮机的惯性、重排管道路径及组合、调整泵/涡轮的操作流程、改变调节阀的操作策略等。

3. 水锤现象建立模型

HAMMER 能够精确模拟一系列完整的水锤瞬时现象，包括一些需要高精度数值计算的情况，比如空化与分离现象。它采用了复杂的算法来计算气穴的形成，并监测它们的运动和破裂。同时，HAMMER 还具备可靠的数值计算引擎，在严谨的振荡理论和弹性理论之间实现平稳过渡。这种多功能模型可以为各种水锤事件建立模拟，包括从深水下水道的填充所导致的缓慢水锤波到音速运动的快速瞬时压力波。

二、HAMMER 模拟步骤

1. 模型建立以及模型管理

管网输入：可以使用简单的拖曳排列工具直接建立管网，也可直接识别 AUTOCAD 图形以自动建立水力模型。此外，还可无缝连接 EPANET、WATERCAD、WaterGEMS 等其他管网水力模型，使得整个模型建立过程更加简便。弹性计算时间步长：选择使用 HAMMER 内设的时间步长；或者输入自己的时间步长。

FlexTables 多功能表格：采用完全为用户量身定制的 FlexTables 系统，以加速数据输入流程，并轻松查看结果。通过排序和过滤功能，可以查询数据、进行批量编辑，并实时动态更新表格。

2．初始稳态流计算引擎

HAMMER 可以计算模型的初始稳态水力条件，为用户提供完整、独立的瞬时分析解决方案。通过系统的初始条件计算，可以了解供水系统在正常运行时的工作状态，包括管道的流量、流速以及各点的压力。这有助于用户对系统的运行情况进行全面了解。

3．瞬时水锤冲击力计算

自动计算每个时间步长的瞬时水锤对管道的冲击力大小和方向，并通过表格和图形呈现分析结果。随后，可以将这些结果输出到结构分析程序中进行进一步利用。

4．报告与结果呈现

彩色显示：通过彩色地图的方式显示结果，标注出极大和极小压力、流量以及气穴或蒸汽量，可以轻松标识出负压区域。这些负压区域可能导致气蚀破坏，同时，通过图像方式表达高瞬时压力的范围和管道爆裂位置，从而更直观地呈现分析结果。

动画演示：可以将动态的计算结果存储并进行动画演示，可以随时启动或停止动画演示，可以逐帧播放，在气穴破裂之间进行逐步展示，或者直接跳转到特定的时间步骤。这样的演示方式可以更好地展示水力分析的过程和结果。

三、HAMMER 软件应用实例

HAMMER 模拟步骤及算例见资源 14－4。

资源 14－4
HAMMER
模拟步骤
及算例

思 考 题

14－1　在 CFD 求解流体力学问题过程中，划分网格的目的是什么？

14－2　在进行紊流精细模拟时，除了 ANSYS FLUENT 软件外，还有哪些软件可以用来进行模拟？有什么区别？

14－3　HEC－RAS 软件能否用于河道的二维水沙运动模拟？

14－4　请分析在进行水锤计算时特征线法和波特性法的区别是什么？对计算结果有什么影响？

附　录

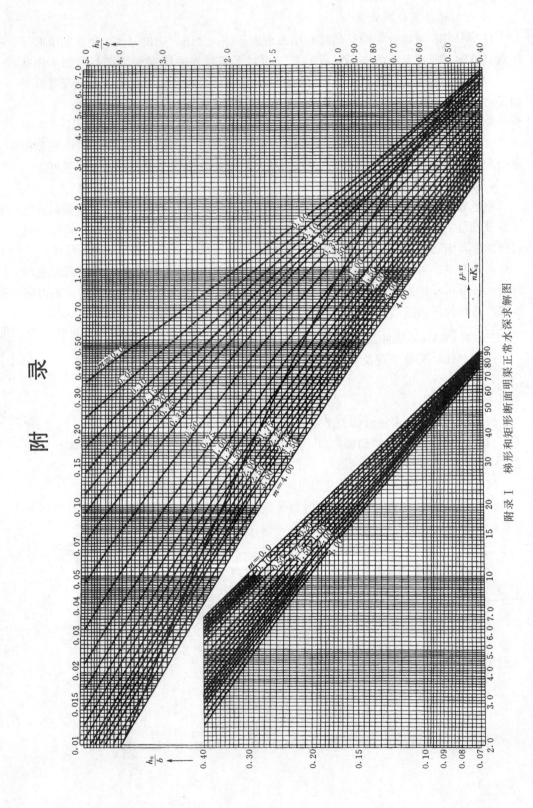

附录 I　梯形和矩形断面明渠正常水深求解图

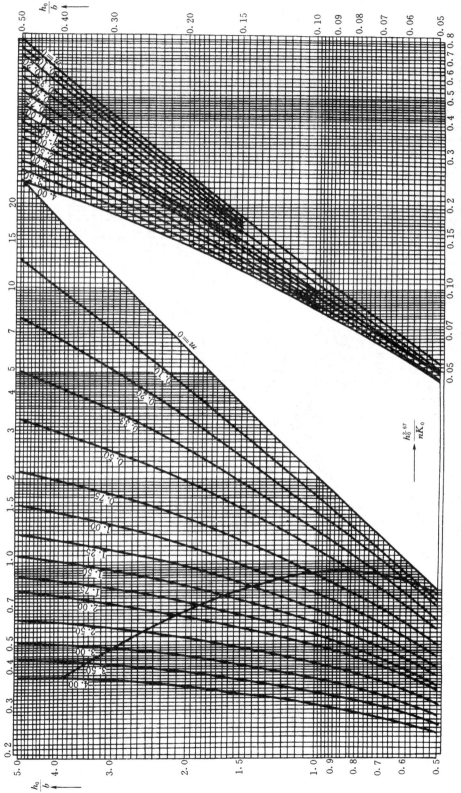

附录Ⅱ　梯形和矩形断面明渠底宽求解图

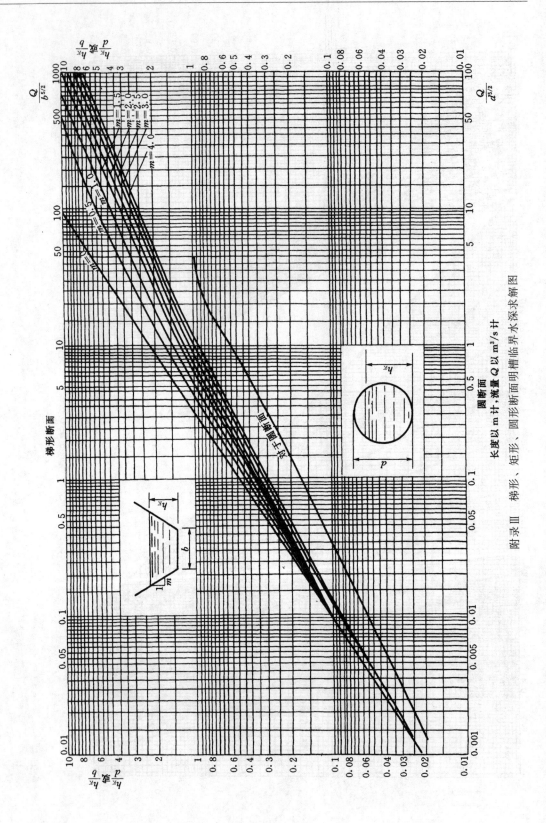

附录Ⅲ　梯形、矩形、圆形断面明槽临界水深求解图

习 题 参 考 答 案

第一章

1-1　（1）$\beta=5.13\times10^{-7}\,\mathrm{m^2/kN}$，$K=1.948\times10^6\,\mathrm{kN/m^2}$；　（2）$\Delta p=1.948\,\mathrm{kN/m^2}$

1-2　$\nu=1.002\times10^{-6}\,\mathrm{m^2/s}$

1-3　（1）$T=0.063\mathrm{N}$；（2）呈矩形分布

1-4　（1）$\tau=0.002\rho g\,(h-y)$；（2）$\tau\,|_{\,y=0.5}=0$，$\tau\,|_{\,y=0}=9.81\,\mathrm{N/m^2}$

1-5　$u=3.79\mathrm{m/s}$

1-6　$\mu=7.35\times10^{-2}\,\mathrm{N\cdot s/m^2}$

1-7　$\boldsymbol{f}=-\boldsymbol{g}=-9.81\,\mathrm{m/s^2}$

第二章

2-1　$p'_0=94.28\,\mathrm{kN/m^2}$，$p_0=-3.72\,\mathrm{kN/m^2}$，$p_{0v}=3.72\,\mathrm{kN/m^2}$

2-2　$p'_A=306.94\,\mathrm{kN/m^2}$，$p_A=208.94\,\mathrm{kN/m^2}$

2-3　（1）$p_c=107.9\,\mathrm{kN/m^2}$；（2）$x=1.01\mathrm{m}$；（3）$p_v=9.7\,\mathrm{kN/m^2}$

2-4　$p_0=\rho g l\left(\dfrac{1}{100}+\sin\alpha\right)$

2-5　$h=5\mathrm{m}$，$z+\dfrac{P}{\rho g}=6.5\mathrm{m}$

2-6　$h=0.816\mathrm{m}$

2-7　$h=8\mathrm{m}$，$h_p=0.61\mathrm{m}$

2-8　$p_1=53.9\mathrm{kPa}$，$p_2=58.8\mathrm{kPa}$，$p'_1=151.9\mathrm{kPa}$，$p'_2=156.8\mathrm{kPa}$，$z_1+\dfrac{p_1}{\rho g}=6.5\mathrm{m}$，$z_2+\dfrac{p_2}{\rho g}=6.5\mathrm{m}$

2-9　$p'_A=88.2\mathrm{kPa}$，$p_A=-9.8\mathrm{kPa}$，$p_{Av}=9.8\mathrm{kPa}$

2-10　$\alpha=2.92°$

2-11　（1）$n_1=2.97\,\mathrm{rad/s}$；（2）$n_2=3.3\,\mathrm{rad/s}$，$V=0.00353\mathrm{m^3}$

2-12　$a\geqslant3.92\mathrm{m^3}$

2-13　$P=\rho\,(a+g)\,h\pi D^2/4$

2-15　$x=3\mathrm{m}$

2-16　$P=4.71\times10^5\mathrm{N}$，$e=3.11\mathrm{m}$

2－17　$l=0.99\text{m}$

2－18　（1）$T=162\text{kN}$；（2）$T=134\text{kN}$

2－19　$P=115.53\text{kN}$，$h_D=10.43\text{m}$

2－20　有水时：$P_x=2744\text{kN}$，$P_z=656.6\text{kN}$；无水时：$P_x=2822.4\text{kN}$，$P_z=617.4\text{kN}$

2－22　$P=182.3\text{kN}$，$\theta=14.4°$，$h_D=1.94\text{m}$

2－23　$T=\dfrac{1}{12n}\left[\rho g\pi d^2\left(3H-d\right)-12G\right]$

2－24　$P=97.58\text{kN}$，$\theta=78.4°$，$h_D=1.48\text{m}$

2－25　$x>\left(G-\dfrac{1}{6}\rho g\pi d_1^3\right)/\rho g\dfrac{1}{4}\pi d_2^2$

第三章

3－1　$u=6x\boldsymbol{i}+6y\boldsymbol{j}-7\boldsymbol{k}$，当地加速度：（0，0，$-7$），迁移加速度：（$36x$，$36y$，0），全加速度：（$36x$，$36y$，$-7$）

3－2　加速度：（-58，-10，0）

3－3　流线方程为 $xy=c$

3－4　$(x+t)(-y+t)=c$

3－5　$Q=0.212\text{L/s}$，$v=0.075\text{m/s}$

3－6　$Q_2=925\text{m}^3/\text{s}$，$v=2.47\text{m/s}$

3－7　$v_2=24.18\text{m/s}$

3－8　B 流向 A，$h_w=0.837\text{m}$

3－9　$Q=0.153\text{m}^3/\text{s}$，

3－10　$h_{max}=5.86\text{m}$

3－11　$d=0.8\text{m}$

3－12　（1）$Q=0.033\text{m}^3/\text{s}$；（2）$h=5.34\text{m}$

3－13　$Q=18.2\text{L/s}$

3－14　会沿 B 管上升，$h=1.44\text{m}$

3－15　$d_2=3\text{cm}$

3－16　$d^2(x)=\sqrt{\dfrac{h}{h+x}}d_0^2$

3－17　$R=35.82\text{kN}$

3－18　$R=2422\text{N}$，$\theta=33°8'$

3－19　$R=112.09\text{kN}$

3－20　$R_x=41.26\text{kN}$

3－21　$R=898\text{N}$，$\theta=29.33°$

3－22　$R_x=203.8\text{N}$

3－23　$R_1<R_2<R_3$，$\theta=180°$时，R 最大，$R_{max}=2\beta\rho Qv$

3-24　　(1) $u_{\min}=v$；(2) $u=-v$

第四章

4-1　　(1) $\dfrac{\tau}{\rho v^2}$；(2) $\dfrac{\Delta p}{\rho v^2}$；(3) $\dfrac{F}{\rho v^2 L^2}$；(4) $\dfrac{\sigma}{\rho v^2 L}$

4-3　　$\tau=C_R\dfrac{\rho v^2}{2}$，$C_R=kf_2\left(Re,\dfrac{\Delta}{d}\right)$

4-4　　$Q=\mu A_2\sqrt{2\Delta p/\rho}$；$A_2=\dfrac{\pi}{4}d_2^2$；$\mu=f_3\left(\dfrac{d_2}{d_1},\ Re\right)$

4-5　　$\nu_{\mathrm{m}}=4.15\times10^{-6}\,\mathrm{m^2/s}$

4-6　　(1) $Q_{\mathrm{m}}=111.2\mathrm{L/s}$；(2) $u_{\mathrm{p}}=19.92\mathrm{m/s}$

4-7　　(1) $P_{\mathrm{m}}=0.456\mathrm{m}$，$H_{\mathrm{m}}=0.061\mathrm{m}$；(2) $q_{\mathrm{p}}=4.1\mathrm{m^3/s-m}$；(3) $a_{\mathrm{p}}=0.65\mathrm{m}$；(4) $N_{\mathrm{p}}=8750\mathrm{kW}$

第五章

5-1　　(2) $\dfrac{\Delta h'}{\Delta h}=7.14$

5-2　　$\tau_0=25.94\mathrm{N/m^2}$

5-3　　$\tau_0=14.72\mathrm{N/m^2}$

5-4　　$Re=1814.5<2000$，层流

5-5　　$\lambda=0.038$，$h_{\mathrm{f}}=3.31\times10^{-2}\mathrm{m}$

5-6　　(1) $v=\dfrac{2}{3}u_0$；(2) $\tau_0\mid_{y=h}=-2\mu u_0/h$

5-7　　(1) 层流；(2) $\nu=7.9\times10^{-5}\,\mathrm{m^2/s}$；(3) 无变化

5-8　　$\mu=7.75\times10^{-3}\mathrm{Pa\cdot s}$，$\nu=8.6\times10^{-6}\,\mathrm{m^2/s}$

5-9　　(1) $h_{\mathrm{f}}=3.23\mathrm{m}$；(2) $\tau_0=3.52\mathrm{N/m^2}$

5-10　　$Q=32.79\mathrm{m^3/s}$

5-11　　$n=0.025$

5-12　　用 C 计算：$h_{\mathrm{f}}=3.909\mathrm{m}$，用 λ 计算：$h_{\mathrm{f}}=4.03\mathrm{m}$

5-13　　$v=\dfrac{1}{2}(v_1+v_2)$

5-14　　$\lambda=0.04$

5-15　　$\zeta=0.8$

第六章

6-1　　$Q=3\mathrm{m^3/s}$

6-2　　$\Delta H=1.3\mathrm{m}$

6-3　　$\zeta=0.73$

6-4　　第一种措施可使流量加大，$Q=4.47\times10^{-3}\mathrm{m^3/s}$

6－5　(1) $Q=0.024\mathrm{m}^3/\mathrm{s}$；(2) $H=21.63\mathrm{m}$；(3) $d=262\mathrm{mm}$

6－6　$Q=0.125\mathrm{m}^3/\mathrm{s}$

6－8　(1) $Q=0.0708\mathrm{m}^3/\mathrm{s}$；(2) $h_v=2.89\mathrm{m}$

6－9　(1) $z=70.3\mathrm{m}$；(2) $h_3=4.95\mathrm{m}$

6－10　$Q=0.021\mathrm{m}^3/\mathrm{s}$

6－11　$h=3.79\mathrm{m}$

6－12　(1) $Q=0.313\mathrm{m}^3/\mathrm{s}$；$z=11.1\mathrm{m}$

6－13　$Q=0.536\mathrm{m}^3/\mathrm{s}$

6－14　$Q=0.0198\mathrm{m}^3/\mathrm{s}$

6－15　$Q_1=0.058\mathrm{m}^3/\mathrm{s}$，$Q_2=0.11\mathrm{m}^3/\mathrm{s}$，$Q_3=0.035\mathrm{m}^3/\mathrm{s}$，$h_{fA-B}=4\mathrm{m}$

第七章

7－1　$Q_1=18.04\mathrm{m}^3/\mathrm{s}$，$Q_2=18.96\mathrm{m}^3/\mathrm{s}$

7－2　$Q=1.47\mathrm{m}^3/\mathrm{s}$

7－3　$v=1.20\mathrm{m/s}$，$Q=14.4\mathrm{m}^3/\mathrm{s}$

7－4　$i=0.00023$

7－5　$h_m=1.98\mathrm{m}$，$b_m=1.64\mathrm{m}$

7－6　$b=14\mathrm{m}$

7－7　$h_0=1.47\mathrm{m}$

7－8　$b=6.99\mathrm{m}$，$h_0=2.33\mathrm{m}$

7－9　$b=15.75\mathrm{m}$，$i=0.000096$

7－10　$Q=922.16\mathrm{m}^3/\mathrm{s}$

7－11　急流

7－12　缓流

7－14　$h_K=0.78\mathrm{m}$

7－15　$h_K=0.54\mathrm{m}$

7－16　(1) $h_{01}=2.55\mathrm{m}$，$h_{02}=1.44\mathrm{m}$；(2) $h_K=1.37\mathrm{m}$，(3) 均匀缓流

7－17　缓流

7－18　$i_K=0.00631$

7－19　$h_2=1.70\mathrm{m}$，$L_j=7.60\mathrm{m}$

7－20　$h_2=2.44\mathrm{m}$

7－21　(1) $h_2=0.9\mathrm{m}$；(2) $L_j=2.07\mathrm{m}$；(3) $\Delta E=0.0125\mathrm{m}$，$K_j=0.011$

7－25　(1) i_1 段为缓坡；(2) i_2 段为陡坡

7－26　(1) $h_0=1.5\mathrm{m}$；(2) $i=0.00023$

7－27　$s_1=37\mathrm{m}$ 处 $h=1.10\mathrm{m}$，$s_2=100\mathrm{m}$ 处 $h=1.18\mathrm{m}$

7－28　有水跃发生，位于 i_2 缓坡渠道上，跃前水深 $h_1=0.857\mathrm{m}$，跃前断面在距变坡断面 50.7m 处。

第八章

8-1　$Q=0.484\mathrm{m^3/s}$

8-2　$p=0.55\mathrm{m}$，$b=0.621\mathrm{m}$

8-3　$Q=0.032\mathrm{m^3/s}$

8-4　$Q=1913\mathrm{m^3/s}$

8-5　$b=53.69\mathrm{m}$

8-6　（1）$Q=3318\mathrm{m^3/s}$；（2）$H=6.46\mathrm{m}$，即堰上水位为 60.96m

8-7　$Q=146.18\mathrm{m^3/s}$

8-8　$Q=350\mathrm{m^3/s}$

8-9　$B=7.985\mathrm{m}$，$n=2$

8-10　$P\approx3.0\mathrm{m}$

8-11　$Q=78.72\mathrm{m^3/s}$

8-12　$Q=348.71\mathrm{m^3/s}$

8-13　$e=1.07\mathrm{m}$

8-14　$b=4\mathrm{m}$

8-15　$Q=204.63\mathrm{m^3/s}$

8-16　$b=3.83\mathrm{m}$

8-17　（1）$Q_{\max}=5.46\mathrm{m^3/s}$；（2）$H=1.73\mathrm{m}$，$h_\mathrm{t}=1.30\mathrm{m}$

第九章

9-1　$h_c=0.214\mathrm{m}$，$h''_c=3.80\mathrm{m}$

9-2　$h_c=0.765\mathrm{m}$，$h''_c=5.46\mathrm{m}$，$h''_c>h_\mathrm{t}$，属远离式水跃

9-3　水跃在第二段渠道发生，$h_c=2.32\mathrm{m}$

9-4　$h''_c=4.71\mathrm{m}>h_\mathrm{t}$，需做消能工，$d=0.95\mathrm{m}$，$L_\mathrm{k}=24\mathrm{m}$

9-5　（1）为远离式水跃衔接；（2）$c=2.97\mathrm{m}$，$L_B=25.87\mathrm{m}$

9-6　$L_0=82.44\mathrm{m}$，$L_1=67.23\mathrm{m}$，$L=149.7\mathrm{m}$，$t_\mathrm{s}=13.9\mathrm{m}$

第十章

10-1　（1）$\theta_z=z$，$\theta_x=x$，$\theta_y=y$，$\varepsilon_{xx}=\varepsilon_{yy}=\varepsilon_{zz}=0$；（2）无涡流

10-2　$\omega_x=0$，$\omega_y=-\dfrac{u_\mathrm{m}}{r_0^2}z$，$\omega_z=\dfrac{u_\mathrm{m}}{r_0^2}y$，为有涡运动；$\theta_z=-\dfrac{u_\mathrm{m}}{r_0^2}g$，$\theta_x=0$，

$\theta_y=-\dfrac{u_\mathrm{m}}{r_0^2}z$

10-3　$\omega_x=\omega_y=0$，$\omega_z=\dfrac{u_0}{h}\left(\dfrac{y}{h}-1\right)$，为有涡流，不矛盾。

10-4　（1）符合，$3x-4y=c$；（2）符合，$y=\dfrac{3}{8}x^2+c$；（3）符合，$y^2=c$；

（4）符合，$x^2+y^2=c$；（5）不符合；（6）不符合；（7）不符合，$c>0$ 时为源，$c<0$

时为汇；（8）符合，以坐标原点为圆心的同心圆。

10-5　　$u_z = -4z$

10-7　　(1) $p = p_a + \rho g(h-y)\cos\theta$；(2) $\tau_0 = \rho g h_0 \sin\theta$；(3) $u = \dfrac{\rho g}{2\mu}(2h_0 y - y^2)\sin\theta$；

(4) $q = \dfrac{g h_0^3}{3\nu}\sin\theta$

10-8　　$u = u_y = \dfrac{u}{h}y$

10-9　　(1) $\psi = \dfrac{1}{2}(x^2 + y^2)$；(2) $\varphi = \dfrac{1}{2}x^2 - xy - \dfrac{1}{2}y^2$，$\psi = xy - \dfrac{1}{2}y^2 +$ $\dfrac{1}{2}x^2$；(3) $\varphi = \dfrac{1}{3}x^3 - xy^2 + \dfrac{1}{2}x^2 - \dfrac{1}{2}y^2$，$\psi = -\dfrac{1}{3}y^3 + x^2 y + xy$

10-10　　$\varphi = -4xy$

10-11　　$u = \sqrt{97}$，$\psi = y^2 - x^2 - y$

10-12　　$\varphi = -2axy$

第十一章

11-1　　$k = 1.73 \times 10^{-2}\,\text{cm/s}$

11-2　　$q = 1.29 \times 10^{-7}\,\text{m}^3/(\text{m}\cdot\text{s}) = 1.29 \times 10^{-3}\,\text{cm}^3/(\text{cm}\cdot\text{s})$

11-3　　$q = 1.19 \times 10^{-7}\,\text{m}^3/(\text{m}\cdot\text{s})$

11-4　　(1) $q = 1.8 \times 10^{-7}\,\text{m}^3/(\text{m}\cdot\text{s})$，$h = 3\text{m}$ 时，$s = 1638\text{m}$；(2) $q = 1.2 \times 10^{-6}\,\text{m}^3/(\text{m}\cdot\text{s})$

11-5　　$Q = 0.047\,\text{m}^3/\text{s}$

11-6　　$k = 1.25 \times 10^{-4}\,\text{m/s}$

11-7　　$Q = 195.8\,\text{m}^3/\text{d}$

11-8　　$z = 14.46\text{m}$，$\Delta h = 0.54\text{m}$

11-9　　$z_1 = 2.22\text{m}$，$z_2 = 4.54\text{m}$

11-10　　$q = 9.33 \times 10^{-3}\,\text{m}^3/(\text{m}\cdot\text{s})$

11-11　　(1) $P = 20.55\text{N}$；(2) $q = 8 \times 10^{-5}\,\text{m}^3/(\text{m}\cdot\text{s})$；(3) $u_a = 2 \times 10^{-5}\,\text{m/s}$，$u_b = 0.9 \times 10^{-5}\,\text{m/s}$，$u_c = 0.5 \times 10^{-5}\,\text{m/s}$

11-12　　$P_{\text{垂直}} = 251.76\,\text{kN/m}$（↑），$P_{\text{水平}} = 213.35\,\text{kN/m}$（←），$P = 329.97\,\text{kN/m}$

第十三章

13-1　　直接水锤，$H = 496.21\text{m}$。

13-2　　间接水锤，$T_r = 0.789\text{s}$。

参 考 文 献

［1］ 吴持恭. 水力学：上册［M］. 2 版. 北京：高等教育出版社，1982.

［2］ 吴持恭. 水力学：下册［M］. 2 版. 北京：高等教育出版社，1982.

［3］ 清华大学水力学教研组编. 余常昭. 水力学：上册［M］. 4 版. 北京：高等教育出版社，1980.

［4］ 清华大学水力学教研组编，余常昭. 水力学：下册［M］. 4 版. 北京：高等教育出版社，1980.

［5］ 李炜，徐孝平. 水力学［M］. 武汉：武汉水利电力大学出版社，2000.

［6］ 吕宏兴，裴国霞，杨玲霞. 水力学［M］. 北京：中国农业出版社，2002.

［7］ 李国庆. 水力学［M］. 北京：中央广播电视大学出版社，2001.

［8］ 郑文康，刘翰湘. 水力学［M］. 北京：中国水利水电出版社，1996.

［9］ 刘纯义. 水力学［M］. 北京：中国水利水电出版社，2001.

［10］ 大连工学院水力学教研室. 水力学解题指导及习题集［M］. 北京：高等教育出版社，1984.

［11］ 赵振兴，张淑君，等. 水力学提要与习题详解［M］. 南京：河海大学出版社，2002.

［12］ 邱秀云，张鸣. 迭代法在水力学计算中的应用［J］. 八一农学院学报，1994，17（4）.

［13］ 武汉水利电力学院水力学教研室. 水力学计算手册［M］. 北京：水利出版社，1980.

［14］ 美国陆军工程兵团. 水力设计准则［M］. 王诰昭，等，译. 北京：水利出版社，1982.

［15］ 李鉴初，杨景芳. 水力学教程［M］. 北京：高等教育出版社，1995.

［16］ 陈肇和. 溢流堰水力计算［M］. 北京：华北水利水电学院北京研究生部科技情报室，1983.

［17］ 钱宁，万兆惠. 泥沙运动力学［M］. 北京：科学出版社，2003.

［18］ 张瑞瑾. 河流泥沙动力学［M］. 北京：中国水利水电出版社，1998.

［19］ 张晓峰，刘兴年. 河流动力学［M］. 北京：中国水利水电出版社，2010.

［20］ 侯杰，周著. 河流泥沙工程［M］. 乌鲁木齐：新疆教育出版社，2002.

［21］ 黄儒钦. 水力学教程［M］. 5 版. 成都：西南交通大学出版社，2021.

［22］ 大连海洋大学海洋与土木工程学院. 水力学［M］. 南京：东南大学出版社，2017.

［23］ 高学平. 水力学-高等学校-教材［M］. 北京：中国水利水电出版社，2019.

［24］ 俞永辉. 流体力学和水力学试验［M］. 2 版. 上海：同济大学出版社，2017.

［25］ 李大美，杨小亭. 水力学［M］. 2 版. 湖北：武汉大学出版社，2015.

［26］ 尹小玲，于布. 水力学［M］. 3 版. 广东：华南理工大学出版社，2014.

［27］ 吴持恭. 水力学［M］. 5 版. 北京：高等教育出版社，2016.

［28］ 赵振兴，何建京，王忖. 水力学［M］. 3 版. 北京：清华大学出版社，2021.

［29］ 刘亚坤. 水力学［M］. 2 版. 北京：中国水利水电出版社，2016.

索　引